Das Walzen von Hohlkörpern

Das Walzen von Hohlkörpern und das Kalibrieren von Werkzeugen zur Herstellung nahtloser Rohre

Von

Dr.-Ing. habil. Paul Grüner
apl. Professor an der Technischen Hochschule Aachen

Mit einem Beitrag
Spannungszustand und Verformungseffekt
massiver Rundblöcke im Schrägwalzprozeß

von

Dr.-Ing. Walther Lohmann
Privatdozent an der Technischen Hochschule Aachen
Ober-Regierungs- und Baurat a. D.

Mit 305 Abbildungen

Springer-Verlag
Berlin / Göttingen / Heidelberg
1959

ISBN-13:978-3-642-92761-4 e-ISBN-13:978-3-642-92760-7
DOI: 10.1007/978-3-642-92760-7

Softcover reprint of the hardcover 1st edition 1959

Vorwort

Die großen Fortschritte in der Herstellung von nahtlosen Rohren in den letzten Jahren, sowie die Möglichkeit, im Herstellungsgang sehr hohe Genauigkeiten hinsichtlich der Querschnittsformen und Wandstärken zu erreichen, haben zur konstruktiven Durchbildung komplizierter Apparaturen geführt, die heute bereits eine Sonderstellung in der Hüttenindustrie einnehmen, deren Kenntnis aber immer noch vielen Interessenten unter den Verformungsingenieuren infolge Mangels an vorhandener Literatur nicht in erwünschtem Maße zugänglich gemacht worden ist.

Diese Lücke zu schließen ist die erste Aufgabe dieser Niederschrift. Kalibrierungen für Werkzeuge jener Maschinen zu entwerfen, welche der Herstellung von Hohlkörpern dienen, setzt Kenntnisse der Verformungsvorgänge voraus, die sich beim Walzen oder Ziehen von Rohren abspielen und die je nach der Art der Herstellungsprozesse verschieden sind. Auch auf diese Belange wird in verschiedenen Abschnitten des Buches eingegangen, die außerdem manches enthalten, das Interessenten sonst vergebens in deutschen oder fremdsprachlichen Literaturangaben suchen dürften.

Es bleibt mir nur noch die angenehme Pflicht, meinen besonderen Dank allen jenen abzustatten, die durch ihre Unterstützung in theoretischer und praktischer Hinsicht zum Gelingen des Werkes beigetragen haben. Ganz besonders danke ich den Herren der Firma Mannesmann-Meer AG. in Mönchen-Gladbach für ihre liebenswürdige Hilfestellung. Aus den Betriebserfahrungen dieser ausgezeichnet geleiteten Firma ist manches in dem vorliegenden Band zur weiteren Bearbeitung entnommen worden. Desgleichen gebührt mein Dank meinem lieben Kollegen Herrn Dr.-Ing. habil. Walther Lohmann, der durch seinen mathematischen Beitrag über den Spannungszustand und den Verformungseffekt an massiven Rundblöcken im Schrägwalzprozeß wesentlich zur Vertiefung und Erweiterung der bearbeiteten Themen beigetragen hat.

Mit dem Wunsche, daß der vorliegende Band vielen Interessenten manches Wissenswerte vermitteln möge, entbiete ich diesem mit einem herzlichen „Glückauf“ einen guten Start.

Aachen, im Herbst 1958

Paul Grüner

Inhaltsverzeichnis

A. Grundbegriffe des Kalibrierens

Allgemeine Bezeichnungen und Hinweise

Die Formgebung von Walzenkalibern [*1*][1], die einen Druck in senkrechter beziehungsweise in einer bis zu 45° von dieser abweichenden Richtung auf das Walzgut übertragen, bezeichnet man nach Prof. W. TAFEL als *reguläre Kalibrierung*, weil in diesem Falle alle Querschnittsteile eines Profils die gleiche Streckung erfahren. Im Gegensatz hierzu stehen die *irregulären Kalibrierungen*, bei denen einzelne Teile eines Profils beim Durchgang durch die Walzen unterschiedlichem Druck ausgesetzt sind.

Übergänge zwischen beiden bilden z. B.: Rauten, Ovale, Spitzbogen, Runds usw., bei welchen sich der Walzdruck nicht ganz gleichmäßig über die gesamte Kaliberoberfläche verteilt, die Streckung aber doch über das ganze Kaliber gleichmäßig vor sich geht.

Die Folge dieser Unterteilung ist, daß man beim Kalibrieren regulärer Profile nur die reinen Querschnittsänderungen in der Walzebene, nicht aber auch die Längenänderungen eines jeden einzelnen Profilelementes zu betrachten braucht.

Das Walzen der Blöcke zu Knüppeln geschieht auf Walzen, in welchen aufeinanderfolgend im Querschnitt immer kleiner werdende Kastenkaliber (Flachkaliber) eingeschnitten sind. Die Kastenkaliber sind meist sogenannte *offene Kaliber*, bei denen die Kaliberbegrenzungslinien im Walzspalt parallel zur Walzenachse verlaufen. Dadurch kann sich bei zu vollem Kaliber ein horizontaler Grat bilden (Abb. 1a).

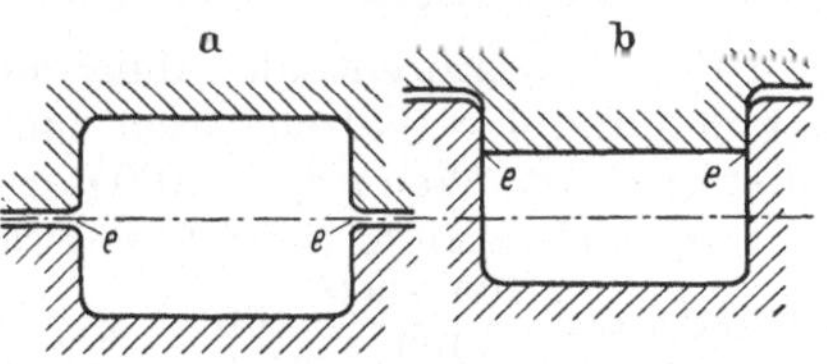

Abb. 1. Kastenkaliber. a) offen, b) geschlossen

Bei einem *geschlossenen Kaliber* verlaufen die Kaliberbegrenzungslinien im Walzspalt senkrecht zur Walzenachse, so daß sich bei zu vollem Kaliber ein Grat senkrecht zur Walzenachse bilden könnte, wenn zwischen Kaliberöffnung und Kaliberrand der Gegenwalze genügend Spiel vorhanden wäre (Abb. 1b). Um das Auslösen des Walzgutes aus dem Kaliber zu erleichtern, verlaufen die Kaliberflanken nicht senkrecht zur Walzenachse, sondern bei regulären Kalibern um 4,0 · · · 25% zur Senkrechten auf die Walzenachse geneigt. Diese Konizität wird *Anzug des Kalibers* genannt.

Unter *Walzspalt* oder *Spaltweite* versteht man den kürzesten Abstand der Walzballen voneinander. (Eigentlich ist der Walzspalt ein räum-

[1] Diese Zahlen verweisen auf das Literaturverzeichnis auf S. 301.

liches Gebilde, in der Sprache der Kalibreure wird er jedoch durch die kürzeste Längendimension angegeben). Mit *Stich* wird der Durchgang des Walzgutes durch die Walzen bezeichnet. Beim Fertigwalzen nennt man die letzten Stiche, die nur sehr geringe Abnahmen aufweisen, *Schlichtstiche* oder *Polierstiche.* Wenn zwei solcher Stiche hintereinander angewendet werden, spricht man von *Vorschlichten* und *Fertigschlichten. Flachstich* heißt ein Stich, wenn die Kaliberachse parallel zu der des vorigen Stiches bleibt, während bei einem *Stauchstich* die Horizontalachse des Kalibers im nächsten Stich senkrecht zu ihrer früheren Richtung steht.

Bei den *Walzenrändern* wird zwischen dem *inneren* und *äußeren* Rand unterschieden. Die äußeren Ränder sind erheblich breiter als die inneren und im Durchmesser auch meist um einen Millimeter größer, damit die Walzen beim Rollen nur außen aufruhen und die inneren Kaliberränder geschont werden.

Periodische Profile sind solche, die ein wechselndes, an verschiedenen Stellen des Walzenumfangs ungleiches Profil haben. Die Walze selbst besteht aus dem Walzballen (Mittelteil), den Lagerzapfen und den Kuppelzapfen (Klee).

Bezeichnet man mit Q_0 den Querschnitt des Profils vor dem Stich und mit Q_1 den Querschnitt des Profils nach dem Stich, so ist die Querschnittsverminderung oder die absolute Abnahme (Druck) $Q_0 - Q_1$. Das Verhältnis $\frac{Q_1}{Q_0} = a$ heißt *Abnahmekoeffizient.* Als *prozentuale Abnahme* (prozentualen Druck) bezeichnet man den Quotienten $\frac{Q_0 - Q_1}{Q_0} \cdot 100 = A$. Unter Vernachlässigung der *Breitung* ist $A = \frac{h_0 - h_1}{h_0} \cdot 100$, wenn h_0 die Höhe des Walzgutes vor dem Stich und h_1 die Höhe des Walzgutes nach dem Stich bedeuten. Ist die Abnahme z. B.: $h_0 - h_1 = 80 - 72 = 8$ mm (absolut), so ist sie prozentual: $\frac{80 - 72}{80} \cdot 100 = \frac{800}{80} = 10\%$. Die prozentuale Abnahme (relativer Druck) ändert sich mit der Stellung der Walzenachsen zueinander, wie aus folgendem Beispiel zu ersehen ist: Wenn $h_0 = 100$ mm und $h_1 = 92$ mm ist, so wird $h_0 - h_1 = 100 - 92 = 8$ mm (absoluter Druck); aber die prozentuale Abnahme ist jetzt nur $\frac{100 - 92}{100} \cdot 100 = 8\%$. Unter *Streckung* versteht man den reziproken Wert von a,

$$n = \frac{1}{a} = \frac{Q_0}{Q_1} \qquad n = \frac{1}{1 - \frac{A}{100}} \qquad A = \left(1 - \frac{1}{n}\right) \cdot 100;$$

Der Querschnitt durch die Walzebene senkrecht zur Walzrichtung begrenzt die Konturen des Walzstabes und heißt *Profil.*

Gemäß der Ausdehnung, die das Walzgut durch die Erwärmung auf die Walztemperatur erfährt, nennt man es *Warmprofil.* Sind die Walzen geschnitten (kalibriert), so heißt die Fläche in der Walzebene, welche die Walzen zwischen sich freilassen, *Kaliber.* Dieses wird also zum Teil von der oberen, zum Teil von der unteren Walze gebildet.

Im Augenblick des Erfassens des Walzgutes tritt ein Entfernen der Walzen voneinander infolge des Walzdruckes ein. Der Walzspalt vergrößert sich einerseits infolge des Zusammendrückens der zwischen Walzenzapfen und Lagerschalen befindlichen, mit dem Schmiermittel ausgefüllten Räume, andererseits durch die elastische Zusammendrückung der Anstellspindel und der Einbaustücke. Diese Vergrößerung des Walzspaltes heißt *Sprung* und ist je nach dem Walzendurchmesser und dem *Druck* verschieden. (~ 0,8 ··· 1,5% bei Blockstraßen und ~ 0,5 ··· 0,8% bei Feinstraßen).

Im Kalibergrund der ersten Kastenkaliber für Blockwalzen findet man des öfteren *Hauen* angebracht, um ein besseres Greifen der Walzen zu erzielen. Das Greifen ist abhängig vom Durchmesser der Walzen, und je größer dieser Durchmesser ist, desto höhere Blöcke können diese Walzen greifen (Abb. 2).

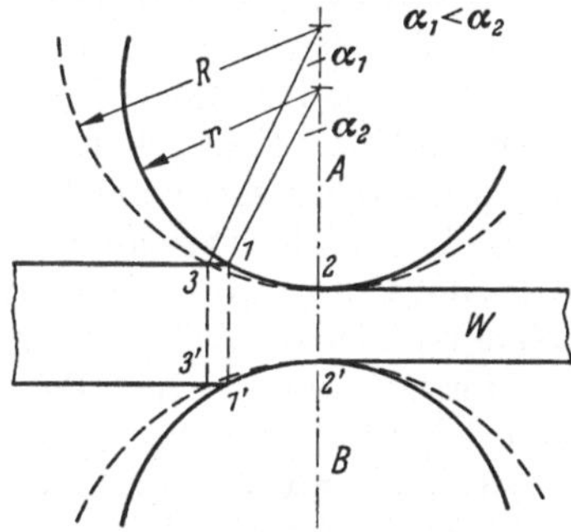

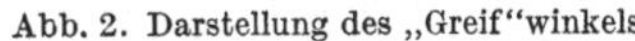
Abb. 2. Darstellung des „Greif"winkels

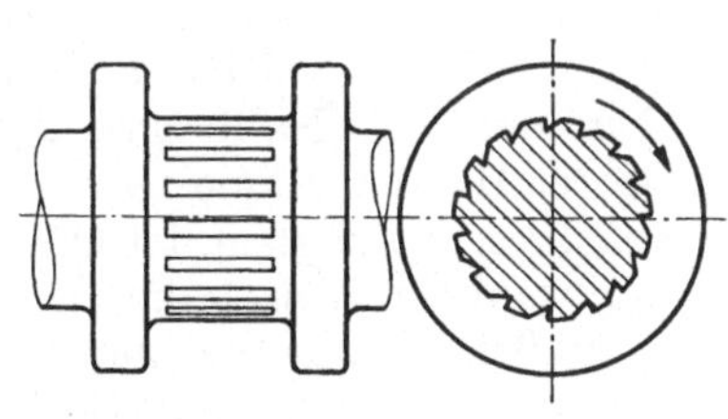
Abb. 3. „Hauen" (breite Kerben)

Zumeist sind die Hauen in Form prismenartiger Hohlräume im Kalibergrund der Walze eingefräst und liegen in ihrer Richtung oft sehr verschieden (Abb. 3). Gelegentlich findet man eingemeißelte Hauen, es ist jedoch vorteilhafter, wenn man die Hauen aufschweißt. Das letztere hat den Vorteil, daß das Walzgut nach dem *Kanten* um 90° nicht an der Ständerwange des Gerüstes bzw. den Kaliberflanken anstoßen kann. Ferner halten aufgeschweißte Hauen bei hohen Abnahmen des Walzgutes ein eventuelles Rutschen desselben auf, so daß ein Durchziehen der Blöcke durch die Kaliber besser durch aufgeschweißte Hauen gewährleistet ist. Die heutige Tendenz geht aber z. T. dahin, keine Hauen mehr in den Kalibergrund der ersten Kastenkaliber einzuarbeiten, sondern glatte Kaliber bei vergrößertem Walzendurchmesser zu verwenden, beim Fassen des Blocks langsam anzufahren und die Walzgeschwindigkeit erst nachher auf die normale Größe zu steigern. Neben den Kastenkalibern in den Blockwalzen findet sich auch normalerweise eine sogenannte *Flachbahn* vor, auf welcher Brammen ausgewalzt werden können. Diese Flachbahn kann auch gut für Zwischenprofile beim Blockwalzen benutzt werden. Wenn auf dieser Flachbahn gewalzt wird, ist immer zu bedenken, daß das Walzgut hier *breiten* kann, da es seitlich nicht von den Kaliberwänden begrenzt ist und die Verformung des Blockes sich somit nicht nur in der Walzrichtung vollzieht. Das

Breiten der Blöcke (Abb. 4) ist eine sehr unangenehme Erscheinung, denn es bedeutet eine Herabsetzung des Ausbringens. Wenn der Block *gekantet* wird, so muß das Blockvolumen, welches in die Breite gegangen ist, wieder herunter gewalzt werden. Die Breitung soll daher beim Blockwalzen so klein wie nur möglich gehalten werden.

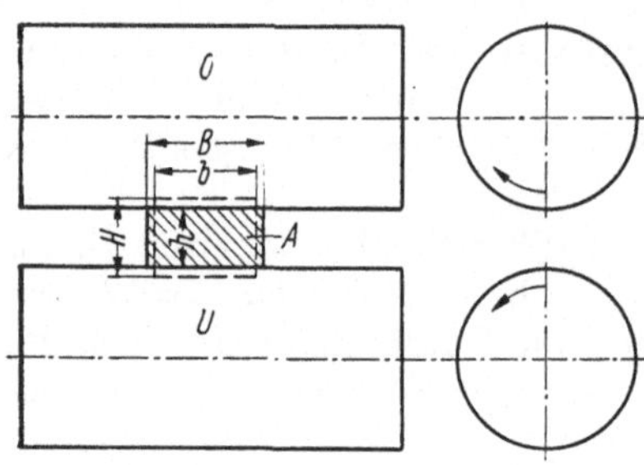

Abb. 4. „Breiten" des Walzgutes

Wenn man das Profil eines Kastenkalibers so wählt, daß die Walzendurchmesser, welche den Walzspalt und den Kalibergrund begrenzen, bei beiden Walzen gleich groß sind, so tritt in den Oberflächen des Walzgutes keine Schubkraft auf, da die Umfangsgeschwindigkeiten der Walzen an den Oberflächen des Walzgutes gleich sind. Hat man es aber mit Triokalibrierungen zu tun, wo der Kaliberteil der Mittelwalze als feststehend angesehen werden muß, so kann es leicht vorkommen, daß es nicht möglich ist, die Walzendurchmesser von Ober- und Unterwalze im Kalibergrund gleich auszubilden. Ist der Durchmesser der oberen Walze z. B. um 10 mm größer als der der Unterwalze, so ist die Umfangsgeschwindigkeit der Oberwalze auch entsprechend größer, da ja die Drehzahl der Walzen die gleiche und nur der Durchmesser der Oberwalze größer ist. Das Walzgut tritt dann mit erhöhter Geschwindigkeit aus der oberen Begrenzungsfläche des Kalibers aus und hat somit das Bestreben, nach unten hin auf die Führung zu drücken. Man sagt, die Walze hat *Oberdruck*. Ist im umgekehrten Falle aber der Durchmesser der Unterwalze größer als der der Oberwalze, so steigt das Walzgut nach seinem Austritt zwischen den Walzen nach oben an, und das Kaliber hat Unterdruck.

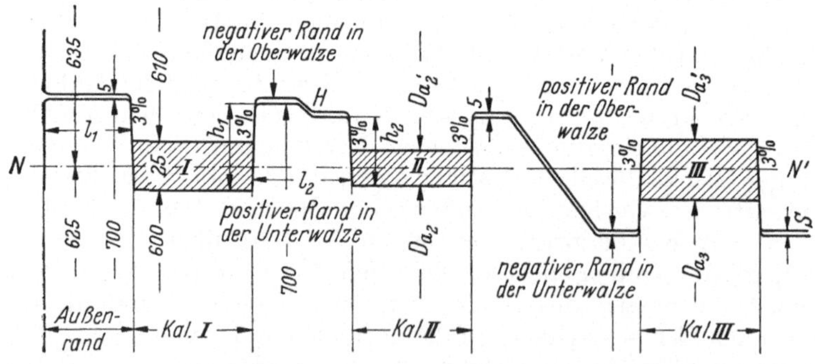

Abb. 5. Beispiel einer Darstellung von Ober- und Unterwalze

Eine Walzenzeichnung stellt immer einen Querschnitt durch die Walzenebene dar; sie weist hierbei nur eine Projektion auf, da die Walzen Rotationskörper sind, deren Schnitte durch die Walzenachse alle übereinstimmen. Die Walzenzeichnung zeigt also direkt die *Kaliber* und die Zwischenräume zwischen ihnen, d. h. also: den Walzspalt und die Walzenränder. Ist ein Walzenrand höher als die obere Begrenzungslinie des Kalibers, so nennt man ihn positiv, anderenfalls negativ. Negative Ränder befinden sich gewöhnlich in der Oberwalze, positive zumeist in der Unterwalze; es gibt jedoch immer die Möglichkeit, daß beide Ränder in der gleichen Walze wechseln. Walzen mit positiven Rändern heißen auch *Matrizenwalzen*, diejenigen mit negativen Rändern (Abb. 5) *Patrizenwalzen*.

Bei allen Kaliberzeichnungen ist es üblich, in der Walzenzeichnung das Walzprofil im Augenblick des Durchganges des Walzgutes zu zeichnen, also mit den um den Walzspalt voneinander entfernten Rändern. Die Maße in der Walzenzeichnung drückt man durch die Durchmesser der Walzen aus, da die Walzendreher mit dem Greifzirkel arbeiten und daher so leichter messen können. Die Maße h_1 und h_2 (Abb. 6) heißen *Kaliberhöhe*; sie wird nie direkt in der Zeichnung, sondern stets durch die Differenz der Durchmesser angegeben.

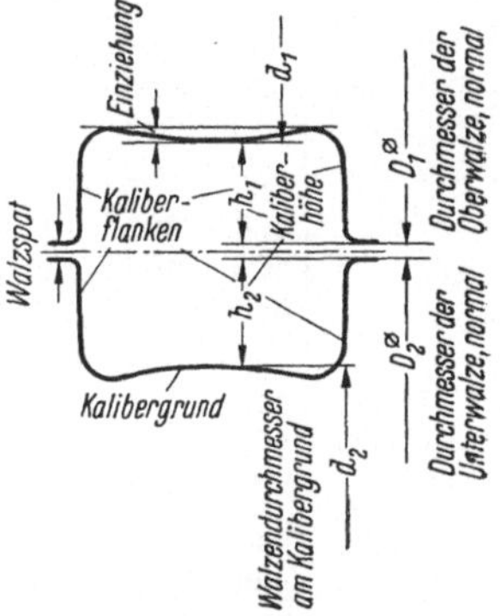

Abb. 6. Darstellung eines offenen Kalibers

Die Walzendurchmesser sind keine bleibenden Größen, sondern unterliegen der Abnutzung; sie werden also infolge des immer wieder durch Abdrehen behobenen Verschleißes kleiner. Es ist aber üblich, die Walzenzeichnung auf den neuen, noch nicht abgenutzten Walzendurchmesser entsprechend zu reduzieren.

Bei der Kalibrierung der Walzen muß die Querschnittsabnahme in den einzelnen Stichen so festgelegt werden, daß der verfügbare Walzdruck optimal ausgenutzt wird. Ein Schema, das sich bei normalen C-Stählen gut bewährt hat, ist nachstehend aufgeführt. Für Blockhöhen von 600 mm wird danach ein Druck von etwa 10% = 60 mm gewählt. In den einzelnen Stichen steigert man den Druck, so daß er bei einer Blockhöhe von 300 mm ungefähr 15% beträgt und bei 200 mm auf etwa 20%, bei 150 mm auf rund 22½% anwächst.

Blockabmessungen mm²	←	300	200	150	120	→
Abnahme (Druck) %	10	15	20	22,5	25	30

Tabelle 1. *Blockquerschnitt 600 × 600*

1. Kaliber	2. Kaliber	3. Kaliber	4. Kaliber	5. Kaliber	6. Kaliber
600 × 520	325 × 360	235 × 275	190 × 185	145 × 130	100 × 100
600 × 480	325 × 310	235 × 225	190 × 130	145 × 85	
→←	→←	→←			
500 × 530	325 × 270	235 × 200			
500 × 480	325 × 210	235 × 170			
500 × 430					
500 × 380					
→←					
400 × 450					
400 × 400					
400 × 350					
400 × 300					

Tabelle 2

Stich	Kaliber	h_1 mm	b_1 mm	h_2 mm	b_2 mm	h_1-h_2 mm	b_1-b_2 mm		$\frac{h_1-h_2}{h_1}\cdot 100$ in %	Q_1 mm²	Q_2 mm²	$\frac{Q_1}{Q_2}=n$
0		—	—	600	600	—	≈		—	—	—	—
1		600	600	540	610	60,0	10	9,37	10	360 000	329 400	1,09
2		540	610	480	620	60	10	9,85	11,1	329 400	297 600	1,10
*3		620	480	560	490	60	10	9,3	9,7	297 600	274 400	1,08
4	I	560	490	500	500	60	10	9,84	10,7	274 400	250 000	1,09
5	620×305	500	500	440	510	60	10	10,5	12,0	250 000	224 400	1,11
6		440	510	385	520	55	10	9,9	12,5	224 400	200 200	1,11
*7		520	385	460	395	60	10	10,1	11,5	200 200	181 700	1,10
8		460	395	405	405	55	10	9,8	12,0	181 700	164 025	1,10
9		405	405	355	415	50	10	9,5	12,3	164 025	147 320	1,11
10		355	415	305	425	50	10	10,15	14,1	147 320	129 625	1,13
*11		425	305	370	315	55	10	10,2	13,0	129 625	116 550	1,11
12	II	370	315	320	325	50	10	9,94	13,5	116 550	104 000	1,12
13	345×230	320	325	275	335	45	10	9,54	14,1	104 000	92 152	1,12
14		275	335	230	345	45	10	10,6	16,3	92 125	79 350	1,16
*15		345	230	295	240	50	10	10,3	14,5	79 350	70 800	1,12
16	III	295	240	250	250	45	10	10,0	15,3	70 800	62 500	1,13
17	270×175	250	250	210	260	40	10	9,65	16,0	62 500	54 600	1,14
18		210	260	175	270	35	10	9,3	16,7	54 600	47 250	1,15
*19		270	175	225	185	45	10	10,5	16,7	47 250	41 625	1,13
20	IV	225	185	190	195	35	10	9,2	15,6	41 625	37 050	1,12
21	215×125	190	195	155	205	35	10	9,7	18,4	37 050	31 775	1,16
22		155	205	125	215	30	10	10,0	19,3	31 775	26 875	1,18
*23		215	125	175	135	40	10	10,4	18,6	26 875	22 625	1,19
24	V	175	135	140	145	35	10	10,0	20,0	22 625	20 300	1,11
25	155×110	140	145	110	155	30	10	9,7	21,4	20 300	17 050	1,16
*26	VI	155	110	130	117,6	25		7,6	21,4	17 040	15 340	1,11
27	120×120	130	117,6	120	120	10		2,4	7,7	15 340	14 400	1,04

* Bedeutet „Kanten".

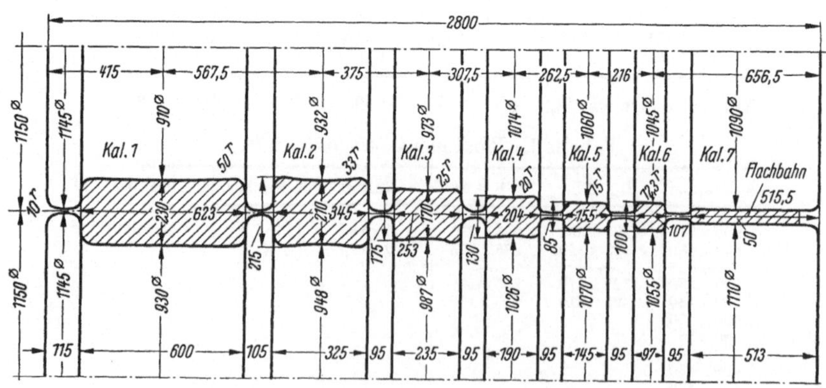

Abb. 7a

Abb. 7a stellt eine Kalibrierung mit besonders eingeschnittenen Kalibern von 600 × 600 mm Anstich dar, bei der das Walzgut in einer einzigen Hitze auf 100 × 100 mm heruntergewalzt wird. Am Ende des Walzduos ist eine Flachbahn angebracht. Von den verwendeten Kastenkalibern ist das letzte nur für den Fertigstich bestimmt. Die Tabelle 2 auf S. 6 zeigt ein Muster einer Kalibrierungstabelle, in welcher von einem Blockquerschnitt von 600 × 600 mm² auf einen Endquerschnitt von 120 × 120 mm² gewalzt wird. — Für eine weitere Kalibrierung mit sehr kurzen amerikanischen Walzen läßt Abb. 7 b die Aufeinanderfolge der Querschnitte er-

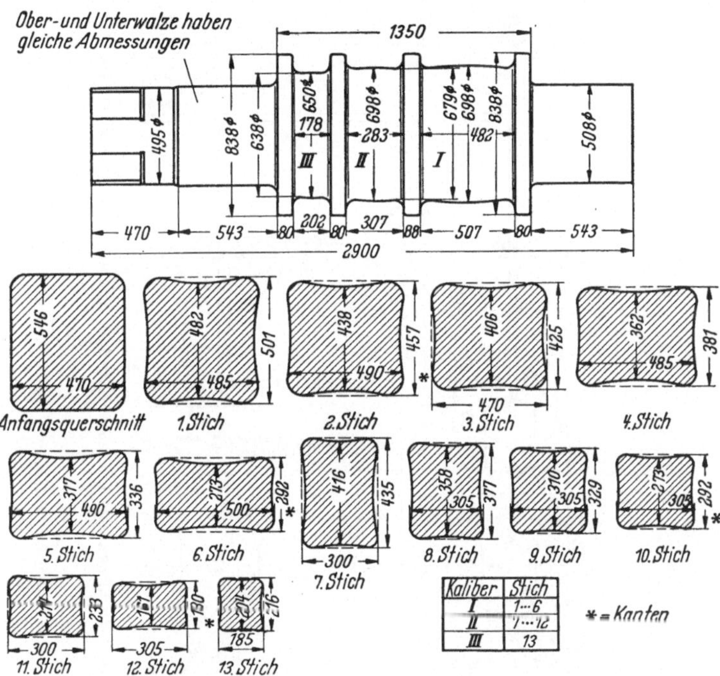

Abb. 7b. Darstellung der Stichfolge eines kalibrierten Walzenpaares und der dazugehörigen Walzen

kennen. Gekantet wird hier nur zweimal, nämlich dann, wenn das Walzgut in ein neues Kaliber eintritt. Der letzte Stich als Fertigstich ist für Profil III vorbehalten, das Profil I für die Stiche 1···6 und das Profil II ist für die Stiche 7···12 bestimmt. — Das Walzen von Brammen und Platinen geschieht ähnlich wie das Walzen der Blöcke, nur werden die ersteren meist auf Brammenbahnen (Abb. 8), die Platinen dagegen, besonders in geschlossenen Kalibern, gern auf kontinuierlichen oder Triostraßen gewalzt (Abb. 9, 10 und 11, 12). Bei Verwendung offener Kaliber sind zur Erzielung möglichst scharfer Kanten ein bis zwei Stauchstiche erforderlich (Abb. 8). Eine Platinenvor- und Knüppelfertigwalze zeigt Abb. 11. Das Walzen von Platinen in geschlossenen Kalibern zeigt Abb. 12.

Das Spitzbogenkaliber (Abb. 15) weist gegenüber den Flachkalibern eine Reihe von Vorzügen auf. Infolge stumpferer Kantenwinkel ist die

Kantenabkühlung kleiner; die gewölbte Begrenzung verhindert die Breitenzunahme, so daß ohne die Gefahr der Gratbildung etwas größere Querschnittsabnahmen möglich sind, als bei Rautenkalibern, und schließlich

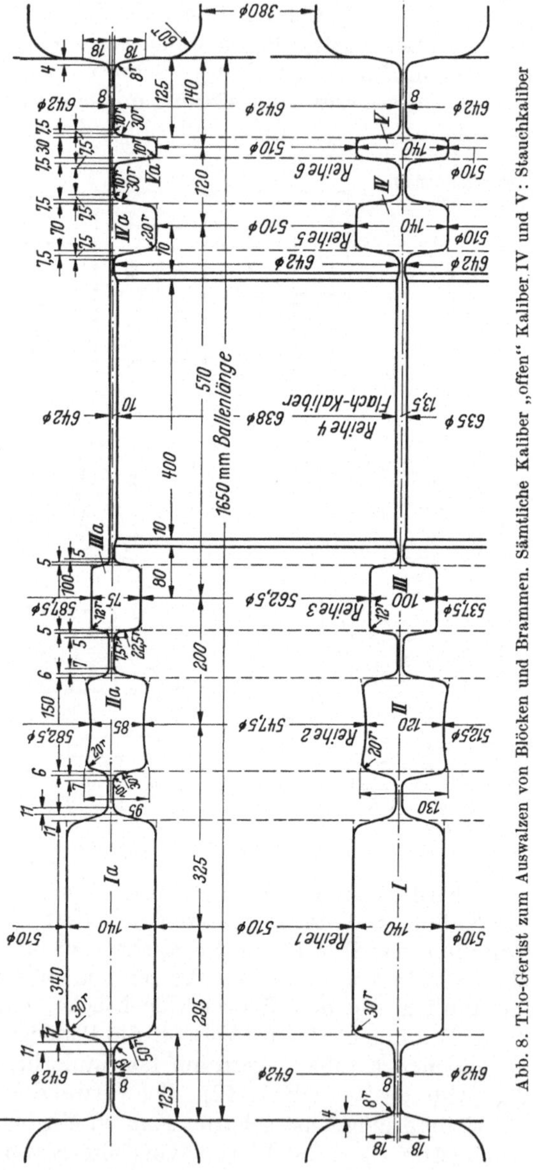

Abb. 8. Trio-Gerüst zum Auswalzen von Blöcken und Brammen. Sämtliche Kaliber „offen“ Kaliber IV und V: Stauchkaliber

ist bei abgenutzten Kalibern das erforderliche Abdrehen der Walzen geringer. Nachteilig gegenüber den Flach-(Kasten-) Kalibern ist, daß es sich infolge seiner Neigung zum Umfallen schwieriger auf dem Roll-

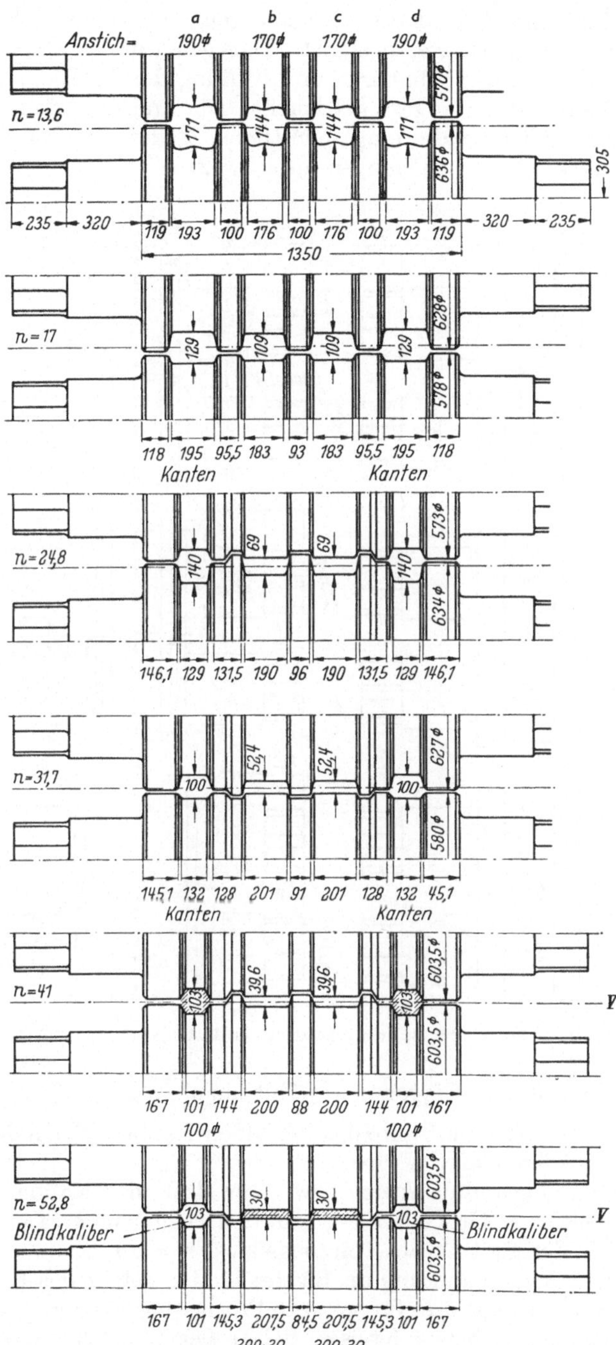

Abb. 9. Darstellung der Walzen und Kaliber an einer kontinuierlichen Knüppel- und Platinen-Straße. Die beiden äußeren Bahnen *a* und *d* sind zum Auswalzen von Knüppeln, die inneren Bahnen *b* und *c* zum Walzen von Platinen bestimmt

gang halten läßt. Als Streckkaliber ist es wegen der geringeren Abnahme Abnahme (11···15%) weniger geeignet. Dagegen wird es als Vorbereitungskaliber bei geringer Abnahme und Stufung der Profile, sowie bei schwer walzbarem Material gern gebraucht. Die Breitung wird dadurch berücksichtigt, daß man die eingeschnittenen Ecken des Kalibers abrundet und die seitlichen Öffnungen ausschweift.

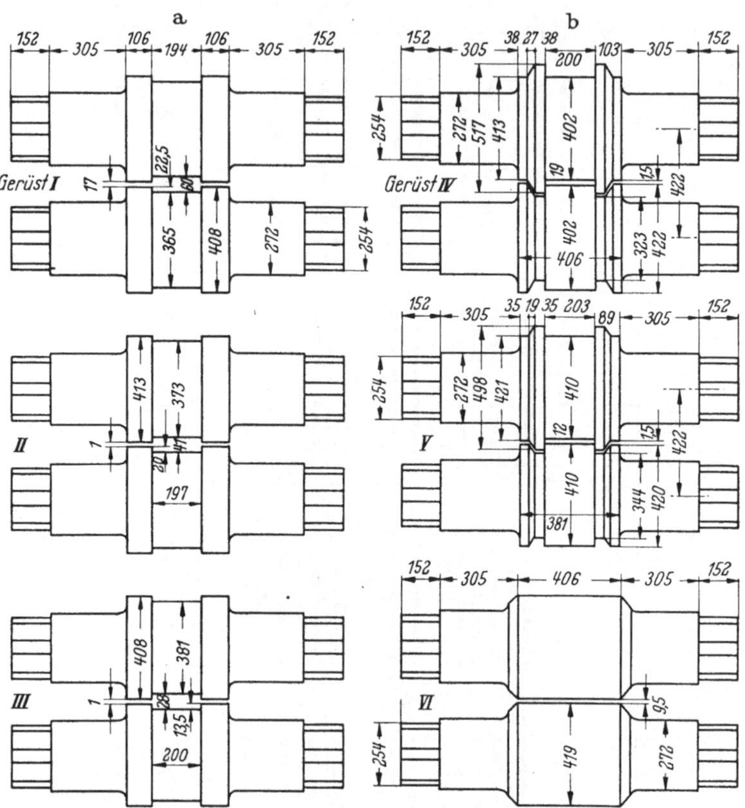

Abb. 10. Kontinuierliche Platinen-Straße zum Auswalzen von Platinen (194 × 60 auf 205 × 9,5 mm)

Das Verhältnis der Diagonalen wählt man $\frac{h}{b} = 8/9\cdots6/7$. Hierbei wird so kalibriert, daß die Breite des folgenden Kalibers gleich der Höhe des vorhergehenden gemacht wird.

Den Krümmungsradius R der gewölbten Teile des Kalibers macht man meist gleich der Größe der horizontalen Diagonale b. Der Abrundungsradius in den Spitzen des Spitzbogens ist $r = 0{,}1\ R$.

Bei großem R (Annäherung an Raute) ist die Gefahr des Umfallens kleiner. In dieser Form ist es für schwere Profile (bis 200 mm ⌀ des dem Spitzbogen eingeschriebenen Kreises) bei großer Walzlänge sowie auch als Vorbereitung für rechteckige Querschnitte geeignet. Als Vorbereitung für Rundkaliberprofile ist ein kleinerer R günstiger. Das Spitzbogenprofil wird normalerweise nach jedem Stich um 90° gekantet (aufgedreht). Es ist üblich, die Abnahmen der Spitzbogen wie auch der später noch zu behandelnden Rautenvorwalzkaliber durch das Verhältnis der Diagonalen auszudrücken. Man spricht z. B. von 1/7 oder 1/9 Abnahme,

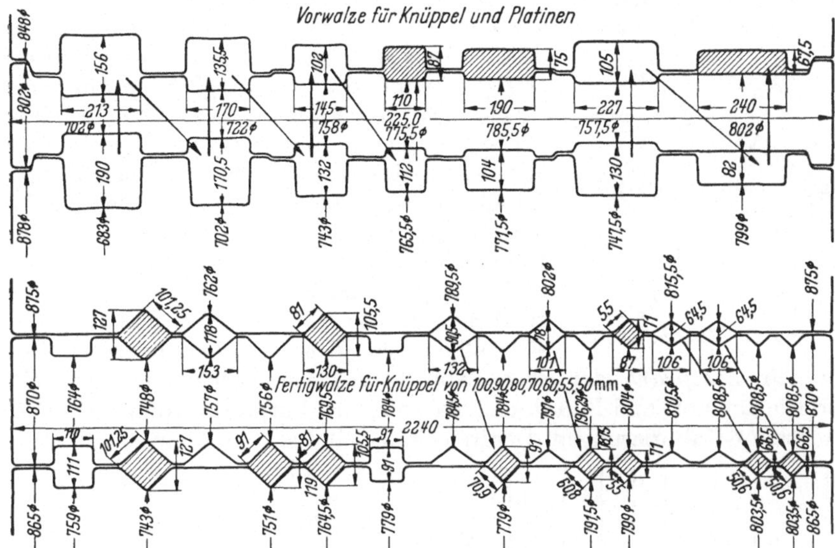

Abb. 11. Knüppel- und Platinen-Vorwalzen (Gerüst I) sowie Knüppel-Fertigwalzen (Gerüst II) einer 875er Trio-Halbzeugstraße

wenn die vertikale Diagonale der Kaliber sich zur Horizontalen wie 6/7 bzw. 8/9 verhält. Die Abnahme, also das Verhältnis des Querschnitts nach dem Stich zum Querschnitt vor dem Stich, ist dann $(6/7)^2$ bzw. $(8/9)^2$.

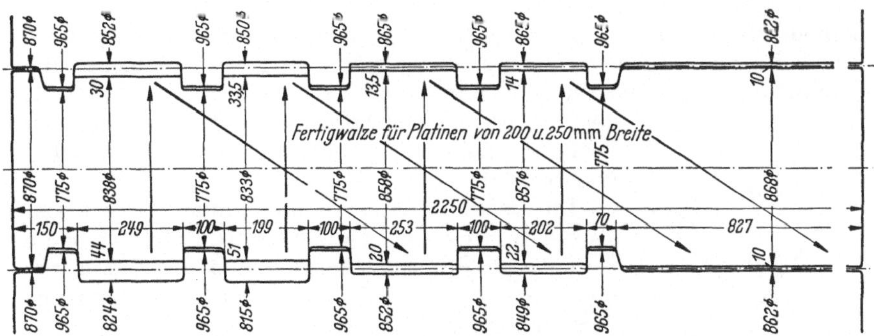

Abb. 12. Platinen-Fertigwalzen einer 875er Trio-Straße

Da mit Spitzbogenkalibern keine großen Streckungen zu erzielen sind, sind sie gerade für solche Werkstoffe geeignet, die keine hohen Abnahmen vertragen (Sonderstähle, z. B. Roneusil u. a.). Auch sind sie für Vorbereitungskaliber gut verwendbar, bei denen eine höhere Abnahme wegen zu großer Stufung unerwünscht ist, der Walzer also nicht für jede Sorte ein passendes Kaliber auf der Vorwalze findet. Die Spitzbogen und Rautenkaliber sind auch insofern den Kastenkalibern einer Blockwalze und den Streckkalibern überlegen, als sie, zum Unterschied von den letzteren, bei jedem Stich einen annähernd quadratischen Querschnitt ergeben, der als Anstich auf den Fertigwalzen immer erwünscht ist.

Bei Spitzbogenkalibern lassen sich auch leicht Zwischenquerschnitte durch *Aufziehen* oder *Schließen* der Walzen erzielen, ohne die ursprünglich gewünschte Grundform zu verletzen. Dies ist gleichfalls als ein großer Vorteil der Spitzbogenkaliber anzusehen. Die Spitzbogenprofile lassen sich für alle Größen anwenden, bei denen der Durchmesser des eingeschriebenen Kreises kleiner als 200 mm ist; für größere Durchmesser sind sie nicht geeignet. Leider gehören sie nicht mehr zu den modernen Kaliberformen und verlieren sich allmählich ganz aus dem heutigen Gebrauch. *Spießkant* oder *Raute* (Abb. 14 u. 17) sind sehr beliebt als Vorprofile für Vor- und Fertigquadrate sowie für Vorprofile von Sechs- und Achtkant-Kalibrierungen. Der Spießkant leitet sich aus dem Spitzbogen-

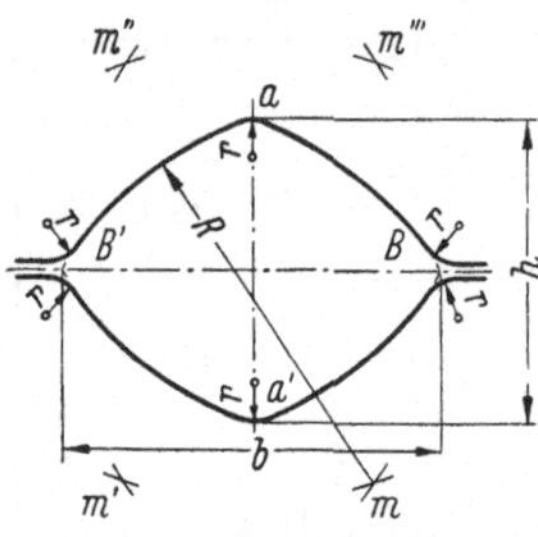

Abb. 13. Spitzbogenkaliber

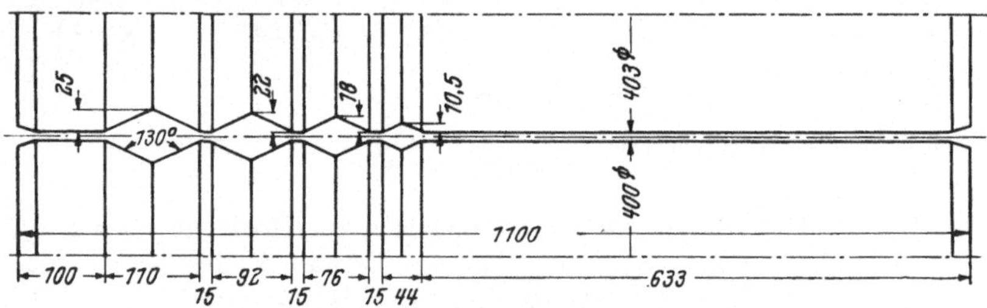

Abb. 14. Walzen für *Spießkant*-Kaliber mit Flachbahn

kaliber ab, wobei $R = \infty$. Hier gelten ganz ähnliche Streckungsgesetze wie beim Spitzbogen, nur hemmen die graden Begrenzungsflächen die Breitung weniger als die gewölbten, und es empfiehlt sich daher, in der Bemessung der horizontalen Diagonalen noch $1 \cdots 2$ mm mehr zuzugeben als bei der Spitzbogenkonstruktion.

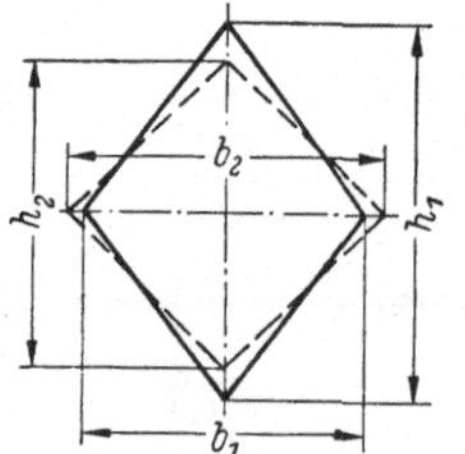

Abb. 15. Zur Konstruktion des *Quadrats* aus dem *Spießkant*

Die vertikale Höhe h muß immer kleiner sein als die Breite b, und zwar um etwa 1 mm, wenn die Seitenlänge des Spießkants $a = 4$ bis 7 mm beträgt, und um etwa 3 mm, wenn die Seitenlänge $a \cong 40$ mm erreicht. Die Länge der horizontalen Diagonale hängt also direkt von der Streckung ab, die man erzielen will. Wählt man als Abnahmekoeffizient 1,14, so ergibt sich der Querschnitt des Spießkantes mit $Q = 1{,}14 \cdot a_w^2$ (a_w = Warmmaß der gewünschten Quadratseite). Der Querschnitt der Raute besteht aus 4 Dreiecken, deren Inhalt jeweils $\frac{1}{2} \cdot \frac{b}{2} \cdot \frac{h}{2}$ ist. Die Fläche ist daher $Q = \frac{b \cdot h}{2}$. Da Q auch gleich

$1{,}14 \cdot a_w^2$ sein muß, ist $\frac{b \cdot h}{2} = 1{,}14 \times a_w^2$ und $b = \frac{2.1{,}14 \cdot a_w^2}{h}$ (Breite der Vorraute für Fertigquadrat).

Eine einfache Konstruktion der Raute ergibt sich, wenn man den Winkel in der Spitze annimmt. Diese Winkel sind umso größer, je kleiner die Seitenlänge der Raute ist. Auch hier gilt das Gesetz, daß die Höhe des jeweiligen Rautenquerschnittes gleich der horizontalen Diagonale des folgenden Stiches, abzüglich 1 ··· 3 mm, sein soll. Für eine Seitenlänge von

5···13 mm wird $\alpha \sim 112°$ 26···32 mm wird $\alpha \sim 105°$
14···25 mm wird $\alpha \sim 108°$ $>$ 32 mm wird $\alpha \sim 102°$.

Diese Skala der Winkel α erweist schon, daß man ihn um so stumpfer, bei gleicher Höhe die Raute also um so breiter wählt, je kleiner das Quadrateisen ist. Das hat seinen Grund darin, daß dann die Raute in der Hochkantstellung oben und unten spitzer ist. Da die Führung aber gerade in diesen Spitzen am wirksamsten ist, fallen solche *schlanken* Rauten weniger leicht um. Andererseits wird aber dann der *Druck* im Kaliber größer, und die Dimension fällt gleichmäßiger aus. Je mehr der Spießkant sich der Quadratform nähert, je stumpfer er also ist, desto genauer wird das Endprodukt, um so größer ist aber auch die Gefahr des Umfallens in der Führung und damit der Ausfall von verwalztem Material. Je schlanker dagegen die Raute ist, desto leichter kann mittels der Führung das Umfallen verhindert werden, desto ungenauer aber wird das Fertigfabrikat. Diese Ungenauigkeiten zeigen sich besonders darin, daß Quadrateisen aus schlanken Rauten auf der einen Seite im Profil sehr voll ausfallen, auf der anderen dagegen im Kaliber zu leer gehen können.

Quadratprofile sind als Fertigprofile sehr gesucht, aber noch mehr verwendet man sie als Zwischenkaliber in der Streckkaliberreihe Quadrat-Oval. Walzen, die so geschnitten sind, daß sie die Quadrat-Ovalreihe in entsprechender Aufeinanderfolge enthalten, werden infolge der sehr hohen Abnahmen, die sie erzielen, *Schnell-Walzen* genannt (Abb. 16). Für Querschnitte von 100 × 100 mm² abwärts eignen sich für größere Abnahmen die Quadrat-Ovalreihen am besten. Abnahmen von Oval nach Quadrat ergeben meist nur 70% der Abnahmen von Quadrat nach Oval. Die letztere erreicht über 50% Abnahme in einem Stich. Die größten Abnahmen (50···55%) werden erzielt bei Ovalen von etwa 45 mm Breite und Quadraten von etwa 20···25 mm Seitenlänge. Für Querschnitte darüber und darunter muß man allmählich auf 25···30% zurückgehen und so der Querschnittsgröße und der Abkühlung des Walzgutes Rechnung tragen. Die geringeren Abnahmen sind darauf zurückzuführen, daß große Querschnitte eine zu große Walzarbeit verbrauchen, kleinere dagegen zu leicht erkalten. Größere Abnahmen verlangen schlanke Ovale, d. h. ein größeres Verhältnis von Ovalbreite b zu Ovalhöhe h; bei 50···55% Abnahme ist $\frac{b}{h} = 3{,}5$; bei 40···45% Abnahme $\frac{b}{h} = 3{,}0$[1].

[1] Bei den heute oft gebräuchlichen sehr hohen Walzgeschwindigkeiten tritt ein zu hoher Verschleiß bei den vorstehend angegebenen Abnahmen auf, so daß man an modernen Drahtstraßen z. T. wieder auf Abnahmen von 18···32% in der Quadrat-Oval-Reihe, bzw. Oval-Rund-Reihe zurückgegangen ist

Als Winkel des Quadrats wählt man vielfach $\alpha = 90°$. Bei stärkeren Profilen ist es aber besser, ihn etwas größer zu halten (91···96°). Der Walzdruck nimmt von einem Maximum in der Mitte nach der Seite hin

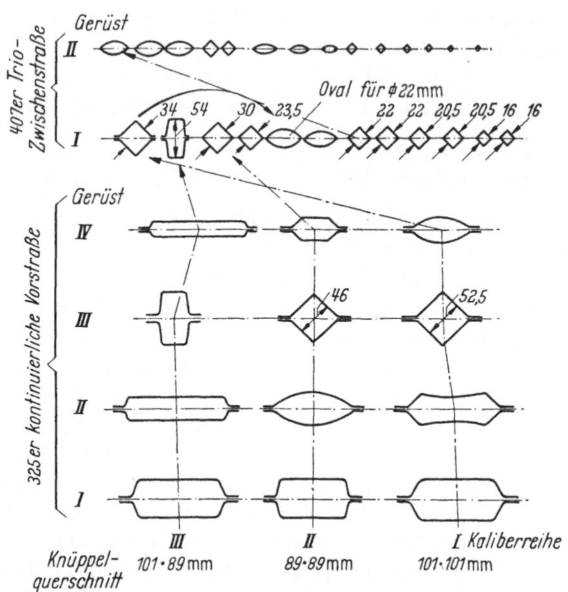

Abb. 16. Stichfolge der kontinuierlichen Vorstraße und der Zwischenstraße

ab; aber die breitende Wirkung des stärkeren Druckes in der Mitte überwiegt die schrumpfende Wirkung an den Seiten. Das Eisen breitet also, wenn die Höhe richtig eingestellt ist, und die Führungen genau liegen, ohne seitlich auszutreten. Um nun jedes seitliche Austreten unmöglich zu machen, wird vielfach eine Ausschweifung im Kaliber vorgesehen (Abb. 17).

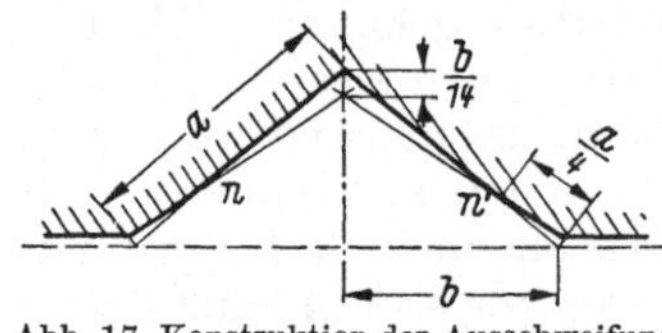

Abb. 17. Konstruktion der Ausschweifung für Fertig-Quadrat aus Führung

Es ergibt sich nun nachfolgende Kalibrierung: das Kaliber des Vorquadrates ist entweder ein genaues Quadrat — meist für kleinere Dimensionen bis 15 mm Seitenlänge ausgeführt — oder ein leicht verschobenes Quadrat (Seitenlänge $a > 16$ mm), bei welchem die horizontale Diagonale b das 1,42fache, die vertikale Diagonale h das 1,40 bis 1,41fache der Warmquadratseite ist (Abb. 18).

Spießkant- und Fertigkaliber müssen immer auf getrennten Walzen, am besten auf 2 Duos, liegen, wobei Raute unten und Quadrat oben eingebaut sein sollen.

Die Abnahmen für handelsübliches Material sind meist 20···25%, für Edelstähle 10···12%. *Ovalprofile* sind, streng genommen, keine Ovale, sondern Kreisbogenausschnitte, die mit einem Bolzen von bestimmtem Durchmesser in den Walzballen eingeschnitten sind (Abb. 19). Ihrer Natur nach muß man hier zwischen Streckovalen und Schlichtovalen unterscheiden. Die in der Quadrat-Ovalreihe vorkommenden Ovale sind ausnahmslos Streckovale, die je nach ihrem Verhältnis $\frac{b}{h} = 3{,}5; 3{,}0$ und $2{,}5$ mittlere Querschnittsabnahmen von 50%, 35···40% und 30% ergeben. Wenn man, wie dies bei den meisten Schnellstraßen der Fall ist,

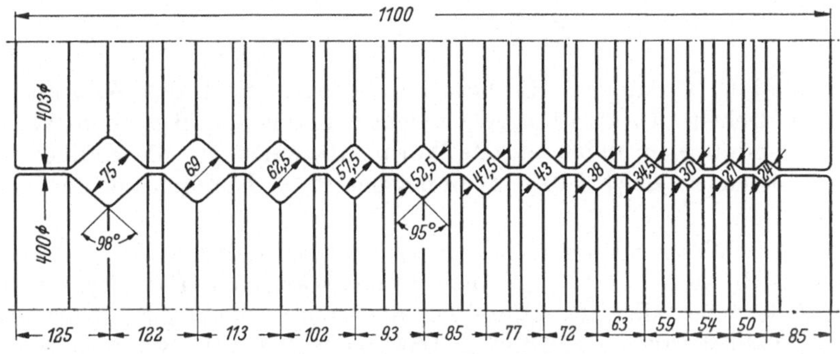

Abb. 18. Walzen für Vorquadrate

das Verhältnis von Breite zu Höhe des Ovals mit 3 annimmt, so ist es üblich, den Bolzenradius, mit welchem die Oval-Profile eingeschnitten werden, $r = 0{,}85 \cdot b$ zu wählen, also mit 85% der jeweiligen Ovalbreite. Die Höhe des Quadrats, das aus diesem Oval gewalzt wird, ist dann in der Diagonalen zu $h' = (0{,}5 \cdots 0{,}6) \cdot b_w$, also etwa zur Hälfte des Warmmaßes der Ovalbreite anzunehmen. Die Seite des Quadrates, das aus dem Oval gewalzt wird, ist dann $c = \frac{h'}{1{,}41}$. Dagegen ist die Höhe des Ovals, das aus dem quadratischen Querschnitt gewalzt wird, $h = 0{,}6 \cdot a$, also das

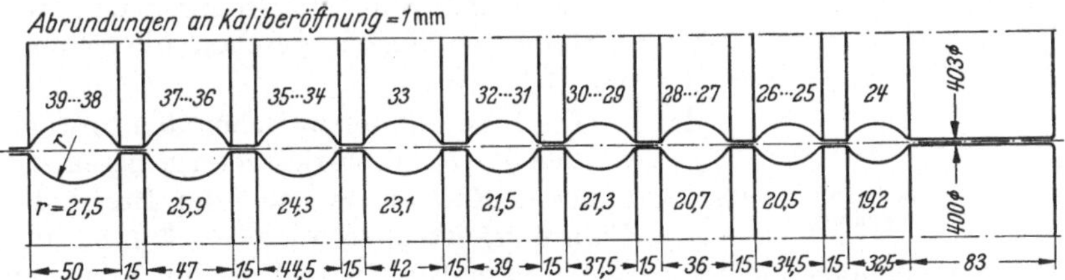

Abb. 19. Abrundungen an Kaliberöffnung = 1 mm. Walze für Schlichtovale

0,6fache der Quadratseite. Auf diese Weise ist es sehr einfach, die Kalibrierung einer Schnellwalze mit Ovalquadratprofilen durchzuführen.

Aus Quadrateisen von etwa 11×11 mm² Querschnitt und schwächer können Flacheisen bei einmaligem Durchgang auf glatten Walzen hergestellt werden, so daß das Verhältnis von Breite zu Höhe gleich 2:1 und darunter bleibt. Wenn a und b die Seitenlängen des erstrebten Flacheisens sind, so ist die Seite des Vorquadrates, aus welchem das Flacheisen gewalzt wird, $\frac{a+b}{2}$.

Rundeisen werden als Fertigkaliber für Draht und Stabstähle sehr häufig verwendet. *Draht* wird nach dem Durchgang durch das letzte Kaliber aufgehaspelt, während Rundstäbe in bestimmten Längen geschnitten und direkt vom Walzwerk dem Kühlbett zugeleitet werden. Beim Walzen von Rundkalibern aus *Freihand* werden Fertigrunddurchmesser von 50…120 mm gewalzt, wobei die Vorstiche als Durchmesser: $d_w = 1{,}013 \cdot (d_k + 2{,}5\%)$ als *b*-Stich; $d_w = 1{,}013 \cdot (d_k + 5\%)$ als *c*-Stich und der *d*-Stich:

$$d_w = 1{,}013 \cdot (d_k + 7{,}5\%)$$

Rundkaliber verlangen. Hierbei ist nach jedem Stich das Walzgut um 90° zu drehen. Aus den Formeln ersieht man schon, daß es beim Walzen von Rundprofilen üblich ist, das Warmmaß, welches in die Kaliber eingeschnitten ist, gleich $1{,}013 \cdot d_k$ zu machen (d_k = Durchmesser des Kaltprofils).

Das Schlichtoval hierzu hat normalerweise die Höhe: $h = 1{,}165 \cdot d_k$ und die Breite $b = 1{,}30 \cdot d_k$. Auch für das Walzen aus *Führung*, welches heute fast bei allen Rundprofilen angewendet wird, gilt: Warmmaß d_w = Kalibermaß $= 1{,}013 \cdot d_k$. Das Schneiden von Rundprofilen in die Walzballen wird so gehandhabt, daß das Rundprofil zuerst mit dem Fertigbolzen des Warmprofils vor- und dann mit dem nächst größeren Bolzen nachgeschnitten wird. Von 5,2…12 mm Warmmaß sind die Bolzen zum Nachdrehen um 0,5 mm stärker, von 12 bis etwa 20 mm um 1,0 mm stärker als die ursprünglichen Rundbolzen für das Warmprofil. Der Walzspalt beträgt bei den letzteren 1,0…1,5 mm, im ersten Fall dagegen maximal 1,0 mm. Die Ausschweifung mit dem nächst größeren Bolzen wird am geschnittenen Rund so ausgeführt, daß sich die Begrenzungskurven der beiden Profile in ~ 25% der Radiuslänge vom Mittelpunkt des ursprünglichen Bolzens gesehen, überschneiden (Abb. 20).

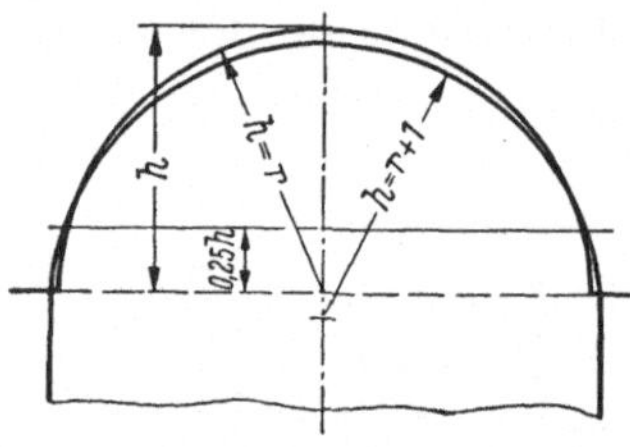

Abb. 20. Ausschweifung für Fertigrund aus Führung

Die Innenränder zwischen den Profilen werden 5…15 mm stark stehen gelassen, die äußeren Ränder, je nach der Breite der Führungskästen, etwa 50…60 mm, des öfteren auch noch kleiner gehalten. Bei Rundeisen-Durchmessern von weniger als 30 mm ist die horizontale Diagonale nach KIRCHBERG um etwa 2% größer zu nehmen, um die Schrumpfung in den nicht gedrückten Seitenteilen zu berücksichtigen.

Sehr wichtig zur Erzielung eines guten Fertigrunds ist der zugehörige Vorstich, das Schlichtoval. Beim Oval wächst das Breiten nicht proportional der Gesamtbreite. Für kleinste Rundprofile (4…10 mm) ist es mit 1 mm, für größere Rundprofile (bis 200 mm) mit etwa 1…4 mm anzunehmen. Das *Springen* der Ovalwalzen nimmt man bis 40 mm Durchmesser mit 1,5…3 mm, bis 200 mm Durchmesser mit 3…10 mm an. Hiermit wird ein zu voll gehendes Ovalkaliber korrigiert. KIRCHBERG empfiehlt folgendes Verhältnis der Ovalhöhe h zum Durchmesser d des gewünschten Rundeisens:

d (mm)	$\frac{h}{d}$
10	0,800
9	0,797
8	0,790
7	0,777
6	0,751
5	0,700

Der gleiche Verfasser gibt vom Schlichtoval zum Fertigrundkaliber eine Streckung von 14% als sehr bewährt an. Ist der Querschnitt des Ovals $= Q_{0v}$, der des Rundprofils $\frac{d_w^2 \cdot \pi}{4}$, so erhält man $Q_{0v} = \frac{1,14 \cdot d_w^2 \cdot \pi}{4}$. Der Flächeninhalt F_0 des Ovals von der Breite b und der Höhe h kann mit guter Annäherung gesetzt werden: $F_0 = \frac{2}{3} \cdot b \cdot h$. Es ist also: $\frac{2}{3} \cdot b \cdot h = 1,14 \cdot \frac{d_w^2 \cdot \pi}{4}$ und $b = \frac{1,14\, d_w^2 \cdot \pi}{4h} \times \frac{2}{3} = \frac{3,42 \cdot \pi \cdot d_w^2}{8\,h}$.

Für 30 *Rund* ist z.B. $h = 28$ mm, also $b = \frac{3,42 \cdot \pi}{8} \cdot \frac{900}{28} = 43$ mm.

Als Vorprofil für das Schlichtoval wird heute fast immer ein Quadratprofil verwendet, dessen Seitenlänge nach Geuze $1,1 \cdot d$ ist (d = Durchmesser des Fertig-Rundquerschnittes). Diese Regel bedingt eine Gesamtstreckung von 1,54, entsprechend 35% Abnahme vom Quadrat nach dem Fertigrund, und liefert für Fertigprofile von 25···80 mm Durchmesser gut brauchbare Resultate. Für kleinere Profile werden die Schlichtovale zu voll. Kirchberg verlangt vom Quadrat zum Rund eine Streckung von 1,3. Die Fläche des Quadrates ist dann $Q_q = \frac{d_w^2 \cdot \pi \cdot 1,3}{4} = a^2$, wenn a die Seitenlänge des Quadrates ist. Es wird dann:

$$a = \sqrt{\frac{1,3\, d_w^2 \cdot \pi}{4}} = 1,01 \cdot d_w .$$

Wie die Ovalprofile in Rundprofile und die Rechtkant- in Ovalprofile gesteckt werden, zeigt Abb. 21 unter Berücksichtigung besonders harter

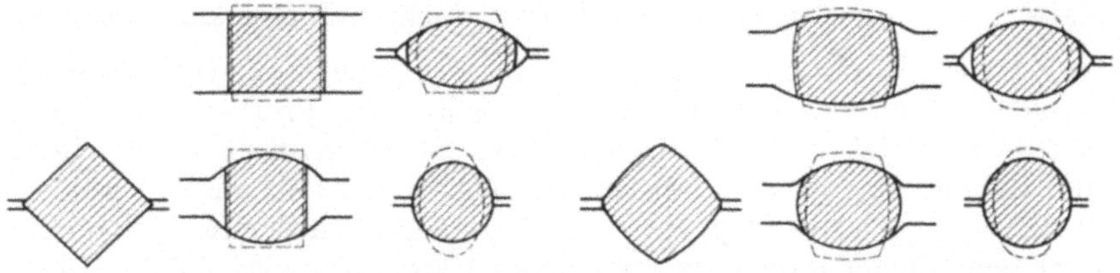

Abb. 21. Rundkalibrierung für harte Stahlsorten mit eingeschaltetem Ovalstaucher Rundkalibrierung für harte Stähle. Alle Kaliber mit gewölbten Begrenzungen

Stahlsorten. Aus vorstehendem ist ersichtlich, daß wie die Ovale, auch die zugehörigen Quadrate sehr verschieden bemessen werden. Es gibt hier eben keine allgemeingültige Regel. Die Streckung kann in ziemlich weiten Grenzen verschieden sein, wenn nur die Breitung ausreichend berücksichtigt wird.

Sehr beliebte Kaliber, die unschwer mit regulärem Druck zu kalibrieren sind, sind Sechs- und Achtkantkaliber (Abb. 22). Diese Kaliber sind mit entsprechenden Vorstichen, die meist von einem Rautenkaliber

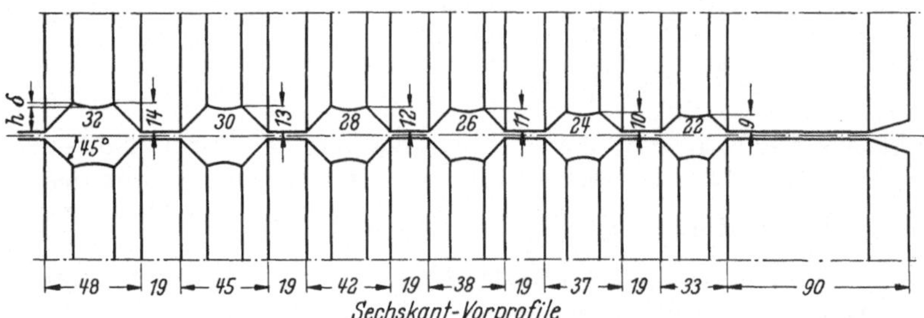

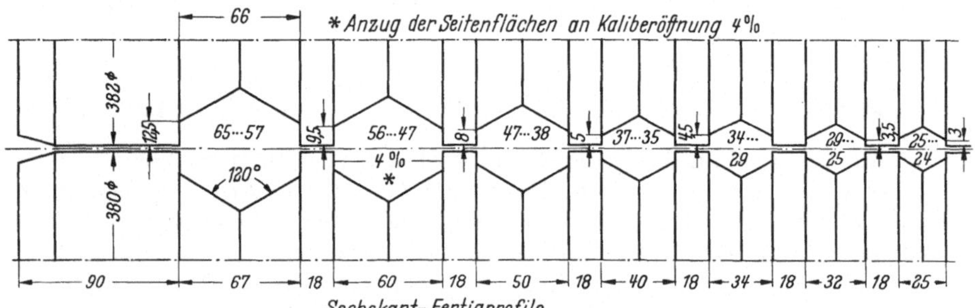

Abb. 22. Sechskant-Vorprofile; Sechskant-Fertigprofile

ausgehen, und dann über ein flaches Sechs- bzw. Achtkantkaliber in einen regelmäßigen symmetrischen Sechskant- bzw. Achtkantquerschnitt übergehen, sehr genau zu walzen. Dieses Verfahren eignet sich auch für Hohlbohr-Stahlprofile, bei denen der Ausgangsknüppel vor dem Walzen gelocht und mit einer Seele aus legiertem Stahl (etwa 12% Mangan und 1% C) versehen wird. Man beachte in den Vorstichen den Wechsel des Walzspaltes, einmal in einem Eck, das andere Mal in einer glatten Seite, in welcher eine Gratbildung nicht auftreten kann (Abb. 23).

Zu den Kaliberformen, die heute mit regulärem Druck gewalzt werden, gehören noch eine ganze Reihe weiterer Profile, z. B. Kreuz-, Sägen-, Dreikant- und Flügelprofile usw., vor allem aber auch Flacheisen und Bänder bis zu gewissen Breiten [*1a*]. Flacheisen wird in größeren Mengen vielfach auf Doppelduos gewalzt, wobei in der Reihe der 4···6 gerüstigen Straße immer ein Stauchgerüst vorgesehen ist, um die Kanten des *Flachs* möglichst scharf zu erhalten.

Nachdem die unter Berücksichtigung der Abnahmen vorberechneten Kaliber aufgezeichnet sind, werden sie auf die Walzen mit möglichst gut ausgenutzter Platzersparnis verteilt. Hierbei spielen die Gerüstarten (Duo- bzw. Triogerüste) und die Arten der vorhandenen Walzenstraßen (offene, halb- oder vollkontinuierliche) für diese Verteilung

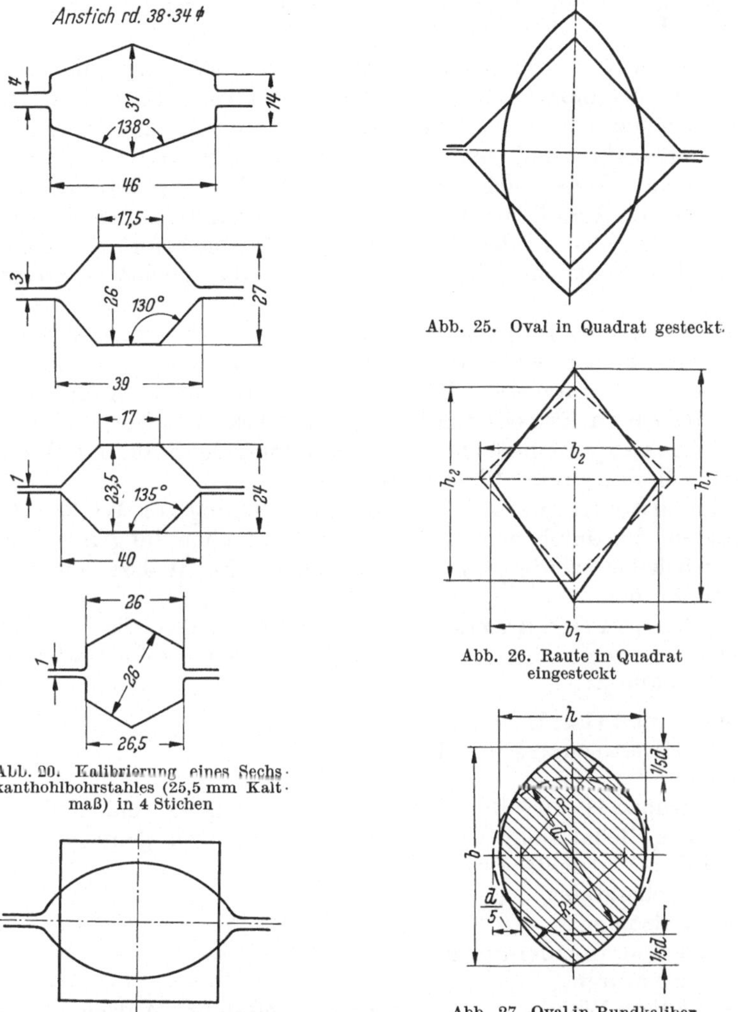

Abb. 20. Kalibrierung eines Sechskanthohlbohrstahles (25,5 mm Kaltmaß) in 4 Stichen

Abb. 24. Quadrat in Oval eingesteckt

Abb. 25. Oval in Quadrat gesteckt.

Abb. 26. Raute in Quadrat eingesteckt

Abb. 27. Oval in Rundkaliber gesteckt

der Kaliber ebenfalls eine sehr maßgebende Rolle. Dabei ergibt sich oft, daß das Walzprofil, bevor es in das folgende Kaliber eintritt, durch automatisch arbeitende *Umführungen* umgeführt werden muß. Häufig werden auch sogenannte *Führungskästen* verwendet, die das Vorprofil mit entsprechendem Spiel und zum Austritt konisch zulaufend enthalten. Wie verschiedene Vorprofile relativ zu dem darauffolgenden Kaliber liegen müssen, um optimal erfaßt und verformt zu werden, ist aus den Abb. 24···27 zu ersehen.

B. Fehlerquellen beim Walzen

Fehler durch: Lunker und Gasblasen, Zeilenstruktur und Einschlüsse im Stahl, Flocken, Warmbehandlung während des Walzvorganges, Überwalzungen, Einwalzen fremder Stoffe, Walzarmaturen, beschädigte Walzen und deren schlechtes Arbeiten, Rot- und Heißbruch.

Beim Walzen verschiedener Werkstoffe läßt sich ein zeitweises Auftreten bestimmter Werkstoffehler nicht vermeiden; ihre Ursache bildet in einem Hüttenwerk vielfach eine sehr umstrittene Frage zwischen dem Stahlwerker und dem Walzwerker [2]. Eine klare, sichere Beantwortung der Frage nach deren Ursprung gibt dem Betriebe aber ein Mittel in die Hand, um in Zukunft das Auftreten einer bestimmten Fehlerquelle zu vermeiden und bei ihrem Auftreten sofort zu entscheiden, in welchem Betriebe die eigentliche Ursache solcher Fehlerquellen liegt.

Es ist also die Aufgabe und der Sinn der vorliegenden Arbeit, vorkommende Fehlerquellen, die an Walzzeug auftreten, zu ermitteln und sie dann so zu gruppieren, daß die Ursachen der einen Gruppe in reinen Werkstoffehlern, also einwandfrei im Stahlwerk zu suchen sind, während die andere Gruppe eine fehlerhafte Behandlung des Stahles im Walzwerk zeigen soll, d. h.: reine Walzwerksfehler.

Eine dritte Gruppe soll dann die Aufzeichnung von Werkstoffehlern enthalten, die durch eine bestimmte Wärmebehandlung im Walzwerk wieder behoben werden können, also: fehlerhaftes Walzzeug durch Rot- und Heißbruch.

In Gruppe I sind dreierlei Fehler zu unterscheiden, die im Stahlwerk gemacht werden können: die Anlieferung eines fehlerhaften Walzmaterials durch:

1. Lunker und Gasblasen,
2. Zeilenstruktur und Einschlüsse im Stahl,
3. Flocken.

In Gruppe II sind fünf Hauptpunkte zu unterscheiden, die durch fehlerhafte Behandlung des Stahles im Walzwerk gemacht werden; es sind dies Walzfehler durch

4. Warmbehandlung,
5. Überwalzungen,
6. Einwalzung fremder Stoffe,
7. Walzarmaturen,
8. beschädigte Walzen sowie schlechtes Arbeiten der Walzen.

1. Fehlerhaftes Walzzeug durch Lunker und Gasblasen

Die Hohlräume, die durch Lunker und Gasblasen entstehen, werden durch das Walzen in der Walzrichtung gestreckt und unter günstigen Umständen zusammengepreßt und zusammengeschweißt. Um dieses zu ermöglichen, ist die Verarbeitung bei genügend hoher Temperatur (Schweißtemperatur) vorauszusetzen. Eine zweite Voraussetzung hierbei ist, daß die Lunkerwände blank und frei von störenden, besonders von nichtmetallischen Verunreinigungen sind. Wenn diese beiden Bedingungen nicht erfüllt sind, so tritt eine Trennungsschicht zwischen dem Metall ein und macht das Walzzeug unbrauchbar. Bemerkenswert ist hierbei jedoch, daß auch mit Glühspan überzogene Wände zusammengeschweißt werden, wenn der Kohlenstoffgehalt des Eisens genügend hoch ist, um die Reduktion der Oxyde zu ermöglichen [*3*].

Gasblasen verhalten sich beim Walzen ebenso wie Lunker; sie werden in der Bearbeitungsrichtung gestreckt und verschweißen bei genügend hohem Walzgrad gut, denn ihre Innenflächen sind im allgemeinen nicht von Oxydschichten umgeben. Bedeutend ungünstiger auf den Walzvorgang wirken sich Randblasen aus, da ihre Oberflächen stets mit einer mehr oder weniger starken Oxydschicht besetzt sind, die sich durch den Sauerstoffgehalt der Luft oder Zunder bildet. Wenn die Randblasen ganz oder sehr nahe der Blockoberfläche liegen, so sieht die Oberfläche von derartigen Blöcken nach dem Walzen wie mit Schuppen oder Rissen bedeckt aus. Dieses rissige Aussehen der Oberfläche kommt dadurch zustande, daß durch das Walzen die Randblasen aufgerissen werden.

Lunker findet sich vor allem in der Haube eines Blockes vor; daher wird dieser oberste Teil des Blockes vielfach abgebrannt. Bei hochwertigen Stählen wird, um die Randblasenschicht zu entfernen, der Block oft noch vor dem Walzen abgedreht.

Abb. 28 stellt einen ECN-Stahl 45 dar, der von 400 mm ∅. auf 240 mm Dmr. heruntergewalzt wurde. Die Beizscheiben zeigen Poren,

Abb. 28. Bruchproben ECN 45

die bei den Bruchproben des Stahles als unverschweißte Schwindungshohlräume festgestellt wurden. Vom gleichen Stahl wurden auch bei anderen Proben Schliffbilder gemacht, da nur kleinere Poren vorlagen, die durch Randblasen verursacht waren.

Abb. 29 zeigt den gleichen ECN-Stahl 45, ungebeizt, von 19 mm ∅., Abb. 30 den gleichen Stahl in gebeiztem Zustande und Abb. 31 eine Randblase in dem gleichen Werkstoff, die durch das Walzen stark gestreckt wurde, wobei aber die Oberfläche des Stahles noch nicht aufgerissen war. Dieser Schliff wurde auf sein Primärgefüge geätzt, während die Schliffe nach Abb. 29 und 30 sekundär geätzt wurden.

Abb. 32 gibt die Randblasenzone eines auf 80 mm ∅ gewalzten Stahles wieder. In Abb. 33 und 34 lassen sich die Randblasen durch

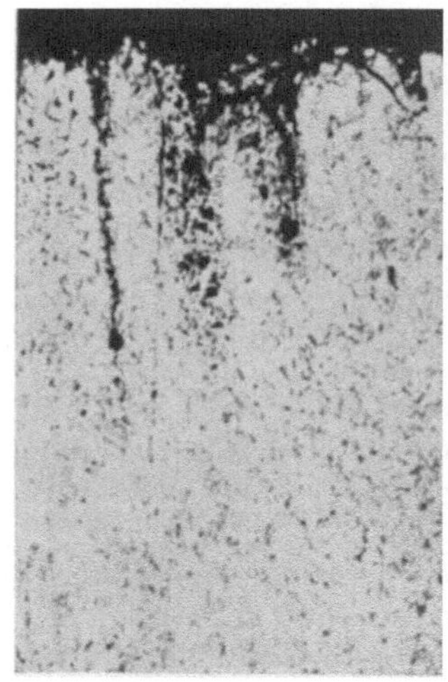
Abb. 29. ECN 45; naturhart

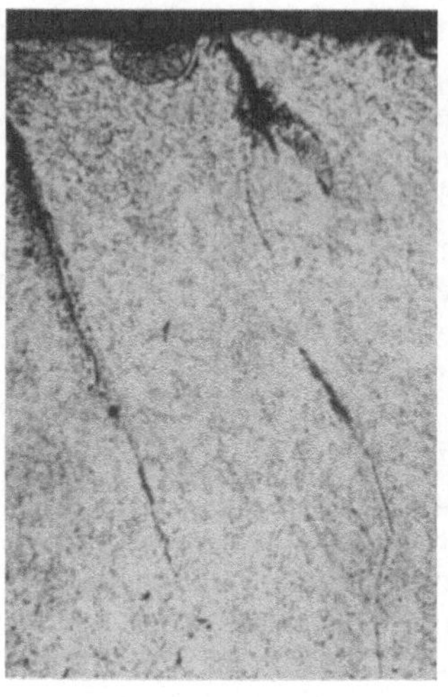
Abb. 30. ECN 45; naturhart. Gebeizt

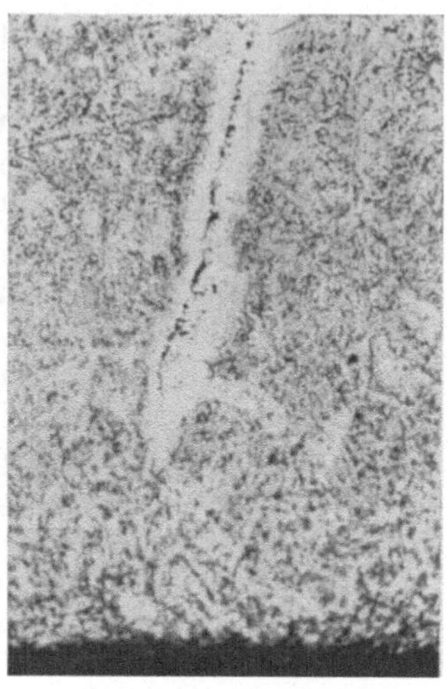
Abb. 31. VCN 45; naturhart; Oberhoffer-Ätzung

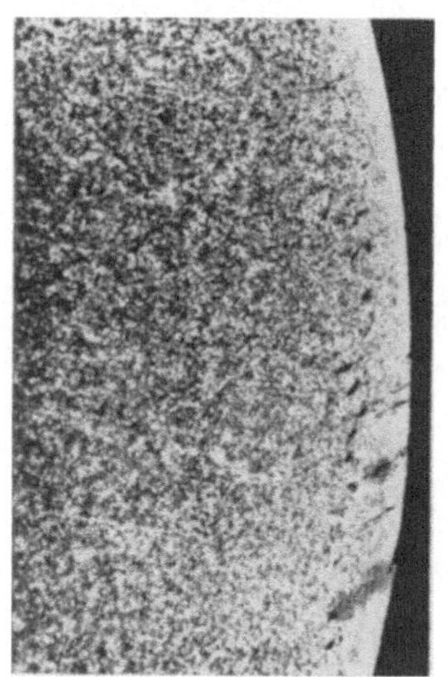
Abb. 32. Oberhoffer-Ätzung

Abb. 33. Stauchprobe

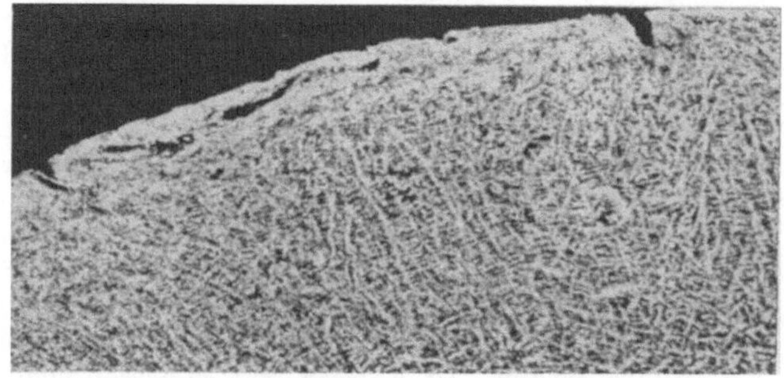
Abb. 34. Stauchprobe; Oberhoffer-Ätzung

die Stauchproben leicht erkennen. Während Abb. 33 das makroskopische Bild einer Stauchprobe zeigt, die durch Randblasen aufgerissen ist, stellt Abb. 34 einen Schliff durch diese Stauchprobe in fünffacher

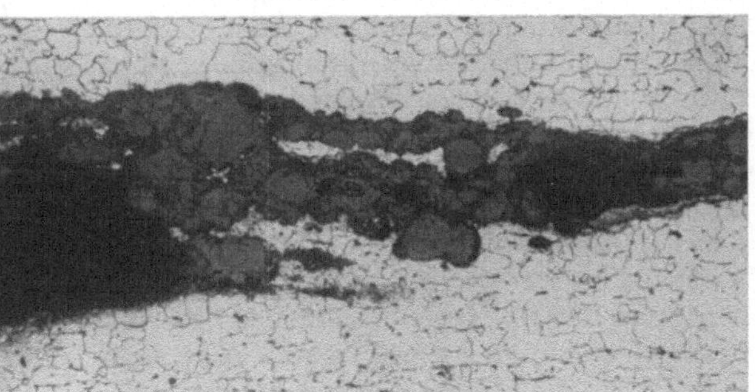

Abb. 35. Doppel-T-Träger

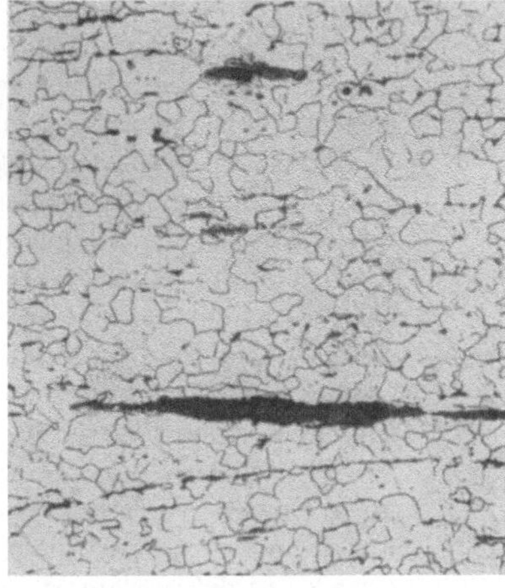

Abb. 36. Doppel-T-Träger

Vergrößerung nach der Oberhoffer-Ätzung dar. Durch Lunkerstellen im gewalzten Werkstoff können noch leichter Brüche hervorgerufen werden als durch Blasen. In Abb. 35 und 36 werden solche Lunkerstellen in einem Doppel-T-Träger gezeigt, durch die das vollständige Reißen des Trägers verursacht wurde.

2. Fehlerhaftes Walzzeug durch Zeilenstruktur und Einschlüsse im Stahl

Wenn die Dendriten und Globuliten keine einheitliche Zusammensetzung aufweisen und das Gefüge durch eine starke Verformung, z. B. durch Walzen, in einer Richtung gestreckt wird, so tritt Zeilengefüge auf. Durch Kristallseigerung bei der Primärkristallisation wird vor allem ungleichmäßige Zusammensetzung der Dendriten und Globuliten hervorgerufen. Auch normale und umgekehrte Blockseigerung sowie Gasblasenseigerung bewirken einen ungleichmäßigen Gefügeaufbau. Die durch Gasblasenseigerung entstandenen Zeilen sind ungleichmäßiger über den Querschnitt des Werkstückes verteilt als Zeilen, die auf Kristallseigerung beruhen. Als eine weitere, und zwar schädlichste Ursache, die zur Entstehung eines Zeilengefüges führt, sind nichtmetallische plastische Einschlüsse im Stahl anzusehen (z. B. Silikateinschlüsse). Diese Silikateinschlüsse wirken nicht bloß als Kristallisationskeime auf das Primärgefüge ein, sondern auch auf das Sekundärgefüge. An den gestreckten Schlackeneinschlüssen findet immer eine ausgeprägte Ferritausscheidung statt.

Während durch die Zeilenbildung in der Faserrichtung selbst keine bedeutende Verschlechterung der technologischen Eigenschaften des Stahles eintritt, wird deren Querempfindlichkeit aber bedeutend erhöht [*4*].

Die Elemente, die im Stahl die stärksten Seigerungen hervorrufen, sind Schwefel, Phosphor und Kohlenstoff. Bei genügender Erhitzungsdauer und genügend hohen Glühtemperaturen verteilt sich in Anbetracht seiner hohen Diffusionsfähigkeit der Kohlenstoff gleichmäßiger als eine durch Schwefel oder Phosphor entstandene Seigerung bzw. Zeilenstruktur. Eine solche kann auch durch längeres Diffusionsglühen nicht behoben werden. Besonders in der Nähe von Gasblasen sind Anreicherungen von Schwefel, Phosphor und Kohlenstoff anzutreffen. Nach H. Cramer [5] ist als Ursache für einen im Walzzeug auftretenden Riß eine Gasblase dann anzusehen, wenn nach der Oberhofferschen Ätzung im Riß eine Phosphoranreicherung nachzuweisen ist. Das Walzzeug kann vielfach nach dem Walzen eine glatte, einwandfreie Oberfläche zeigen, wobei sich aber nach dem Beizen Oberflächenfehler ergeben. Dieses erst nach dem Beizen klare Erkennen solcher Risse beruht nach Cramer [5] darauf, daß von der Oberfläche Schlackenadern ausgehen, die ungebeizt nicht als Risse zu erkennen sind, sondern erst, nachdem die Beize die Anfressungen verursacht hat. Beizblasen entstehen, wenn beim Beizen Wasserstoff in atomarer Form in den Stahl diffundiert und auf einen größeren nichtmetallischen Einschluß trifft. Er setzt sich dort zu molekularem Wasserstoff um, führt zu einer erheblichen Drucksteigerung und beult das Blech auf. Von den Beizblasen zu unterscheiden sind Blasen, die infolge von Eisenoxyduleinschlüssen des öfteren beim Warmwalzen von Blechen entstehen. Unsilizierter Stahl enthält stets größere Gasmengen. Beim Abkühlen und Erstarren des Blockes wird ein Teil der Gase zwischen den Kristalliten eingeschlossen. Die im Stahl beim Erstarren zurückbleibenden Gase bilden Hohlräume, die aber beim Weiterverarbeiten der Blöcke durch den Walzdruck bei der hohen Walztemperatur verschweißt werden, wenn die Wandungen der Hohlräume metallisch blank sind. Eine Beizprobe aber verlangt immer Zeit, und von einer Walzlänge können immer nur kurze Stabstücke gebeizt werden. Daher kann es leicht vorkommen, daß bereits eine Menge fehlerhaftes Walzzeug gewalzt ist, bevor der Fehler durch das Beizen entdeckt wird. Daher empfiehlt H. Sedlaczek die Stauchprobe, die während der Walzung laufend vorgenommen werden kann und nur wenige Sekunden dauert. Durch die Stauchprobe können die meisten Stahl- und Walzfehler festgestellt werden, da ja die Probe, um besonders sicher zu gehen, noch nachträglich gebeizt werden kann. Dagegen lehnt Sedlaczek Schleifproben zur Feststellung von Fehlern ab, da beim Schleifen vorhandene Risse leicht zugeschmiert werden und daher vielfach nicht entdeckt werden können.

Nicht alle Einschlüsse im Stahl zeigen ein plastisches Verhalten bei der Walztemperatur, so daß oft nebeneinander gestreckte und in verschiedene Teile zerfallene Einschlüsse zu beobachten sind; so z. B. sind Tonerdeeinschlüsse, die bei Aluminiumzusatz entstehen, nicht plastisch. Sie werden durch das Beizen aus dem Stahl herausgefressen.

Zeilengefüge bei einem vergüteten ECN-Stahl 45 stellen die Abb. 37 bis 42 bei verschiedenen Verformungsproben dar. Der Stahl wurde hier von 400 mm auf 140 mm ⌀ heruntergewalzt. In Abb. 37 ist die Sekundärätzung wiedergegeben, in Abb. 38 die Primärätzung. Der in Abb. 39 und 40 dargestellte Stahl wurde von 400 mm ⌀ auf 120 mm ◻ heruntergewalzt (Abb. 39 Sekundärätzung, Abb. 40 Primärätzung). Der in Abb. 41 und 42 dargestellte Stahl wurde von 400 mm

Abb. 37. ECN 45; vergütet
Sekundärätzung

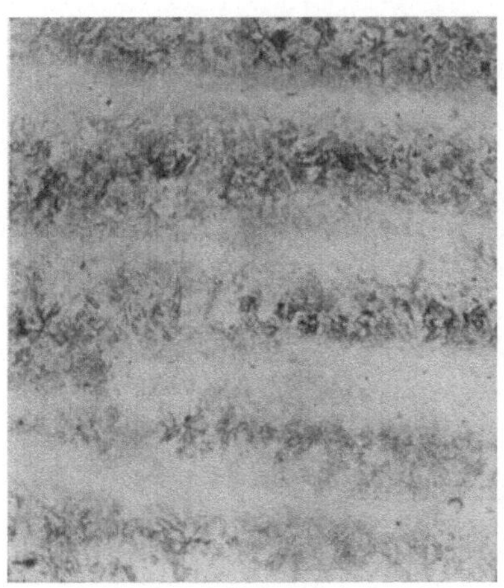

Abb. 38. ECN 45; vergütet
Primärätzung

Abb. 39. Vergütungsgefüge
Sekundärätzung

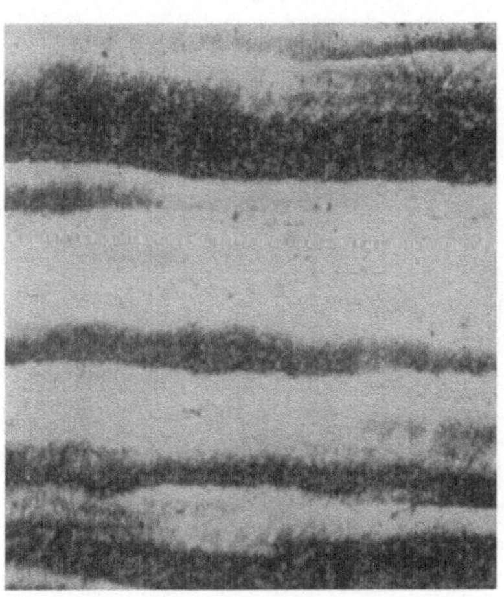

Abb. 40. Vergütungsgefüge
Primärätzung

Dmr. auf 60 mm ◻ gewalzt (hier stellt Abb. 41 das Sekundärgefüge, Abb. 42 das Primärgefüge dar). In den nächsten beiden Abb. 43 und 44 wird veranschaulicht, wie sich ein verschieden stark ausgeprägtes Zeilengefüge bei Kopf und Steg einer Schiene bemerkbar macht. Abb. 43 zeigt die starke Gefügestreckung im Querschliff des Steges, während

Abb. 44 einen Längsschliff durch einen Schienenkopf darstellt. Die untersuchte Schiene stammt offenbar aus einem schon sehr alten Werkstoff, wie schon aus dem Gefüge selbst hervorgeht, denn neuerdings werden Schienen nur aus härteren Stählen hergestellt. Durch Abb. 45

Abb. 41. ECN 45; vergütet
Sekundärätzung

Abb. 42. ECN 45; vergütet
Primärätzung

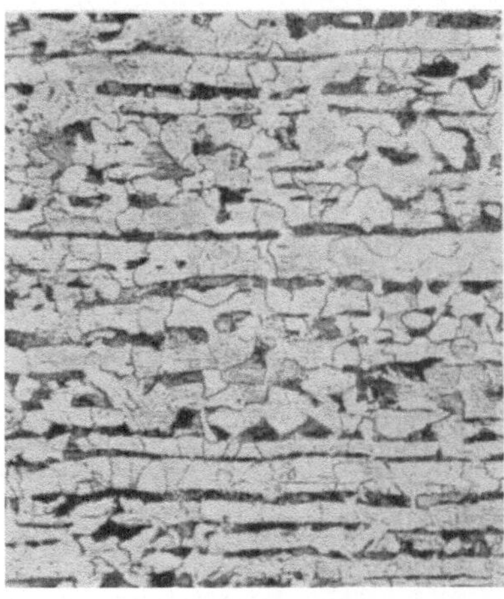

Abb. 43. Schiene; Steg

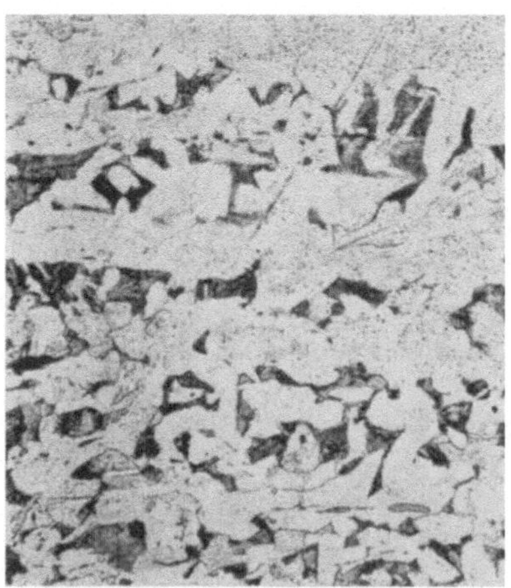

Abb. 44. Schiene: Kopf
Pikrinsäureätzung

wird wiedergegeben, wie sich durch das Walzen auch die Karbide in einem höhergekohlten bzw. legierten Stahl zeilenförmig anordnen. Hier handelt es sich um einen Rundstab von 19 mm ∅, der schon nach kurzem Gebrauch durch die ausgeprägten Karbidzeilen gebrochen war. Durch die Karbidzeilen werden innerhalb des Querschnittes Stellen hoher

Festigkeit, aber auch Stellen hoher Sprödigkeit gebildet, die die Ursache für einen Bruch bilden können. In den Abb. 46 und 47 sind Schnitte durch kaltgewalzte Bandstähle dargestellt, die durch Einschlüsse verunreinigt waren. Abb. 46 stellt einen Sandeinschluß in einem 70×0,68-

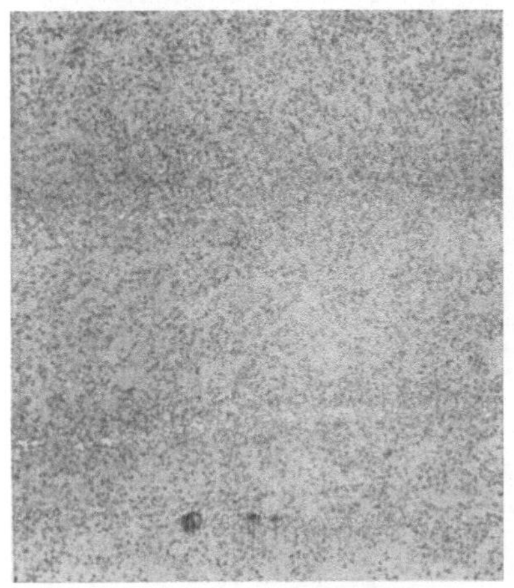

Abb. 45. Härtungsgefüge

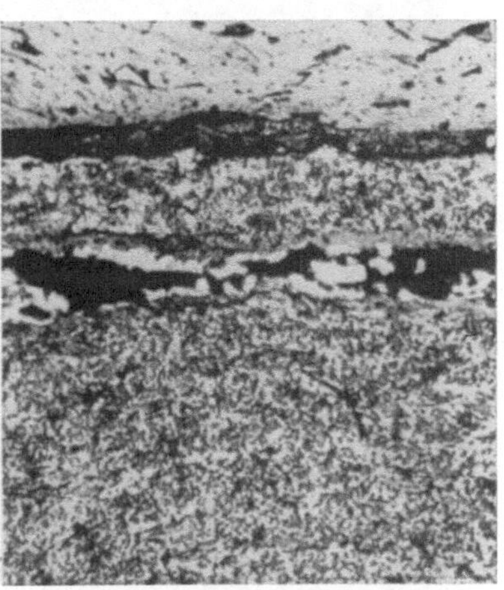

Abb. 46. Bandstahl durch Einschlüsse verunreinigt

Abb. 47. Schlackenader in 0,4 mm starkem Bandstahl

mm-Bandstahl dar, und Abb. 47 zeigt eine Schlackenader unter der Oberfläche eines 0,4 mm starken Bandstahles. Die Beizscheiben eines ECN-Stahles 45 sind in Abb. 48 wiedergegeben. Hier handelt es sich bei den Poren um Seigerungszeilen, die beim Beizen stärker angefressen wurden. Durch Einschlüsse wird der Werkstoffzusammenhang unter-

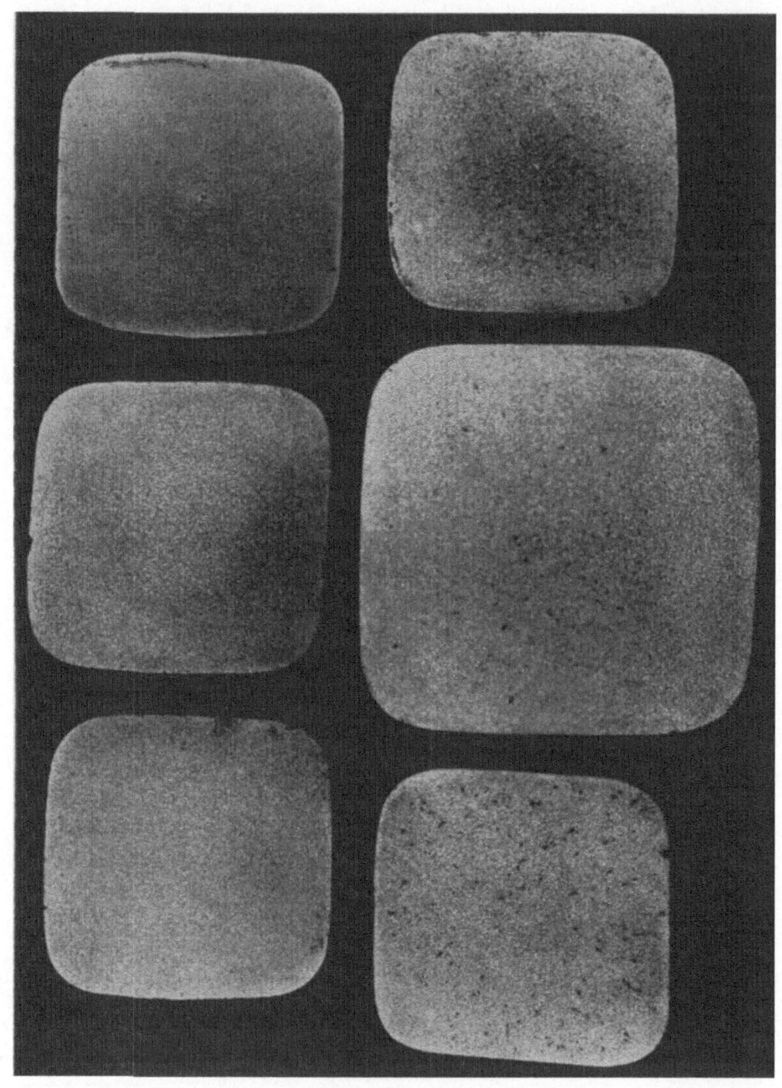

Abb. 48. ECN 45; Beizproben

brochen und der tragende Querschnitt verkleinert. Sie sind daher vielfach die Ursache für das Reißen des Stahles. Die Abb. 49 und 59 stellen geätzte Schliffbilder einer Schiene dar, welche einen Längsbruch aufwies. Man sieht hier deutlich die starke Verunreinigung des Stahles durch Sandeinschlüsse, worin auch die Ursache des Bruches zu suchen ist.

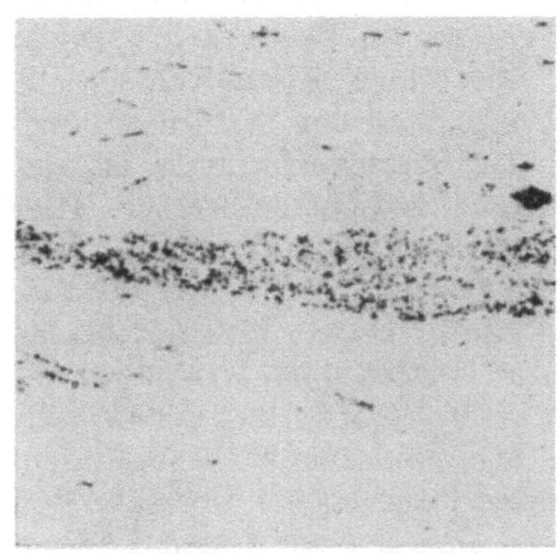

Abb. 49. Schiene; Längsbruch

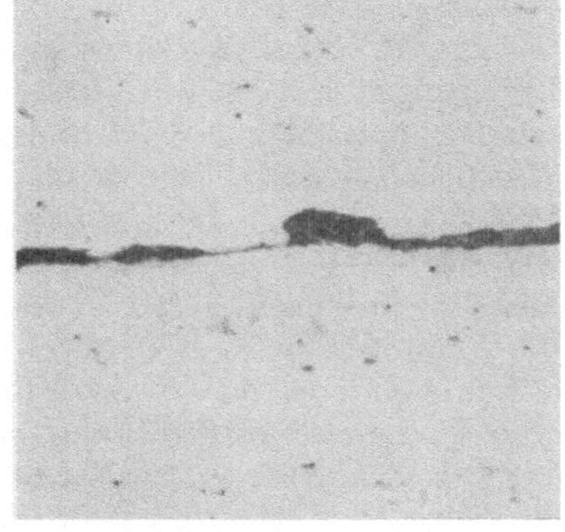

Abb. 50. Schiene; Längsbruch

3. Fehlerhaftes Walzzeug durch Flocken

Unter *Flockenbildung* versteht man das Auftreten von Rissen in einem Stahl nach der Warmverformung, unabhängig von Korngrenzen. Über die Entstehungsbedingungen von Flocken liegt ein umfangreiches Schrifttum vor [*6*]. Hiernach ist die Entstehung von Flocken vor allem auf die bei der Ausscheidung von Wasserstoff aus der festen Lösung entstehenden Drücke zurückzuführen. Das kritische Temperaturgebiet für das Auftreten von Flocken liegt bei etwa 200°. Flocken sind leicht durch das Ätzen von Beizscheiben kenntlich zu machen. Im Bruch lassen sich Flocken durch ihre fast kreisrunde Gestalt und ein im Gegensatz zur übrigen Bruchfläche glitzerndes Aussehen erkennen. Durch das Walzen können im Werkstoff Risse auftreten, die den Stahl unbrauchbar machen, da sie Anlaß zu Dauerbrüchen geben. Flockenrisse werden nicht etwa durch nichtmetallische Einschlüsse hervorgerufen, sondern sind rein metallische Risse; sie können daher durch nachträgliche weitere Warmverarbeitung wieder verschweißt werden. In Abb. 51 ist das Aussehen von Flocken in der Bruchprobe in natürlicher Größe wiedergegeben.

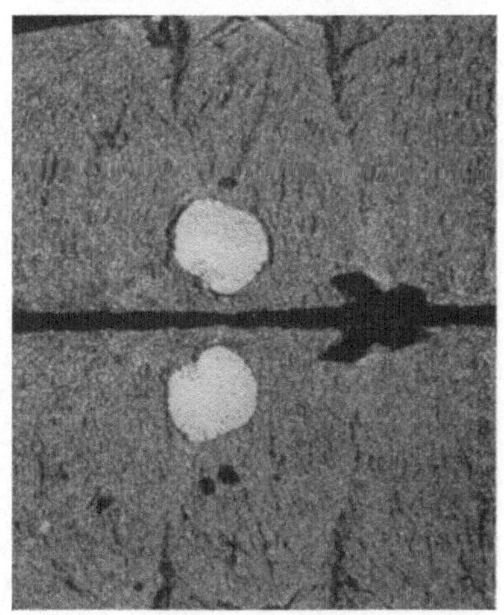

Abb. 51. Walzring

Im folgenden sollen alle jene Fehler betrachtet werden, die nicht mehr als Werkstoffehler anzusehen sind.

4. Fehler, die während des Walzvorganges durch Warmbehandlung entstehen

Die Walztemperatur ist von der Zusammensetzung des Stahles abhängig. Der Stahl wird, allgemein gesagt, im Zustand der festen Lösung, d. h. im A_3-Gebiet gewalzt. Bei reinen Eisen–Kohlenstoff-Legierungen verläuft die Walztemperatur je nach der Stahlzusammensetzung parallel zur GOS-Linie. Bei der Warmverformung ist das Wesentlichste das Überschreiten der Rekristallisationstemperatur. Hier wird also die feste Lösung von der Verformung betroffen und nicht, wie bei der Kaltverformung, das Zerfallsprodukt der festen Lösung: Ferrit bzw. Zementit und Perlit. Ein weiterer Unterschied der beiden Verformungsarten besteht darin, daß die Körner oder Kristallite der festen Lösung bei der Warmverformung keine Veränderung der Gestalt, im besonderen keine Streckung erleiden. Dies ist darauf zurückzuführen, daß die hohe Temperatur bei der Warmverformung bei Überschreiten des Schwellenwertes die sofortige Rekristallisation der festen Lösung, also die Bildung von nach allen Richtungen gleich ausgedehnter Körner veranlaßt.

Der Kraftbedarf bei der Verformung ist vom spezifischen Verformungswiderstand abhängig, der wiederum abhängt von der Zusammensetzung des Werkstoffes, der Temperatur und der Verformungsgeschwindigkeit. H. HENNECKE [*7*] stellte fest, daß eine erhebliche Steigerung des Verformungswiderstandes im Bereiche und kurz oberhalb der Umwandlungsgebiete liegt. Nach E. HOUDREMONT und H. KALLEN [*8*] ist diese Erscheinung auf eine Verminderung der Rekristallisationsgeschwindigkeit in den Umwandlungsgebieten zurückzuführen. Das Verhältnis der Verformungsgeschwindigkeit zur Rekristallisationsgeschwindigkeit ist also für den Kraftbedarf von großer Bedeutung. Beim Warmwalzen von Stählen mit geringer Rekristallisationsgeschwindigkeit (z. B. bei gewissen Sonderstählen) sind daher die Temperaturgebiete der Umwandlungsbereiche zu meiden oder aber die Verformungsgeschwindigkeiten zu erniedrigen, da es sonst während der Verformung leicht zu Rißbildungen kommen kann.

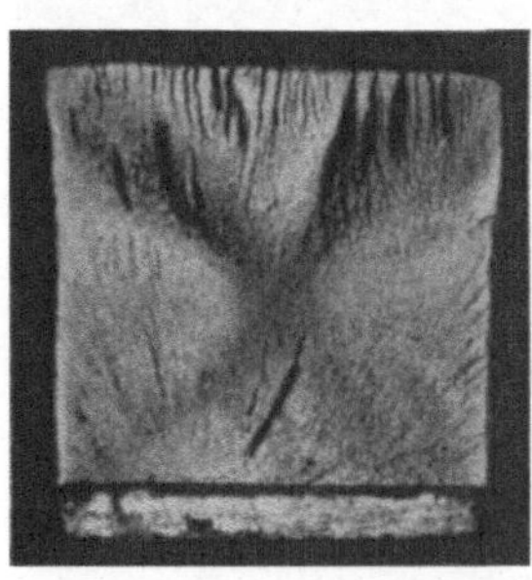
Abb. 52. Legierter Werkzeugstahl

Wird ein Stahl unterhalb der A_3-Linie, also bei zu niedriger Temperatur gewalzt, so tritt vielfach die Ausbildung des sog. Schmiedekreuzes ein; dieses wird durch starke Spannungsanhäufungen in den Diagonalebenen hervorgerufen. Die Abb. 52 und 53 zeigen, wie sich das Schmiedekreuz bei Bruchproben legierter Werkzeugstähle bemerkbar macht. Man sieht sofort, daß das Gefüge im Kreuz bei einigen Proben feiner, bei anderen wieder gröber als an den angrenzenden Stellen ist. Das Schmiedekreuz entsteht durch unterschiedliche Spannungen im Kern; daher gehen von dort bei der Weiterverarbeitung sehr häufig Rißbildungen aus. Eine Schmiedekreuz ähnliche Erscheinung ist in der

Abb. 53. Legierter Werkzeugstahl

Beizprobe eines 120-mm-Vierkantknüppels aus ECN-Stahl 45 zu ersehen (Abb. 54), bei welchem im Werkstoffkern sternförmig ausgelöste Risse

Abb. 54. ECH 45; HCI Beizprobe

zu erkennen sind, die sich in den Trajektorien des Schmiedekreuzes bilden. Flockenerscheinungen konnten beim Brechen des Stahles nicht festgestellt werden, jedoch traten die Risse hier ebenfalls deutlich hervor. Im Mikroskop konnte bei einem Scheibenstück keine Besonderheit im Gefüge an den Haarrißstellen beobachtet werden, denn im Primärgefüge zeigten sich wenig Kontraste. Die im Walzzeug vorhandenen Risse traten sowohl bei normaler als auch bei absichtlich kalt durchgeführter Verschmiedung immer wieder in Erscheinung. Es geht also aus den durchgeführten Untersuchungen einwandfrei hervor, daß die auftretenden Risse durch das Schmiedekreuz, also durch einen Walzfehler entstanden sind.

Von der chemischen Zusammensetzung des Stahles hängt die Wärmeleitfähigkeit des Werkstoffes ab. In den Stoßöfen muß sich daher beim Erhitzen des Walzzeuges die Anheizzeit nach der Stahlzusammensetzung richten. Stähle mit geringer Wärmeleitfähigkeit z. B. müssen sehr vorsichtig erhitzt werden, um Spannungen und Risse zu vermeiden. Es genügen oft schon sehr geringe Zusätze bestimmter Legierungselemente, wie z. B. Mangan, Nickel, Silizium, Wolfram, Chrom, um die Wärmeleitfähigkeit eines Stahles in starkem Maße zu verringern. Werden Stähle mit geringer Wärmeleitfähigkeit zu schnell erhitzt, so kann es vorkommen, daß beim Walzen der Stahl vollkommen auseinanderfällt. Andererseits ist auch beim Abkühlen solcher Stähle sehr darauf zu achten, daß es entsprechend langsam vor sich geht.

Die Walzfehler, die durch die Verformung bei zu niedriger Walztemperatur entstehen können, sind im vorstehenden bereits behandelt worden. Wird aber bei zu hohen Temperaturen gewalzt, so kann der Stahl ebenfalls unbrauchbar werden. Das Gefüge wird zu grob, die Sprödigkeit des Stahles nimmt zu, seine Festigkeit dagegen nimmt stark ab. Abb. 55 zeigt einen Schliff aus einem 77 mm rundgewalzten Stahl mit rd. 0,4% C, der zu heiß gewalzt wurde. Neben einer starken Kornvergröberung weist der Stahl bereits Widmannstättensches Gefüge auf. Hier scheiden sich Ferrit und Perlit nadelförmig in bestimmten kristallographischen Richtungen ab. In den Abb. 56···59 ist dargestellt, wie sich mit zunehmender Walztemperatur das Gefüge des Stahles ändert. Hier handelt es sich wieder um einen Stahl mit 0,4% C, welcher auf 40 mm ⌀ heruntergewalzt wurde. Die Walztemperatur in Abb. 56 betrug 800°. Das Gefüge ist hier feinkörnig, denn die Verformungstemperatur liegt in der Nähe des A_3-Punktes. Die Walztemperatur in Abb. 57 betrug 1000°, wodurch eine Vergröberung des Gefüges bewirkt wurde. Bei einer Walztemperatur von 1200° (Abb. 58) weist der Stahl schon Überhitzungserscheinungen auf, wie z. B. grobes Korn und Ansatz zu Widmannstättischem Gefüge.

Es ist empfehlenswert, die Temperatur des Walzgutes auch während des Walzens zu überwachen. Die richtige Temperatur des Stahles mißt man am besten nach dem ersten Walzstich, weil dann der Zunder abgefallen ist. Besonders bei langen und schweren Walzstücken kann es leicht vorkommen, daß das vordere Ende des Walzgutes eine höhere Temperatur hat als das hintere Ende. Es soll daher bei langen Walzstücken das ganze Stück auf seine Temperatur hin geprüft werden; sonst kann der Fall eintreten, daß das vordere Ende noch oberhalb von A_3 liegt, das hintere Ende dagegen unterhalb A_3. Sobald aber die Walztemperatur unter A_3 gesunken ist, können die Walzspannungen sehr groß werden und als weiterer großer Nachteil zu geringe Rekristalli-

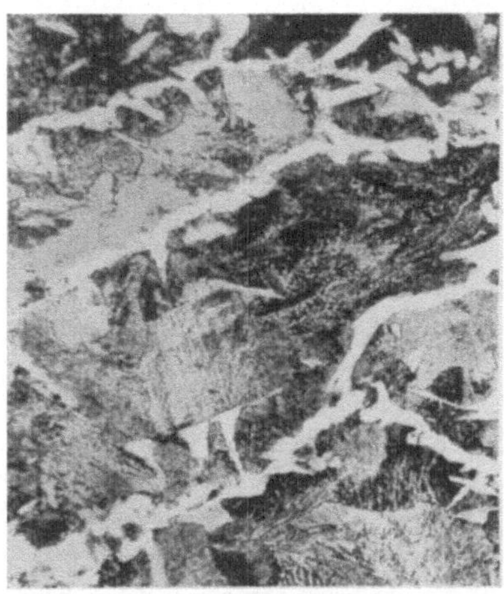

Abb. 55. Naturhart

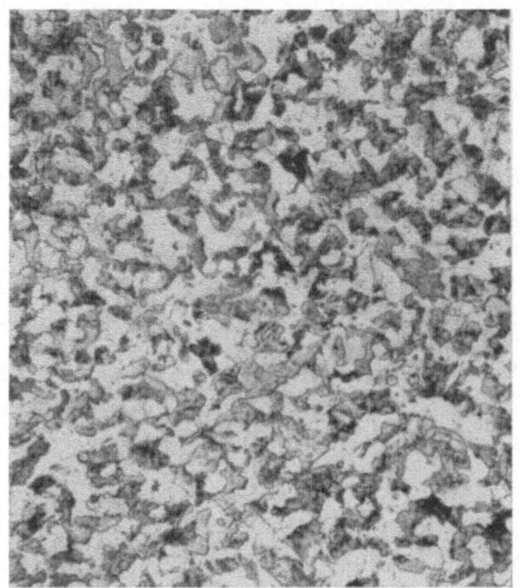

Abb. 56. Schmiedetemperatur 800°

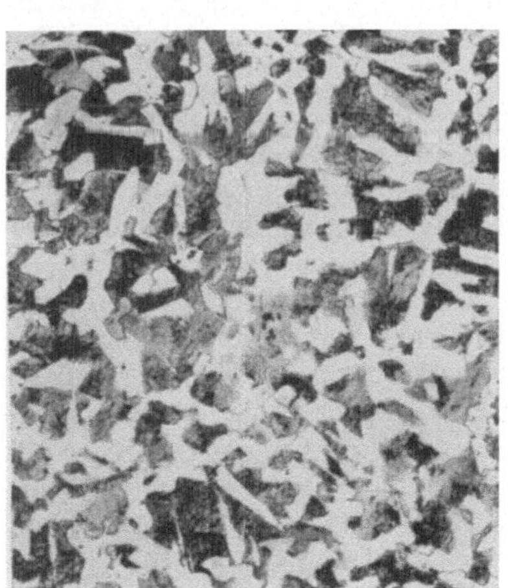

Abb. 57. Schmiedetemperatur 1000°

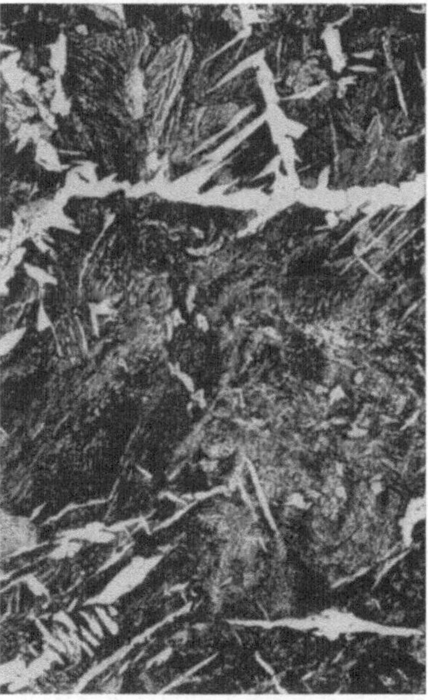

Abb. 58. Schmiedetemperatur 1200°

sationsgeschwindigkeiten auftreten. In diesem Falle würde das Walzzeug in seiner gesamten Länge eine unterschiedliche Korngröße aufweisen. Die Genauigkeitswalzung hängt also sehr von dem Temperaturverlauf über die ganze Länge des Werkstückes während der ganzen Dauer des

Walzens ab. Mit abnehmender Temperatur des Walzgutes steigt der Walzdruck an. Durch den zunehmenden starken Walzdruck wird die Durchbiegung der Walzen größer, die einzelnen Lagerteile werden höher beansprucht und auch die Durchbiegung anderer Armaturteile am Walzenständer sowie an dessen Querträgern vergrößert. Als Folge des stärker werdenden Walzdruckes tritt eine Vergrößerung des Zwischenraumes zwischen den Arbeitswalzen ein, was wiederum zur Folge hat, daß der Walzstab nach dem Walzen an seinem hinteren Ende einen größeren Querschnitt aufweist als vorn. Auch die Breitung des Walzgutes nimmt mit abnehmender Temperatur zu. Besonders unangenehm bemerkbar macht sich die so entstehende Vergrößerung des Querschnittes bei der Herstellung von Rund- und Quadratstahl. Die Maßgenauigkeit des Walzgutes hängt aber noch von der Kalibrierung (Kaliberformen, Kaliberreihen, Walzendurchmesser) und von der Verformungs- und Walzgeschwindigkeit (mittlere Geschwindigkeit und Geschwindigkeitsunterschiede) ab. A. Nöll [*9*] gibt diese verschiedenen Fehlerquellen für Maßungenauigkeiten bei einigen Kaliberreihen für Rundstahlwalzungen an. Den schädlichen Einfluß der fallenden Temperatur eines langen Walzstabes auf seine Genauigkeit hin verhindert der Verfasser dadurch, daß er das Fertigoval im Anfang etwas dünner hält, so daß es das Fertigrundkaliber anfangs nicht vollständig füllt, während das immer mehr an Querschnitt zunehmende Oval gegen das rückwärtige Ende zu kein Leergehen mehr aufweist, sondern das Kaliber vollständig füllt.

Ein ungleichmäßiges Abkühlen des Walzgutes hat auch eine ungleichmäßige Ausbildung des Gefüges zur Folge, die meist mit Unterschieden in den Festigkeitseigenschaften Hand in Hand geht. Über diese Unterschiede von Festigkeitswerten in verschiedenen Teilen von Walzprofilen berichtet F. Sauerwald [*10*].

Nach dem eben Gesagten ist beim Walzen eine möglichst gleichmäßige Temperaturführung anzustreben. Falls größere Temperaturschwankungen auftreten, muß durch besondere Hilfseinrichtungen dafür gesorgt werden, daß Unterschiede im Gefüge oder in der Maßhaltigkeit vermieden werden.

Beim Erhitzen des Walzgutes im Stoßofen ist der Bedeutung der Glühatmosphäre auf die Beschaffenheit der Werkstoffoberfläche größere Beachtung zu schenken. Die oxydierende Wirkung der Heizgase äußert sich in einer mehr oder weniger starken Verzunderung der Oberfläche und in der Randentkohlung. Ähnlich wie der eindringende Sauerstoff beim flüssigen Stahl zuerst den Kohlenstoff entfernt, ehe er das Eisen oxydiert, so geht auch in der festen Lösung die Oxydation des Kohlenstoffs unter Umständen vor jener des Eisens vor sich. Das heißt: Ein Stahl, der im Gebiete der festen Lösung erwärmt wird, kann je nach den Oxydationsbedingungen entkohlen oder verzundern, oder es kann beides eintreten. Entkohlung entsteht dann, wenn die Oxydationsgeschwindigkeit geringer als die Diffusionsgeschwindigkeit des Kohlenstoffes ist. Ist die Oxydationsgeschwindigkeit dagegen größer als die Diffusionsgeschwindigkeit, so tritt Verzunderung ein, da jetzt infolge des schnell zudringenden Sauerstoffes Kohlenstoff und Eisen gleichzeitig oxydieren. Während die Zunderschicht beim ersten Walzstich abfällt, bleibt die entkohlte Oberfläche auch nach dem Walzen erhalten und setzt die Stahlgüte in starkem Maße herab.

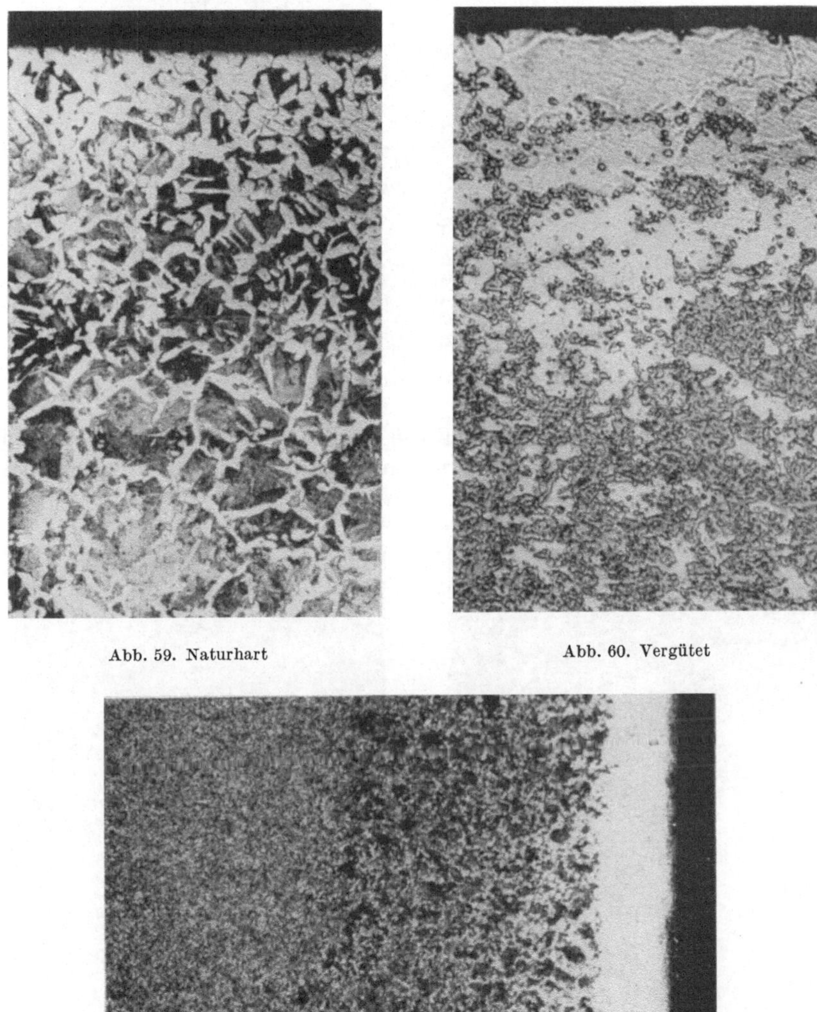

Abb. 59. Naturhart

Abb. 60. Vergütet

Abb. 61. Geglüht

Durch einige Legierungselemente des Stahles, wie z. B. durch Wolfram, wird eine besondere Neigung zur Randentkohlung verursacht [*11*]. In Abb. 59 ist ein auf 60 mm ∅ heruntergewalzter Stahl wiedergegeben, bei dem man sehen kann, wie sich die Randentkohlung äußert. Abb. 60

zeigt einen Bandstahl, der auf 110 × 2 mm² heruntergewalzt wurde, und Abb. 61 einen solchen, der auf 23 × 9 mm² ausgewalzt war. Bei beiden Stählen macht sich Randentkohlung stark bemerkbar. Hier wäre

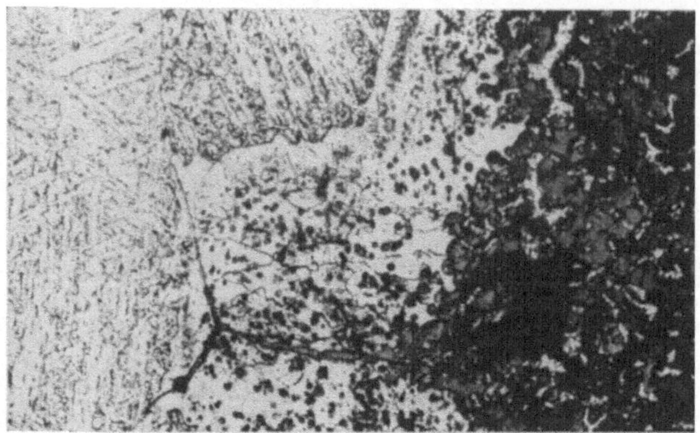

Abb. 62. Chrom-Nickel-Stahl; naturhart

allerdings noch zu bemerken, daß die beiden Stähle nach dem Walzen noch vergütet wurden, so daß die Ursachen der Randentkohlung hier auch im Vergüten liegen können.

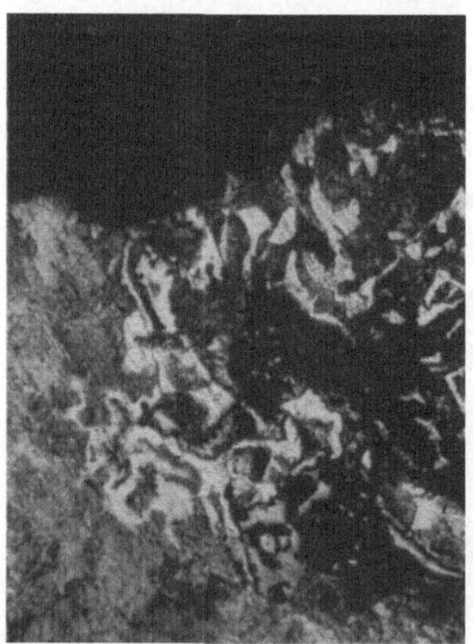

Abb. 63. Naturhart, vorgeblockt

Abb. 64. Naturhart, vorgeblockt

Zur Verhütung der Randentkohlung müssen die Ofengase ständig überwacht werden; sie sind vom Werkstoff fernzuhalten, oder durch Zusatz von Kohlenstoff zur Ofenatmosphäre ist ihre Wirkung zu neutralisieren. Wenn die Ofenatmosphäre auch stark oxydierend wirkt, wobei die Oxydationsgeschwindigkeit die Diffusionsgeschwindigkeit erheblich überschreiten muß, kann dies ebenfalls als ein Mittel zur Verhinderung der Randentkohlung angesehen werden; in diesem Falle tritt zwar eine starke Verzunderung auf, doch wird praktisch keine Entkohlung hervorgerufen.

Ein überhitzter Stahl, wie er in seinem groben Gefüge mit Widmannstättenschem Gefüge bereits in den Abb. 55 und 58 gezeigt wurde, kann aber oft durch entsprechende nachträgliche Glühbehandlung wieder brauchbar gemacht werden. Dagegen können sehr hohe Walztemperaturen bei gleichzeitiger Anwesenheit von Sauerstoff zum Verbrennen des Stahles führen und dadurch den Stahl für jede weitere Verwendung unbrauchbar machen. Der Sauerstoff dringt dann besonders entlang der Korngrenzen in den Stahl ein, wo dann auch eine teilweise Verflüssigung einsetzt. In größerer Konzentration sind die Eisen–Sauerstoff-Verbindungen im Stahl nur bei Fehlen von Kohlenstoff beständig, es tritt daher Verbrennung erst nach weitgehender Entkohlung ein. Die Verbrennung tritt bei sehr kohlenstoffarmen Stählen eher auf als bei höhergekohlten Stählen [*12*]. Da bei verbranntem Stahl die Oxyde auf den Korngrenzen selbst spröde oder flüssig sind und ein Verschweißen der

Abb. 65. Naturhart, vorgeblockt

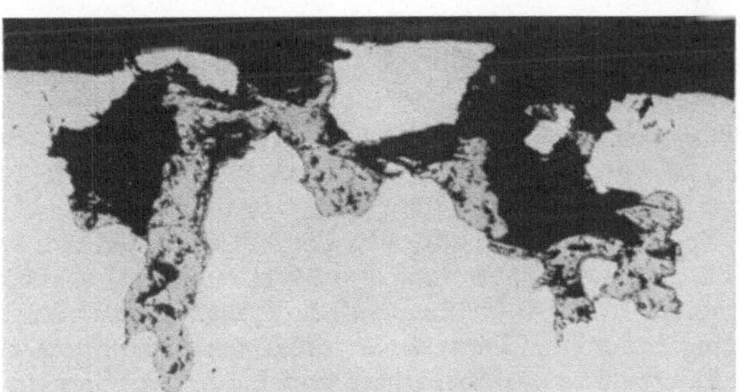

Abb. 66. Radreifen

Körner verhindern, bricht verbrannter Stahl sehr leicht. Ganz besonders neigen Nickel- und Chrom–Nickel-Stähle zur Verbrennung, so daß bei diesen Stahlsorten beim Glühen auf höhere Temperaturen eine oxydierende Atmosphäre streng zu vermeiden ist. Die Abb. 62 ··· 65 zeigen einen Chrom–Nickel-Stahl mit verbrannter Oberfläche als Ursache von

Rißbildungen, die nach dem Walzen auf der Blockstraße hervortraten. Die Abb. 66 und 67 geben Schliffbilder eines Radreifens wieder, der bereits fertiggewalzt war und dann Ausbröckelungen an der Lauffläche aufwies. Aus den Abbildungen ist klar zu erkennen, wie der Korngr enzenverband durch eingelagerte Oxydschichten zerstört ist. Der Stahl wurde also vor dem Walzen auf eine hohe Temperatur erhitzt, so daß er verbrannte und hierdurch das Ausbröckeln an der Oberfläche zustande kam.

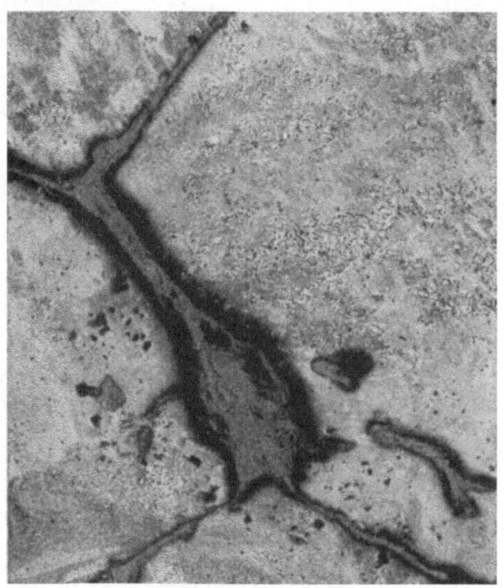

Abb. 67. Naturhart

5. Walzfehler durch Überwalzungen

Wegen fehlerhafter Kalibrierung, falscher Stellung der Walzen zueinander, zu starker Breitung infolge zu niedriger Walztemperatur kann es vorkommen, daß ein Kaliber zu stark gefüllt wird. Der Werkstoff hat dann das Bestreben, an den zwischen den Walzen freien Raum (Walzspalt) auszutreten und einen Grat zu bilden, der infolge des ungünstigen Verhältnisses von Querschnitt zu Oberfläche rascher erkaltet als der übrige vom Kaliber umfaßte Werkstoff. Wird das Profil beim nächsten Stich gekantet, so wird der überstehende Grat beim Walzen in den weicheren Werkstoff hineingedrückt, und es kann leicht zu einer Überwalzung kommen. Diese äußert sich meist in Form einer Naht an beiden Längsseiten des Walzgutes und kann besonders an Walzzeug mit kleineren Querschnitten die Stahlgüte sehr beeinträchtigen. Im Querschnitt eines Walzstabes ist der Vorgang des Überwalzens an der Form der Seigerungszonen deutlich zu erkennen. Die Außenschicht kann örtlich sogar vollständig verdrängt werden, so daß eine durch Seigerungen verunreinigte Kernzone freigelegt wird. Da aber diese an Phosphor und Schwefel angereicherte Zone gegenüber der Randzone eine geringere Warmbildsamkeit hat, so kann sie leicht aufreißen.

Dagegen ist diese Seigerungszone auf den Verarbeitungsvorgang ohne Einfluß, solange sie vom reineren Randzonenwerkstoff umschlossen bleibt. Besonders unangenehm wirkt sich diese Erscheinung bei Feinblechen aus, da diese durch das An-die-Oberfläche-Treten der Seigerungszone eine rauhe Oberfläche erhalten und schlechtere technologische Eigenschaften aufweisen.

Auch beim Walzen von Rundstahl ist sehr darauf zu achten, daß bei den Ovalkalibern kein Werkstoff über die Ovalspitzen austritt, da sich sonst sehr leicht auch hier Überwalzungen ergeben können. Nach H. SEDLACZEK [*13*] geht z. B. ein sehr stumpfes Oval nicht in die Quadratspitze des nächsten Kalibers, sondern staucht sich an den Quadratspitzen zurück. Hierauf Bezug nehmend, gibt SEDLACZEK als sehr günstiges Verhältnis für Streckovale bei der Walzung von Edelstahl an:

$$\frac{\text{Breite des Ovals}}{\text{Dicke des Ovals}} = 2{,}7$$

Beim Walzen der Quadratkaliber soll mit einem möglichst kleinen Sprung gearbeitet werden, da hierdurch lange Quadratseiten und damit eine gute Seitenbearbeitung im Quadrat erreicht werden.

Da die beiden übereinandergewalzten Materialien nicht immer miteinander verschweißen, werden im Walzzeug häufig Risse hervorgerufen; entlang dieser sind fast immer Entkohlungen und Verzunderungen festzustellen, wie sie sonst nur an der Oberfläche von Walzzeug auftreten. Durch die im Stoßofen eintretende Verzunderung kommen aber auch die dicht unter der Blockoberfläche liegenden Gasblasen mit der Ofenatmosphäre in Berührung, so daß auch hier ähnliche Erscheinungen durch Aufquetschen von Gasblasen beim Walzen entstehen können. Falls hier aber keine Entkohlung nachzuweisen ist, so kann man viel eher auf eine Gasblase als auf eine Überwalzung schließen. Denn es kann bei Gasblasen, die erst beim Aufquetschen durch das Walzen mit der Luft in Berührung kommen, eine viel geringere Verzunderung eintreten als bei Überwalzungen. Nach H. CRAMER [*5*] kann nur in zwei Fällen einwandfrei festgestellt werden, ob ein Riß durch Überwalzung oder durch Gasblasen entstanden ist, und zwar mit dem Oberhofferschen Ätzmittel. Wenn in der Rißumgebung eine stärkere Phosphor- und Schwefelseigerung erkannt wird, so kann nach der Oberhoffer-Ätzung auf Entstehung des Oberflächenrisses aus einer Gasblase geschlossen werden; dagegen ist eine Überwalzung dann festzustellen, wenn sie sich einwandfrei aus dem Faserverlauf ergibt.

Abb. 68 zeigt die schuppige Oberfläche eines Knüppelstückes, das von einem fehlerhaften Walzstab abgeschnitten wurde und hauptsächlich Überwalzungsfehler aufweist. Aber auch durch Gasblasen ist diese Oberfläche sehr aufgerauht.

In Abb. 69 ist die Ätzprobe eines Knüppels von 120 mm² wiedergegeben, in Abb. 70 ein Schliff durch die überwalzte Stelle hindurchgelegt. Die Richtungsänderung der Fasern wird hier durch die Oberhoffer-Ätzung deutlich angezeigt.

Abb. 68. Gebeizt

Abb. 69. Ätzprobe

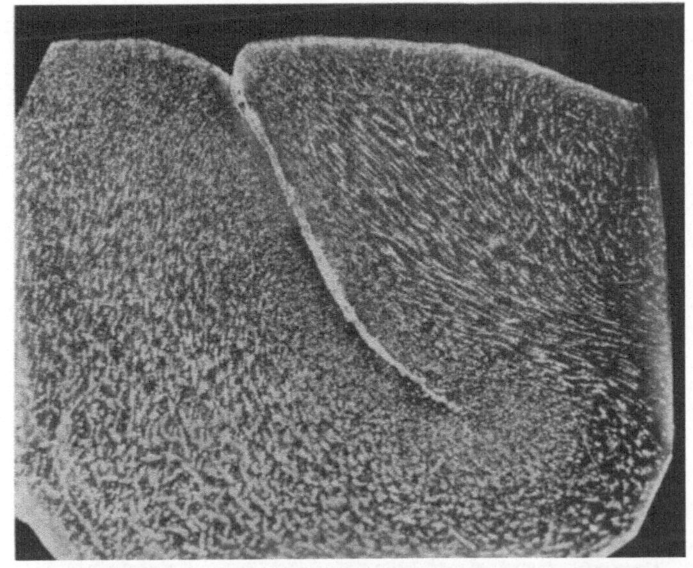

Abb. 70. Oberhoffer-Ätzung

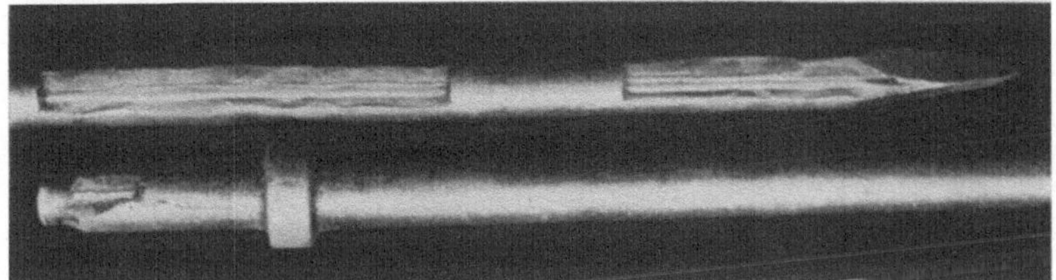

Abb. 71. Spitzeisen

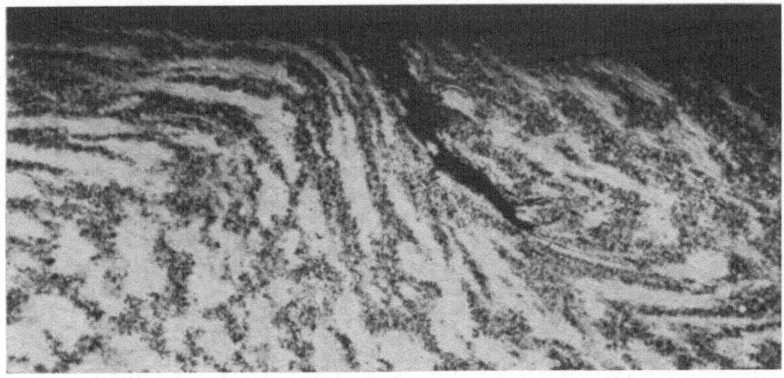

Abb. 72. Oberhoffer-Ätzung

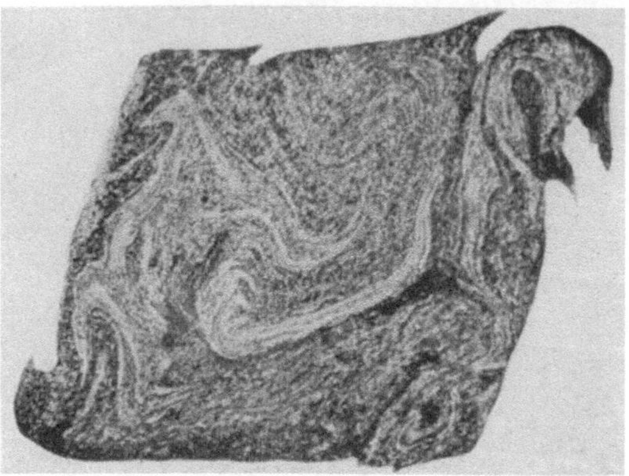

Abb. 73. Ätzung I

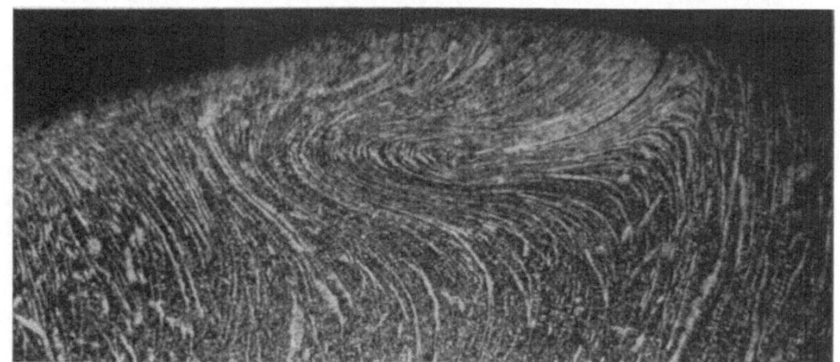

Abb. 74. Oberhoffer-Ätzung

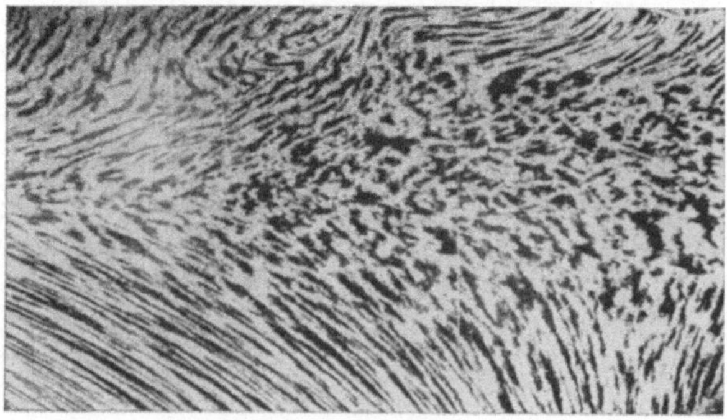

Abb. 75. Oberhoffer-Ätzung

Abb. 71 stellt zwei Spitzeisen dar, die aus 25-mm-Rundstahl angefertigt waren. Das Walzzeug zeigte an verschiedenen Stellen Risse. An den fertigen Spitzeisen waren längere Schalenstücke abgesprungen; die Auswirkung dieses Fehlers zeigt Abb. 71. Durch einen dieser Risse ist ein Schliff gelegt (vgl. Abb. 72), der durch die Oberhoffer-Ätzung auch in diesem Falle die Richtungsänderung der Fasern kenntlich macht und damit beweist, daß die rissige, rauhe Oberfläche durch Überwalzung entstanden ist. Einen quadratischen Querschnitt mit Überwalzung zeigt Abb. 73. Das Umbiegen der überstehenden Teile kann hier nach dem Ätzen an der Form der Seigerungszone verfolgt werden.

In den Abb. 74···76 sind die Überlappungen dargestellt, die während eines Schmiedeprozesses eingetreten sind. Hier sieht man besonders deutlich den nach der Oberhoffer-Ätzung wiedergegebenen Faserverlauf und die Richtungsänderung der Fasern an der Überlappungsstelle.

Abb. 76. Oberhoffer-Ätzung

6. Walzfehler durch Einwalzen fremder Stoffe

Beim Füllen der Stoß- oder Tieföfen mit Blöcken kommt es zuweilen vor, daß auch Blechstücke, Drähte oder sonst kleinere Bruchstücke irgendeines Werkstoffes mit in den Ofen gelangen und dann beim Glühen auf den Block aufschweißen und durch die verzunderte Oberfläche nicht entdeckt werden, wenn es sich dabei nicht gerade um größere aufgeschweißte Stücke handelt. Oft hat der Fremdstoff eine vollständig andere Zusammensetzung, geht in diesem Falle mit durch die Walzen und wird daher auf das verlangte Profil aufgewalzt. Bei dem in Abb. 77 dargestellten Rundstahl (9 mm ⌀) wurde ein Streifen härteren Werkstoffs aufgewalzt. Der Stahl wurde nach dem Walzen noch gezogen, und hierbei blätterten größere Stellen ab, wie dies auch in der Abbildung festgehalten ist. An diesen Stellen und dicht hinter ihnen wurde an mehreren Quer- und Längsschliffen festgestellt, daß an der schadhaften Oberfläche ein Stahl mit höherem Kohlenstoffgehalt aufgeschweißt war, der sich stellenweise sehr gut mit dem ursprünglichen Stahl verbunden hatte, so daß er beim Ziehen nicht in Erscheinung trat. Nur an jenen Stellen, an denen zwischen dem fremden Stahl und dem Rundstahl größere Einschlüsse saßen, wurde der Werkstoff durch das Ziehen abgerissen.

Es können aber auch nichtmetallische Stoffe auf dem heißen Block festbacken, wenn sie mit dem Block in den Ofen gelangen oder aus der Ofenausmauerung herausbröckeln; wenn diese dann mit durch die Walzen gehen, so können die Beschädigungen auf der Oberfläche des Walzzeuges oder auch an den Walzen verursachen.

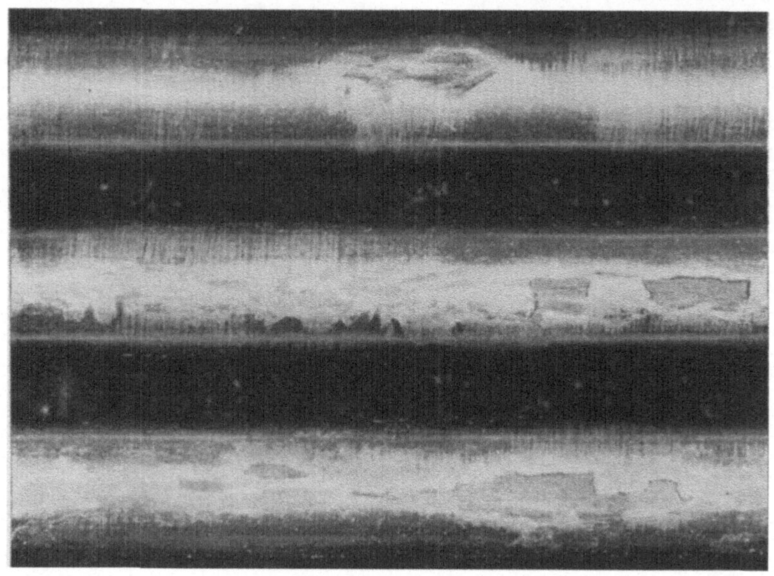

Abb. 77. Gezogener Rundstahl

7. Walzfehler durch Walzarmaturen

Die Forderungen, die an jene Teile eines Walzgerüstes gestellt werden müssen, die mit dem Walzzeug in Berührung kommen, sind zunächst die durchaus glatter Oberflächen. Hierunter fallen vor allem die Abstreifmeißel (Hunde), die einen geraden Auslauf des Walzgutes gewährleisten und so durchgebildet sein müssen, daß die Oberfläche eines Hundes die Tangente zum obersten Walzenpunkte bildet. Die Abstreifmeißel und die seitlichen Führungen müssen eine absolut glatte Oberfläche aufweisen. Jedwede Rauhigkeit oder Beschädigung der Oberfläche dieser Führungsteile erzeugt auf dem vorbeistreifenden Walzgut Kratzer. Wenn nun ein solcher Kratzer in einem Vorkaliber entsteht, so walzt er sich in den folgenden Kalibern zu, und es tritt ein *zugewalzter Kratzriß* auf, der etwa das Aussehen einer Überwalzung hat. Die Gefahr des Auftretens solcher Hundekratzer ist am größten bei weichen nickellegierten Stählen, während sie bei härteren legierten oder unlegierten Stahlsorten selten ist. Hochnickellegierte Stähle sind derart empfindlich, daß schon die geringste Unebenheit in der Führung Veranlassung zur Kratzerbildung geben kann. Es kann vorkommen, daß sich bei solchen Stählen Unebenheiten der Führung nicht nur in den Werkstoff hineindrücken, sondern auch Werkstoff längs des ganzen Stabes herausreißen, der sich dann zu einem Knäuel feinen Stahlhaares an der Führung festsetzt. Auch durch sehr hohe Walztemperatur wird die Entstehung von Kratzern begünstigt. Es ist daher eine ständige Überwachung von Führungen und Hunden während des Betriebes empfehlenswert. Die Verwendung von Hartholz als Werkstoff für Hunde ist vor allem beim Walzen von chromhaltigen Stählen zweckmäßig. Ein Holzhund hat wohl einen schnelleren Verschleiß als ein Hund aus Hartguß, aber mit dieser Maßnahme ist das Auftreten von Hundekratzern vollständig zu vermeiden. In seiner Abhandlung gibt CRAMER die Ausführung eines solchen Abstreifmeißels an, bei dem aber nur die Laufflächen aus Hartholz bestehen; sie sind auswechselbar. Doch ist die Verwendung solcher Holzhunde nur für geringere Abmessungen geeignet. Durch schlecht angepaßte Hunde und Auslaufführungen kann ferner ein *Sichdrehen des Eisens* verursacht werden, das nicht nur bei Rundstahl, sondern auch bei Flach-, Vierkant- und Profilstahl auftreten kann. H. SEDLACZEK weist in seiner Abhandlung [*13*] darauf hin, daß ein solches *Drehen* des Eisens außerdem noch durch folgende Ursachen bewirkt werden kann:

1. durch eine ungenaue Kalibrierung,
2. durch ungenau eingestellte Walzen,
3. durch Schiefstehen der Einführung,
4. durch Schrägstehen der Walzen infolge ausgeschlagener Einbaustücke oder außermittig laufender Lager.

8. Walzfehler durch beschädigte Walzen und deren schlechtes Arbeiten

Wenn ein zu enges Kaliber für einen breiten Walzstab verwendet wird, so kann leicht der Fall eintreten, daß die Walzränder des Kalibers Werkstoff vom Walzstab abscheren, sofern dieser überhaupt beim Anstich von den Walzen erfaßt wird. Die abgescherten Streifen legen sich dann oft in einer beliebigen Richtung auf den Walzstab und werden dann mit eingewalzt. Dieses *Schneiden* der Walzen tritt vor allem bei einem nicht anstellbaren Trio beim Vorwalzen von Blöcken dann ein, wenn nach einer gewissen Abnutzung der Walzen die Kaliber breiter geschnitten worden sind und nach dem Zusammenbau nicht mehr genau aufeinanderpassen. Ebenso tritt bei einem ungleich erwärmten und zu kalten Block leicht ein Schneiden der Walzen auf. Jene Walzfehler, die durch Schneiden der Walzen entstehen, werden aber immer leicht im Walzwerk erkannt, so daß sogleich Abhilfe geschaffen werden kann, und solche Fehler eigentlich nur selten an Fertigstäben vorkommen.

Auch durch das *Mahlen der Kaliberränder* können Oberflächenfehler verursacht werden, die sich aber nicht ganz so schädlich auswirken wie die durch das Schneiden der Walzen hervorgerufenen. Beim Weiterwalzen führen die Übermahlungen zu Oberflächenfehlern, die in allen möglichen Richtungen über den Fertigstab laufen. Für ihre Vermeidung ist Sorge zu tragen, ganz besonders aber beim Walzen von Edelstählen, da die hierbei eingetretenen Überlappungen nicht mehr verschwinden. Auch ist, je kälter ein Stab gewalzt wird, seine Neigung, daß die Kaliberränder mahlen, um so größer, und um so schwerer verschweißen auch die Fehler. Auch durch zu tiefe Walzhauen kann nach H. SEDLACZEK [*13*] ein Mahlen an den Walzrändern eintreten. Sind die Walzhauen nämlich in die Walzen an deren Umfang eingearbeitet, so rufen sie auf dem Walzgut Erhebungen hervor. Wenn nun der Block erkaltet, so können sich diese Erhebungen nach dem Kanten gegen die Kaliberränder klemmen und so die Mahlwirkung verursachen. Aus diesem Grunde empfiehlt der Verfasser, die Hauen nicht einzumeißeln oder einzufräßen, sondern das Hauenprofil auf die Walzen aufzuschweißen. Die Hauen müssen hierbei in gleichen Abständen parallel zur Walzenachse auf den gesamten Umfang der Walze aufgeschweißt und anschließend gut geschliffen werden.

Ein *Mahlen des Walzgutes* im Kaliber kann auch durch eine Zerrung des Walzzeugs erfolgen. Eine solche Zerrung tritt besonders bei Dreiwalzenstraßen auf, an denen mit Oberdruck gearbeitet wird. Hier ist also der obere arbeitende Walzendurchmesser größer als der der Mittelwalze; das Walzgut wird hier nach der Ablenkung durch den Abstreifmeißel auf die vordere Rolle des Rollganges aufgedrückt, wenn es das Kaliber gerade verlassen hat. Durch die Verschiedenheit der arbeitenden Walzendurchmesser wird dem Walzgut aber oben und unten eine verschiedene Beschleunigung erteilt, wodurch eine Zerrung entsteht. Je größer also der Unterschied der Walzdurchmesser ist und je stärker die Walzen gehauen sind und je härter und kälter das Walzgut ist, um so größer wird die Zerrung. Der jeweilige Betrag der Zerrung ist von EMICKE für verschiedene obere und untere Walzendurchmesser angegeben und der Nachteil der Verschiedenheit der arbeitenden Walzendurchmesser sehr deutlich hervorgehoben worden. Die einzelnen Schichten des Werkstoffes werden bei hoher Zerrung verschieden beansprucht. Eine Schichtbildung an der Oberfläche des Walzgutes tritt auch dann ein, wenn die Walzen falsch behauen sind.

Fehler, die durch Mahlen oder Schneiden der Walzen hervorgerufen wurden, werden zumeist sehr bald nach dem Walzen entdeckt. Dagegen macht es manchmal Schwierigkeiten, bis Fehler, die infolge einer schlechten Kaliberoberfläche entstanden sind und sich in einer rauhen Oberfläche des Walzgutes äußern, gefunden werden.

Es können auch infolge zu hoher Walzgeschwindigkeit Oberflächenfehler entstehen. Bei zu schnellem Walzen wird der sekundliche Rutsch zwischen Walze und Walzgut zu groß, auch tritt eine zu große Verringerung des Greifvermögens der Walze ein, was sich besonders beim Walzen von Edelstählen sehr nachteilig auswirkt. Die Kaliber werden dann sehr schnell rauh, so daß auf diese Weise auch die Bildung von Oberflächenrissen wahrscheinlich ist. Beim Walzen von Edelstählen kann eine gute und saubere Oberfläche nur dann erreicht werden, wenn beim Walzen möglichst glatte Kaliber benutzt werden. Die Gefahr für die Entstehung solcher Oberflächenrisse wird aber bei gleicher Walzgeschwindigkeit um so geringer, je größer die Walzendurchmesser sind. Das schlechte Fassen von Edelstahl bewirkt eine verschiedene Umfangsgeschwindigkeit der einzelnen Punkte der Kaliberoberfläche gegenüber dem Walzstab, und es tritt somit auch ein verschieden starker Rutsch an der Knüppeloberfläche auf. An den Kalibern können hierdurch bei einem gleichzeitig wirkenden hohen Walzdruck kleine Aufschweißungen vorkommen. Am leichtesten treten diese bei hoch-chromhaltigen Stählen auf. Durch die Aufschweißungen aber entstehen wieder Eindrücke im Walzgut, die sich in den folgenden Stichen zusammendrücken und zu *Kaliberfaltungsrissen* führen. Im Fertigstahl können solche Risse als kurze und auch als lang durchlaufende Rißbildungen auftreten. Die mit einer dünnen Zunderschicht überdeckten Risse sind derart fein, daß sie auf dem ungebeizten Werkstoff gar nicht zu erkennen sind und erst nach stärkerem Beizen zum Vorschein kommen. Kaliberfaltungsrisse können also nur durch eine dauernde Überwachung der Kaliber und durch eine ständige Prüfung des Walzgutes durch Beizproben vermieden werden.

Im Gegensatz zur Bildung von Kaliberfaltungsrissen stehen die *Druckfaltungsrisse*, die besonders bei Edelstählen ihre Ursache in der Breitung haben. Je nach der Größe des Walzdruckes, der Temperatur und der Art des Werkstoffes werden die breitenden Seiten mehr oder weniger rauh. Wird jetzt der Walzstab nach dem Kanten auf der rauhen Seite verformt, so entstehen leicht Faltungen und Risse, die *Druckfaltungsrisse*. Diese können an allen jenen Stellen entstehen, an welchen das Walzgut nicht vom Kaliber begrenzt wird. Eine Möglichkeit, die Rißbildung zu vermindern, bestände darin, daß die Kaliber stets vollständig gefüllt würden, aber dann könnten wieder hierdurch leichter Überwalzungen entstehen und anderseits Drücke auftreten, die für härtere Stahlsorten unmöglich zu erzielen wären. An einem fertigen Walzzeug ist praktisch ein Kaliberfaltungsriß kaum von einem Druckfaltungsriß zu unterscheiden.

9. Fehlerhaftes Walzgut durch Rot- und Heißbruch

Ein Stahl, der zu Rot- oder Heißbruch neigt, kann bei einer richtig angewandten Wärmebehandlung das Walzwerk als durchaus brauchbar verlassen. Ein Beispiel dafür bietet das Armco-Eisen, das stets rotbrüchig ist; es darf also niemals in dem hierfür gefährlichen Rotbruchgebiet verformt werden, da es sonst während der Verformung vollständig auseinanderfallen kann.

Die nachteilige Wirkung des Rotbruches wird durch Sauerstoff und Schwefel verursacht. Und zwar erzeugt vor allem der Sauerstoff Rotbruch, während der Schwefel hauptsächlich Heißbruch hervorruft. Nach P. OBERHOFFER [*4*] wird die schlechte Verformbarkeit im Rotbruchgebiete durch Zwischensubstanzen (Oxyde) zwischen den Primärkristallen hervorgerufen. Dagegen wird Heißbruch durch Korngrenzensubstanzen erklärt, die bereits verflüssigt sind. Wenn bei rotbrüchigem

Werkstoff die spröde Zwischensubstanz in eine plastische Zwischensubstanz übergeführt werden kann, so lassen sich Rotbrucherscheinungen vermeiden. Dies kann durch Zusatz von Mangan zum Stahl erfolgen. Heißbruch kann vermieden werden, wenn dafür Sorge getragen wird, daß sich auf den Korngrenzen keine leichtflüssigen Zwischensubstanzen bilden können (ebenfalls durch Manganzugaben). Durch längeres Glühen bei hohen Temperaturen kann wohl der durch Schwefel verursachte Heißbruch verringert werden, dagegen nicht der durch Sauerstoff hervorgerufene Rotbruch; denn auch im γ-Eisen sind nur sehr geringe Sauerstoffmengen löslich.

Ist der Schwefelgehalt im Stahl niedrig, so treten stets nur Heißbrucherscheinungen auf; bei steigenden Schwefelgehalten dagegen treten beide Erscheinungen, Rot- und Heißbruch, nebeneinander auf und gehen dann bei hohem Schwefelgehalt ineinander über. Daher neigen überfrischte Schmelzen stets zum Rotbruch, da sie einen höheren Sauerstoffgehalt durch die starke Frischwirkung aufnehmen. So hat z. B. Armco-Eisen nur einen geringen Kohlenstoffgehalt und erfährt daher im Stahlwerk eine starke Auffrischung. Durch diesen Vorgang wird aber wiederum eine stärkere Sauerstoffaufnahme des Stahles bedingt, wodurch die Rotbrüchigkeit hervorgerufen wird. Der höhere Sauerstoffgehalt wirkt sich aber nicht mehr schädlich aus, wenn der Stahl oberhalb des Rotbruchgebietes verformt wird.

Abb. 78 stellt ein auf 60 mm ⌀ heruntergewalztes Armco-Eisen dar, das richtig, also oberhalb des kritischen Temperaturgebietes, gewalzt wurde. Der Knüppel zeigte nach dem Walzen keinerlei Risse, wie dies auch an den stärker erhalten gebliebenen Abmessungen aus der Abbildung hervorgeht. Es wurden nun hiermit weitere Warmverformungsversuche gemacht, um zu sehen, wie sich der Werkstoff im kritischen Temperaturgebiet verhalten würde. Der Stab wurde also zunächst bei richtiger Temperatur verschmiedet (in der Abbildung der mittlere dünnere Teil); hier traten keine Rißbildungen auf. Hierauf wurde im kritischen Temperaturgebiet der obere Teil des Stabes verschmiedet und ist hierbei vollständig aufgerissen.

Bei den meisten Stählen liegt das kritische Temperaturgebiet zwischen 800 und 1000°. Zum Rotbruch neigende Stähle können aber zwischen 1100 und 1200° ohne Schwierigkeiten verformt werden. Sie müssen

Abb. 78. Armco-Eisen 60° gewalzt, gut geschmiedet und bei kritischer Temp. geschmiedet

aber auch bei diesen hohen Temperaturen unbedingt fertiggewalzt oder verschmiedet werden.

Bei Armco-Stählen kann also nicht von Werkstoffehlern gesprochen werden, wenn man die Rotbrüchigkeit meint, sondern es ist hier mit dieser Erscheinung im Walzwerk oder in der Schmiede zu rechnen, und die Behandlung des Stahles ist dann, um keine nachteiligen Wirkungen hervorzurufen, entsprechend durchzuführen. Festzustellen ist die Rotbrüchigkeit eines Stahles im Betriebe leicht durch die Hörndl- und Schmiedeprobe, die Ausbreitprobe, die Lochprobe oder die Schweißbiegeprobe.

Abb. 79. Radscheibe, Rotbruch

Die Neigung zur Rotbrüchigkeit, die für Armco-Stähle so kennzeichnend ist, soll bei höhergekohlten Stählen nicht auftreten. Doch kann sie auch hier durch entsprechende Wärmebehandlung unschädlich gemacht werden.

Abb. 79 zeigt eine vollkommen aufgerauhte und aufgerissene Oberfläche einer gewalzten Radscheibe, bei der man zunächst Oberflächenverbrennung angenommen hatte. Es wurden jedoch auch Rotbruchproben aus dem gleichen Werkstoff angefertigt, die bei verschiedenen Temperaturen gebogen wurden.

In Abb. 80 sind die unterste Probe bei 800°, die darüber befindlichen Proben in der Reihenfolge nach dem bei 900, 1000, 1100 und 1200° erfolgten Biegeversuch dargestellt. Man sieht, daß der bei 800° gebogene Stab sogleich gerissen ist und daß auch bei den folgenden beiden Proben (bei 900 und 1000° gebogen) die Faser gerissen ist. Dagegen trat bei den oberen beiden Proben, die bei 1100 und 1200° das Gebiet der Rotbrüchigkeit bereits überwunden hatten, eine Rißbildung bei der Biegeprobe nicht mehr ein. Hieraus kann ohne weiteres gefolgert werden, daß bei diesen Temperaturen der Stahl ohne Fehler gewalzt werden kann. Es handelt sich also bei der in Abb. 79 dargestellten Radscheibe nicht um eine Oberflächenverbrennung, die durch zu hohe Temperatur im Stoßofen hervorgerufen wurde, sondern um einen Werkstoff, der zum Rotbruch neigt und bei zu niedriger Temperatur verarbeitet wurde.

In Abb. 81 sind einige Proben eines anderen Stahles gezeigt, der in noch stärkerem Maße als der vorher gezeigte zu Rotbruch neigte. Die untere Probe ist hier bei 1200, die obere bei 800° gebogen. Auch hier sind die

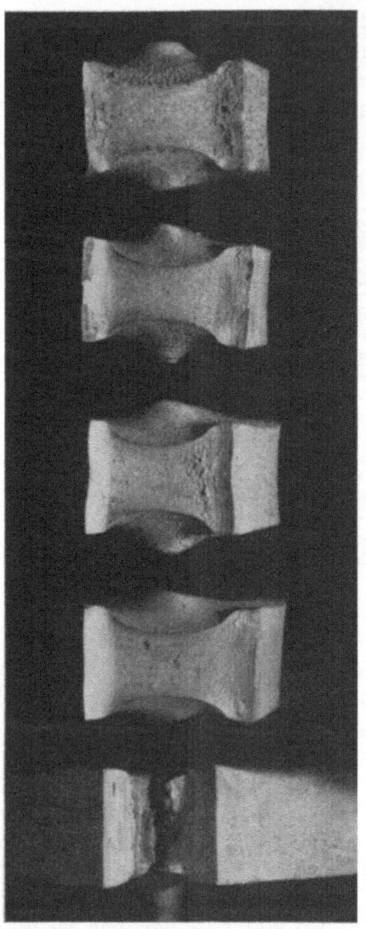

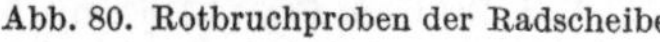

Abb. 80. Rotbruchproben der Radscheibe

Abb. 81. Rotbruchproben

Rißbildungen im kritischen Temperaturgebiet von 800 ··· 1000° deutlich sichtbar, während die Biegeproben, die bei 1100 und 1200° gemacht wurden, gut waren.

C. Das Kalibrieren von Ziehringen für Zieh- und Stoßbänke [*14*]

Das Ziehen geschweißter Rohre in ringförmigen Kalibern war schon vor der Erfindung der Rohrherstellung nach den Schrägwalz- bzw. Pilgerschrittverfahren bekannt und wurde angewendet, um Rohre in

Wandstärke und Durchmesser zu verkleinern und sie auf die gewünschten Abmessungen zu bringen.

Nachdem dann die Brüder Mannesmann die Herstellung nahtloser Rohre in größeren Mengen durch die Entwicklung entsprechender Verfahren ermöglicht hatten, wurden auch Zieh- und Stoßbank zu denselben Zwecken übernommen, so, daß sich die nach dem Mannesmann- oder Ehrhardt-Verfahren vorgelochten Blöcke nach dem Anschmieden einer Ziehangel oder der Herstellung einer geschlossenen Seite des Hohlblocks mittels Butzen und dem Anwärmen in einem besonderen Ofen auf Ziehbzw. Stoßbänken weiterverarbeiten ließen. Auf diesen wurden die Rohre dann durch sog. *Ziehringe* auf die gewünschten kleineren Kaliber gebracht.

Besonders der Umstand, daß es nicht möglich war, nahtlose Rohre unter etwa 2,5 mm Wandstärke und 60 mm ∅ nach den bisherigen Herstellungsverfahren zu erzeugen, war dafür maßgebend, daß das Zieh- und Stoßverfahren auch für die Herstellung nahtloser Rohre verwendet wurde und bald aus der Erzeugungspraxis kleinerer Rohre nicht mehr hinweggedacht werden konnte.

Zur Herstellung großer Rohrmengen, die in gleichen Abmessungen aus der Ausgangsluppe mit entsprechend gleichen Wanddicken erzeugt

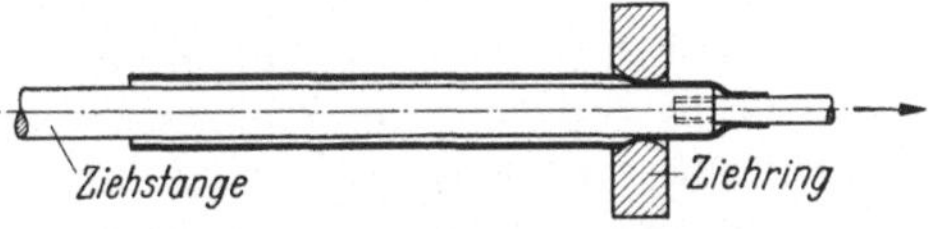

Abb. 82. Rohrzug mit Dornstange

werden sollen, ist das Reduzierwalzwerk am geeignetsten. Sind dagegen Posten kleinerer Rohre in geringerer Menge mit beliebig dünnen Wandstärken herzustellen, so ist hierfür das Ziehen auf der Ziehbank oder Stoßbank die geeignetste Operation. Grundsätzlich besteht es darin, daß die Rohre durch verschiedene Ziehringe abnehmender Größe hindurchgezogen werden, wobei der Innenraum der Rohre entweder hohl bleibt oder durch eine Stange, die den Innendurchmesser des gewünschten

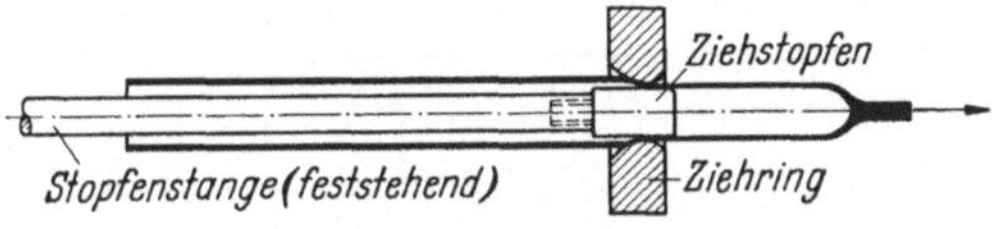

Abb. 83. Rohrzug mit Ziehstopfen

Rohres haben muß, ausgefüllt wird. Statt dieser sog. *Stopfenstange* kann auch ein kürzerer *Stopfen* verwendet werden, über welchen das Rohr im Ziehring hinweggezogen wird (Abb. 82 u. 83).

Wenn es sich also darum handelt, die gewünschten Rohre nicht nur im Durchmesser zu reduzieren, sondern auch in ihrer Wanddicke, so muß das Rohr im Augenblick des Durchganges durch einen Ziehring am Ausweichen nach innen gehindert werden. Dies kann erreicht werden: entweder durch das Einschieben einer Dornstange, deren Durchmesser gleich dem Innendurchmesser des fertigen Rohres sein muß oder durch Einführung eines Stopfens, welcher auf einer der Rohrlänge entsprechenden Stange sitzt und am Stangenende so befestigt ist, daß er in seiner Endlage gerade an der Stelle innen im Rohr sitzt, welche außen vom Ziehring umgeben ist. Der Werkstoff muß jetzt durch den außen vom Ziehring und innen vom Stopfen begrenzten ringförmigen Spalt hindurchtreten und wird so auf eine kleinere Wandstärke reduziert. Ist hierbei die Ziehkraft nicht zu groß, so wird das Rohr an seinem Ende nur eingezogen oder umgebördelt und die hier abgesetzte Dornstange wird durch das Rohr hindurchgesteckt und an der Zange des Wagens befestigt (Abb. 83).

Ähnlich wie bei der Ziehbank liegen die Verhältnisse bei der Stoßbank. Hier stehen die Ziehringe in vorher berechneten Abständen in einer langen Wanne, in welcher die Ziehringhalter eingesetzt sind, die ihrerseits wieder die genau kalibrierten Ziehringe in sich aufnehmen (Bild 84).

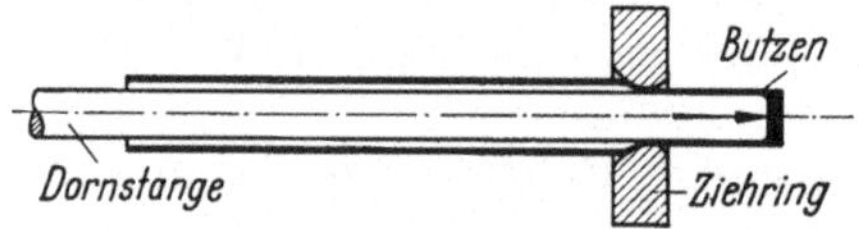

Abb. 84. Rohr-Stoßverfahren

Durch die konische Ausführung an der Außenseite der Ziehringe wird ein absolut zentrischer Sitz derselben im Ziehringhalter garantiert. Da die Konusabmessungen außen an jedem Ziehring und in jedem Ziehringhalter innen die gleichen sind, ist eine Austauschbarkeit der Ziehringe unter sich, bzw. ein Einsetzen in entsprechend andere Ringhalter, ohne Schwierigkeiten gegeben.

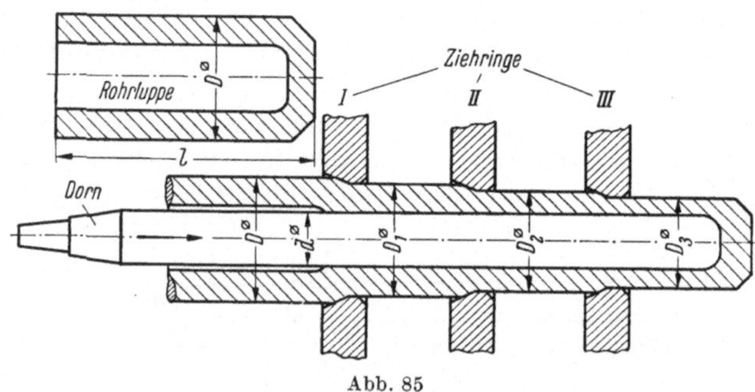

Abb. 85

Wenn nun ein Rohr auf der Stoßbank gezogen werden soll, so muß die Rohrluppe hierzu erst aus dem vollen Knüppel vorpräpariert werden, d. h. aus dem Ausgangsprofil des Knüppels (meist ein Quadratstahl) wird auf der Lochpresse ein hohler Rundknüppel hergestellt, wobei aber ein Rohrende, nämlich jenes, gegen welches sich später die Dornstange von innen anlegt, mit einem Bodenstück (Butzen) geschlossen bleibt. In das so vorpräparierte Rohr wird die Dornstange eingeführt und dieses Rohr mit dem Dorn nacheinander durch die Ziehringe hindurchgetrieben (Abb. 84 u. 85).

Da bei dieser Operation das Rohr von Ziehring zu Ziehring im Durchmesser und in der Wanddicke immer kleiner wird, längt es sich auch entsprechend, und es sind die Ziehringe jeweils in Abständen anzubringen, die gegen das Ende der Stoßbank zu immer größer werden. Diese Längen lassen sich, wie folgend an einem praktischen Beispiel gezeigt werden soll, aus dem Gesetz der Volumenkonstanz leicht berechnen.

Das Stoßen an Stoßbänken über einen angetriebenen Dorn ist gekennzeichnet dadurch, daß ein Lochstück mit geschlossenem Ende bei verhältnismäßig dicker Wandstärke über einen passenden Stoßdorn in einer Hitze durch mehrere Ringe gestoßen und in ein Rohr von dünner oder verhältnismäßig dünner Wandstärke umgeformt wird.

Wenn angenommen wird, daß das Rohr bereits hinter dem ersten Ziehring auf dem Dorn zum Anliegen kommt, so ist es für ein richtiges Kalibrieren der Rohre notwendig, noch einige Größen zu kennen, mit denen auf der Stoßbank gearbeitet werden soll. Hierzu gehören:

D = Ausgangsdurchmesser der Rohrluppe außen gemessen
D_3 = Enddurchmesser des Fertigrohres außen gemessen
d = Durchmesser der Dornstange
l = Anfangslänge der Rohrluppe
L = Endlänge des Fertigrohres
F = Ausgangsquerschnitt der Rohrluppe
f = Endquerschnitt des Fertigrohres
S = Gesamtstreckung bzw. -Verlängerung
s = Teilstreckung bzw. Teilverlängerung des Rohres nach dem Durchgang durch einen Ring
n = Ringzahl.

Alle Größen stellen eine Relation dar, die gegeben ist durch die Grundformel:

I. $$\left(\frac{D^2 \cdot \pi}{4} - \frac{d^2 \cdot \pi}{4}\right) \cdot l = \left(\frac{D_3^2 \cdot \pi}{4} - \frac{d^2 \cdot \pi}{4}\right) \cdot L$$

II. $$F \cdot l = f \cdot L$$

III. $$L = \frac{F}{f} \cdot l$$

IV. $$L = l \cdot S = l \cdot s^n$$

V. $$S = s^n = \frac{F}{f}$$

(IV. und V.: bei Voraussetzung gleicher prozentualer Abnahmen pro Stich.)

Die Ringzahl ist gegeben durch die Formel:

$$n = \frac{\log S}{\log s} = \frac{\log L/l}{\log s}$$ (bei prozentual gleicher Abnahme in den Ziehringen.)

Hiefür einige Beispiele:

1. *Beispiel*: Wieviel Ringe werden theoretisch gebraucht für ein Rohr von 0,5 m Anfangslänge beim Stoßen auf ein Rohr mit 3,0 m Endlänge, bei einer Teilverlängerung s von 1,1?

$$n = \frac{\log 6}{\log 1{,}1} = \frac{0{,}7782}{0{,}0414} = 18{,}8 \text{ rd. } 19 \text{ Ringe}.$$

2. *Beispiel*: 0,7 m Anfangslänge, 6 m Endlänge, bei $s = 1{,}30$.

$$n = \frac{\log 8{,}6}{\log 1{,}3} = \frac{0{,}9345}{0{,}1139} = 8{,}2 \text{ rd. } 8 \text{ Ringe}.$$

Beispiel 1 gilt in etwa für legierte Stahlrohre, Beispiel 2 gilt für einfache Rohre, z. B. Dampfrohre.

Wenn also z. B. die Aufgabe gestellt wird, auf einer Stoßbank mit einer Bettlänge von $l = 10$ m ein Rohr von $57{,}5 \times 2{,}75$ mm herzustellen (d. h. also mit einem Außendurchmesser von 57,5 mm und einer Wanddicke von 2,75 mm) so sei dessen Länge mit 4 m angenommen (kleiner als die halbe Stoßbanklänge). Wir verwenden als Vormaterial zunächst einen Quadratstahl von 75 mm Seitenlänge, den wir erst auf der Ehrhardtpresse lochen.

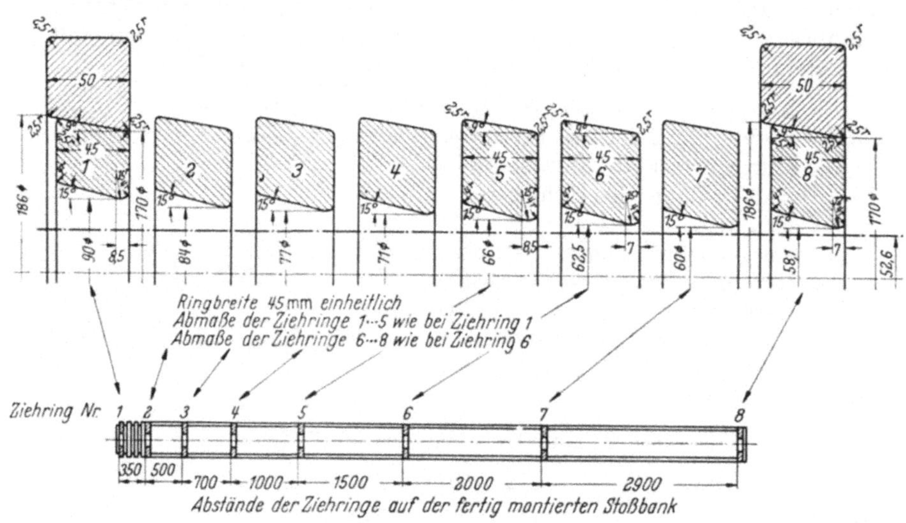

Abb. 86. Anordnung der Ziehringe auf der Stoßbank

Das Rohrvolumen ohne Butzen ist:

$$V = \frac{\pi}{4} \cdot (D_a^2 - D_i^2) \cdot l.$$

Hierbei ist D_a der äußere Rohrdurchmesser

D_i der innere Rohrdurchmesser

l die Rohrlänge.

Die Endwerte des fertigen Rohres eingesetzt, ergibt die Formel:

$$V = \frac{\pi}{4} \cdot (5{,}75^2 - 5{,}2^2) \cdot 410 \text{ cm}^3 = 1930 \text{ cm}^3.$$

Das Volumen des Butzens ist bei Annahme von 30 mm Wanddicke $\cong 60$ cm³. Das Gesamtvolumen des Rohres ist also:

$1930 + 60 = 1990$ cm³. Das Gewicht ist $1990 \cdot 7{,}8 = 15600$ g $= 15{,}6$ kg.

Bei einem Knüppelquerschnitt von 75×75 mm² $= 5600$ mm² beträgt die Knüppellänge $l = \frac{\text{Rohrvolumen}}{\text{Knüppelquerschnitt}} = \frac{V}{F} = \frac{1990}{56} = 35{,}6$ cm.

Hierzu muß noch mit 1,75 ··· 2% Zugabe für Abbrand gerechnet werden, es wird dann also $l = 363$ mm als Ausgangslänge des Hohlknüppels anzusetzen sein. Die Abmaße des Hohlblockquerschnittes betragen also im Ausgangsquerschnitt 100 · 20 mm², wobei 100 mm als Außendurchmesser und 20 mm als Wanddicke anzusprechen sind.

Bevor wir mit der Kalibrierung der Ziehringe beginnen, nehmen wir erst die Anzahl der vorhandenen Ziehringe an, in vorliegendem Beispiel mit 8 (Abb. 86). Hierauf setzen wir die Grenzen der prozentualen Abnahmen der Ringquerschnitte des Rohres in den einzelnen Ziehringen fest, im allgemeinen so, daß sie zwischen 20 und 30% pro Ziehring betragen[1]. Nur beim ersten Ziehring, bei welchem der Werkstoff die größte Dicke hat, bleiben wir unter diesen Werten (etwa 15%). Aus diesen Daten ergeben sich dann zwangläufig die Durchmesser der Ziehringe und die Rohrlänge des Rohres nach dem Austreten aus den betreffenden Ziehringen. Die wichtigsten Daten sind aus der hierfür angelegten Tabelle, wie folgt ersichtlich.

Nr. des Ringes	Ø der Ringöffnung in mm	Querschnitt des Ziehringes F_1 mm²	Querschnitt des Blockloches bzw. Dornes F_2 mm²	Rohrquerschnitt $F_1 - F_2 = F_R$ mm²	Abnahme in % $\frac{F_{R_1} - F_{R_2}}{F_{R_1}} \times 100$	Rohrlänge beim Querschnitt F_R cm	Entfernung bis zum nächsten Ring cm
Luppe	100 (×20)	7854,0	2827,0	5027,0		36,3	37,0
1	90	6361,7	2123,7	4238,0	15,8	51,2	51,5
2	84	5541,8	2123,7	3418,1	19,4	63	63,5
3	77	4656,6	2123,7	2532,9	26	85,5	86,0
4	71	3959,2	2123,7	1835,5	27,5	118	120,0
5	66	3421,2	2123,7	1281,1	29,3	168	170,0
6	62,5	3068,8	2123,7	945,1	26,2	229	230,0
7	60	2827,4	2123,7	703,7	25,6	307	308,0
8	58,1	2651,0	2123,7	527,3	25,0	410	

Man ersieht hieraus. daß die Gesamtabnahme des Rohres, also vom Anstich bis zum Fertigrohr 89,5% beträgt. Denn 5027 : 100 = 527,3 : 10,5, 100 — 10,5 = 89,5 (%-Wert).

Die Kalibrierung der Ziehringe kann auch graphisch nach dem nachstehend vom Verfasser angegebenen, sehr einfachen Verfahren durchgeführt werden (Abb. 87).

Auf der Ordinatenachse wird der Maßstab für die Durchmesser der Ziehringe aufgetragen, auf der Abszissenachse in gleichen Abständen die Nummern der Ziehringe in der natürlichen Aufeinanderfolge. Im Nullpunkt (1. Ordinate) wird der Außendurchmesser der Rohrluppe angetragen (in unserem Beispiel = 100 mm). Es zeigt sich, daß mit Ausnahme des Ziehringes Nr. 1, der eine etwas ausgefallene Abnahme aufweist, alle anderen Ziehringdurchmesser auf einem Kreisbogen von 480 mm Radius liegen.

[1] Hierbei ist Warmverarbeitung vorausgesetzt, also eine Lupentemperatur von etwa 1000° C. Werkstoff: normaler C-Stahl.

Zu diesem Radius kommt man durch eine ähnliche Überlegung, wie zu dem Radius im Scheitelpunkt einer Ellipse. Wenn man die Länge der Abszisse bis zum letzten Ziehring (8) mit L bezeichnet, die Ordinate im Punkte 8 bis zur A-Kurve mit h und jene im Punkt 0 mit g, so findet man den Krümmungsmittelpunkt als Schnittpunkt, indem man als Abszisse noch ca. den vierten Teil der bisherigen Achsenlänge (0···8) außen an den letzten Punkt (8) anträgt. Hierbei wird die Gesamtlänge der Abszissen in unserem Beispiel 160 + 40 = 200 mm. Die Senkrechte in diesem Endpunkt auf die Abszisse schneidet jetzt die Senkrechte auf die Sehne G—F diese halbierend, im Krümmungsmittelpunkt (hier ist R = 480 mm).

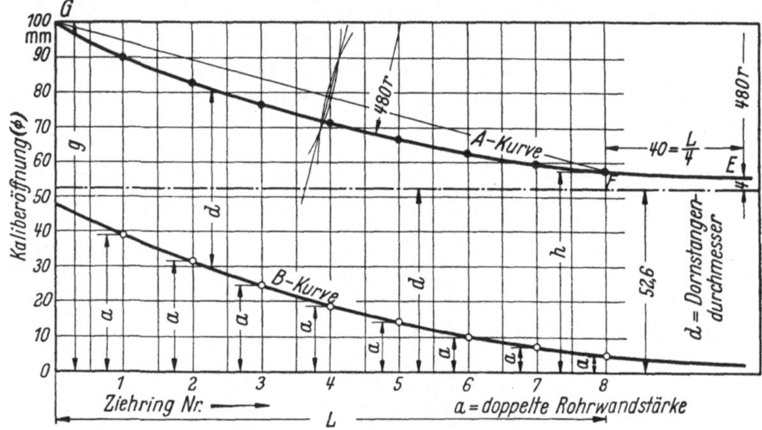

Abb. 87. Graphisches Verfahren zur Kalibrierung von Ziehringen

Trägt man jetzt von dem im Diagramm befindlichen Kreisbogenteil den Dornstangendurchmesser (d) als Ordinate senkrecht zur Abszisse nach unten ab, so erhält man in der B-Kurve jene Begrenzungswerte als Ordinaten a, welche die jeweilige doppelte Wanddicke des Rohres über der der Nummer des entsprechenden Ziehringes (Nr. 1···8) ergibt.

So ist z.B. die Wanddicke nach dem Ziehring Nr. 8 ‖ 5,5 : 2 = 2,75 mm, nach Ziehring Nr. 2 ‖ 31,4 : 2 = 15,7 mm u.s.f. Man kann also auch die jeweiligen Wanddicken des Rohres, die außen von den Ziehringen, innen von der Dornstange begrenzt werden, direkt aus dem Diagramm abgreifen (B-Kurve), genau so, wie sich an der oberen Kurve (A-Kurve) die Durchmesser der entsprechenden Ziehringe abgreifen lassen.

Will man die Stoßbank jetzt nicht mit 8 Kalibern, sondern beispielsweise mit nur 7 Ziehringen ausführen, so teilt man die Strecke 0—8 auf der Abszissenachse in 7 gleiche Teile und geht von den so gefundenen Punkten in der Abszissenachse senkrecht aufwärts bis zur A-Kurve. Aus den Ordinaten über den ermittelten neuen Teilungspunkten der Siebenteilung kann man jetzt direkt die Innendurchmesser der neuen Ziehringe abgreifen. Will man dagegen die prozentualen Abnahmen kleiner halten, also mit mehr Ziehringen arbeiten, beispielsweise mit 9, so muß die Entfernung 0—8 auf der Abszisse jetzt in 9 gleiche Teile geteilt, und von diesen senkrecht nach oben in die A-Kurve gegangen werden, worauf sich dann die Durchmesser der neuen Ziehringe in den auf den Teilpunkten errichteten Ordinaten als Schnittpunkte mit der A-Kurve ergeben.

Offen ist jetzt noch die Frage der Länge der Stoßbank. Die Gesamtlänge einer Stoßbank richtet sich wiederum nach der Anfangslänge, Endlänge und dem Streckungsfaktor s. Es kommt hierbei darauf an, ob das in Arbeit befindliche Rohr beim Durchgang durch die Bank (momentan gesehen) in einem, zwei oder drei Ringen gleichzeitig gestoßen wird.

Betrachtet man die einzelnen Entfernungen bzw. Ringabstände, so ist ohne weiteres klar, daß die Bank länger sein muß, wenn das Rohr jeweils immer nur durch einen Ring bearbeitet wird, wie die Skizze zeigt:

Wird der Abstand der Ringe a kleiner als die jeweils gestoßene Teillänge $[l_{(n-1)}]$, dann kommt das Rohr in 2 Ringe zu liegen, ein Zustand, der nur in Grenzen mit dem Materialfluß zusammenhängend und mit der Temperatur zu handhaben ist. Rechnerisch ist die optimale Bestimmung des Ringabstandes hier *a* priori nicht zu lösen.

Aus der Abwandlung einer geometrischen Reihe hat sich zur Bestimmung der Arbeitslänge einer Stoßbank folgende Formel bewährt:

$$B = \frac{L - l \cdot s}{1 - \frac{1}{s}}.$$

l = Anfangsrohrlänge $\quad$ B = nutzbare Banklänge

s = Streckungsfaktor für 1 Ring $\quad$ L = Fertigrohrlänge

Für den Gebrauch einige Zahlenwerte als Beispiele:

l_s	L	s	je 1 Ring $E = 100\%$ B_{max}	je 3 Ringe $E = 50\%$ B_{min}	
0,50	2,00	1,10	14,5	7,25	hochlegierte
0,50	2,50	1,10	19,5	9,75	Stähle
0,50	3,00	1,10	24,5	12,25	
0,60	3,00	1,20	11,4	5,7	mittel- u.
0,60	3,50	1,20	14,0	7,0	leicht legierte
0,60	4,00	1,20	16,4	8,2	Stähle
0,70	4,00	1,30	10,4	5,2	Flußstahl
0,70	4,50	1,30	12,0	6,0	$\sigma \geq 50$ kg/mm²
0,70	5,00	1,30	13,6	6,8	
0,80	5,50	1,35	12,6	6,3	Flußstahl
0,80	6,00	1,35	14,0	7,0	$\sigma \leq 50$ kg/mm²
0,80	7,00	1,35	17,0	8,5	

Hierin bedeutet:

Der Wert E ist die *Einspannung*, d. h. Anteil der Rohrlänge zwischen je 2 Ringen (im Einbau.). (Siehe auch Abb. 88 u. 89).

Die benötigte Bettlänge für das vorgesehene Arbeitsprogramm beträgt 9 m bei einer Fertigrohrlänge von $l = 4$ m. Das Verhältnis von

Bettlänge zu Rohrlänge ist hier also etwa 2,2 : 1. Hieraus ersieht man, daß im Falle der Herstellung von Rohren auf einer Stoßbank die Erzeugung größerer Rohrlängen mit sehr großen maschinellen Mitteln erkauft werden muß.

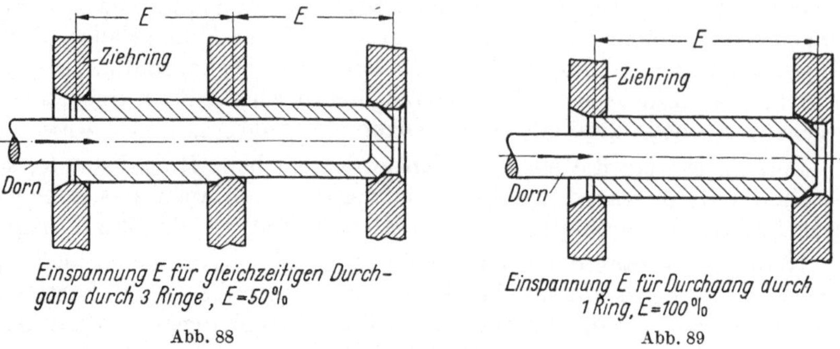

Abb. 88 Abb. 89

Die Dornstange ist zweckmäßigerweise etwa 1,5 ··· 2 m länger als das Rohr, das ist also in unserem Beispiel 5,5 ··· 6 m. Die Bettlänge ist mit 10 m angenommen worden.

Der Hub der Zahnstange (Abb. 90) ergibt sich aus:

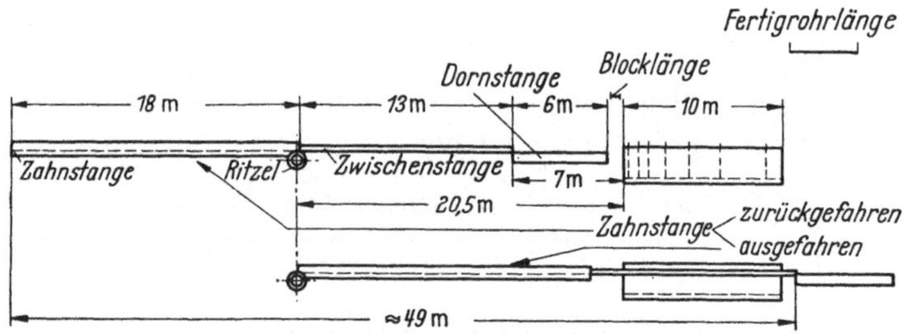

Abb. 90. Schem. Darstellung einer Stoßbank

Bettlänge + Dornstangenlänge + Rohrluppenlänge + Sicherheitsfaktor
10 m + 6 m + 0,5 m + 1,0 m = 17,5 m.

Der Sicherheitsfaktor ist notwendig, da sich die Antriebsmaschine nicht immer so genau steuern läßt, daß Zahnrad aber auf jeden Fall noch im Eingriff mit der Zahnstange bleiben muß.

Die Dornstange, die oft hohen Beanspruchungen ausgesetzt ist, muß auf ihrer Oberfläche immer sehr sauber und blank sein, weil sonst beim Durchgang des Rohrmaterials durch die Ziehringe jeder Oberflächenfehler der Dornstange an der Innenseite des Rohres wiedererscheint. Sie muß daher aus ganz ausgezeichnetem, verschleiß- und warmfestem Werkstoff angefertigt sein, was hohe Kosten erfordert. Die Dornstange wird nach Fertigstellung des Rohres durch eine Reelingmaschine, die durch Rotation zweier Walzen eine Lockerung des Rohres auf der Stange bewirkt, aus dem Fertigrohr herausgezogen, abgekühlt, um dann für eine neue Rohrluppe zur Verfügung zu stehen.

Zwischen Dornstange und Zahnstange befindet sich noch eine sogenannte *Zwischenstange*, deren Länge etwa sein muß: Bettlänge + 3 m, da sich das Zahnstangenbett nicht ganz bis an den ersten Ziehring durchführen läßt. Hiernach wäre die Länge der Zahnzwischenstange in unserem Beispiel 10 + 3 = 13 m.

Abb. 90 zeigt uns eine schematische Darstellung der Stoßbank in ihren Längenverhältnissen. Die außerordentliche Länge der Anlage (etwa 49 m) wird noch durch das Lösewalzwerk und die Dornausziehvorrichtung vergrößert, welche hinter die Rohrstoßbank eingebaut sind.

Man sieht, daß die Anschaffungskosten dieser Anlage sehr hoch sind, und auch ihre Instandhaltung infolge des hohen Verschleißes von Ziehringen und Dornstangen ziemlich kostspielig wird. Dagegen ist ein sehr großer Vorteil die hohe Präzision, mit welcher die Rohre hergestellt werden können und die jene, der nach dem Schrägwalzverfahren und nach dem Pilgerschrittverfahren hergestellten Rohre bei weitem übertrifft.

Auch die Produktionsgeschwindigkeit, mit der eine solche Anlage arbeitet, ist sehr groß. Auf vorstehender Bank können ohne Schwierigkeiten 4 Rohre von ungefähr 4 m Länge pro Minute hergestellt werden, also fast 1000 m pro Stunde. Jedoch sind etwa erforderliche Umbauzeiten in diesen Fertigungszeiten nicht einbegriffen. Der Abfall an den Rohrenden ist gering. Im Gegensatz zu dem nach dem Pilgerschrittverfahren oder Schrägwalzverfahren hergestellten Rohren.

Anschließend seien einige Analysen von Qualitätsstählen, die für Dornstangen und Ziehringe benutzt werden, wiedergegeben: Für Warmziehringe wird ebenso wie für Dornstangen ein wolframhaltiger Stahlguß benutzt, der bei den Ziehringen folgende Zusammensetzung hat (in %): 2,4/2,6 C. — 0,20/0,50 Si, — 0,50/0,80 Mn, — 15,0/16,0 Cr. — 0,40/0,60 V. — 1,7/2,0 W. Die Bezeichnung des Werkstoffes ist G 235 CrWV 82. Die Analyse für Dornstangen ist: 0,25/0,35 C, — 1,0/1,3 Si, — 0,6/0,9 Mn, — 1,0/1,3 Cr, — 0,30/0,50 Ni, — 0,10/0,20 V, — 0,40/0,50 W. Die Materialbezeichnung ist G 30 CrWV 5.

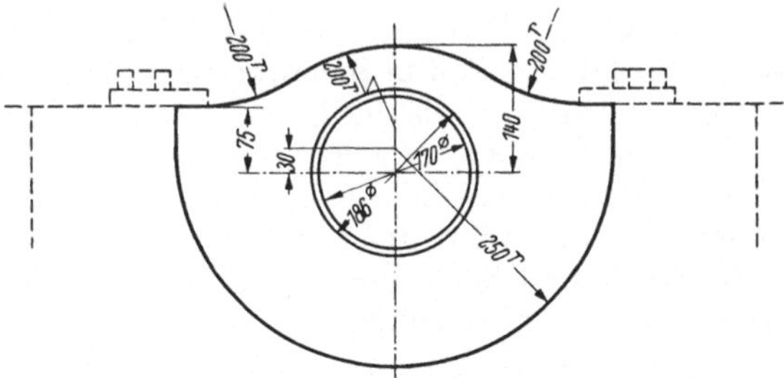

Abb. 91. Ziehringhalter

Bei den Ziehringen ist für ein gutes Ausbringen die gewählte Form des Ziehloches von großer Bedeutung. Heute finden meist konische, schlanke Ziehöffnungen Verwendung mit einem Düsenwinkel von 15° (Abb. 86), die sich anderen Ausführungen in bezug auf den erforderlichen Kraftbedarf überlegen gezeigt haben. In der Werkstattzeichnung (Abb. 86) sind hier auch die weiteren Abmessungen der Ziehringe beispielhaft wiedergegeben. Abb. 91 gibt den Ziehringhalter frontal gesehen wieder.

Die gezeigte Kalibrierung der Stoßbank kann unter den gleichen Voraussetzungen auch als Kalibrierung für eine Ziehbank mit Stopfen oder Innendorn benutzt werden, also für eine Kalibrierung nach den in den Abb. 84 und 83 gezeigten Verfahren, da bei diesen eine Verringerung des Durchmessers mit einer Abnahme der Rohrwandstärke Hand in Hand geht.

Verwendet man die gezeigte Kalibrierung auch für die Operation des *Kratzens*, das ist ein Ziehvorgang ohne Innendorn, bei welchem praktisch keine Reduktion der Wandstärke eintritt (Abb. 92), so wird das Rohr

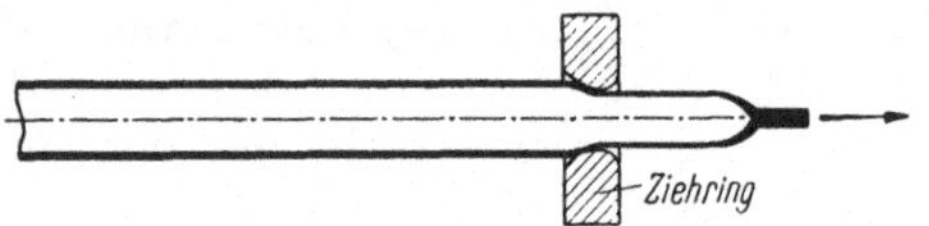

Abb. 92. Darstellung des „Kratzens"

als Hohlkörper einfach durch die Ziehringe hindurchgezogen, wobei dann lediglich eine Verringerung des Rohrdurchmessers und eine entsprechend geringere Längung die Folge ist. Dieses Verfahren des Warmziehens ist heute noch für die Ausführung kleinerer Aufträge oder für Sonderzwecke, wie z. B. die Herstellung von Masten üblich. Nach diesem Verfahren werden auch Profilrohre hergestellt, wobei dann die Form des Ziehloches der gewünschten Rohrform entspricht. Dagegen wird mit dem Stopfen meist dann gearbeitet, wenn Präzisionsrohre für den Kraftwagen- und Fahrradbau sowie für den Flugzeugbau herzustellen sind.

Bei allen diesen Ziehverfahren ist zu beachten, daß das Rohr nach dem Anspitzen oder Umbördeln vom Zunder befreit werden muß, bevor es auf die Ziehbank kommt. Das erzielt man durch Beizen in der Weise, daß man die Rohre für kürzere Zeit in Behälter mit verdünnter Salz- bzw. Schwefelsäure legt, wobei sie vollständig entzundert werden. Hierauf werden sie abgespült, in Kalkwasser gelegt und dann gezogen. Um beim Durchgang der Rohre durch die Ziehringe die Reibung möglichst gering zu halten, schmiert man die Rohre außen mit einer Mischung von Öl und Graphit, auch Kochsalz und Seifenlösungen sind bei kalt zu ziehenden Rohren als Schmiermittel gebräuchlich.

Die beim Kaltziehen eintretende, oft sehr erhebliche Verfestigung des Werkstoffes hat ein Absinken der Dehnungs- und Zähigkeitswerte zur Folge, die besonders groß ist, wenn nicht nur eine Reduktion im Durchmesser des Rohres erzielt werden soll, sondern auch eine Abnahme der Wanddicken. Zur Beseitigung dieser Verfestigung müssen die Rohre geglüht und daran anschließend erneut gebeizt werden, worauf der Ziehprozeß auf kleinere Durchmesser und geringere Wanddicken weiterfortgesetzt werden kann.

D. Das Kalibrieren von Pilgerwalzen [*15*]

Nachdem im Jahre 1885 die ersten Versuche der Gebrüder Mannesmann über die Herstellung nahtloser Rohre mittels des Schrägwalzverfahrens nicht die Möglichkeit ergaben, Rohre von dünnen Wandstärken herzustellen, mußte eine andere Herstellungsmethode gesucht werden, um handelsübliche Rohre in schwächeren Manteldimensionen zu erzeugen. Diesen Weg wies MAX MANNESMANN mit der Erfindung des Pilgerschrittverfahrens [*16*]. Er ging hierbei von den Gedanken aus, die Rohrluppe nicht, wie bei den bisher üblichen Verfahren in einem Arbeitsgang auf den gewünschten Durchmesser zu bringen, sondern den Walzprozeß absatzweise, ähnlich dem Schmieden, durchzuführen. Auch lag diesem Verfahren der Gedanke an die Arbeitsweise eines kontinuierlichen Walzvorganges zugrunde, nur waren hier sämtliche Rohrkaliber auf einer einzigen Walze vereinigt worden. Dies wurde dadurch erreicht, daß man das Kaliber am Umfang der Rohrwalze konisch gestaltete. Es ergaben angestellte Überlegungen schon von vornherein, daß man den Konus zu Beginn des Walzprozesses, wo das Walzgut noch sehr weich ist, stark auszubilden hatte und erst gegen das Ende der Walzenumdrehung, bei stärkerem Erkalten des Walzgutes, ganz allmählich in das Endkaliber übergehen ließ. Den Arbeitskonus auf den ganzen Walzenumfang zu verlegen, erschien von vornherein ausgeschlossen, weil das dicke Hohlblockende nach jedem erforderlichen Pilgerschlag, d. h. nach jeder Walzenumdrehung, wieder zurückgezogen und mit einem neuen Absatzstück bearbeitet werden mußte. Hierzu war aber eine Aussparung am Walzenumfang nötig, deren Größe nach der jeweiligen Rotationsgeschwindigkeit der Walzen bemessen wurde.

Die Kaliber am Walzenumfang waren im Schnitt halbrund ausgebildet, mit tangential angesetzten Flanken nach dem Walzspalt zu, um scharf abgesetzte Materialanhäufungen zu vermeiden.

Um während des Walzprozesses eine Verengung des Rohrinnendurchmessers zu vermeiden, führt man den Hohlblock über einen massiven Dorn. Derartige Walzen wurden zunächst in einer Zweizonenanordnung hergestellt, d. h.: dem Arbeitskonus folgte sofort die Aussparung am Walzenumfang bzw. umgekehrt. Besondere Übergangsstücke waren hier nicht vorgesehen. Mit derartigen Zweizonenwalzen ließen sich jedoch keine glatten, einwandfreien Rohre herstellen. Denn es konnte, da damals kurz nach der Erfindung des Pilgerschrittverfahrens das Walzgut noch von Hand geführt wurde, der Materialvorschub nicht genau geregelt werden, so daß die sich gerade im Arbeitsprozeß befindlichen Werkstoffteile nicht immer vollständig ausgewalzt wurden. Man ergänzte daher den Übergang von dem Arbeitskonus durch einen konzentrisch ausgeführten Glätteteil, der etwaige Ausbeulungen zu verhindern und die Rohroberflächen glattzuwalzen hatte. Ein sauberes Loslassen des Walzgutes am Übergang von dem Glätteteil zur Aussparung erzielte man durch einen allmählichen Übergang in dem kurz gehaltenen Austrittskonus. Jetzt hatte man in dieser Vierzonenwalze endlich das Werkzeug, das den gestellten Anforderungen entsprach (s. Abb. 93) und dessen

Verwendbarkeit zum Auswalzen von Hohlkörpern jeglicher Art Max Mannesmann in der Patentschrift Nr. 58762 vom 24. Februar 1891 hervorhebt. Hier war besonders wichtig für die Weiterentwicklung dieses Ver-

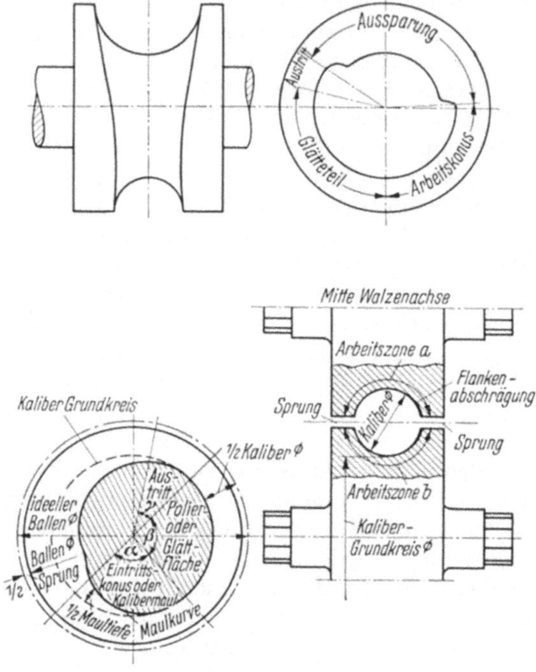

Abb. 93. Pilgerwalze

fahrens, daß bei der zweiten, im Patent aufgeführten Walzart der bisherige Drehsinn der Walzen, die sich in der Zuführungsrichtung des Walzgutes drehten, geändert wurde.

Die technische Weiterentwicklung des Pilgerschrittverfahrens vollzog sich dann in zweierlei Richtungen. Die erste war die Mechanisierung der schweren Hilfsarbeiten während des Walzprozesses, die zweite betraf eine verbesserte Ausbildung der Kalibrierung der Pilgerwalzen. Auf Punkt 1 soll hier im Rahmen dieses Aufsatzes nicht näher eingegangen werden, wie auch die Kenntnis des Arbeitsprozesses beim Pilgerwalzverfahren für die folgenden Ausführungen als bekannt vorausgesetzt wird. Es ist aber notwendig, einen Blick auf die Fortentwicklung des Arbeitskonus zu richten.

Um günstige Verformungsverhältnisse beim Pilgerprozeß zu erhalten, war die Erkenntnis allein nicht ausreichend, daß man zu Beginn des Walzprozesses einen starken Kaliberabfall wählen mußte, und den Übergang vom Arbeitskonus zum Glätteteil allmählicher zu gestalten hatte. Es mußte daher noch nach einer anderen Gesetzmäßigkeit zum Erzielen günstiger Formänderungen gesucht werden. Dies war naheliegend in einer zweckmäßigen Ausbildung des *Pilgermaules* bzw. der *Maulkurven* eines Pilgerwalzenpaares gegeben. Es ist das Verdienst G. DE GRAHLS, des damaligen Betriebsleiters der Mannesmann-Röhrenwerke, die Maulkurvenform so gestaltet zu haben, daß man hiermit Rohre mit dünneren Wandstärken walzen konnte [*17*]. DE GRAHL ging hierbei von dem Gedanken aus, die Maulkurve so zu entwerfen, daß bei fortschreitendem Walzprozeß die Querschnittsverhältnisse konstant bleiben sollten. Er setzte hierbei voraus, daß das Walzgut während des Walzprozesses auf dem Dorn verschoben werden mußte. Diese Verschiebung mußte mit konstanter Geschwindigkeit erfolgen, da jede Geschwindigkeitsänderung zu einer Stauung des Materialflusses führen mußte, die sich einerseits in einer örtlichen Anhäufung von Material und andererseits in einer Beanspruchung desselben auswirken konnte, die leicht über die zulässige Festigkeitsgrenze hinausgehen konnte.

Im Jahre 1894 schon hatte MAX MANNESMANN eine Kalibrierung entworfen, die ein gutes Gleiten der Rohre auf dem Dorn ermöglichte. Hierbei war der Glätteteil nicht, wie vorher üblich, im Querschnitt halbrund ausgebildet, sondern hochoval, so daß während des Walzens ein dünnwandiges Rohr entstand, welches sich aus einzelnen kürzeren Stükken zusammensetzte, mit ovalen Querschnitten, deren größte Achsen gemäß der Walzgutdrehung gegeneinander versetzt waren (s. Abb. 94).

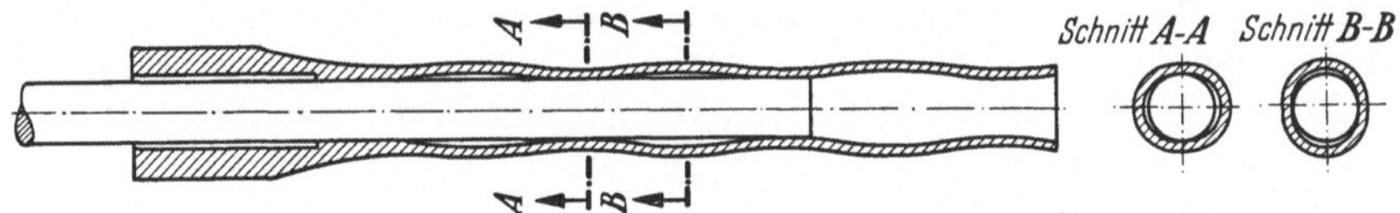

Abb. 94. Nach veraltetem Pilgerverfahren hergestelltes Rohr

Das hiermit erzielte seitliche Spiel zwischen Dorn und Rohr bedingte, daß sich das Rohr an den einzelnen Stellen des Umfanges vom Dorn abhob, womit ein Schrumpfen bzw. Festklemmen des Rohres beim Erkalten verhindert wurde.

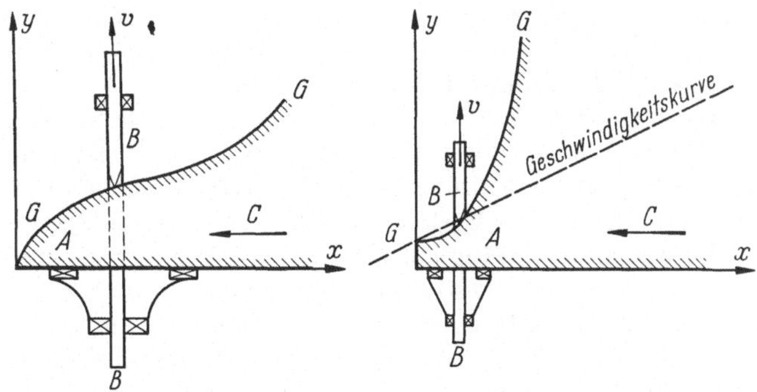

Abb. 95. Relativ-Bewegung von Registrierstift an Leitkurve

Nachstehend sei kurz der Weg, nach welchem DE GRAHL die Form der Maulkurve ermittelt hatte, angedeutet.

Bewegt sich ein Körper A mit der Geschwindigkeit c (s. Abb. 95), so kann diese Bewegung zwangsläufig auf einen Schieber B in einem bestimmten Verhältnis übertragen werden; hierbei wird Schieber B mit einer Geschwindigkeit v, die von der Leitkurve G—G abhängig ist, verschoben. Die Abhängigkeit der Geschwindigkeiten c und v voneinander lassen sich für bestimmte Kurven mit Hilfe der Einführung eines Koordinatensystems festlegen. Es lege z. B. der Schieber B in dem kleinen Zeitelement dt den Weg dy zurück, so daß: $v = \frac{dx}{dt}$ wird. Bildet man jetzt den Differentialquotienten dy/dx, so stellt dieser direkt das Verhältnis der beiden Geschwindigkeiten $\frac{v}{c}$ dar. Ist jetzt die Kurve G—G eine Parabel von der Gleichung: $x^2 = 2py$, so wird: $\frac{v}{c} = \frac{x}{p}$, d.h. daß der Verlauf der Geschwindigkeitskurve die Form einer Geraden ergibt. Hiermit war auch die Lösung für die Pilgerwalze gegeben.

Setzt man nämlich jetzt an Stelle des Körpers A die Walze und das zu verdrängende Walzmaterial an Stelle des Schiebers B, so kommt es nur darauf an, die Parabel sinngemäß auf das Walzenprofil zu übertragen. Es sei auf die damals allgemein übliche Darstellungsmethode hingewiesen.

Denkt man sich die Abwicklung des Ballenkreises als Abszisse in einem rechtwinkligen Koordinatensystem angetragen und zeichnet mit Hilfe der Tangentenkonstruktion eine Parabel auf, so daß man ihren Anfangspunkt auf der Ordinate in Höhe des halben Luppendurchmessers wählt, so erhält man deren Endpunkt im Abstand der gewählten Maulkurvenlänge (etwa 100° im Winkelmaß) auf der Abwicklung des Kalibergrundkreises (s. Abb. 96).

Diese Ausgangskurve (A-Kurve) ist jetzt in entsprechender Form auf die Walze zu übertragen. Zu diesem Zweck errichtet man auf der Abszissenachse parallel zur Ordinatenachse in gleichen Abständen mehrere Geraden und faßt diese in Höhe des halben Walzendurchmessers zu einem Mittelpunkt fächerförmig zusammen (B-Kurve). Beim Walzen mit derartig gewonnenen B-Kurvenkalibern zeigten sich jedoch erhebliche Abweichungen gegenüber der Ursprungsform (A-Kurve). Man erhielt also keine Parabel, wie dies doch bei richtiger Auffassung des Walzvorganges hätte der Fall sein müssen (s. Abb. 96c).

Es wurde aber mit dieser Art der Kalibrierung viele Jahre lang weitergearbeitet und erst nach späterer Zeit versuchte man die Kalibrierung zu verbessern, wobei man aber immer noch die Parabelform als Grundform für die Kalibrierung ansah. Erst L. Klein gelang es, aus gewissen Erkenntnissen heraus, nach anfänglich vergeblichen Versuchen eine Kaliberform zu finden, die eine Herstellung dünnwandiger Rohre nach dem Pilgerwalzverfahren gestattete. Es waren dies Walzen mit Mehrzonenkalibern, bei welchen die prozentualen Querschnittsabnahmen der ersten Angriffsflächen größer waren als die der darauffolgenden. Mit diesem Verfahren erreichte man schließlich eine Abnahme von 40 v. H. Auf Grund dieser Erfolge wurden die Walzversuche fortgesetzt und man ging jetzt endlich daran, die Arbeitsweise des konischen Walzprofils einer eingehenderen Betrachtung zu unterziehen. Hierbei wurde man auf folgende Tatsache aufmerksam, die früher niemals genügend beachtet worden war: bei der während des Walzprozesses üblichen Drehung des Walzgutes um 90° kam das an den Kaliberflanken angehäufte Material beim nächsten Pilgerschlag im Kalibergrund zum Strecken. Es hatte also damit die kürzeste Strecke des Arbeitskonus die größte Formänderungsarbeit zu verrichten und zugleich als die schwächste Stelle der Walzen den höchsten Druck auszuhalten. Aus dieser Erkenntnis widersinniger Vorgänge ergaben sich neuerdings erfolgreiche Verbesserungen der

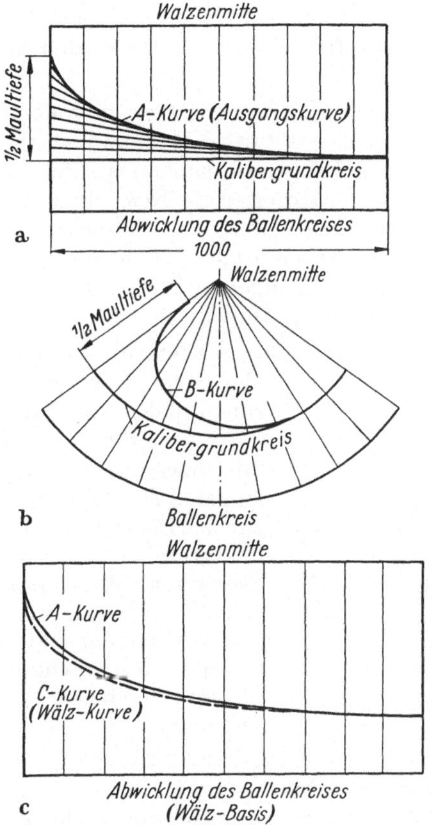

Abb. 96. Veraltete Methode zur Konstruktion der Maulkurve

bisherigen Kaliber. Zunächst durch F. Koks (Ver. Stahlwerke A.-G., Düsseldorf). Von ihm wurde der Arbeitskonus zwecks gleichmäßiger Druckverteilung auf der ganzen Kaliberbreite oval ausgebildet, wobei eine Flankenabschrägung im exzentrischen Teil von 22° oder weniger, im konzentrischen Walzenteil von maximal 10° verwendet wurde.

Eine weitere wesentliche Verbesserung ging 1930 von den Mannesmann-Röhrenwerken in Düsseldorf aus [*16*]. Hier war der Arbeitskonus als Mehrzonenkaliber ausgebildet. Außer den bereits bekannten Sprungzonen hatte jede Walze mehrere Öffnungs- und Arbeitszonen. Zum Ausgleich der Streckvorgänge dienten die Öffnungszonen, die als Nuten oder

Spitzbogen ausgebildet, in den Kaliberquerschnitt eingearbeitet waren. Die bei früheren Konstruktionen im Kalibergrund auftretende Druckspitze war mit diesen Maßnahmen nun auf die einzelnen Arbeitszonen einigermaßen gleichmäßig verteilt. Diese Art von Kalibrierung wurde am häufigsten als Vierzonenkaliber gebaut, aber es fanden sich auch Sechs- und Achtzonenbauarten mit dieser Kalibrierung vor. Die Drehung des Walzgutes war jetzt nicht mehr die von 90°, sondern mußte entsprechend der Anzahl der Öffnungszonen geregelt werden, so daß ein sich gerade in der Mitte einer Sprungzone befindliches Werkstoffteilchen beim nächsten Pilgerschlag in die Mitte einer darauffolgenden Arbeitszone gelangen mußte.

Diese Kalibrierung der Walzen ergab einen vollen Erfolg, so daß man von jetzt ab das Erreichen dünnster Rohrwandstärken nicht mehr von der Form der Kaliber abhängig zu machen suchte, sondern von der Verformungsfestigkeit des Walzmaterials bzw. ihrer Temperaturfunktion. Bei der jetzt folgenden Entwicklung der Kalibrierung ging man von dem Gedanken aus, für jede Arbeitszone eines Konus eine eigene Maulkurve so auszugestalten, daß die Länge der Maulkurve in einem bestimmten Verhältnis zur Verformungsfestigkeit des zu walzenden Materials steht.

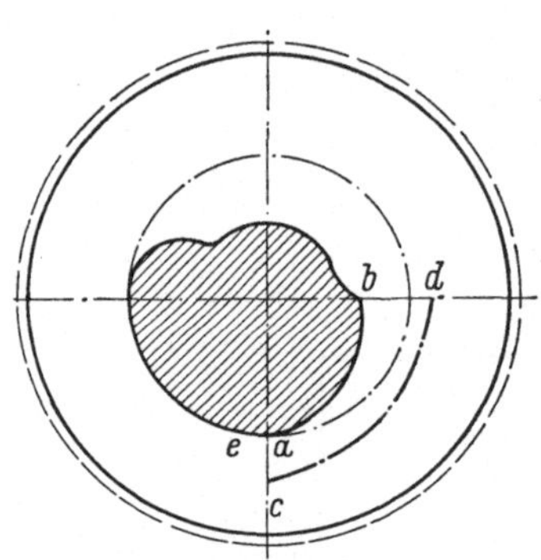

Abb. 97. Streckungsfaktoren in Arbeitszonen

Unter der Voraussetzung, daß eine Mehrzonenwalze in jeder ihrer Arbeitszonen gleich viel Material zu verdrängen hätte, würden die den Kaliberaußendurchmessern naheliegenden Zonen einen längeren Weg, also mehr Zeit zum Strecken zur Verfügung haben, als die dem Kalibergrund benachbarten Zonen. Der Streckungsfaktor dieser zuletzt genannten Zonen würde also bedeutend höher sein als der der erstgenannten. Es wäre also die Beanspruchung des Walzmaterials in verschiedenen Teilen des Konus ungleich.

Nach den heute gewonnenen Erkenntnissen im Kalibrieren von Pilgerwalzen gehen die Bestrebungen nach Ausgestaltung der Arbeitszonen dahin, daß ein bestimmter Streckungsfaktor nicht überschritten werden darf (s. Abb. 97).

Maulkurve $a\,b < c\,d$ Streckungsfaktor $a\,b > c\,d$

Strecke $e\,b = c\,d$ Streckungsfaktor $e\,b = c\,d$.

Es wird also heute die Maulkurve der einzelnen Arbeitszonen so ausgebildet, daß die größere Verformungsarbeit auf der längeren Strecke geleistet wird. Ein bestimmter Wert des Streckungsfaktors ist hier jeweils als obere Grenze für ein bestimmtes Walzmaterial festgesetzt.

Bei entsprechender Überlegung kommt man jetzt zwangsläufig zu der Folgerung, daß der Walzprozeß bei Voraussetzung eines über den ganzen Umfang des Streckkalibers konstant gehaltenen Streckungsfaktors den günstigsten Verlauf ergibt. Hierbei wird angenommen, daß die Walze mit Zonenkalibrierung versehen ist.

Während des Walzprozesses einer Rohrluppe zwischen zwei Pilgerwalzen machen Dorn und Walzgut eine rückläufige Bewegung, deren Größe in einem bestimmten Verhältnis zur Walzendrehung steht. Man kan sich diesen Vorgang so erklären, daß man sich zunächst eine dünne Platte durch drei mit verschiedenen Geschwindigkeiten laufende Walzen A, B und C vorwärts bewegt denkt. Die Platte wird dann mit einer Geschwindigkeit vorwärts bewegt, die kleiner als die größte und größer als die kleinste Umfangsgeschwindigkeit der Walze ist. Wenn man sich diesen Fall nur auf die Walzen A und B (s. Abb. 98) übertragen denkt, so wird die Walze B, die beispielsweise mit einer schnelleren Umdrehungszahl läuft wie die Walze A, ihre schnellere Bewegung auf die Platte und

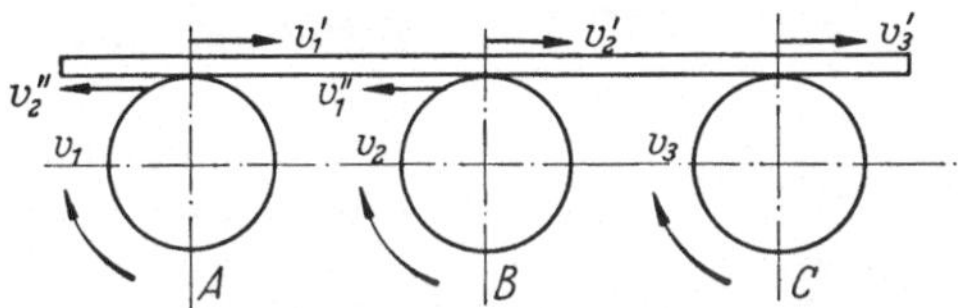

Abb. 98. Resultierende Bewegung einer auf mehreren Rollen aufliegenden Platte, wobei jede Rolle mit anderer Umfangsgeschwindigkeit rotiert

damit also auch auf die Walze A zu übertragen suchen. Hierdurch entsteht aber ein auf die Walze A wirkendes Drehmoment, das bestrebt ist, dieser Bewegung entgegenzuwirken und gleichzeitig wird durch diesen Vorgang ein Gegenmoment in der Walze B ausgelöst. Wenn wir jetzt wieder drei oder noch mehr Walzen betrachten, zwischen denen sich dieser Vorgang zwischen Moment und Gegenmoment abspielt, so wird erst dann ein Beharrungszustand eintreten, bis die Summe aller Momente bei sämtlichen Walzen gleich groß ist; d. h. aber übersetzt nur, daß sich die Platte mit einer mittleren Geschwindigkeit fortbewegen wird. Zusammengefaßt kann gesagt werden, daß man bei diesem Vorgang die Bewegung zweier Walzen als die mittlere Bewegung einer einzigen auffassen kann. Demnach läßt sich also das Gesetz formulieren: Wird ein in Bewegung befindlicher Körper von mehreren Geschwindigkeiten gleichzeitig beeinflußt, so wird dieser Körper sich mit einer mittleren Geschwindigkeit, die von Größe und Richtung der Einzelgeschwindigkeiten abhängig ist, fortbewegen. Sinngemäß auf die Bewegung der Pilgerwalzen übertragen, ergibt sich die Erkenntnis, daß die Bewegung des Dornes und des Walzgutes von den einzelnen Flächenteilchen der gerade im Angriff befindlichen Kaliberoberfläche als Reibungsvorgang bewerkstelligt wird.

Auf Grund ihres verschiedenen Abstandes von der Walzenmitte haben aber diese Flächenteilchen verschiedene Geschwindigkeiten und es wird sich daher der Dorn mit der Rohrluppe, wie wir es eben abgeleitet haben, mit einer mittleren Geschwindigkeit fortbewegen. Aus diesen Vorgängen ist aber klar zu ersehen, daß mit Ausnahme von ganz bestimmten Kaliberzonen zwischen den einzelnen rotierenden Flächenteilchen der Kaliberwalze und der Dornbewegung Geschwindigkeitsdifferenzen entstehen, die dann, hervorgerufen durch den ungleichen Streckvorgang im Kaliber, sehr hohe zusätzliche Beanspruchungen im Rohrmaterial hervorrufen können, so daß es bei Voraussetzung einer dünnen, schon stärker abgekühlten Rohrwandstärke zu Querbrüchen kommen kann. Um diese Gefahrenquelle auszuschalten und ein einwandfreies Walzen zu ermöglichen, ist es daher erforderlich, die Arbeitszonen in die Teile des Kalibers zu legen, die sich mit der gleichen Geschwindigkeit wie der Dorn bewegen. Aus der Ausführung der Kaliberformen ist jeweils zu ersehen, daß einzelne Flächenteilchen, die aus Symmetriegründen gleiche Abstände von der Walzenmitte aufweisen müssen, dieser Forderung entsprechen. Die Lage dieser Flächenteilchen ergibt sich als Mittelwert aus der Summe aller vorhandenen Kalibergeschwindigkeiten und, da diese den entsprechenden Radien proportional sind, auch aus dem Mittelwert der Summe der Radien.

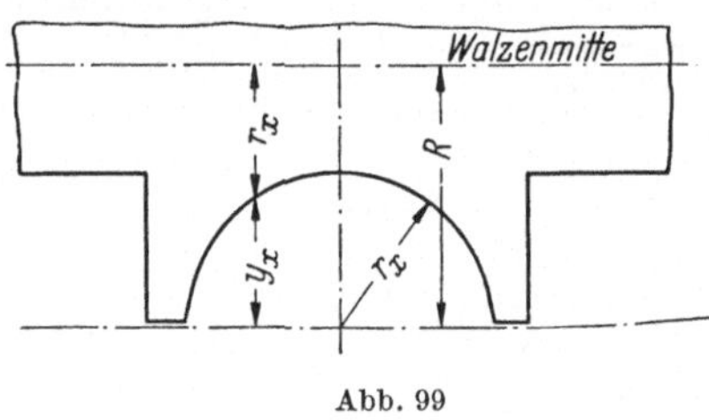

Abb. 99

Wie aus Abb. 99 ersichtlich ist, ist der Radius eines beliebigen Kaliberpunktes gegeben durch:

$$r_x = R - y_x .$$

Hierbei ist R der Ballenradius und y_x die Kaliberhöhe im beliebig gewählten Punkte x.

Wird nun ein Kaliberquadrant in eine Anzahl gleicher Teile geteilt (in unserem Falle 12) (s. Abb. 100), so ergibt sich unter Vernachlässigung der Flankenabschrägung die Summe aller Radien zu:

$$R + r_1 + r_2 + \cdots r_{12} = R + (R - y_1) + \cdots + (R - y_{12})$$
$$= 13\,R - (y_1 + y_2 + \cdots y_{12});$$

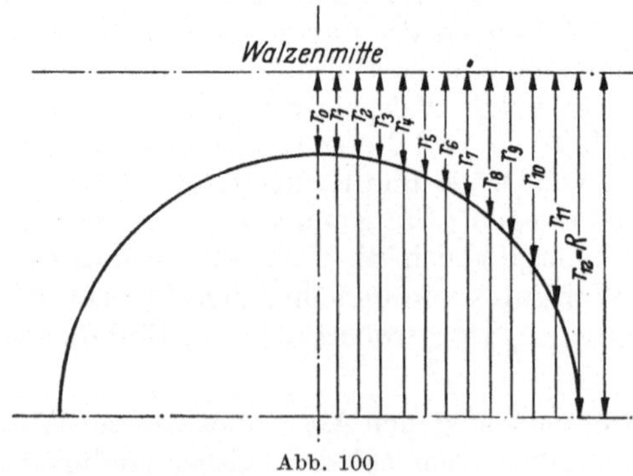

Abb. 100

der mittlere Radius r_m ergibt sich dann zu:

$$r_m = R - \frac{y_1 + y_2 + \cdots + y_{12}}{13} = R - y_m .$$

Da das jeweilige Kaliber bei Pilgerwalzen im Radialschnitt eine Kreisfläche ergibt, so lassen sich die y-Werte aus der Kreisgleichung durch Einsetzen der zugehörigen x-Werte leicht nach der Gleichung bestimmen:

$$y^2 = r^2 - x^2 .$$

Anschließend seien nun diese Gedanken durch ein Beispiel mit folgenden gegebenen Werten veranschaulicht.

Ideeller Ballendurchmesser: $D = 1000$ mm, $R = 500$ mm.

Kaliberkreisdurchmesser: $d = 240$ mm, $r = 120$ mm.

Für die x-Werte, die im Abstand von je 10 mm angetragen gedacht sind, ergeben sich folgende y-Werte (aus der Gleichung: $y^2 = r^2 - x^2$).

x	0	10	20	30	40	50	60
y	120	119,6	118,3	116,2	113,1	109,1	103,9
x	70	80	90	100	110	120	—
y	97,5	89,4	79,4	66,3	48,0	0	—

$$y_m = \frac{y_0 + y_1 + y_2 + \cdots + y_{11} + y_{12}}{13}$$

$$= \frac{1180,8}{13} = 90,8 \quad r_m = 500 - 90,8 = 409,2 \text{ mm}.$$

Die Arbeitszonen müssen in unserem Falle also in jenen Teil des Kalibers gelegt werden, der einen Abstand von $r_m = 409,2$ mm von der Kalibermittellinie hat.

Um jetzt eine genaue Angabe über die Lage der Arbeitszonen im Bereiche der Maulkurve geben zu können, müßte r_m für jede Kaliberänderung neu bestimmt werden. Unser Beispiel zeigt aber, daß der Quotient $\frac{y_m}{r} = \frac{90,8}{120}$ ziemlich genau dem Wert von 3 : 4 entspricht. Genau genommen ist dieser Wert etwas größer als 0,75, was aber hier auf die Vernachlässigung der Flankenabschrägung zurückzuführen ist. Bei Berücksichtigung derselben wird der Quotient $\frac{y_m}{r} = 3:4$ mit ziemlicher Genauigkeit erreicht. Die y_m-Werte sind den r-Werten in den einzelnen Kalibern stets proportional; es ist daher die Lage der Arbeitszonen für jedes einzelne Kaliber durch das Verhältnis $\frac{3}{4} \cdot r$ bestimmt (s. Abb. 101). Es kann jetzt die Aufteilung der Kaliber in Arbeits- und Öffnungszonen erfolgen etwa derart, wie die Abb. 101 dies angibt. Hierbei ist eine Drehung des Walzgutes um 45° bzw. um 120° notwendig.

Bei der Wahl der Maulkurve von Pilgerwalzen hatte man bisher als Ausgangsform immer eine Parabel benutzt. Die Tatsache aber, daß diese sich nach ihrer Übertragung auf die Pilgerwalze nach dem Walzprozeß in der Endform des Werkstückes nicht wiederfand (s. Abb. 96c), ließ einen Fehlschluß im Entwicklungsgang der Kalibrierung vermuten. Die Unstimmigkeit der Kurve erstreckte sich besonders auf die stark gekrümmten Teile der Maulkurve, während die flachen Enden sich ziemlich genau zur Deckung bringen ließen. Bei dem Versuch, die Ausgangskurve jetzt von vornherein flacher zu gestalten, zeigte es sich aber, daß auch jetzt eine Übereinstimmung in den stärker gekrümmten Kurventeilen nicht zu erreichen war. Die bereits früher gewonnene Anschauung, das Material im weichen Zustande am stärksten zu verformen, ließ sich mit diesen Maulkurven nicht erreichen. Die gleichmäßige Materialabnahme zwischen gleichen Winkeln bedingte eine Streckung, die zu Beginn des Pilgerschlages die erreichbare Verformungsarbeit der Walze nicht voll ausnutzte und am Ende des Walzprozesses zu hohe Anforderungen an das schon stark erkaltete Material stellte. Auch auf diesem Wege war also eine zweckmäßige Maulkurve nicht zu gewinnen.

Auch Versuche, durch Einschaltung des Greifwinkels eine Gesetzmäßigkeit in der Konstruktion der Maulkurve zu erzielen, schlugen fehl. Denn beim Pilgerprozeß sind nicht die Reibungswinkel für den glatten Ablauf des Walzens maßgebend, sondern die Streckarbeit, die durch Kräfte bedingt wird, die ihren Ursprung in der Drehung der konischen Walzenform haben. Die Resultierende dieser Druckkräfte steht fast senkrecht zu den Tangenten an die Umdrehungsrichtung und erst nach Freigabe des Walzgutes durch den ersten Angriffsteil der Walzen tritt der Greifwinkel in Funktion. Dann aber nur in dem Ausmaße, welches notwendig ist, um den Hohlblock nach rückwärts zu bewegen. Selbst in der Annahme, daß der Greifwinkel größer als der zuständige Reibungswinkel wäre, müßte rein theoretisch betrachtet, ein Gleiten der Walzen eintreten. Bei der Weiterdrehung der Pilgerwalze wird sich aber der Konus infolge seines immer größer werdenden Durchmessers in das Material eindrücken und daher wird die Reibung zwischen den einzelnen Flächenteilchen in positivem Sinne auf einen bereits vorhandenen Greifwinkel einwirken.

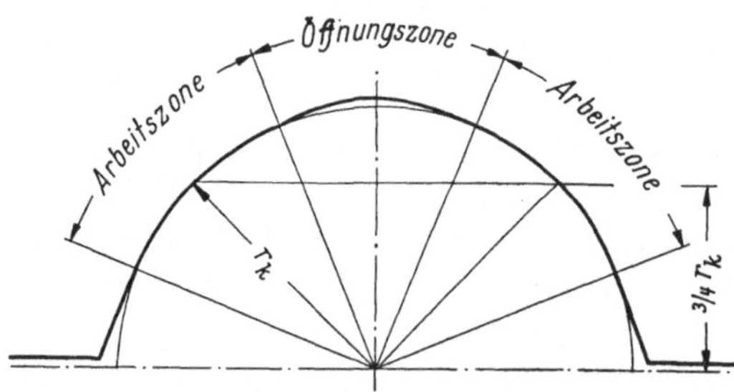

Abb. 101. Günstigste Lage der Arbeitszone

Es blieb also nur noch der Weg übrig, die bisherige Parabelform als Ausgangspunkt für die Maulkurve der Pilgerwalze einer eingehenden Untersuchung zu unterziehen, wobei die Bedingung von vornherein gegeben erschien, eine konstante Abnahme der Querschnittsverhältnisse zu erzwingen.

Wenn man diese Bedingung einer eingehenden Betrachtung unterzieht, so kommt man aber zu widersprechenden Ergebnissen. Ich möchte dies kurz in nachstehenden Sätzen erläutern.

An einem gepilgerten Rohrstück müssen nach der Bedingung, ein Kaliber zu finden, bei welchem im Verlauf des Verformungsprozesses die Abnahmen benachbarter Querschnitte konstant bleiben, die Quotienten zweier, im Abstand Δs voneinander entfernter Querschnitte die gleichen Werte ergeben. Entsprechend Abb. 102 müßte also, da die Abnahmen proportional den Radien sind, die Bedingung bestehen:

$$\frac{r_1}{r_2} = \frac{r_2}{r_3} = \frac{r_3}{r_4} = \frac{r_{n-1}}{r_n} = \text{const}\,.$$

Wenn wir die Annahme machen, daß die Gleichung einer Pilgerstreckkurve $y = f(x)$ ist, so erhält man für $x = s$ einen bestimmten Wert für y_1. Ein in der Abszisse um Δs verschobener Punkt der Maulkurve ergibt dann den Wert y_2. Wenn nun die y-Werte den Radien entsprechen würden, d. h. proportional den Abnahmen wären, so müßte die Proportion lauten:

$$\frac{y_1}{y_2} = \frac{f(s)}{f(s + \Delta s)}\,.$$

Für den nächsten um Δs verschobenen Punkt ergäbe sich:

$$\frac{y_1}{y_2} = \frac{f(s + \Delta s)}{f(s + 2\,\Delta s)}\,.$$

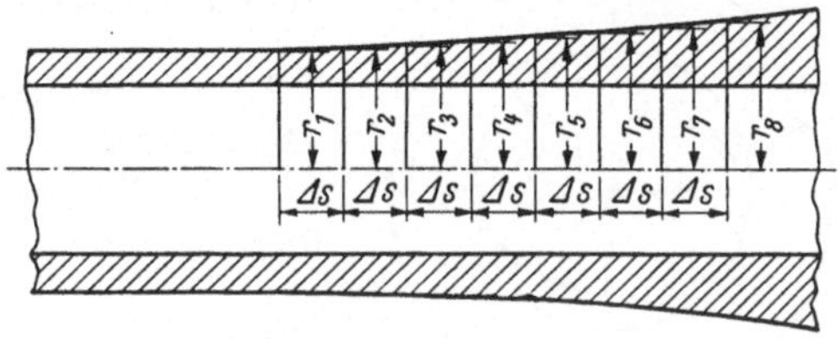

Abb. 102

Denkt man sich Δs über die ganze Streckkurve verschoben, so drückt der Quotient $\frac{y_1}{y_2} = \frac{f(x)}{f\,(x + \Delta s)}$ den Verlauf der Abnahmeverhältnisse aus. Nach DE GRAHL wäre dies eine Gerade, die in einem rechtwinkligen Koordinatensystem parallel zur Abszissenachse verlaufen müßte. Unter der Annahme, daß die Ausgangskurve für den Walzenkonus eine mittels Tangentenkonstruktion gefundene Parabel sei, die in Abb. 103 zwischen den Achsschenkeln x und y liege und die Berührungspunkte mit den Achsschenkeln P im Abstande A vom Nullpunkt und Q im Abstande B vom Nullpunkt hat, ist nach der allgemein gültigen Kegelschnittgleichung: $a\,x^2 + b\,y^2 + 2\,c\,x\,y + 2\,dx + 2\,e\,y + 1 = 0$.

Fur $y = 0$ (Berührungspunkt P) wird: $(x - A)^2 = 0$. Aus der Kegelschnittgleichung folgt: (Abb. 103).

1. $a\,x^2 + 2\,dx + 1 = 0\,,$
2. $(x - A)^2 = x^2 - 2\,Ax + A^2 = 0$

und

$$a = \frac{1}{A^2}\,,\quad d = -\frac{1}{A}\,.$$

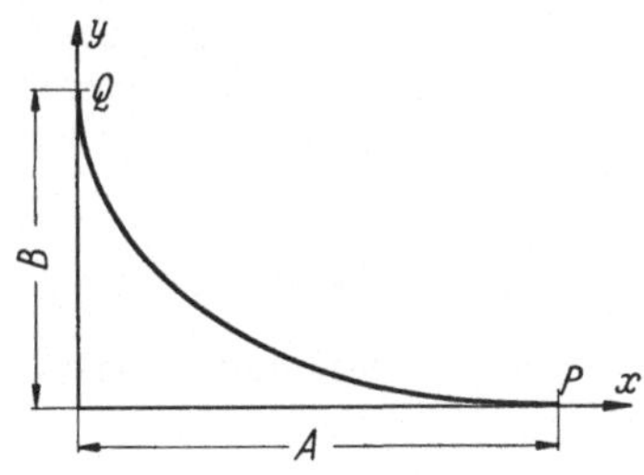

Abb. 103. Erläuterung zu Abb. 96

Für $x = 0$ (Berührungspunkt Q) wird:

$$(y - B)^2 = 0\,,\quad y^2 - 2\,B\,y + B^2 = 0\,.$$

$$b\,y^2 + 2\,e\,y + 1 = 0\,,\quad \text{für}\quad x = 0 \quad\text{und}\quad b = \frac{1}{B^2}\,,\quad e = -\frac{1}{B}\,.$$

Die Bedingung für unsere Parabel lautet: $a\,b - c^2 = 0$ oder $c^2 = \frac{1}{A^2 \cdot B^2}\cdot$

Hieraus folgt: (da $c = +\frac{1}{AB}$ unbrauchbar ist), $c = -\frac{1}{AB}$. Diese Werte in die Ursprungsgleichung der Parabel eingesetzt liefern:

$$\frac{x^2}{A^2} + \frac{y^2}{B^2} - \frac{2xy}{AB} - \frac{2x}{A} - \frac{2y}{B} + 1 = 0\,.$$

$$y = B \cdot \left(1 + \frac{x}{A}\right) - 2B\sqrt{\frac{x}{A}}\,.$$

Das ist die Gleichung für die Parabel des ebenen Kegelschnittes. Wenn wir diese auf die Pilgerwalze übertragen, so muß der Aufbau der Gleichung erhalten bleiben. Es ändern sich aber die Variablen x und y. An Stelle von x tritt $x = R_a \cdot \frac{\alpha}{180}$, und es wird $y = R_i - r$ (Abb. 104).

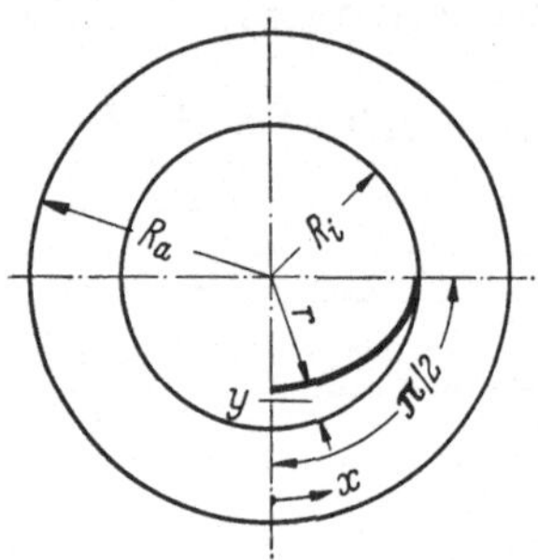

Abb. 104. Erläuterung zu Abb. 105

Die Maulkurvengleichung nimmt dann folgende Form an:

$$(R_i - r) = B\left(1 + \frac{R_a \cdot \alpha}{A \cdot 180}\right) - 2B\sqrt{\frac{R_a \cdot \alpha}{A \cdot 180}}\,.$$

Aus den einer Kalibrierung entsprechenden Walzenmaßen ergeben sich die Werte A und B.

Bei dem gewählten Beispiel betragen die angenommenen Werte:

Ideeller Ballendurchmesser D	=	1000 mm,
Walzensprung pro Walze	=	20 mm,
wirklicher Ballendurchmesser D'	=	960 mm,
Kalibergrundkreisdurchmesser Φ 1000 — 400	=	600 mm.

Wenn beispielsweise eine Rohrkalibrierung zu entwerfen ist von 550 mm ∅ auf 400 mm Rohrdurchmesser, so wird die halbe Maultiefe zu $t = 75$ mm. Die Begrenzung der Maulkurve erfolge durch einen Winkel von 90°, die des Glätteteils durch einen Winkel von 100° und jene des Austrittskonus durch einen Winkel von 30°. Die Länge des ideellen Ballenkreises im Bereiche der Maulkurve ergibt sich zu $A = 785$ mm.

$\left(\frac{1000}{2} \cdot \frac{\pi}{2}\right.$ als Abwicklung$\left.\right)$. In die Parabel- und Maulkurvengleichung eingesetzt, erhält man folgende Formeln:

Parabel: $$y = 75 \cdot \left(1 + \frac{x}{785}\right) - 150 \cdot \sqrt{\frac{x}{785}}$$

Maulkurve: $$(R_i - r) = 75 \cdot \left(1 + \frac{1}{180}\right) \cdot \frac{1000}{2 \cdot 785} \cdot \alpha$$

$$-150 \cdot \sqrt{\frac{1}{180} \cdot \frac{1000}{2 \cdot 785} \cdot \alpha}\,.$$

Mit dieser Gleichung kann die Richtigkeit der Maulkurve durch Konstruktion leicht nachgeprüft werden. Man braucht jetzt nur nach der Tangentenkonstruktion die Parabel mit einer Abszissenlänge von $A = 785$ mm, entsprechend einem Konuswinkel von 90°, und einer Ordinatenhöhe, entsprechend der Maultiefe von $B = 75$ mm zu konstruieren (Abb. 105).

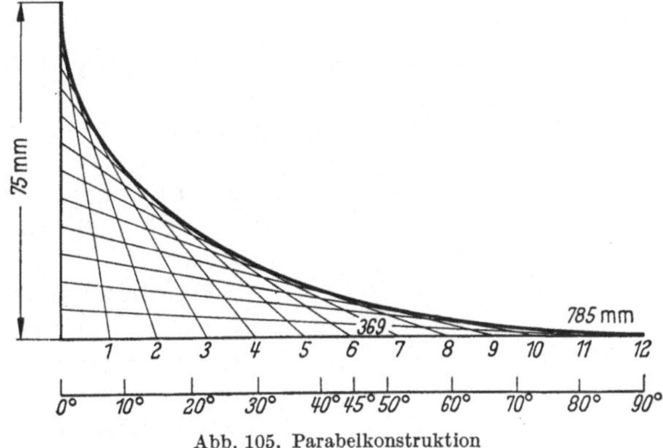

Abb. 105. Parabelkonstruktion

Denkt man sich ein Strahlennetz durch die Streckkaliberkurve gelegt, in der der Strahlenabstand immer gleich $d\alpha$ ist, so müssen die Schenkellängen zwischen ideellem Ballenkreis und Streckkaliberkurve proportional sein den entsprechenden gewalzten Querschnitten. Die Formel für die Abnahmeverhältnisse

$$\frac{y_1}{y_2} = \frac{f(x)}{f(x + \Delta s)} = \frac{f(x + \Delta s)}{f(x + 2\Delta s)}$$

kann hier sofort für die Maulkurve verwendet werden. Die $(R_i - r)$-Werte, die sich aus der Formel ergeben, kennzeichnen hier den jeweiligen Abstand zwischen Kalibergrundkreis und Maulkurve und sind den für die Querschnittsverhältnisse maßgebenden Werten erst dann proportional, wenn noch der halbe Rohraußendurchmesser als Abstand vom Kalibergrundkreis bis zum ideellen Ballenkreis hinzugezählt wird.

Für die Abnahme der Querschnitte lautet die Gleichung jetzt:

$$f(a) = \frac{75 \cdot (1 + 0{,}01\,\alpha) - 150 \cdot \sqrt{0{,}01\,\alpha} + \frac{d}{2}}{75 \cdot [1 + 0{,}01\,(\alpha + \Delta\alpha)] - 150 \cdot \sqrt{0{,}01\,(\alpha + \Delta\alpha)} + \frac{d}{2}}.$$

Die vorstehende Formel ist charakteristisch für eine Hyperbel höherer Ordnung. De Grahl hatte in seiner Abhandlung diese Kurve als Gerade angesehen. Das wäre der Fall, wenn $d\alpha = 0$ würde. Das ist aber praktisch unmöglich, denn der Wert $d\alpha$ bleibt, wie immer die Streckkaliberkurve ausfallen möge, ein endlicher (Abb. 106).

Auf die Verhältnisse der Höhenabnahme angewendet (Abstand zwischen Streckkaliberkurve und Dorn = *Höhe*) tritt an Stelle von $\frac{d}{2}$ in der Gleichung die Wandstärke des Rohres δ. Es muß hier also als

Charakteristikon gleichfalls eine Hyperbel als jene Kurve zum Vorschein kommen, die dieser Gleichung genügt. An der Struktur dieser Formel ist leicht zu erkennen, daß sich sofort ein anderer Verlauf der Hyperbel ergibt, wenn die Wandstärke δ geändert wird. Es ergibt sich hieraus die praktische Folgerung, daß die zu verwalzende Materialmenge, also der Hohlblock, zur Erzielung der beabsichtigten Wandstärke möglichst genau zu dimensionieren ist. Denn die Höhenabnahmeverhältnisse sind nicht nur von der Kurvenform abhängig, sondern auch von der Wandstärke des Rohres.

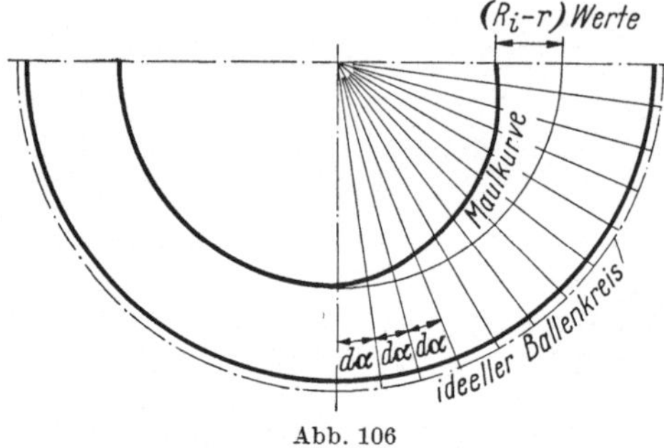

Abb. 106

Optimale Walzbedingungen lassen sich nur erreichen, wenn der zulässige Walzdruck voll ausgenutzt wird. Die Abnahmeverhältnisse sind aber indirekt abhängig vom Walzdruck. Es ist daher leicht zu folgern, daß die Form der Streckkaliberkurve durch einen konstant anzusehenden Walzdruck gleichfalls mitbestimmt wird. Wenn man also die Streckkaliberkurve so ausbildet, daß der Walzdruck während des Walzprozesses immer gleich bleibt, ist durch diese Bedingung die Form der Streckkaliberkurve bestimmt, und ein einwandfreies Walzen unter den günstigsten Bedingungen möglich.

Der Entwurf der Streckkaliberkurve ist nach dieser Endformel nicht eindeutig bestimmt, weil hier eine zwangsläufige Abhängigkeit von $d\alpha$ und y nicht besteht. Es ist daher noch eine allgemeinere Betrachtungsweise erforderlich:

Man kann die Bedingung, daß gleichen Wegen gleiche Abnahmen entsprechen, also:

$$\frac{y_1}{y_2} = \frac{f(x)}{f(x + \Delta x)} = \frac{f(x + \Delta x)}{f(x + 2\,\Delta x)} = \text{const}$$

auch durch eine Exponentialfunktion ausdrücken, denn für eine solche ist z. B.

$$f(x) = a \cdot e^{-b\,x}$$

$$f(x + \Delta x) = a \cdot e^{-b\,(x + \Delta x)} = a \cdot e^{-b\,x} \cdot e^{-b\,x \cdot \Delta x}$$

$$f(x + 2\,\Delta x) = a \cdot e^{-b\,(x + 2\,\Delta x)} = a \cdot e^{-b\,(x + \Delta x)} \cdot e^{-b \cdot \Delta x}\,.$$

Somit wird also:

$$\frac{f(x)}{f(x + \Delta x)} = \frac{a \cdot e^{-b\,x}}{a \cdot e^{-b \cdot x} \cdot e^{-b \cdot \Delta x}} = e^{+b \cdot \Delta x}$$

$$\frac{f(x + \Delta x)}{f(x + 2\,\Delta x)} = \frac{a \cdot e^{-b\,(x + \Delta x)}}{a \cdot e^{-b\,(x + \Delta x)} \cdot e^{-b \cdot \Delta x}} = e^{+b \cdot \Delta x}$$

Daher:

$$\frac{y_1}{y_2} = \frac{f(x)}{f(x + \Delta x)} = \frac{f(x + \Delta x)}{f(x + 2\,\Delta x)} = e^{+b \cdot \Delta x}$$

Auf die zu kalibrierende Maulkurve der Pilgerwalzen angewendet, kann diese Formel auch geschrieben werden:

$$y = y_0 \cdot e^{-b\,x} \quad \text{oder:} \quad y = \frac{y_0}{e^{+b\,x}} .$$

Die Konstante b läßt sich aus vorstehender Gleichung berechnen:

$$y_n = y_0 \cdot e^{-b \cdot x_n} \quad \text{oder:} \quad \frac{y_n}{y_0} = e^{-b \cdot x_n}$$

$$\ln \frac{y_n}{y_0} = -b \cdot x_n \;\Big\|\; + b \cdot x_n = \ln \left(\frac{y_0}{y_n}\right) \quad \text{also} \quad b = \frac{\ln \frac{y_0}{y_n}}{x_n}$$

Hier bedeuten: y_0 = die Wandstärke der Rohrluppe im Augenblick des Erfassens durch die Walzen (zu Beginn des Pilgerschlages).
y_n = die Endwandstärke des gepilgerten Rohres (am Ende des Pilgerschlages).
x_n = Die Abwicklung der arbeitenden Länge des Pilgerstreckkalibers im Kalibergrund, in unseren angeführten Beispielen entsprechend einem Winkel von $90° = \frac{\pi}{2}$.

Für die Annahme, daß bei einem Durchmesser des Kalibergrundkreises von $Dg = 600$ mm ⌀ und einem Arbeitskonus von $90° = \frac{\pi}{2}$ auf diesem Walzenpaar ein Rohr zu pilgern sei, dessen Luppenwandstärke $y_0 = 90$ mm und dessen Endwandstärke $y_n = 5$ mm ist, ergeben sich folgende charakteristische Werte:

Die Länge des abgewickelten Umfanges des Kalibergrundes:

$$x_n = \frac{600}{2} \cdot \frac{\pi}{2} = 471{,}24 \text{ mm} .$$

$$b = \frac{\ln \frac{90}{5}}{471{,}24} = \frac{2{,}8904}{471{,}24} = 0{,}006104 .$$

Den abgewickelten Umfang des Kalibergrundkreises mit verschiedenen Zwischenwerten von x, zu welchen die zugehörigen y-Werte zu suchen sind, gibt die folgende Tabelle wieder:

x mm	0	25	50	100	200	300	400	471,24
$b\,x =$ 0,006104 x	0	0,1526	0,3052	0,6104	1,221	1,831	2,442	2,8746
$e^{0{,}006104\,x}$	1	1,165	1,357	1,848	3,400	6,250	11,500	17,600
$y(5)$ mm	90	77,0	66,6	49,0	26,5	14,4	7,8	5,0

Um ein möglichst klares Bild der Entwicklungscharakteristik der Maulkurven zu bekommen, variieren wir unter Beibehaltung aller andern Werte die Endwandstärke (y_n) des zu pilgernden Rohres und setzen dafür an Stelle von 5 mm im vorherigen Beispiel jetzt die Werte ein: 2,0 mm, 3,0 mm, 7,0 mm und 10 mm. Für jede dieser Endwandstärken sind die Konstanten b neu zu bestimmen und (entsprechend den Konstanten b) auch die Werte $b\,x$, $e^{+b\,x}$ und die y-Werte.

$$\text{Für } y_n = 2 \text{ mm ergibt sich die Konstante } b_{(2)} = \frac{\ln\left(\frac{90}{2}\right)}{471{,}24} = \frac{3{,}80}{471{,}24} = 0{,}00803,$$

$$\text{für } y_n = 3 \text{ mm ergibt sich die Konstante } b_{(3)} = \frac{\ln\left(\frac{90}{3}\right)}{471{,}24} = \frac{3{,}4012}{471{,}24} = 0{,}0072,$$

$$\text{für } y_n = 7 \text{ mm ergibt sich die Konstante } b_{(7)} = \frac{\ln\left(\frac{90}{7}\right)}{471{,}24} = \frac{2{,}556}{471{,}24} = 0{,}0054,$$

$$\text{für } y_n = 10 \text{ mm ergibt sich die Konstante } b_{(10)} = \frac{\ln\left(\frac{90}{10}\right)}{471{,}24} = \frac{2{,}1972}{471{,}24} = 0{,}00465.$$

In nachstehender Tabelle sind die errechneten, zur Bestimmung der y-Werte notwendigen Daten wiedergegeben.

x mm	0	25	50	100	200	300	400	471,24
$b_2 \cdot x = 0{,}00803 \cdot x$	0	0,20075	0,4015	0,803	1,606	2,409	3,212	3,800
$e^{+b_2 \cdot x} = e^{0{,}00803 \cdot x}$	1	1,231	1,495	2,230	4,990	11,20	24,60	45,00
$y_{(2)} =$	90	73,1	60,2	40,9	18,05	8,04	3,66	2
$b_3 \cdot x = 0{,}0072 \cdot x$	0	0,18	0,36	0,72	1,44	2,16	2,88	3,40
$e^{+b_3 \cdot x} = e^{+0{,}0072 \cdot x}$	1	1,1975	1,435	2,06	4,22	8,90	17,80	30,00
$y_{(3)} =$	90	75,10	62,8	43,7	21,4	10,35	5,05	3,00
$b_7 \cdot x = 0{,}0054 \cdot x$	0	0,135	0,27	0,54	1,08	1,62	2,16	2,55
$e^{+b_7 \cdot x} = e^{+0{,}0054 \cdot x}$	1	1,145	1,310	1,715	2,950	5,010	8,900	12,85
$y_{(7)} =$	90	78,70	68,70	52,50	30,50	18,00	10,35	7,00
$b_{10} \cdot x = 0{,}00465 \cdot x$	0	0,11625	0,2325	0,465	0,930	1,395	1,860	2,200
$e^{+b_{10} \cdot x} = e^{+0{,}00465 \cdot x}$	1	1,1235	1,263	1,5925	2,540	4,040	6,420	9,05
$y_{(10)} =$	90	80,10	71,20	56,50	35,40	22,30	14,02	10,000

Wenn wir die bisher ermittelten y-Werte für die 5 verschieden gewählten Endwandstärken der gepilgerten Rohre in einem Kurvenschaubild zusammenfassen, so erhalten wir die 5 oberen Kurven in Abb. 107.

Eine besondere Charakteristik aus diesen Kurvenästen wird hier noch nicht offenbar. Es soll daher zwecks Ermittlung des kritischen Bereiches versucht werden, die Endwandstärken des zu pilgernden Rohres noch kleiner zu halten als bisher, obwohl eine praktische Ausführung solcher Wandstärken jenseits der tatsächlichen Ausführbarkeit liegt und nur in idealisiertem Sinne Aufschluß über besonders geartete Charakteristiken der Kurven erwarten läßt.

Es werden die Endwandstärken y_n in folgenden Beispielen jetzt mit 0,5 mm, 0,1 mm, 0,01 mm und 0,001 mm gewählt. Die entsprechenden, zur Bestimmung der y notwendigen Werte sind in der folgenden Tabelle enthalten:

Die Faktoren b wurden hierbei errechnet mit:

für $y_n = 0{,}5$ mm $\quad b_{0,5} = 0{,}01102$
für $y_n = 0{,}1$ mm $\quad b_{0,1} = 0{,}0144$
für $y_n = 0{,}01$ mm $\quad b_{0,01} = 0{,}0193$
für $y_n = 0{,}001$ mm $\quad b_{0,001} = 0{,}0242$

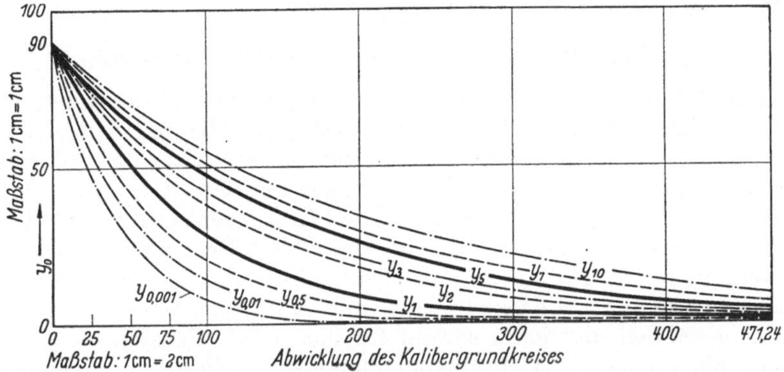

Abb. 107. Ermittlung der Maulkurve für verschiedene Endwandstärken von Rohren

x mm	0	25	50	100	200	300	400	471,24
$b_{0,5} \cdot x = 0{,}01102 \cdot x$	0	0,2755	0,551	1,102	2,204	3,306	4,408	5,1929
$e^{b_{0,5} \cdot x} = e^{0{,}01102 \cdot x}$	1	1,316	1,740	3,01	9,10	27,50	82,80	182,00
$y_{0,5} =$	90	68,5	52,2	30,00	9,90	3,28	1,09	0,50
$b_{0,1} \cdot x = 0{,}0144 \cdot x$	0	0,36	0,72	1,44	2,88	4,32	5,76	6,80
$e^{b_{0,1} \cdot x} = e^{0{,}0144 \cdot x}$	1	1,434	2,05	4,22	15,28	76	320	900
$y_{0,1} =$	90	63,0	44,0	21,3	5,9	1,18	0,281	0,10
$b_{0,01} \cdot x = 0{,}0193 \cdot x$	0	0,481	0,962	1,93	3,86	5,79	7,72	9,10
$e^{b_{0,01} \cdot x} = e^{0{,}0193 \cdot x}$	1	1,62	2,6	6,9	47,5	325	2250	9000
$y_{0,01} =$	90	56,0	34,5	14,6	1,9	0,276	0,0405	0,01
$b_{0,001} \cdot x = 0{,}0242 \cdot x$	0	0,605	1,21	2,42	4,84	7,26	9,68	11,404
$e^{b_{0,001} \cdot x} = e^{0{,}0242 \cdot x}$	1	1,83	3,35	11,25	125	1420	15800	89000
$y_{0,001} =$	90	49,2	26,9	8,00	0,72	0,063	0,0054	0,001

Es ergeben sich hieraus die unteren 4 Kurven in Abb. 107. Die charakteristische Verformung erfolgt danach im ersten Drittel des Pilgerschlages. Die letzten $^2/_3$ der abgewickelten Streckkaliberlänge kann durch einfache Kurvenäste ersetzt werden, die sich asymptotisch der angenommenen Abszissenachse nähern. Die Abszissenachse entspricht hier der Abwicklung des Kalibergrundkreises. Trägt man dazu radial die Endwandstärke des Rohres an, so liegt hier die Begrenzung des Außendurchmessers des Dornes.

Da bei der eben durchgeführten Druckabnahme Spitzendrücke nicht auftreten können und die Druckabnahme absolut gleichmäßig erfolgt, so ist es naheliegend, entweder die Druckabnahme über den Bereich des 90°-Winkels im Arbeitskonus zu vergrößern oder den Arbeitskonus auf Kosten des Glätteteils zu verkürzen.

Gute Resultate über eine Verkürzung des Arbeitskonus von 90° auf 65° liegen bereits nach Versuchen aus der Praxis vor, wobei das Glättekaliber auf Kosten der eingesparten Länge des Streckkalibers verlängert wurde und bessere Toleranzen ergab als beim Walzen mit längerem Streckkaliber und kürzerem Glätteteil. Weitere praktische Versuche werden folgen und weitgehendere Erkenntnisse über Verbesserungen der bisherigen Toleranzen erbringen.

E. Das Kaltpilgern von nahtlosen Rohren

Das *Kaltpilgern* ist eines von den neueren Verfahren zur Herstellung dünnwandiger nahtloser Rohre aus Stahl- und Metallegierungen, das in allen Industrieländern eine mehr und mehr wachsende Bedeutung gewonnen hat [*18*]. Der Name deutet an, daß der Reduzierprozeß schrittweise, kalt, vor sich geht. Dieses für die Warmverformung bereits lange bekannte Arbeitsverfahren ist von der Tube Reducing Corporation in Wilmington (USA) durch eine geschickte bauliche Gestaltung des Walzgerüstes sehr vorteilhaft für die Kaltformgebung anwendbar gemacht worden und kann sowohl für die verschiedensten Stahlqualitäten, als auch für Nichteisenmetalle als Rohrherstellungsverfahren angewendet werden. Es wurde 1931 patentiert.

Hatte man früher das Kaltpilgern von Rohren praktisch als undurchführbar, und ein Kaltwalzen von Rohren mit höheren Abnahmen als unmöglich angesehen, so hatte man schon nach der ersten Einführung dieses neuartigen Verfahrens erkannt, daß gerade das Kaltwalzen von Rohren für die Reduktion des Außendurchmessers und der Wandstärke große Vorteile in walztechnischer und wirtschaftlicher Hinsicht bietet. Es erweist sich heute dem Kaltziehen von Rohren und Herstellen von Rohren auf der Stoßbank infolge der größeren Abnahme und der engen Toleranzen bereits überlegen.

Normalerweise wird man bei der Rohrherstellung aus wirtschaftlichen Gründen bestrebt sein, die Rohrwandstärke so dünn wie möglich auf warmem Wege zu erzielen. Warmverfahren sind dadurch technische Grenzen gesetzt, daß sich durch Warmverarbeitung nur größere Abmessungen erreichen lassen und diese immer schlechtere Toleranzen aufweisen, als entsprechend kaltverarbeitete Dimensionen. Auch sind die Oberflächen bei kaltbearbeiteten Werkstoffen bekannterweise glatter zu erzielen als bei warm verformten. Daher mußten dünne Rohrwandstärken früher im Kaltziehverfahren gezogen oder im Stoßverfahren hergestellt werden.

Rohre aus unlegierten Stählen lassen sich auf Kaltziehbänken mit großen Querschnittsabnahmen ziehen. Im Gegensatz hierzu erlauben Rohre aus höher legierten Stählen nur geringe Querschnittsabnahmen. Dadurch werden wieder Kaltzüge mit den dazugehörigen Zwischenoperationen (Warmbehandlungen, Beizen usw.) notwendig, die das Endfabrikat naturgemäß verteuern. Hier ergeben sich nun reiche Anwendungsmöglichkeiten für das Kaltpilgerverfahren.

Das Kaltpilgern von Rohren gestattet in einem Stich ohne Zwischenoperationen erhebliche Querschnittsabnahmen.

Hierbei werden gleichzeitig eine große Verminderung des Außendurchmessers und der Wandstärke der Rohrluppe erreicht. Diese großen Querschnittsabnahmen sind möglich, weil beim Kaltpilgern im Gegensatz zum Rohrzieh- oder Stoßverfahren hauptsächlich rollende an Stelle gleitender Reibung auftritt, und weil der reduzierte Teil nicht wie beim Rohrzug die Längskräfte aufzunehmen hat, sondern ohne zusätzliche Beanspruchung frei austritt.

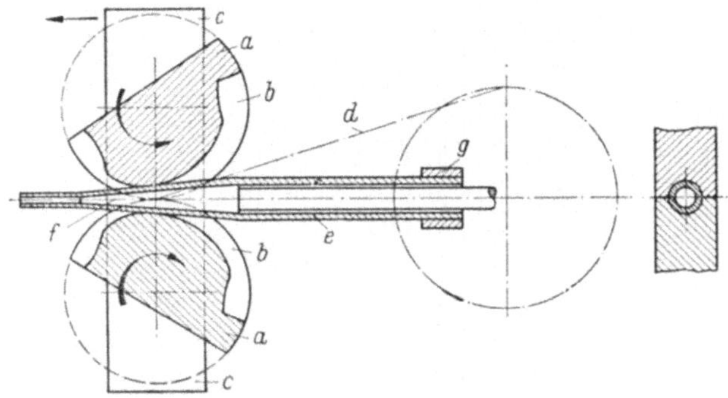

Abb. 108. Kaltpilgermaschine, Arbeitsweise

In erster Linie kommen für eine Verarbeitung im Kaltpilgerverfahren die hochlegierten Edelstähle, die zunder- und korrosionsbeständigen Marken in Frage. Diese Stahlsorten lassen sich bei einem Temperaturbereich von 130°···180° C besser pilgern als bei Raumtemperatur. Da sich infolge der hohen Querschnittsabnahmen das Werkstück in der Kaltpilgermaschine sehr stark erwärmt, wird auf eine entsprechende Kühlung bewußt verzichtet. Hierbei ist aber eine entsprechende Präparation der Rohrluppen notwendig, um ein Fressen oder Riefenbildungen zu vermeiden.

Zu diesem Zwecke werden die Rohrluppen nach einer guten Weichglühung und Beizung in ein heißes Kalk- oder Kochsalzbad getaucht und beim Einlegen in die Maschine mit einer Öl-Graphit-Mischung bestrichen.

Die Arbeitsweise einer Kaltpilgermaschine, die sich praktisch gut bewährt hat, zeigt Abb. 108. Danach befinden sich die beiden Pilgerwalzen *a* mit gleichmäßig verjüngten Aussparungen *b* in einem Rahmen *c*, der durch einen Kurbeltrieb *d* eine hin- und hergehende Bewegung erhält. Die wechselnde Drehbewegung der Walzen wird erreicht, indem je ein Zahnrad, welches zentral auf einer Walzenachse sitzt, in eine am Maschinenbett fest angeordnete Zahnstange eingreift und die Zahnräder gleichzeitig die Rahmenbewegung mitmachen (Abb. 109 und 110). Die Rohrluppe *e* wird über einen kegelig zulaufenden Dorn mit Hilfe einer aufgeklemmten Vorschubvorrichtung *g* ruckweise vorgeschoben in dem Augenblick, in welchem das Rohr in dem erweiterten Teil des Walzenprofils freigegeben wird und welches der rechten Endstellung des Rahmens *c* entspricht.

Beim Vorlaufen des Rahmens (Pfeilrichtung und Drehsinn der Walzen sind eingezeichnet) wird ein entsprechendes Stück ausgewalzt. Kurz vor der linken Endstellung wird das Arbeitsstück nach Überschreiten des engsten Kaliberteils wieder freigegeben und unmittelbar darauf um ein Viertel seines Umfanges gedreht. Beim Rückzug des Rahmens findet, abgesehen von einer Glättung des entstandenen Seitenwulstes, keine Verformung statt.

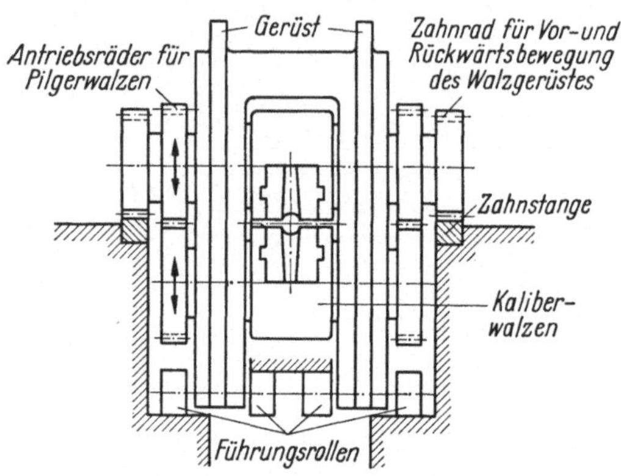

Abb. 109. Vorderansicht des Kaltpilgergerüstes

Der Dorn *f* steht absolut fest in der Seitenlagerichtung, macht aber die Drehung des Arbeitsstückes mit. Die Anzahl der Pilgerschläge je Minute ist etwa 90 bei $2^1/_2''$ Rohrdurchmesser.

Eine ausgeführte, moderne Kaltpilgeranlage ist in Abb. 110 in Vorderansicht und Aufsicht gezeigt, die Seitenansicht auf das Gerüst zeigt Abb. 109. Man ersieht hieraus, daß die zu überwindende Hauptschwierigkeit bei dieser Anlage, in welcher große hin- und hergehende Massen zu beschleunigen und zu verzögern sind, der sehr präzise arbeitende Schaltmechanismus für die Gerüst- und Rohrbewegung sein muß.

Wie man aus Abb. 108 ersieht, wird der Block am Ende der Bewegung des Gerüstes vollständig durch die Walzen freigegeben. In dieser Zeitspanne muß das zu bearbeitende Rohrstück auf die vorher festgelegte Vorschubgröße in die Walzen eingefügt werden. Das Rohr muß aber in dieser Zeitspanne auch um etwa 90° gedreht werden. Zur Ausführung der beiden Bewegungen steht praktisch ein Zeitintervall von nur 0,1 bis 0,2 Sekunden zur Verfügung und in dieser Zeitspanne zwischen dem Ende der Vorwärtsbewegung und dem Beginn des Rückzuges muß das Schalten erfolgen. Eine so kurze Schaltdauer stellt an den Schaltmechanismus infolge der großen Massenkräfte selbstverständlich sehr hohe Anforderungen.

Wie die zunächst aufgenommenen Kurven des Leistungsverbrauches bei den erstaufgeführten Pilgeranlagen zeigten, entsteht infolge der Besonderheit des Kurbelantriebes eine ungefähre Sinusversus-Linie je Pilgerschlag, also eine Kurve deren 2 Minimalwerte bei etwa 0 liegen und 2 Maximalwerten. Bei den Erstausführungen amerikanischer

Konstruktionen wurden vor diesen Kurbeltrieb noch besondere Zahnradgetriebe vorgeschaltet und zwischen diesen Getrieben elastische Kupplungen eingebaut, welche die Belastungsschwankungen ausgleichen sollten. Es zeigte sich aber, daß bei erhöhten Drehzahlen diese Belastungsschwankungen zu Stößen im Getriebe führten, die oftmals Brüche von Zähnen und Wellen im Gefolge hatten.

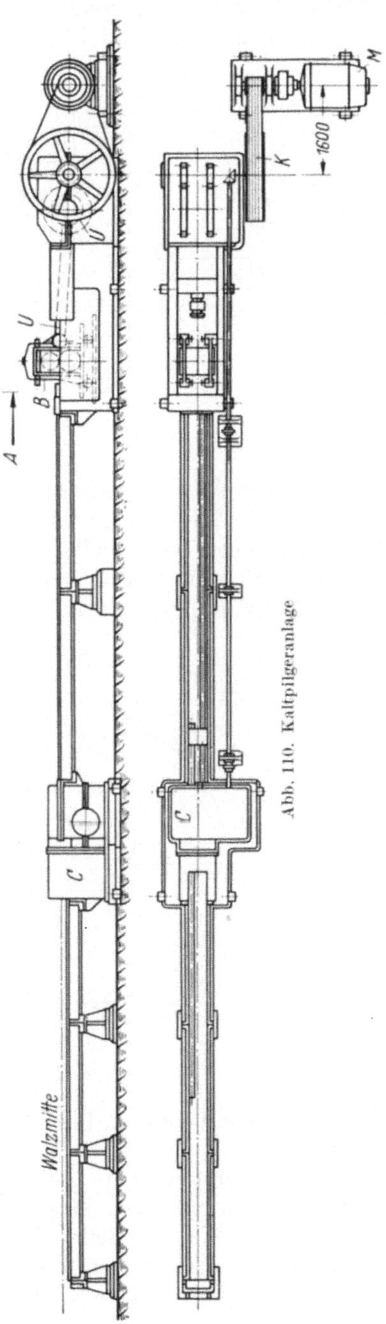

Abb. 110. Kaltpilgeranlage

Um diesen Überbeanspruchungen auszuweichen, war man gezwungen, die Drehzahlen herabzusetzen, was aber einem Herabsinken der Leistung gleichkam. Eine Verbesserung dieser Schaltgetriebe wurde durch eine Ausführung mit Maltheserkreuz erzielt, die aber immer noch hohe Beschleunigungsspitzen bei jeder Schaltung entstehen ließ und die noch immer eine zu hohe Beanspruchung der Schaltelemente hervorrief.

Obwohl die Konstruktion des Schaltgetriebes mit Maltherkreuz die Möglichkeit ergab, eine sehr genaue Schaltbewegung zu erreichen, war die Erhöhung der Drehzahl und damit eine Steigerung der Produktion nicht möglich. Erst die sorgfältige Durchbildung einer ganz neuen Konstruktion der Schalteinrichtung, die außer einer sehr hohen Genauigkeit der Schaltmöglichkeiten auch die Möglichkeit einer Erhöhung der Drehzahlen und damit der Leistung ergab, machte die Entwicklung des Antriebes möglich, der diesen hohen Ansprüchen gerecht wird (Abb. 111).

Die Drehbewegung der Welle *a* wird hier durch ein Stirnrad- und Kegelradgetriebe auf die Kurvenscheibe *u* übertragen, die den Hebel *v* in schwingende Bewegung versetzt. Bei jeder Umdrehung der Antriebswelle *a* drückt der Hebel *v* die Mutter *w* an den Anschlag *x* an. Gleichzeitig aber überträgt die

Welle *a* eine Drehbewegung mit Hilfe des stufenlosen Übersetzungsgetriebes *y* auf die Mutter *w*. Nachdem der Schwinghebel *v* die Mutter *w* an den Anschlag *x* angedrückt hat und zurückgegangen ist, dreht sich die Mutter auf der Spindel *k* zurück und entfernt sich von dem Anschlag,

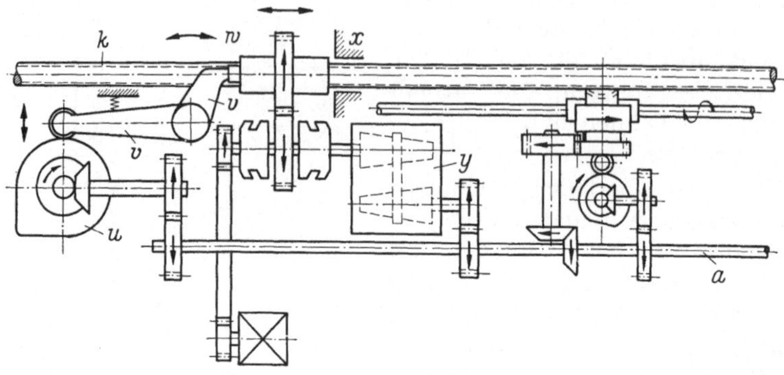

Abb. 111. Schaltgetriebe

wobei dieser Weg abhängig ist von der auf dem stufenlosen Getriebe eingestellten Übersetzung. Bei jeder der folgenden Umdrehungen der Kurvenscheibe *u* verschiebt sich die Mutter samt Spindel und Schlitten um genau dieselbe Entfernung, um welche die Mutter *w* vorher von dem Anschlag *x* zurückgegangen ist. In diesem Antrieb sind die Massen, die

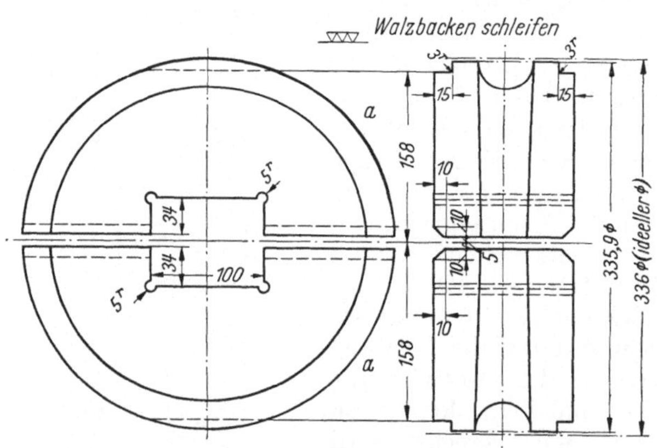

Abb. 112. Streckbacken

bei jedem Schaltvorgang beschleunigt werden müssen, auf ein Minimum herabgesetzt, so daß trotz hoher Drehzahlen die Massenkräfte gering bleiben, was erst jetzt die hohe Betriebszuverlässigkeit ergab, die man an den vorhergehenden Ausführungen vermissen mußte. Hier kann während des Walzens jeder Vorschub genau eingestellt werden und es ergibt dieser Schaltantrieb in Verbindung mit dem Keilriemenantrieb die bis heute beste Lösung für Kaltpilgermaschinen. Der Keilriemenantrieb ist gegen Belastungsschwankungen vollständig unempfindlich und besitzt eine hohe Elastizität, so daß er mit einer richtig gewählten Schraubenradübersetzung eine Erhöhung der Drehzahlen bis zu 50% gestattet.

Die Austrittsgeschwindigkeit schwankt je nach den Abmessungen zwischen 0,9 und 1,2 m/min. Der Vorschub je Pilgerschlag beträgt

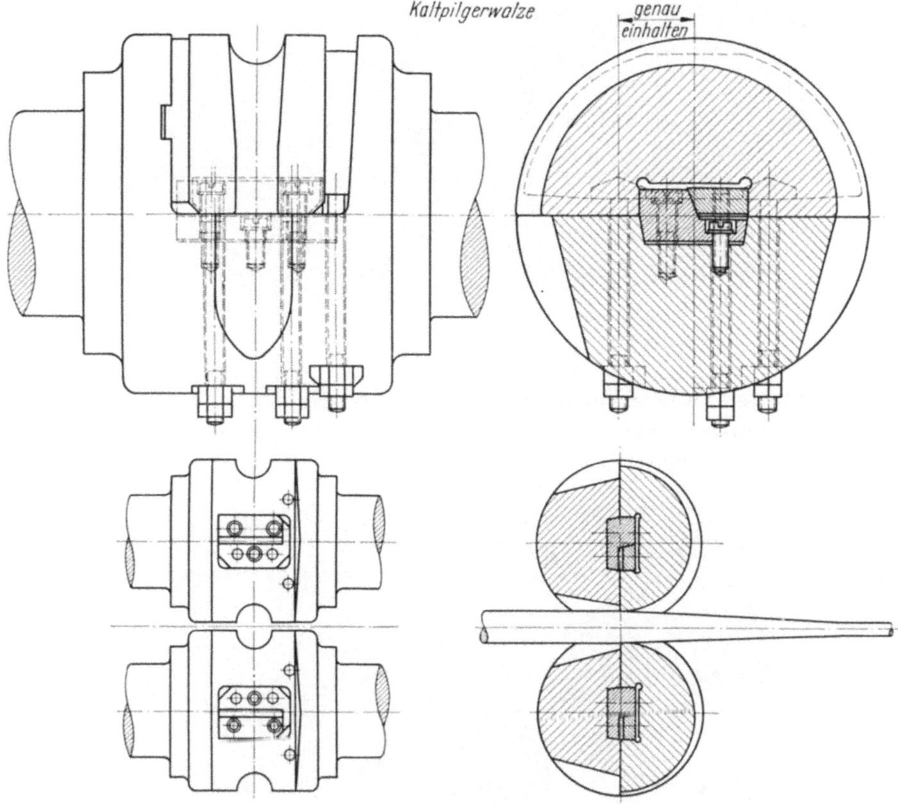

Abb. 113. Kaltpilgerwalzen

bei einer $2^1/_2$″-Maschine je nach Werkstoff und Querschnittsabnahme 10···13 mm, die Leistung an Fertigrohren 54···72 m/h (Normalleistung).

Hier wäre noch einiges über die Werkzeuge der Kaltpilgermaschine zu sagen, deren Herstellung verhältnismäßig kompliziert ist, besonders die Walzen. Infolge des hohen Verschleißes des Streckkaliberteiles der Kaltpilgerwalzen werden die Streckbacken auswechselbar ausgeführt. Erst werden die Walzen aus dem Vollen vorgedreht mit etwa 0,7 mm Schleifzugabe, dann geteilt, die Nuten eingehobelt, die Kaliber eingedreht, dann gehärtet und geschliffen. Walzenteile gleichen Kalibers müssen untereinander austauschbar sein. Die Streckbacken sind aus Chrom-Molybdän-Stahl angefertigt und weisen nach der Fertigbearbeitung eine Härte von etwa 62 Rockwell C auf (Abb. 112, 113).

Nach dem Verschleiß eines Kalibers lassen sich die Streckbacken für das nächste größere Kaliber nacharbeiten und verwenden. Die Leistung eines Streckbackenpaares beträgt unter Berücksichtigung verschiedener

Abb. 114. Becker-Bank

Nacharbeiten zwecks Verwendung für größere Kaliber je nach der Art der zu verarbeitenden Stähle und der Querschnittsabnahmen 15000 bis 25000 Fertigmeter.

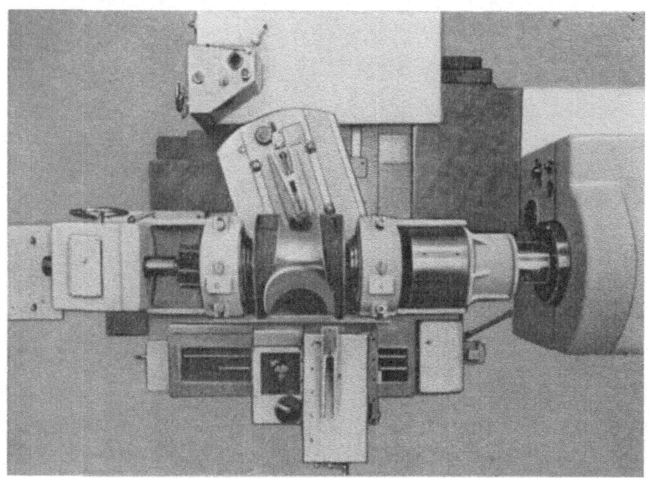

Abb. 115

Die Bearbeitung der Kaltpilgerwalzen erfolgt ähnlich jener der Warmpilgerwalzen am weitaus vorteilhaftesten auf einer Spezialdrehbank. Hier befindet sich die Walze mit Kaliber in einer feststehenden Einspannvorrichtung. Die Herstellung des konischen Kalibers auf der Walze durch Abdrehen wird hier wie auf einer normalen Drehbank durchgeführt. Die Schnitt- und Vorschubbewegung wird vom Stahl ausgeführt und für die Bewegung der Kaliberbegrenzung ist eine entsprechende Schablone eingesetzt. Dieser Arbeitsprozeß ähnelt sehr der Herstellung der Kaliberwalzen der Warmpilgermaschine. Die Drehbank hat noch zahlreiche Hilfseinrichtungen, besonders zum Schleifen des Kalibers, so daß auf dieser Drehbank die Bearbeitung der Kaliber genau und schnell durchgeführt werden kann[1].

Abb. 114 zeigt eine vollhydraulisch arbeitende Drehbank, die speziell zum Herstellen von Pilgerwalzen gebaut ist. Sie ist mit einer Kurvenscheibe, entsprechend dem Profil der Walze ausgestattet, desgl. mit einer Kurventrommel. Die Kurvenscheibe mit einer Blechstärke von 2···3 mm ausgeführt, bewegt, wie bei den bekannten Kopierverfahren einen Fühler, der über die Servomotorsteuerung einen Hubschlitten im Rhythmus der Umdrehungen der Kurvenscheibe steuert. Durch eine Kurventrommel werden die von der Kurvenform abweichenden Teile der Pilgerwalze, die Kaliberflanken (Abb. 116) ebenfalls auf den Fühler übertragen.

Eine weitere Vervollkommnung zeigt Abb. 115. In einem besonderen Steuerkasten vor dem Spindelstock sind 4 Kurvenscheiben aus Stahlblech angeordnet. Bei dieser Konstruktion wurde besonders auf zentrale Anordnung der Bedienungselemente Wert gelegt. Binnen wenigen Minuten können die Kurvenscheiben ausgewechselt werden. Durch die Anordnung der Stahlschablonen ist es möglich, in jeder beliebigen Winkelstellung der Walze fast jede erforderliche Form einzuarbeiten.

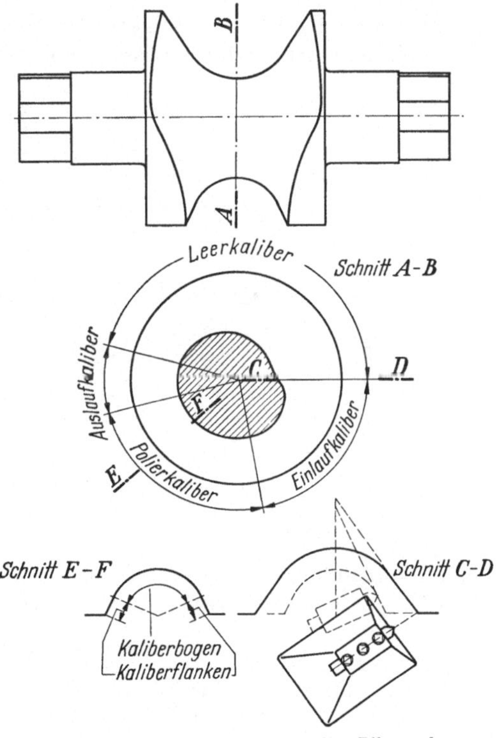

Abb. 116. Bearbeitungs-Schema einer Pilgerwalze

Als Ausgleich für die drehende Vorschub-Bewegung des Werkzeugträgers ist zwischen die Profilsteuerkurve und den von ihr gesteuerten Werkzeugschlitten ein Ausgleichsgetriebe eingeschaltet. Auf der Rückseite der Maschine ist ein Längssupport zum Überdrehen der Ballen angebracht (Abb. 115). Die Drehgeschwindigkeit dieser Drehbank kann in beliebigen Zonen des Walzenumfanges unterschiedlich eingestellt werden und die Schnittgeschwindigkeit im Kern der Walze kann die gleiche sein wie die am Umfang derselben.

[1] Spezial-Drehbank der Firma Becker, Düsseldorf

B. Die beim Kaltpilgern verwendeten Walzdorne sind immer konisch und können nachgestellt werden (Abb. 117).

Wenn man vor die Aufgabe gestellt ist, aus gegebenen Ausgangsabmessungen ein Rohr auf geforderte Endabmessungen kalt zu pilgern,

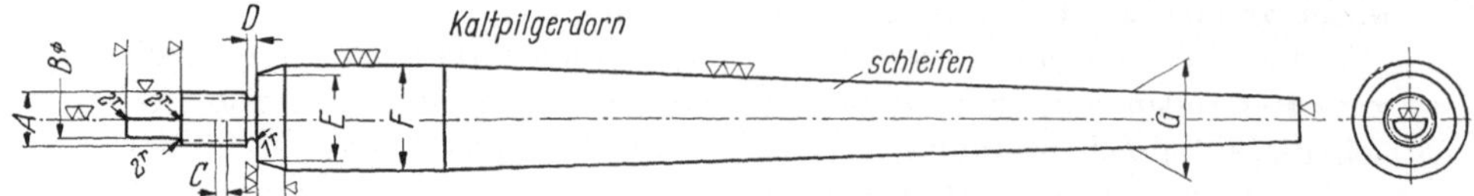

Abb. 117

so ist hierbei am einfachsten so vorzugehen, daß zunächst die gegebenen Ausgangsabmessungen des Rohres aufgezeichnet werden und sodann das Arbeitskaliber zur Reduktion der Wandstärke mit einer zugrunde gelegten Abwicklungslänge gesondert dargestellt wird. Ein Beispiel soll hierüber anschließend Aufschluß geben.

Kalibrierung einer Kaltpilgerwalze

Aufgabe: Es ist eine Pilgerwalze so zu kalibrieren, daß ein Rohr von 112 mm Außendurchmesser und 68 mm Innendurchmesser auf

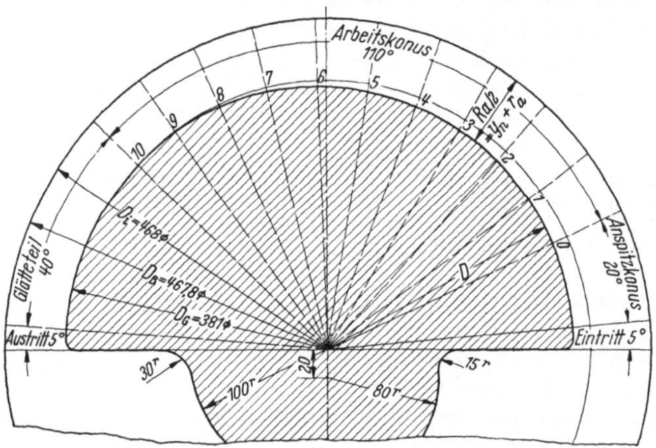

Abb. 118. Konstruktion des Streckkalibers einer Kaltpilgerwalze

einen Außendurchmesser von 87 mm und einen Innendurchmesser von 52 mm kalt reduziert wird (Abb. 118 und 119).

Angenommene Kalibrierungswerte

Ideeller Ballenkreisdurchmesser (D_i)	468 mm
Ballenkreisdurchmesser (D_B)	467,8 mm
Winkel für Eintritt	5°
Winkel für Anspitzkonus	20°
Winkel für Arbeitskonus	110°
Winkel für Glätteteil	40°
Winkel für Austritt	5°

Ferner wird die Annahme gemacht, daß das Rohr über einen sich proportional mit dem Kaliber verjüngenden Dorn gestreckt und das Rohr im Anspitzkonus von 112 auf 110 mm ohne Änderung der Wanddicke gedrückt wird.

Die angenommenen Werte entsprechen Erfahrungswerten aus der Praxis.

Lösung: *I. Anfertigung der Darstellung* 118. Nach Zeichnen des Ballenkreises und ideellen Ballenkreises werden die einzelnen Kaliberabschnitte in Winkelgrade eingeteilt. Während der Innendurchmesser des Rohres, entsprechend der Konizität des Dornes, gleichmäßig von 66[1] mm auf 52 mm abnimmt, geht die Abnahme des äußeren Durchmessers, und damit die Wanddicke, nach der vom Verfasser angegebenen e-Funktion vor sich. (S. Industrie-Anzeiger Nr. 55 vom 11. Juli 1950, 72. Jahrgang, s. S. 4···7).

Ist y_0 = die Wanddicke der Rohrluppe im Augenblick des Erfassens durch die Walzen (zu Beginn des Pilgerschlages),

y_n = die Endwandstärke des gepilgerten Rohres (am Ende des Pilgerschlages) und

x_n = die Abwicklung der arbeitenden Länge des Pilgerstreckkalibers im Kalibergrund, so ist die Endwanddicke des gepilgerten Rohres

$$y_n = \frac{y_0}{e^{b \cdot x_n}}$$

Die Konstante b ergibt sich durch Umformen der vorstehenden Gl. zu

$$b = \frac{\ln \frac{y_0}{y_n}}{x_n}$$

Diese Formel hat vor allen anderen dieser Art den Vorzug, daß gleiche Wege in der Abwicklung gleichen Abnahmen entsprechen.

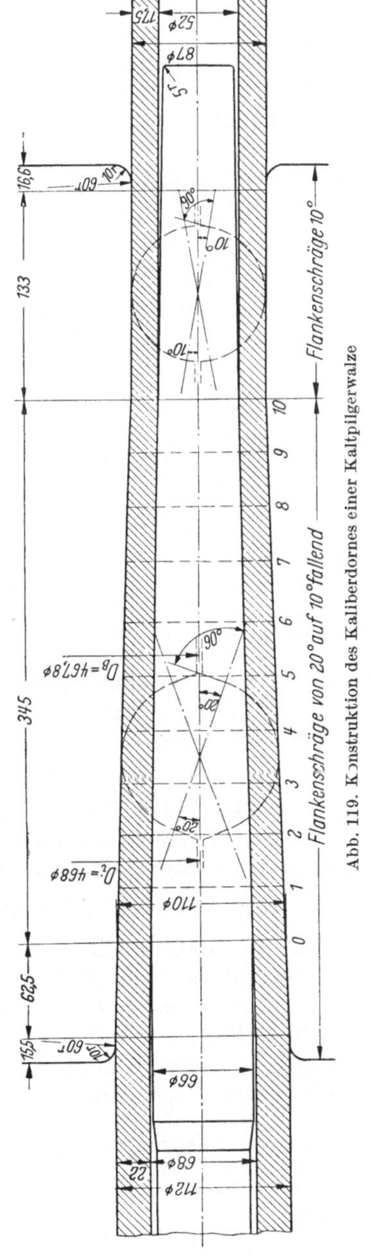

Abb. 119. Konstruktion des Kaliberdornes einer Kaltpilgerwalze

[1] Nachdem durch Anspitzen bereits um 2 mm vorreduziert

Um für die Abnahme der Wanddicke in Abb. 118 und 119 die gleichen Werte zu erhalten, wird der Winkel von 110°, in Abb. 118, in die gleiche Anzahl von rektifizierten Strecken geteilt, in welche die Abwicklungslänge des Arbeitskonus in Abb. 119 in gerade Strecken geteilt wird.

Da b der Funktion x_n umgekehrt proportional ist, die Werte y_0 und y_n aber Festwerte sind, so können die zwischen denselben liegenden x-Werte zur Ermittlung der Arbeitskonusbegrenzung proportional ihren wirklichen Längen angenommen werden. Voraussetzung hierbei ist, daß die x-Werte sowohl in Darstellung von Abb. 118 wie auch in Abb. 119 gleiche Längen aufweisen.

Um die Rechnung zu vereinfachen, wird mit einer Abwicklungslänge von $x_n = 1000$ mm gerechnet und diese zur genauen Ermittlung der Kurvenpunkte in 10 gleiche Teile geteilt.

Bei Einteilung des Winkels für den Arbeitskonus von 110° in zehn Winkel von je 11°, ergeben sich die in der Tab. 3 aufgeführten Wanddickenwerte für die einzelnen Punkte des Kalibers (0, 1, 2 usw.). Es ergibt sich ferner:

$$y_0 = \frac{112 - 68}{2} = \frac{44}{2} = 22\,\text{mm}$$

$$y_n = \frac{87 - 52}{2} = \frac{35}{2} = 17{,}5\,\text{mm}.$$

Tabelle 3

Punkt	0	1	2	3	4	5	6	7	8	9	10
x (mm)	0	100	200	300	400	500	600	700	800	900	1000
$b \cdot x$	0	0,023	0,046	0,069	0,092	0,114	0,137	0,160	0,183	0,206	0,230
$e^{b \cdot x}$	1	1,023	1,047	1,071	1,096	1,121	1,147	1,174	1,205	1,229	1,257
y_n (mm)	22	21,50	21,03	20,54	20,08	19,61	19,21	18,75	18,27	17,92	17,50

Nun ist noch die Reduktion des Innendurchmessers des Rohres durch den konischen Dorn zu berücksichtigen. Der Radius des Dorns (r_d) am Eintritt in den Arbeitskonus beträgt 33 mm und am Austritt 26 mm. Teilt man die konische Dornlänge in zehn Abschnitte ein, so nimmt der Radius des Dorns von Abschnitt zu Abschnitt um $\frac{33 - 26}{10} = 0{,}7$ mm ab.

Um das Arbeitskaliber in Abb. 118 einzeichnen zu können, müssen wir die Summe von $y_n + r_d$ bilden und diese Strecke (halber Rohraußendurchmesser $= R_a/2$) vom ideellen Ballenkreis ausgehend an den einzelnen Punkten des Arbeitskonus abtragen. Tab. 4 gibt die Werte für den halben Rohraußendurchmesser $= R_a/2$ an den einzelnen Punkten des Arbeitskonus an.

Tabelle 4

Punkt	0	1	2	3	4	6	5	7	8	9	10
Radius Dorn r	33	32,3	31,6	30,9	30,2	29,5	28,8	28,1	27,4	26,7	26,0
$y_n + r_d = R_a/2$	55	53,80	52,63	51,44	50,28	49,11	48,01	46,85	45,67	44,62	43,50

Zur Vervollständigung von Abb. 118 werden noch die Radien von 100 mm und 80 mm im Aussparungsteil der Pilgerwalze eingezeichnet.

II. Anfertigung von Abb. 119. Die in Abb. 118 als Kurve gezeichneten und in Winkelgraden ausgedrückten Kaliberabschnitte erscheinen in Abb. 119 rektifiziert im gleichen Maßstab als gerade Strecken.

Zur Ermittlung der Abwicklungslängen von Eintritt, Anspitzkonus, Glätteteil und Austritt wird die nachstehende Formel benutzt:

$$x_n = \frac{D \cdot \pi \cdot \varepsilon}{360°},$$

wobei D der doppelte Krümmungsradius im jeweiligen Kalibergrund und der $\sphericalangle\, \varepsilon$ der Umfassungswinkel des entsprechenden Kaliberabschnittes ist. Diese Formel hat auch Gültigkeit für die Ermittlung der Abwicklungslänge des Arbeitskonus. Denn bei einem Kalibergrundkreisdurchmesser (D_G) von 381 mm (ideeller Ballendurchmesser minus Rohraußendurchmesser des fertigen Rohres) ist jedoch der Unterschied zwischen der wahren Abwicklungslänge und der Abwicklungslänge, die sich bei Zugrundelegung des Kalibergrundkreisdurchmessers ergibt, so gering, daß mit der Abwicklungslänge gearbeitet werden kann, die durch Einsetzen von D_G in die genannte Formel erhalten wird. Es ergeben sich so für die einzelnen Kaliberabschnitte folgende Abwicklungslängen:

$$\text{Eintritt:}\quad x_n = \frac{(D_i - \delta_x) \cdot \pi \cdot \varepsilon}{360°} = \frac{(468 - 112) \cdot \pi \cdot 5°}{360°} = 15{,}5\ \text{mm}\,.$$

Genau so mit den entsprechenden Werten werden die folgenden Größen ermittelt:

Anspitzkonus: $x_n = 62{,}5$ mm Glätteteil: $x_n = 133$ mm
Arbeitskonus: $x_n = 345$ mm Austritt: $x_n = 16{,}6$ mm.

Für δ wird der zu dem Kaliberabschnitt gehörende Rohraußendurchmesser eingesetzt.

Aus den errechneten Abwicklungslängen, den Werten für $R_a/2$ aus der Tab. 4 S. 88 und den gegebenen ($R_a = 112$ mm, $R_i = 68$ mm) und den verlangten Rohrabmessungen ($R_a = 87$ mm, $R_i = 52$ mm) läßt sich Abb. 118 konstruieren.

Die Flankenschräge ist noch anzugeben, und zwar fällt diese vom Eintritt bis zum Glätteteil von 20° auf 10° und beträgt im Glätteteil 10°.

Da beim Kaltpilgern der Dorn feststeht und sich die Kaliber der Walze über das Rohr abwälzen, entspricht die Abwicklungslänge für den Arbeitskonus nach Abb. 118 auch der Länge des konischen Teils des Dorns bis zum Glätteteil.

Der Dorn ist über seine ganze Länge konisch, so daß sich das Rohr im Glätteteil vom Dorn leicht löst. Die weitere, freie Dornlänge bis zum Dornende ist konstruktiv durch Verlängerung des konischen Teiles mit 212 mm ermittelt worden.

Über die erzielbaren Durchmesser reduzierter Rohre aus den Ausgangsdurchmessern der kalten Rohrluppen gibt das folgende Schema Auskunft (Abb. 120).

Über die erzielbaren Endlängen der Rohre nach dem Reduzieren folgen hier einige kurze Angaben:

Ausgangs-∅ in mm	Länge vor dem Reduzieren in m	Rohrlänge nach dem Reduzieren in m
25	5	25···40
40	5	25···40
65	5	25···40
90	5	25···35
115	4	20···28
145	3,5	15···22
165	3,5	12···20

Es folgen einige Angaben von im Kaltpilgerprozeß praktisch erzielten Reduktionen von Rohren aus schwer ziehbaren Werkstoffen:

Werkstoff	Ausgangs-rohr-∅ außen in mm	Ausgangs-wanddicke in mm	Reduzierter Rohr-∅ außen in mm	Reduzierte Wanddicke in mm	Reduktion in %
Kugellager Stahl	51	3,9	30	1,7	74,5
Kugellager Stahl	82	7,0	54	2,0	81
Chromstahl	81	18,0	49,6	10,95	63
V2A-Stahl	54	4,5	41,0	2,1	65
Hydronalium	45	3,5	20,0	2,5	69
Hydronalium	65	2,0	45,0	0,8	72
Bronze-Legierung	40	3,0	18,0	1,5	78
Bronze-Legierung	65	7,0	40,0	3,0	74
Aluminium-Legierung	54	3,5	30,0	1,3	80
Aluminium-Legierung	65	5,0	40,0	0,8	79,5

Aus dieser Tabelle ist zu ersehen, daß selbst bei legierten Stahlsorten und schwer verformbaren Nichteisenmetallen Reduktionen bis zu 80% erzielt wurden und hier selbst Toleranzen von weniger als 3% eingehalten werden konnten. Diese Tatsachen haben in den letzten Jahren Veranlassung gegeben, das Kaltwalzen auch für Rohre größeren Durchmessers (bis etwa 7″) zu verwenden. So werden z. B. mit gutem Erfolg Kugellagerrohre bis zu 7″ ∅ nach dem Kaltpilgerverfahren hergestellt. Die Genauigkeit in ihrer Herstellung ist so groß, daß die Kugellagerringe nur außen überschliffen werden, sonst aber außen keiner spanabhebenden Operation mehr bedürfen. Auch für Büchsen, Zahnräder und andere Massenartikel lassen sich kalt gewalzte Rohre mit bestem Erfolge verwenden, wobei noch eines

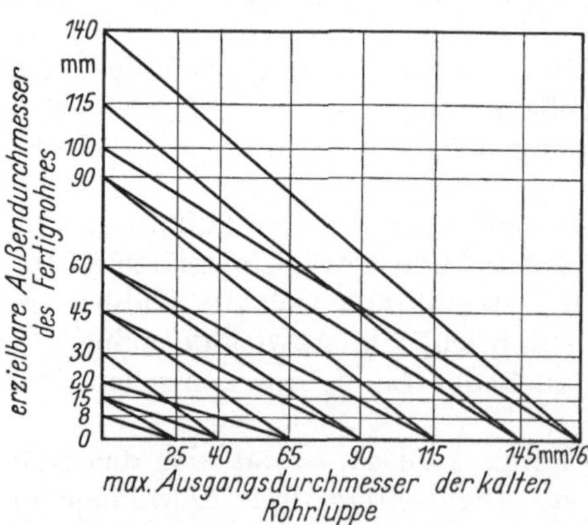

Abb. 120. Ausgangs- und Fertig-∅ kaltgepilgerter Rohre

Sonderzweiges in der Rohrherstellung gedacht werden soll: der Herstellung plattierter Rohre. Nach dem Kaltpilgerverfahren ist es heute ohne weiteres möglich, innen und außen mit Kupfermantel plattierte Rohre wirtschaftlich und mit sehr hohen Toleranzen herzustellen.

Zum Schlusse sollen die Vorteile des Kaltpilgerverfahrens besonders herausgestellt werden:

1. Das gleichmäßige Reduzieren im Durchmesser und in der Wandstärke beim Durchgang durch das Kaltwalzgerüst, was eine Querschnittverminderung bis zu 80% bei verschiedenen Werkstoffen erreichbar macht.

2. Die Verbesserung der Toleranzen in den Wandstärken und die sehr gute Beschaffenheit der äußeren und inneren Rohroberfläche nach dem Walzen.

3. Die gleich gute Verwendbarkeit für ein Bearbeiten der Rohre aus beliebigen Stahlsorten, einschließlich der hochlegierten, nichtrostenden Stähle und der hochhitzebeständigen Stähle, sowie für Rohre aus beliebigen Buntmetallen.

4. Die Möglichkeit eines wirtschaftlich hochwertigen Plattierens von Rohren mit Kupfermänteln und sehr hohen Toleranzen.

Das Kaltpilgern von Rohren ist ohne Einschränkung wirtschaftlicher als andere Herstellungsverfahren:

1. Bei Rohren, welche aus nicht preßbaren Legierungen hergestellt werden, wie z. B. Sonderbronzen in jeder Zusammensetzung.

2. Bei Rohren aus schwer preßbaren Schwermetallegierungen, die sich schlecht ziehen lassen, z. B. Cu–Ni 80/20 oder 70/30, Neusilberrohre.

3. Bei Magnesiumlegierungen, die sich schwer ziehen lassen.

4. Bei Rohren mit geringen Wandungstoleranzen.

5. Bei allen Kondensator-Rohrlegierungen 70/29/1 oder 77/22/2.

6. Bei hochlegierten Tombaklegierungen, bei Zinklegierungen mit schwachen Wandungen, bei Aluminium Hartlegierungen, AlCuMg.

7. Bei mehr als 4fachen Streckungen.

8. Neuere Erzeugnisse, wie Kugellagerrohre, Rohre für Ölquellen, Pumpen-Zylinder ohne jede Nacharbeit, Pumpenkolben, Kolbenstangen, Pumpenwellen, Rohre mit Innenprofilierungen, Material für Steckschlüssel, Innenverzahnungen, Vielkeil-Überwurfmuttern, Kupplungen mit Innenprofilierungen und, leise gesprochen, Geschützrohre mit Profilierungen. Rohre mit Präzisionsinnendurchmessern, wie beispielsweise für Zylinderbüchsen für hydraulische und pneumatische Zylinder ohne jede Nacharbeit, Pumpenbüchsen und Steuerzapfen sind auf der Kaltpilgermaschine wirtschaftlicher herzustellen, als auf anderen Maschinen.

F. Das Walzen von Hohlbohrstählen[1]

Unter Hohlbohrstählen [*19*] versteht man Bohrstähle, die in ihrer Achsrichtung eine Bohrung (ein Hohl) zum Durchtritt des Schmier- und Kühlmittels beim Arbeiten des Werkzeuges haben. Dieses Hohl ist im Querschnitt kreisrund und wird heute vor dem Auswalzen mit einer

[1] Abbildungen entnommen aus „Stahl und Eisen“ 1950.

Stahlseele gefüllt, die bei der darauffolgenden Verformung mit ausgewalzt wird.

Als Querschnitte für Hohlbohrstähle kommen in Frage: Rund-, Quadrat-, Sechskant- und Flügelprofile. Auch quadratische Profile mit nach innen gedrückten Seitenflächen sind, besonders in England, gebräuchlich (s. Abb. 121).

Als Füllung für das Hohl wurde früher Sand oder pulverisierte Kohle benutzt. Der Ausgangsknüppel wurde in der Längsrichtung gebohrt und die Sand- oder Kohlefüllung in sehr verdichtetem Zustand

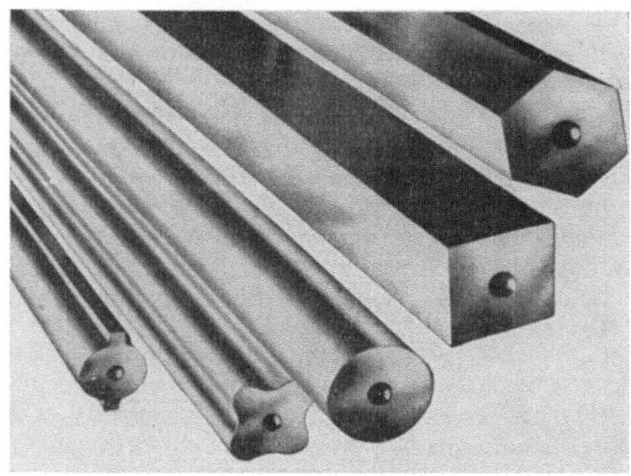

Abb. 121. Profile von Hohlbohrstählen

in die Bohrung eingebracht und diese dann durch Metallstopfen an den Bohrungsenden verschlossen. Dann wurde der so vorgerichtete Knüppel in den Ofen eingesetzt und dann genau so gewalzt, als ob es sich um ein Vollprofil handelte.

Auch von schwedischen Firmen wurde dieses Verfahren anfänglich angewendet. Dort wurde der Hohlbohrstahl meist im 80er Knüppel gebohrt. Die Bohrbänke arbeiteten senkrecht von unten, so daß die Späne selbsttätig herausfallen konnten. Das Bohren ging verhältnismäßig rasch, die Bohrung war sauber, ohne Riefen. Das Bohrloch wurde dann mit Quarzitstückchen gefüllt, die aus Quarzitbrocken in einem Pochwerk durch Stampfen hergestellt wurden. Die Metallstopfen an den Enden der Bohrung hatten kein Gewinde und wurden nur passend eingesetzt und gut verstemmt. Zum Entweichen der Luft trugen sie ein kleines Bohrloch. Das Entleeren der Bohrung nach dem Walzen geschah durch Preßluft. Die Hauptmengen dieser Bohrstähle wurden im Brucks-konzern in Klosters hergestellt. Auch in Fagersta wurden Bohrstähle auf einer kleinen Walzenstraße ausgewalzt.

Dieses Verfahren hatte den Nachteil, daß man nach Entfernen der Innenfüllung nach dem Walzen aus dem Hohl feststellen mußte, daß sich der Querschnitt an verschiedenen Stellen derart verformt hatte, daß seine ursprüngliche Kreisform starke Verzerrungen aufwies; die Wanddickenunterschiede der Bohrung beeinflußten die Festigkeitseigenschaften sehr nachteilig. Auch wiesen die ursprünglich glatten Wandungen der Bohrung sehr oft Rauhigkeiten und Verkrustungen auf, die durch Ausblasen mit Preßluft nicht beseitigt werden konnten und sich daher später, beim Arbeiten der Bohrer, nachteilig auswirkten.

Man ging deshalb dazu über, Hohlbohrstähle mit Metallseele zu walzen, in Schweden zuerst in Hagfors (Uddeholmkonzern) angewendet. Man wählte hier zunächst Kupfer und weiche Manganstahlsorten als Einlegematerial, ähnlich wie bei uns in Deutschland. Von Kupfer war man bald wieder abgekommen, aber die Versuche mit Manganstählen verschiedener Legierungen führte man weiterhin mit Erfolg durch.

Austenitischer Manganstahl hat einen besonders hohen Ausdehnungskoeffizienten und eignet sich deshalb auch als Füllung zu Hohlbohrstahl-Walzungen; um so mehr, als er bei Abkühlung mehr schrumpft als unlegierter Stahl, der bei Abkühlung von der Warmverformungstemperatur nach der Raumtemperatur eine Austenit-Perlit-Umwandlung erfährt, die mit einer Volumenzunahme verbunden ist. Der Manganstahl dagegen macht diese Umwandlung nicht mit. Aus diesen Gründen kommt es zu einem Abheben des unlegierten Stahles von der Mangan-Hartstahlseele. Das gute Gleichmaß der Dehnung des austenitischen Manganstahles gestattet ein leichtes Herausziehen des Kernes nach der Fertigstellung und ergibt glatte Oberflächen in der Bohrung.

Stahl mit über 12% Mn und 0,9···1,3% C wird nach rascher Abkühlung von hohen Temperaturen rein austenitisch; er befindet sich hierbei in einem instabilen Zustand zwischen Perlit und Martensit. Sehr rasche Abkühlung führt zur Martensitbildung und Erwärmung auf hohe Temperaturen, beispielsweise auf 400···700° zur Perlitbildung. Durch Anlassen auf über 400° werden diese Stähle durch Karbidausscheidung härter, die Dehnung sinkt und die Zugfestigkeit steigt. Das gleiche tritt auch bei sehr langsamer Abkühlung ein.

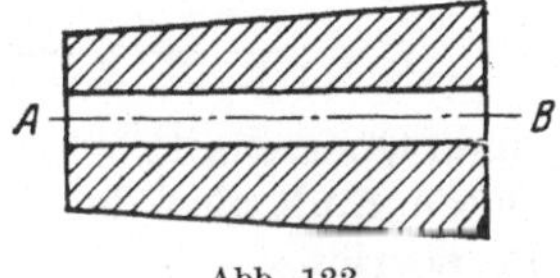

Abb. 122
Konisch vorgerichteter Knüppel

Einen Stahl mit mehr als 1,3% C zu verwenden ist nicht ratsam, da dann störende Karbidausscheidungen entstehen. Andererseits wurde von deutschen Firmen auch versucht, Stähle mit 26···28% Mn zu verwenden, die sich beim Walzen als Stahlseele wohl sehr gut bewährten, aber in ihrer Verwendung viel zu teuer waren. So gelangte man durch fortgesetzte Versuche schließlich auf einen Manganstahl mit 12% Mn und rd. 1,0% C, den man gegenwärtig bevorzugt als Einsatzwerkstoff beim Hohlbohrstahl-Walzen verwendet. Für derartige Stahlseelen gibt es nach dem Auswalzen auch eine Reihe von Wiederverwendungsmöglichkeiten, so daß dieser Werkstoff nach dem Auswalzen nicht verloren ist und der Preis des Bohrstahles in entsprechend niedrigen Grenzen gehalten werden kann.

Beim Walzen selbst ist folgendes zu beachten: Ausgangsquerschnitt für alle Profile ist meist ein Vierkantknüppel, in den nach dem Bohren die Stahlseele eingelegt wird. Hierbei ist das Verhältnis des Stahlseelenquerschnittes zum Ausgangsquerschnitt für alle Stiche maßgebend. Wenn also z. B. von einem Querschnitt von $80 \times 80\,mm^2$ und einer

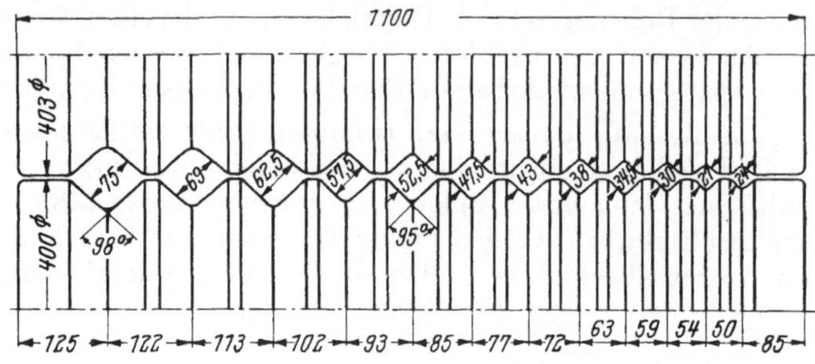

Abb. 123. Walzen für Vorquadrate

Bohrung für die Stahlseele von 35 mm ∅ ausgegangen wird, so bleibt dieses Querschnittsverhältnis für alle folgenden Stiche das gleiche. In dem am Schluß besprochenen Flügelprofil hat der Endstich (A-Stich)

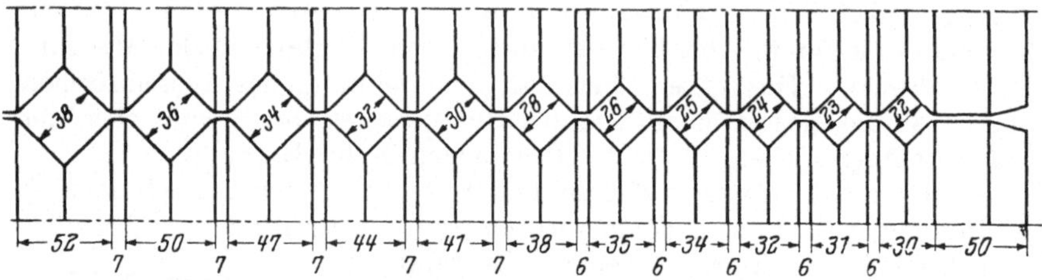

Abb. 124. Walzprofile für Fertig-Quadrate

einen Querschnitt von $423\,mm^2$; unter Voraussetzung der vorstehenden Daten muß also der Durchmesser der Stahlseele 9 mm sein nach der Proportion:

$$80^2 : 35^2 \frac{\pi}{4} = 423 : \frac{d^2\,\pi}{4},$$

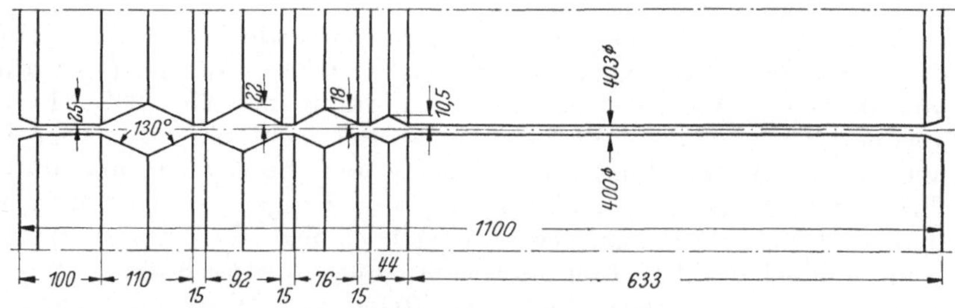

Abb. 125. Walzen mit Spießkantprofilen

wobei d zu 9 mm einfach ermittelt werden kann.

Ähnlich ist es beim Auswalzen von Sechskant-Hohlbohrstahl. Wenn hier die Bohrung des Knüppels bei einem Querschnitt von $80 \times 80\,mm^2$

beim Anstich 35 mm ∅ hat und der Endquerschnitt des Sechskantprofils 560 mm² beträgt, entsprechend einem Durchmesser des dem Sechskant eingeschriebenen Kreises von 26 mm, so muß die Bohrung im Endkaliber nach der Proportion zu errechnen sein:

$$80^2 : 35^2 \frac{\pi}{4} = 560 : f,$$

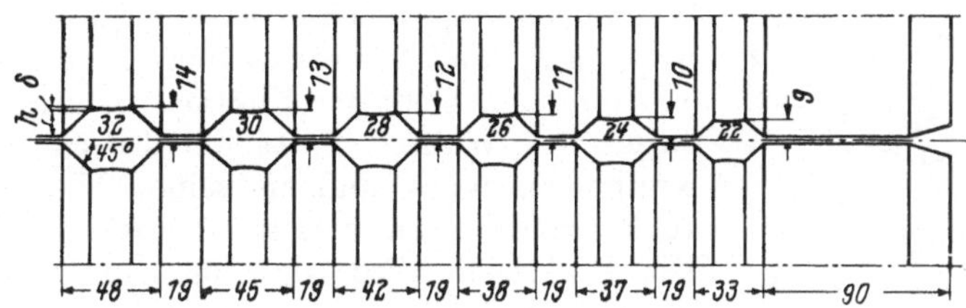

Abb. 126. Einziehung δ der achsparallelen Flächen nach der Kalibermitte bei Sechskantprofilen (δ = 0,04 · h)

wobei

$$f = \frac{d^2 \pi}{4} = 84{,}2 \text{ mm}^2$$

und der dazugehörige Hohldurchmesser daher 10,4 betragen muß. Das Verhältnis Gesamtquerschnitt zu Hohlquerschnitt, im vorliegenden Falle also:

$$6400 : 35^2 \frac{\pi}{4},$$

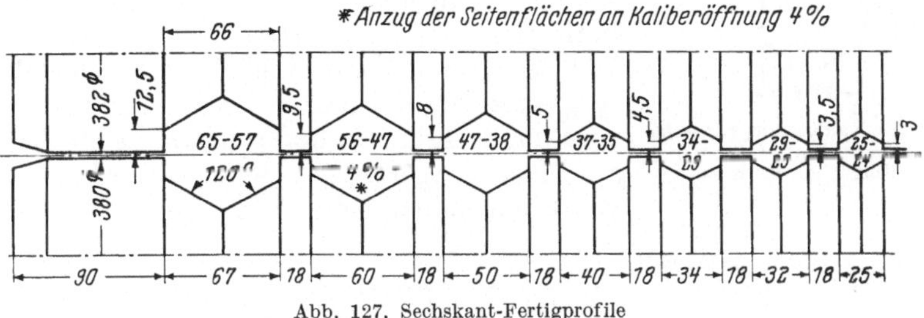

Abb. 127. Sechskant-Fertigprofile

muß auch hier für alle Kaliber das gleiche sein. Da der Querschnitt der Stahlseele beim Auswalzen in den aufeinanderfolgenden Stichen fast genau rund bleibt, so ist der Durchmesser des Hohls auch bei Zwischenprofilen sehr einfach zu bestimmen. Bedingung ist hierbei nur, daß die Seelenachse mit der Schwerachse des Profils zusammenfällt, das Hohl also nicht außermittig liegt.

Bohrstähle werden heute in überwiegendem Ausmaße auf Doppelduostraßen gewalzt, die zweckmäßig als drei- bis sechsgerüstige Straßen gebaut werden. Hier entfallen die meisten Stiche auf die beiden ersten Doppelduogerüste, besonders das erste, das als Vorgerüst anzusehen ist. Dagegen werden A- und B-Stich als Endstiche im letzten Gerüst gewalzt, so daß das eine Walzenpaar nur den B-Stich, das andere nur den Fertigstich (A-Stich) walzt. Hier noch andere Kaliber in diese letzten Walzenpaare einzuschneiden ist selbst bei einem sehr großen Walzprogramm unzweckmäßig.

Falls sich die Stahlseele aus dem fertiggeschnittenen Hohlbohrstahl nicht leicht entfernen läßt, was bei zu niedrigem Mangangehalt des Einsatzstahles manchmal vorkommt, sei nachstehendes Hilfsmittel zur Vorbeugung derartiger Walzungen angegeben. Der Knüppel wird im Ausgangsquerschnitt etwas konisch vorgerichtet (s. Abb. 122). Geht der Knüppel in dieserForm durch die Walze, so ist der Druck auf die Knüppeloberseite und in seiner Übertragung auch auf die Stahlseele bei B stärker als bei A. Die Stahlseele wird also im Durchmesser B kleiner als bei A, also konisch. Wenn der Knüppel jetzt nochmals um 90° gekantet durch die Walzen geht, so ist der Querschnitt der Stahlseele bei B, der sich hier nach dem ersten Stich etwas abgeflacht hat, wieder rund geworden und von A nach B zu abnehmend konisch ausgebildet. Diese Konizität bleibt aber während der nächsten Walzungen erhalten, da ja dann die Abnahmen des Knüppels wieder gleichmäßig über seine Oberfläche erfolgen und daher auch einen gleichmäßigen Druck auf die Stahlseele ausüben. Am Ende der Walzung kann dann nach dem Abkühlen der Stange die Stahlseele ohne Schwierigkeit aus dem Profil herausgezogen werden.

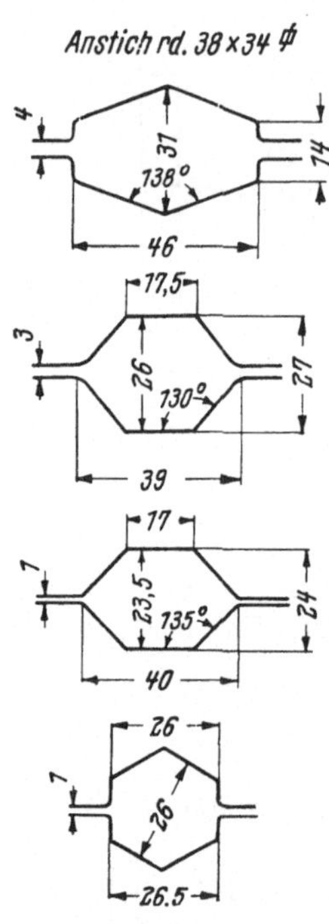

Abb. 128. Kalibrierung vor Sechskant-Profilstahl (25,5 mm Kaltmaß) in vier Stichen

Eine Sechskantkalibrierung in zwölf Stichen auf einer viergerüstigen 400er Doppelduostraße sei an folgendem Beispiel gezeigt:

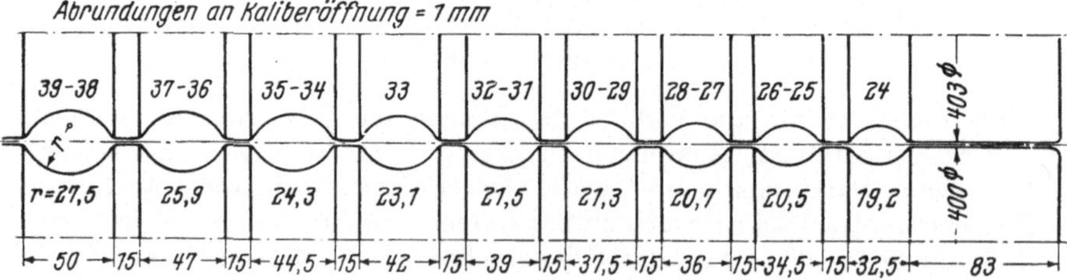

Abb. 129. Schlichtovalwalzen

Anstich 70 mm² ⍁, mit einer Einlage von 20 mm Stahlseelendurchmesser, gewalzt auf Sechskantprofil 26 mm (Warmmaß) mit 7 mm ∅ der Stahlseele. Das erste Gerüst der Doppelduostraße enthalte hierbei die Vorquadrate, das zweite Gerüst die Fertigquadrate — im Gesamtwalzprogramm begründet —, im dritten Gerüst vorwiegend

Spießkantprofile und im vierten (letzten) Gerüst Sechskant-Vor- und Fertigprofile.

Bei den üblichen Abnahmen für Werkzeugstähle liegen hier zweckmäßig die ersten sechs Stiche (Vorquadrate) im ersten Gerüst, die nächsten drei Stiche im zweiten Gerüst, die Spießkantprofile in Gerüst 3 und B- und A-Stich in Gerüst 4, am besten so angeordnet, daß der Fertigstich in das obere Walzenpaar zu liegen kommt. Die Kaliber der aufeinanderfolgenden Stiche haben dann folgende Abmessungen (s. Abb. 123···129):

Anstich 70 mm ◻

Stich	Abmessung	
1. Stich	63 × 63 mm²	(Vorquadrat) s. Abb. 123.
2. Stich	57,5 × 57,5 mm²	
3. Stich	52,5 × 52,5 mm²	
4. Stich	47,5 × 47,5 mm²	
5. Stich	43 × 43 mm²	
6. Stich	38 × 38 mm²	
7. Stich	36 × 36 mm²	(Quadratprofil) s. Abb. 124.
8. Stich	34 × 34 mm²	
9. Stich	32 × 32 mm²	
10. Stich	76 × 29,5 mm	(Spießkant) s. Abb. 125.
11. Stich	38,8 × 23 mm	(Sechskantvorprofil) s. Abb. 126/127.
12. Stich	26 mm	(Sechskantfertigstich) s. Abb. 130.

Ein weiteres Beispiel für eine Sechskant-Hohlbohrstahl-Kalibrierung in vier Stichen ist in Abb. 128 zu sehen. Anstich 38 × 34 mm², mit Innenbohrung von 9,1 mm ⌀.

Stich	Abmessung		
1. Stich	46 × 31 mm	(Sechskantvorprofil)	s. Abb. 128
2. Stich	39 × 26 mm	(Sechskantvorprofil)	
3. Stich	40 × 23,5 mm	(Sechskantvorprofil)	
4. Stich	26 mm (Warmmaß), entsprechend 25,5 mm Sechskant		

bei Raumtemperatur gemessen. Einem Durchmesser von 9,1 mm Hohlbohrung im Anstich entspricht hier ein Hohl im Endstich von 6,5 mm ⌀. Man beachte beim Kalibrieren der Sechskant-Vorprofile die wechselnde Lage der Kanten im Profil, so daß einmal eine Kante im Walzspalt liegt (Kaliber 2 und 3), das andere Mal eine Flachseite (Kaliber 1 und 4).

Nachstehend sei die Walzung eines Flügelprofiles in zehn Stichen auf einer viergerüstigen Doppelduostraße gezeigt (Profil 32 × 22 × 4 mm), wobei die Abnahmen der letzten drei Stiche sehr klein gehalten sind, dagegen die Abnahmen der ersten und der mittleren Stiche entsprechend hoch gewählt wurden. Die Kalibrierung der Flügelprofile, die in den Vorprofilen an Stelle der Quadrat-Oval-Reihe auch hier nur Vorquadrate bis zum sechsten Stich enthalten soll, sieht dann etwa so aus:

Anstich 48 × 48 mm²

1. Stich 43,5 × 43,5 mm² } (Vorquadrat) s. Abb. 123.
2. Stich 38,5 × 38,5 mm² } (Vorquadrat) s. Abb. 123.
3. Stich 35 × 35 mm² } (Vorquadrat) s. Abb. 123.
4. Stich 30,5 × 30,5 mm² } (Vorquadrat) s. Abb. 123.
5. Stich 28,5 × 28,5 mm² } (Quadratprofil) s. Abb. 124.
6. Stich 26,5 × 26,5 mm² } (Quadratprofil) s. Abb. 124.
7. Stich 29 × 26 mm² (Schlichtoval) s. Abb. 129.
8. Stich 38 × 24 mm² (Sonderprofil, C-Stich) s. Abb. 130C.
9. Stich 32 × 22 × 4 mm² (Sonderprofil, B-Stich) s. Abb. 130B.
10. Stich 32 × 22 × 4 mm² (Sonderprofil, A-Stich) s. Abb. 130A.

Zur Erzielung scharfer Kanten an den Flügeln ist der 9. Stich (B-Stich) als Stauchstich ausgebildet und im Walzenpaar des unteren Duos im letzten Walzgerüst untergebracht. Sämtliche Stauchstiche für die anderen hier zu walzenden Flügelprofile sind ebenfalls in diesem Walzenpaar untergebracht, während im Oberduo dieses Gerüstes die Fertigstiche für sämtliche Flügelprofile eingeschnitten sind.

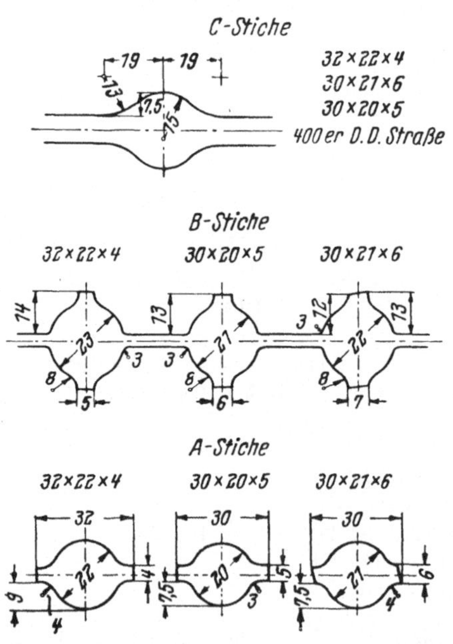

Abb. 130. C-B-A-Stiche für Flügelprofile, Querschnitte

Ist jetzt der Durchmesser der Stahlseele im Anstich 18,8 mm, so muß er entsprechend dem Vorhergesagten im Fertigstich 8 mm betragen. Die Kalibrierung der andern, in Abb. 130 wiedergegebenen Flügelprofile ist bis zum 8. Stich die gleiche, wie sie in vorstehender Reihe angegeben ist. Erst vom C-Stich an ändern sich die entsprechenden Profile nach den in Abb. 130 angegebenen Abmaßen.

Zusammenfassung

Hohlbohrstähle werden im Außenprofil genau so gewalzt wie die entsprechenden Massivprofile aus demselben Werkstoff. Nur ist hier die Größe der Bohrung im Anstich zu berücksichtigen, die, einmal gewählt und zum Ausgangsquerschnitt ins Verhältnis gesetzt, für sämtliche Stiche der Walzung diesen konstanten Verhältniswert behält. Für die Stahlseele wird zweckmäßig ein Manganhartstahl mit rd. 12% Mn und 1% C verwendet, der einen sehr hohen Ausdehnungskoeffizienten hat und daher nach dem Erkalten der Hohlbohrstangen leicht aus der Bohrung herausgezogen werden kann.

G. Das Radialwalzverfahren zur Herstellung nahtloser Rohre mit großen Durchmessern (Roeckner-Verfahren)

Im Jahre 1927 erhielt M. ROECKNER ein Verfahren gesetztlich geschützt, welches die Herstellung nahtloser Rohre mit großen Durchmessern anstrebte und das kurze Zeit später versuchsweise erprobt wurde und bald darauf in der Praxis Anwendung fand. Der diesem Verfahren zugrunde liegende Gedanke ist aus dem Schmieden übernommen. Denn beim Schmieden von zylindrischen Rohrschüssen wurde der Werkstoff bereits lange Zeit vorher absatzweise bearbeitet und durch ein entsprechend geformtes Gesenk zusammengedrückt und gleichzeitig gestreckt (s. Abb. 131[1].) Das Roeckner-Verfahren folgt diesem Schmiedeprozeß

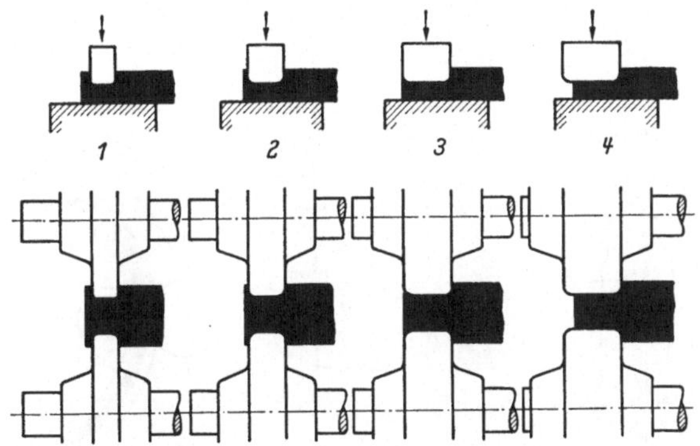

Abb. 131[1]. Phasen des Walzprozesses beim Roeckner-Verfahren

insofern, als durch das erste Eindrücken des vordersten Walzenpaares in das Walzgut nahe am Rand eine bestimmte Werkstoffmenge abgeschnürt wird. Durch die nachfolgenden Walzenpaare wird unter gleichzeitigem Verschieben des Werkstoffes in axialer Richtung und der Drehbewegung der Walzen das abgeschnürte Material immer glatter ausgewalzt, wobei in den folgenden Walzenpaaren immer breiter werdende Profilteile in die vom ersten Walzenpaar geschaffene Vertiefung nacheinander eindrücken, bis dieser Eindruck nicht mehr wahrnehmbar ist, da dieser Teil in dem letzten Walzenpaar vollkommen glatt gewalzt wurde (s. Abb. 132).

Hier sind also mehrere Walzenpaare in gleichen Abständen im Kreise um den Hohlblock angeordnet, so daß jeweils den im Innern des Hohlblocks befindlichen Walzen die von außen drückenden Walzen in radialer Anordnung gegenüberstehen. Alle diese Walzen haben gegenüber der Achse des Hohlblockes eine gewisse Schrägstellung, damit ein selbsttätiger Vorschub des Walzgutes erzielt werden kann. Bei einer Drehbewegung, wie sie der Walzprozeß erforderlich macht, bewegt sich also jeder Punkt zwischen dem Walzenpaar in der Form eines Schraubenganges,

[1] Die Abb. 131…133 wurden aus Handbuch des Eisenhüttenwesens, Walzwerkswesen, Bd. 3, entnommen.

also spiralförmig zum nächsten Walzenpaar fort, das aber in seinem kalibrierten Profil etwas breiter gehalten ist, als das vorhergehende, so daß also der vom ersten Walzenpaar abgeschnürte Teil des Hohlblockes im Verlauf seiner Drehbewegung immer weiter gestreckt wird, bis er sowohl außen, als auch innen die erforderliche glatte Oberfläche des Fertigrohres erhält.

Dieser Verformungsvorgang soll in Abb. 133 darstellerisch weitgehend erklärt werden. Es ist hier angenommen, daß nur 4 Walzenpaare — bei größeren Rohrdurchmessern sind es 6···8 — die einander diametral gegenüberliegen, den Hohlblock zu einem Rohr auswalzen sollen. Vom ersten Walzenpaar wird die Hohlblockwand erfaßt und ein Teil derselben in einem bestimmten Abstand abgekniffen. In diese dadurch entstandene Vertiefung greifen jetzt die Profile des zweiten Walzenpaares ein und

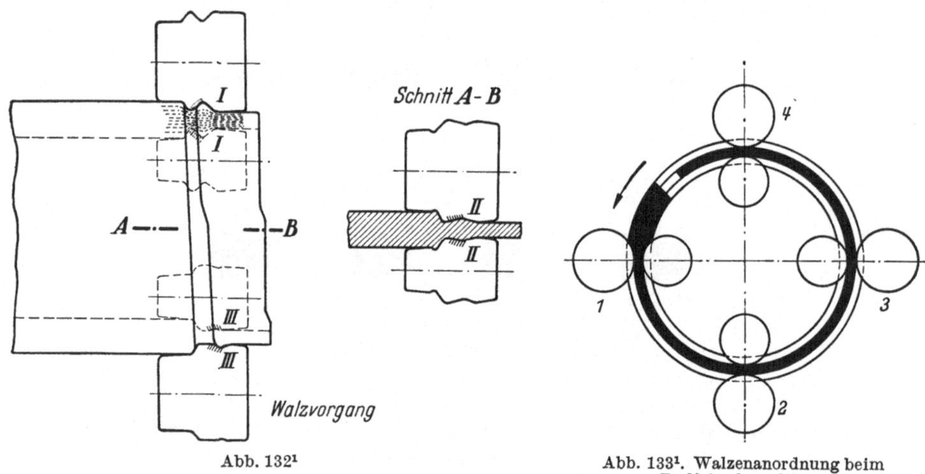

Abb. 132[1]

Abb. 133[1]. Walzenanordnung beim Radialwalzverfahren

Verkleinern hier den Wulst, den das erste Walzenpaar eingedrückt hatte. Vom zweiten Walzenpaar übernimmt jetzt das 3. Walzenpaar die weitere Verformung und verkleinert weiter die wulstartigen Unebenheiten, die im vierten Walzenpaar dann ganz weggedrückt und zum Verschwinden gebracht werden.

In Abb. 132 sind die schraffierten Flächen der Walzen die Hauptdruckflächen, welche die Unebenheiten im Material ausstrecken. Die andern kalibrierten Teile der Walzen dienen in erster Linie der Führung des Walzgutes. Ihre Form (s. Abb. 134a und b) wird in erster Linie dadurch bestimmt, daß sie den ganzen abgeschnürten Werkstoffteil umgeben und so ein Kippen vermeiden, wodurch leicht Walzfehler hervorgerufen werden könnten.

Beim Radialwalzwerk liegen die Walzen quer zur Sreckrichtung des Walzgutes und es bieten sich hier eine Reihe verschiedener Möglichkeiten in der Dimensionierung der Walzenkaliber. Verschiedene Einflüsse sind hier bei der Kalibrierung mitbestimmend die sich bei Nichtbeachtung ungünstig auf den Verlauf des Verformungsvorganges auswirken können.

Die Endabmessungen des Fertigrohres sind nicht allein maßgebend bei der Wahl der Größe der Walzen, der Anzahl der Walzenpaare, sowie der Kaliberformen und der Schräglage der Walzen. Der beim Drehen der Walzen zwischen zwei verschiedenen Walzenpaaren liegende und im

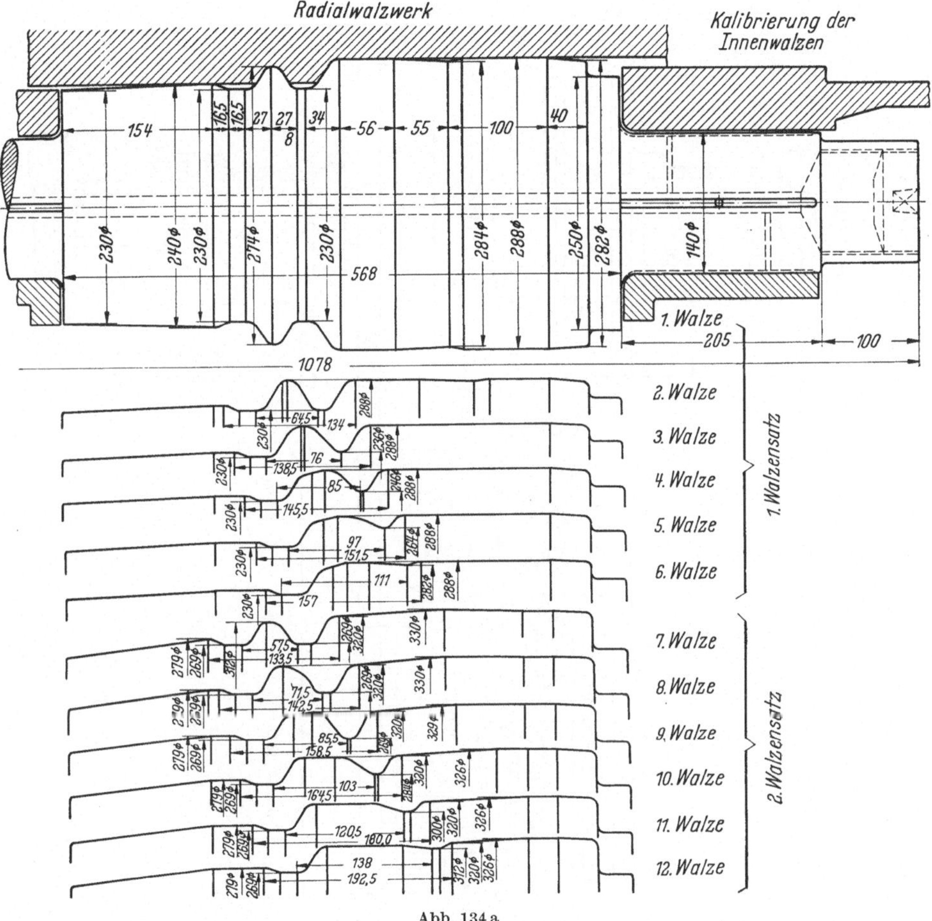

Abb. 134a

Augenblick nicht der Verformung unterworfene Werkstoff übt insofern einen großen Einfluß auf den Verformungsvorgang des Hohlblockes aus, als er versucht, den Streckprozeß gleichsam aufzuhalten und ein Anstauchen der gestreckten Rohrwände zu bewirken trachtet. Es würde also dann das gestreckte Rohr eine größere Wanddicke erhalten, als diese dem freien Raum zwischen den Walzen, also dem Kaliberspalt, entsprechen würde.

Ein weiterer Einfluß rührt von der breitenden Wirkung der Walzen auf das Walzgut her; hierdurch wird die Streckwirkung gleichfalls ungünstig beeinflußt, weil aus diesem Grunde der Durchmesser des Hohlblockes zum Aufweiten tendiert.

Um diese schädlichen Einflüsse möglichst so zu verkleinern, daß sie praktisch bedeutungslos werden, muß daher die Kalibrierung dieser Wal-

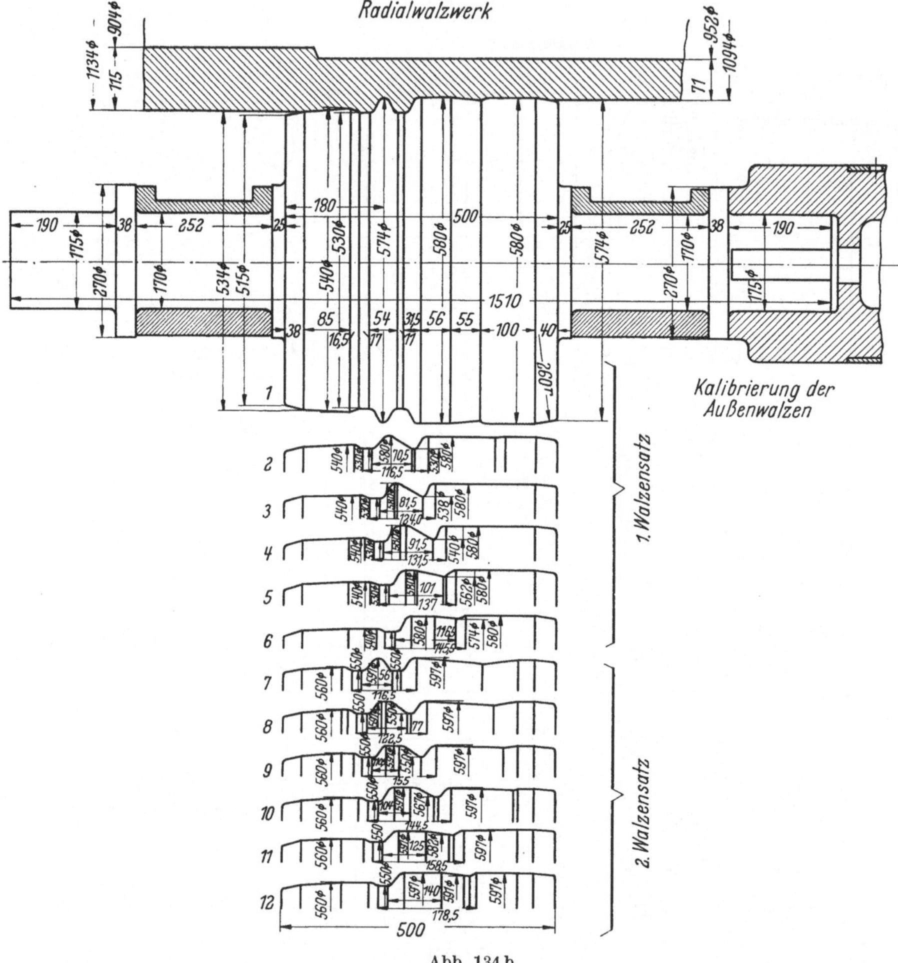

Abb. 134 b

zen streng nach den Gesetzen der Volumenkontinuität durchgeführt werden. Es muß die Erreichung möglichst langer und schmaler Druckflächen der einzelnen Walzen in der Umfangsrichtung angestrebt werden. Und das geschieht am vorteilhaftesten durch die Verwendung möglichst vieler Walzenpaare, möglichst hoher Drehzahlen beim Walzen und möglichst großer Walzendurchmesser mit möglichst kleiner Schräganstellung der Walzen.

Diese verformungstechnisch günstigen Maßnahmen werden erschwert und teilweise unmöglich gemacht durch andere Forderungen rein wirtschaftlicher Art. Da eine derartige Anlage groß und teuer ist, muß sie so gebaut werden, daß möglichst weitgehende Änderungen in der Rohrgröße schnell und leicht vorgenommen und Rohre von erheblich abweichendem Durchmesser und verschiedenster Wanddicke auf ihr hergestellt werden können. Die Wahl der einzelnen Größen war daher nicht einfach. Sie wurde dadurch erleichtert, daß die Schräglage der Walzen in weiten Grenzen veränderlich vorgesehen und so für die Kaliberformen und den Vorschub volle Freiheit bewahrt wurde; die Durchführung einiger Versuche genügte, um den richtigen Weg zu zeigen und ein erfolgreiches Arbeiten zu ermöglichen.

Abb. 135

Roeckner-Walzwerke wurden seinerzeit zwei von der Demag erbaut. Im erstgebauten Walzwerk konnten Rohre bis zu 7 t Gewicht und 700···1250 mm Außendurchmesser gewalzt werden, wobei 4 m lange Blöcke in das Walzwerk eingelegt werden konnten (s. Abb. 135).

Eine aufgrund der Erfahrungen gebaute Neuanlage ist in der Lage, Rohre bis zu 60 t Stückgewicht, 1800 mm ∅ und 18 m Länge herzustellen. Das maximale Gewicht der Blöcke war bei dieser Konstruktion mit 100 t bemessen; diese Blöcke wurden auf einem eigens zu diesem Zweck konstruiertem Transportwagen, der auf Schienen lief, befördert.

Durch besondere Ausbildung der Kalibrierung können bei dieser Konstruktion die Blöcke in beiden Richtungen gewalzt werden, wodurch erhebliche Ersparnisse an Zeit und Wärme erzielt werden.

Ein wesentlicher Fortschritt an der zuletzt durchgeführten Konstruktion des Roecknerwalzwerks ist eine Kupplung, die es ermöglicht, entweder je zwei gegenüberliegende Walzen getrennt von den anderen anzustellen oder aber nach Einrücken einer Handradspindel sämtliche Walzenpaare gleichzeitig anzustellen. Je nach der Fertigwandstärke der Rohre sind mehrere Hitzen erforderlich. In jeder Hitze können 4···8

Stiche durchgeführt werden, ehe das Rohr in seiner Temperatur zum Weiterwalzen zu kalt geworden ist.

Die Anlage hat bewiesen, daß es möglich ist, auch Rohre mit großen Durchmessern nahtlos zu walzen, wie sie in steigendem Maße im Kesselbau und der chemischen Industrie als Kesseltrommeln und Behälter Verwendung finden. Bei richtiger Erwärmung der Blöcke sind die gewalzten Rohre so gerade, daß sie nicht nachgerichtet zu werden brauchen und die vorhandenen Abweichungen im Rahmen der üblichen Toleranzen liegen. Dies trifft auch für die Rundheit und die Wandstärken zu. Rohre aus legiertem Stahl werden meist allseitig leicht überdreht, um volle Sicherheit für eine einwandfreie und fehlerlose Oberfläche zu erhalten. Rohre aus SM-Stahl werden meist nur mittels Sandstrahlgebläse gereinigt, an rauhen Stellen etwas nachgeschliffen und dann weiterverarbeitet.

In den Abb. 134a und 134b sind Kalibrierungen für die Außen- und Innenwalzen eines Radialwalzwerkes nach den erprobten Ausführungen der Demag, Duisburg, angedeudet. Hierbei werden unter *Innenwalzen* die auf den Dornkopf aufgesetzten Walzen verstanden, die auf den Mantel der Rohrluppe einen Walzdruck radial von innen nach außen ausüben und in zwei Walzensätzen arbeiten; die Innenwalzen 1···6 gelten für die erste Walzung (Luppendurchmesser $D_a = 1134$ mm, $D_i = 904$ mm $\varnothing$), die Walzen 7···12 für die zweite Walzung (Rohrluppe $D_a = 1094$ mm, $D_i = 952$ mm $\varnothing$). Die Außenwalzen üben einen Radialdruck in genau entgegengesetzter Richtung auf den Rohrmantel aus, also von außen nach innen. Die Außenwalzen 1···6 dienen zum Auswalzen von Hohlblöcken in den Dimensionen $D_a = 1134$ mm, $D_i = 904$ mm $\varnothing$, also einer Luppenwandstärke von $s = 115$ mm. Die Außenwalzen 7···12 finden für Hohlblöcke von $D_a = 1094$ mm, $D_i = 972$ mm $\varnothing$, also $s =$ 71 mm Wandstärke, Verwendung. Das Fertigrohr hat dann eine Abmessung von $D_a = 1060$ mm, $D_i = 1000$ mmm $\varnothing$.

Die Neigung der Walzen ist in den Bereichen von 1°···7°30′ verstellbar. Die Walzenpaare bewegen sich in einer relativen Umlaufbewegung, die einer Schraubenlinie mit gleicher Ganghöhe entspricht, über die gesamte Rohrlänge. Ihre Steigung ist also eine von vorn herein festgelegte Konstante. Wenn jetzt beispielsweise die theoretische Steigung des Blockes $h = 60$ mm beträgt (bei einem Außendurchmesser von $D_a = 1094$ mm $\varnothing$) so ist Tangens $\alpha = \frac{60}{1094 \cdot \pi} = 0{,}0175$, was einer Walzenneigung, also einem α von etwa 1° entspricht. Da sich aber beim Walzen infolge Abnahme der Wandstärken auch die Durchmesser ändern, so müssen die einzelnen Walzen verschiedene Anstellwinkel aufweisen. Bei Motordrehzahlen von $n = 90 \cdots 130$ U/min betragen bei $d = 400$ mm Walzendurchmesser die Umfangsgeschwindigkeiten der Walzen etwa 0,6 m/sek. Die vorstehende Kalibrierung bezieht sich auf je 6 Paare radial zueinander angeordneter Außen- und Innenwalzen.

H. Das Schrägwalzen

Unter Schrägwalzverfahren versteht man allgemein ein Herstellungsverfahren für Rohre, bei welchem die Walzenachsen unter einem bestimmten Winkel gegeneinander geneigt ausgeführt werden, so daß der Rohblock in der Symmetrieebene dieses Winkels geführt und verwalzt wird, wobei sich die Arbeitswalzen in gleichem Drehsinn bewegen. Das Walzgut (der Rohblock) wird daher beim Schrägwalzen nicht geradlinig, sondern in Form einer Schraubenlinie umlaufend durch das Walzkaliber über einen feststehenden Dorn geführt, wobei dieser Dorn in den meisten Fällen mitrotiert, um die Reibung zwischen Rohblock und Dornspitze zu vermeiden.

Die Drehrichtung der Walzen erfolgt hier nicht, wie bei den anderen Walzverfahren gegenläufig, sondern wie bereits kurz bemerkt, stets in gleichem Sinne (s. Abb. 138).

Für die Verformung des Walzgutes ist hier die Gestaltung des Walzspaltes und die Art der Bewegung des Walzgutes durch den Walzspalt allein maßgebend [*20*].

Der beim Schrägwalzen von massiven Körpern charakteristischste Effekt ist die Lochbildung des Vollzylinders in seinem Kern, wenn durch die beiden zueinander schräg angeordneten Walzen ein Druck von außen auf den massiven Rundkörper an einzelnen Stellen der Oberfläche unter gleichzeitiger Drehung desselben ausgeübt wird. Liegen die Angriffsstellen des Druckes sich im Durchmesser diametral gegenüber, so daß nur zwei symmetrische Druckstellen am Umfang vorhanden sind, so tritt beim Drehen des Rundkörpers sehr bald eine Auflockerung des Kernes und darauf folgend eine Lochbildung ein. Man kann aber die Druckstellen am Rohrumfang sowohl in ihrer Anzahl, als auch in ihrem Abstand voneinander so wählen und den Anstellwinkel der beiden Arbeitswalzen so weit vergrößern bzw. verkleinern, daß nicht der Kern aufgelockert wird, sondern eine zylindrische Schicht, die zwischen Achse und Außenzone des Vollblockes liegt, so daß der Zylinder in einer Schicht zwischen Außenrand und Kern aufreißt. Der innerhalb dieser Schicht liegende Teil des Rundblockes ist, da er massiv ausfällt, für eine weitere Streckung und ein weiteres Auswalzen zu einem Hohlblock nicht mehr zu gebrauchen. Darüber soll in folgendem noch die Rede sein.

Der Schrägwalzvorgang zerfällt bei sämtlichen Bauarten von Schrägwalzen mindestens in zwei Hauptteile, den Lochungskonus und den Querwalzteil. Der erste besteht aus einem von den Arbeitsflächen der Walzen gebildeten, sich allmählich verjüngenden Walzspalt, den das Walzgut (Rohrluppe) schraubenlinienartig durchläuft, wobei die schraubenlinienartige Bewegung des Walzgutes durch die Schräglage der Walzen und ihre gleichsinnige Umdrehung hervorgerufen wird. Infolge dieser Bewegung durch den ständig enger werdenden Kaliberspalt nimmt der Rundblockquerschnitt jetzt eine ungefähr elliptische Form an und damit wird jedes Querschnittsteilchen bei einer Umdrehung des Blockes zweimal zwischen den Arbeitsflächen der Walzen einer Stauchung unterworfen. Diese Querstauchung ist auch die eigentliche Ursache für die Lochbildung.

Man hat verschiedentlich die Lochbildung mit der Eigenart des Schrägwalzens, bzw. seiner Merkmale zu erklären versucht. Durch praktische Versuche hat s.Zt. A. Nöll [*31*] bewiesen, daß durch Querwalzen eines

Zylinders zwischen zwei im gleichen Sinne rotierenden Walzen, die während der Umdrehung allmählich angestellt werden, eine deutliche Lochbildung zu erzielen ist.

Eine wissenschaftliche Erklärung für die Lochbildung bei der Querstauchung eines Zylinders zwischen zwei einander gegenüberliegenden Arbeitsflächen hat E. SIEBEL gegeben. Er zeigte, daß bei einem solchen Vorgang infolge der gleichmäßigen Spannungsverteilung im Zylindermantel Druckspannungen und in der Zylinderachse Zugspannungen herrschen müssen, wenn ein Kräftegleichgewicht bestehen soll. Da der Vollzylinder beim Querwalzen umläuft, ist der einzige Teil des Zylinders, der ständig einer starken Zugbeanspruchung unterworfen ist, die Zylinderachse, während die Teile des Zylindermantels nur dann beansprucht werden, wenn sie unter den Arbeitsflächen durchlaufen. SIEBEL hat diese Beanspruchungsverhältnisse durch Querschmieden von Aluminiumzylindern, Rekristallisationsversuche und Ätzungen der Querschnitte nach FRY belegt. Damit hatte SIEBEL die dauernde Zugbeanspruchung des zylindrischen Kernes in Verbindung mit dem Längsfluß des Zylindermantels, der sich durch seine fortlaufende plastische Verformung ergibt und nach wenigen Umdrehungen des Blockes eine Zermürbung des Kernes und eine anschließende Lochbildung in demselben hervorruft, nachgewiesen.

F. KOCKS hat dann an sogenannten *Steckern*, das sind während des Schrägwalzens abgebremste Blöcke, die er in Längs- und Querschnitten fotographierte, die Entstehung und das Wachsen der Lochbildung auch mikroskopisch gezeigt.

Eine praktische Verwertung dieser Lochbildung durch Querwalzen ist heute in drei verschiedenen Querwalztypen zu finden, nämlich im Mannesmannschen Schrägwalzverfahren, in dem Stiefelschen Kegelwalzwerk und dem Stiefelschen Scheibenwalzwerk.

Beim Mannesmannschen Schrägwalzverfahren ist die Schräglage der Walzenachsen gegenüber der Walzgutachse gering ($\alpha = 3 \cdots 12°$). Aus diesem geringen Achsenwinkel ergibt sich eine tonnenförmige Grundform der Walzen, die dementsprechend auch zweiseitig gelagert sind. Es folgt hieraus weiter, daß der Lochungskonus von den beiden Walzen so gebildet wird, daß die Walzendurchmesser vom Einlauf des Blockes anwachsen, während der Blockdurchmesser abnimmt, mit anderen Worten also, der Blockdurchmesser ändert sich umgekehrt proportional dem Walzendurchmesser.

Der Stiefelsche Kegellochapparat (s. Abb. 136a, 136b) unterscheidet sich im Lochungskonus vom Mannesmannschen Schrägwalzwerk grundsätzlich nicht. Durch die Schräglage der Walzenachse gegenüber der Blockachse von etwa 30° ist bedingt, daß sich das Durchmesserverhältnis von Walze zu Block in sehr viel stärkerem Maße gegenläufig ändert als bei dem Mannesmannschen Schrägwalzwerk. Die natürliche Folge dieser Tatsache ist die, daß die Verzerrungsbeanspruchung der Blockoberfläche im Kegellochapparat erheblich größer ist. Durch die verhältnismäßig starke Neigung der Walzenachse zur Walzgutachse erhalten die Walzen kegelförmige Gestalt und eine einseitige (fliegende) Lagerung der Walzen ist notwendig.

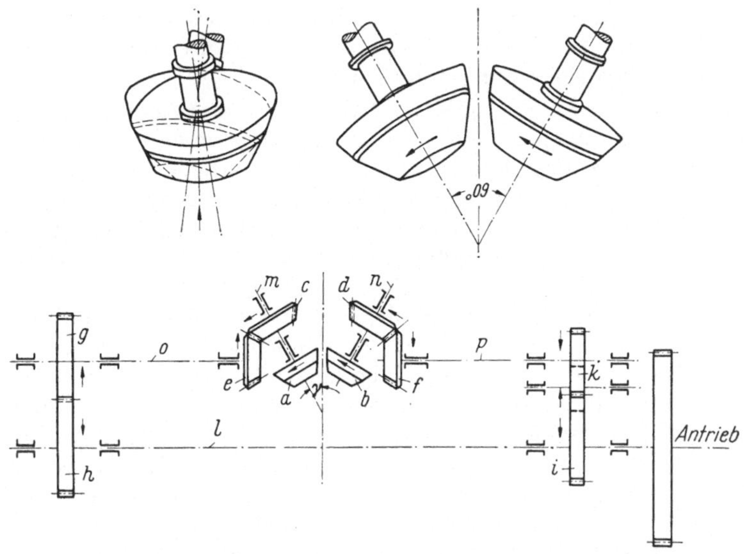

Abb. 136[1] a u. b. Stiefelscher Kegellochapparat

Im Stiefelschen Scheibenapparat (Abb. 137a, 137b) liegen die Verhältnisse noch charakteristischer. Hier erhält das Walzgut seine schraubenförmige Bewegung nicht durch die Schräglage der Walze zum Walzgut, sondern das Walzgut wird unterhalb der Ebene beider Walzen zwischen diesen durchgeführt und berührt dann solche Stellen der Scheibe,

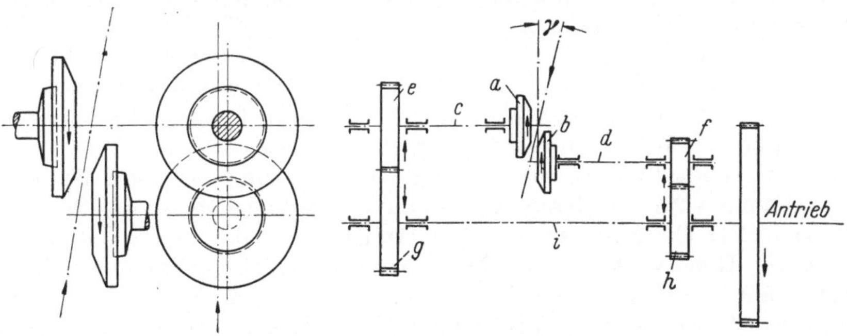

Abb. 137[1] a u. b. Stiefelscher Scheibenlochapparat

die ihm eine Axialgeschwindigkeit erteilen. Die Scheiben stehen sich versetzt zueinander gegenüber, und in der Durchgangsrichtung des Walzgutes gesehen, ändern sich die zusammen am gleichen Querschnitt des Walzgutes angreifenden Durchmesser der beiden Scheiben im gegen-

[1] Entnommen aus: Handbuch des Eisenhüttenwesens, Walzwerkswesen, Bd. 3.

läufigen Sinne. Es arbeitet also beim Eintritt des Walzgutes in den Kaliberspalt der größere Durchmesser der einen Scheibe mit dem kleinsten überhaupt wirksamen Durchmesser der anderen Scheibe am gleichen Blockquerschnitt zusammen, und diese Verhältnisse kehren sich bis zum Auslauf des Walzgutes in das Gegenteil um. Hieraus ersieht man ohne weiteres, daß die Blockoberfläche bei diesen Verfahren einer ganz außerordentlichen Beanspruchung unterworfen ist.

Aus dieser kurzen Gegenüberstellung ist also klar zu ersehen, daß das in der Walzgutbeanspruchung noch am günstigsten arbeitende Mannesmann-Schrägwalzwerk die Blockoberfläche sehr erheblichen Verzerrungsbeanspruchungen unterwirft und daß diese an sich schon sehr ungünstigen Verhältnisse bei den beiden anderen Verfahren noch wesentlich überboten werden. Diese Feststellungen besagen also, daß der Lochprozeß durch Querwalzen rein verformungstechnisch ein außerordentlich unempfindlicher Vorgang in der Art der verwendeten Walzen und ihrer Anordnung ist. Die Formgebung des allmählich sich verengenden Walzspaltes selbst, der durch zwei einander gegenüberliegende Arbeitsflächen gebildet wird und das Walzgut schraubenförmig durchläuft, ist einer der maßgebendsten Punkte für den Lochvorgang. Andererseits ergibt sich aus dieser Betrachtung, daß jedes bisher übliche Schrägwalzwerk an die Güte des zu verwalzenden Werkstoffes außerordentlich hohe Anforderungen stellt, weil jede Fehlstelle in der Nähe der Blockoberfläche infolge der außerordentlichen Verzerrungsbeanspruchung zwangsläufig zu Oberflächenfehlern führen muß.

Die Verformung des Lochungskonus im Walzspalt wird durch 4 Größen bestimmt: die Länge und die Konizität des Walzspaltes, die Breite der Arbeitsflächen der Walzen und die Stichzahl, die das Walzgut erfährt. Hierbei ist mit der Länge und Konizität das Maß der Einschnürung, die der Block erhalten soll, gegeben. Die Breite der Arbeitsfläche hängt einmal ab vom Walzendurchmesser und zweitens von der Walzenanstellung. Die Stichzahl, d. h. die Zahl der Durchgänge eines Blockteilchens durch den Kaliberspalt wird begrenzt durch die Bewegungsrichtung, die die Arbeitsfläche im Walzspalt hat. Oder, anders gesagt, durch die Schrägstellung der Walzenachse gegenüber der Walzgutachse und der Lage des Walzenkörpers in dem durch die Achsen gebildeten System.

Der Grundsatz, nachdem man bei der Bemessung dieser 4 Größen zu verfahren hat, leitet sich am klarsten aus der Aufgabe ab, die den Schrägwalzvorgang charakterisiert. Diese Aufgabe besteht darin, aus einem massiven Rundblock einen Hohlkörper von möglichst großer Länge mit außen und innen unverletzter Oberfläche zu erzeugen. Man will also dem massiven Block bei der Umformung in einen Hohlkörper eine möglichst große axiale Streckung geben. Dies erfordert, daß man die Widerstände, die diesem Axialfluß entgegenstehen, möglichst klein macht. Nach den allgemein gültigen Verformungsgrundsätzen ist also der Kaliberspalt in der Richtung, in der der Werkstofffluß erfolgen soll, möglichst kurz zu machen.

Das Erfordernis eines möglichst kurzen Walzspaltes aber macht notwendig, daß die Arbeitsfläche, mit der der Block von den Walzen erfaßt und durch den Walzspalt sozusagen hindurchgeschraubt wird, in der Umdrehungsrichtung des Blockes möglichst breit gemacht wird, um so eine möglichst hohe axiale Durchzugskraft der Walzen zu erzielen. Eine breite Arbeitsfläche ist aber dadurch zu erzielen, daß man den Walzen einen möglichst großen Durchmesser gibt, oder sie so anordnet, daß sich die Walzenform immer mehr der Scheibenform nähert. Die Breite der Arbeitsfläche hat in dieser Hinsicht den weiteren verformungstechnischen Vorzug, daß die Zugbeanspruchung des Kernes sehr maßgebend wird und der Lochvorgang mit wenigen Umdrehungen in diesem Kaliberteil zu erzielen ist, d. h. auch von der Aufgabe des Lochens betrachtet, kann der Walzspalt in axialer Richtung ziemlich kurz ausgeführt werden.

Ein großer Walzendurchmesser oder eine scheibenförmige Ausbildung der Walzen ist beim Schrägwalzen daher im Gegensatz zu allen übrigen Walzverfahren von besonderem Vorteil.

Wenn nach vorher Gesagtem Walzendurchmesser und Walzspaltlänge in axialer Richtung für die Gestaltung des Lochvorganges in sehr engem Zusammenhang stehen, so sind auf der anderen Seite die Konizität des Walzspaltes und die Stichzahl für das Maß der Querstauchung, die der Block bei jeder halben Umdrehung erfährt, gemeinsam entscheidend.

Es ist in der Praxis eine bekannte Tatsache, daß die verschiedenen zu verwalzenden Werkstoffe sich zum Lochen sehr verschieden eignen, d. h. ihr Verformungswiderstand ist außerordentlich verschieden. Leicht zu lochende Stoffe kann man mit wenigen verhältnismäßig starken Querstauchungen lochen. Bei derartigen Stoffen verwendet man daher vorteilhaft große Walzendurchmesser mit kurzem, verhältnismäßig steilem Lochungskonus und großer Schräglage der Walzenachse zur Blockachse. Man erreicht hierbei außerdem den Vorteil, daß der Lochdorn infolge der kurzen Walzzeit sich nicht zu stark erwärmt und damit einem zu hohen Verschleiß unterworfen wird.

Schwer zu lochende Werkstoffe vertragen starke Querstauchungen überhaupt nicht. Bei solchen Stoffen ist demnach eine möglichst schwache Konizität und eine hohe Stichzahl anzuwenden, d. h. also eine geringe Schräglage der Walzenachse gegenüber der Walzgutachse.

Betrachtet man den Lochungskonus ganz für sich, so wäre seine Idealform so, daß der Walzspalt in axialer Richtung möglichst kurz und in Umdrehungsrichtung möglichst breit bei möglichst geringer Konizität und geringer Umlaufzahl auszubilden wäre. Wünschenswert wäre ferner die Vermeidung der Verzerrungsbeanspruchung des Walzgutes, die gegebenenfalls durch eine solche Gestalt der Walzen zu erreichen wäre, bei der der Walzendurchmesser sich mit dem Walzgutdurchmesser gleichsinnig ändert. Diese Idealform des Walzspaltes ist abhängig von dem Formänderungswiderstand des Walzgutes und dem Durchmesser des Blockes. In der Praxis läßt sich eine solche Idealform infolge der Vielseitigkeit der zu verwalzenden Werkstoffqualitäten und Abmessungen fast nie verwirklichen.

An den Lochungskonus schließt sich der Querwalzteil an. Er beginnt an der Stelle des Verformungsvorganges, wo der Dorn als Innenwalze gegenüber den Arbeitswalzen seine Arbeit aufnimmt. Äußerlich erkennbar ist diese Stelle daran, daß der Hohlkörper sich außerhalb der Arbeitsflächen der Walzen vom Dorn abhebt oder anders gesagt, wo der Lochquerschnitt des Hohlkörpers größer wird als der Dornquerschnitt an der zugehörigen Stelle. Hierüber angestellte Arbeiten von F. KOCKS und K. SIMONEIT liefern hierzu ausreichende Beobachtungsunterlagen. Die Tatsache, daß der Hohlkörper sich außerhalb der Walzenarbeitsflächen vom Dorn abhebt, ist kennzeichnend dafür, daß zwischen der jeweiligen Arbeitsfläche und dem Dorn Walzarbeit quer zur Axialrichtung des Gutes geleistet wird und daß damit hier zwei Arbeitsflächen in dem gleichen Sinne zusammenwirken, wie es bei Block-, bzw. Profilwalzen der Fall ist.

Wichtig ist hierbei die Feststellung, daß im Querwalzteil sowohl außen als auch innen nur an den Druckstellen zwischen Walzen und Dorn verformt wird und daß an den Stellen, wo sich der Hohlkörper vom Dorn abhebt, auch außen keinerlei Verformungswerkzeuge angreifen.

Im Gegensatz hierzu treibt im Lochungskonus die der Breite und Länge der Arbeitsflächen entsprechende axiale Durchzugskraft der Walzen den Block durch ein sich verengendes Kaliber, das einerseits von den Walzen und andererseits von dem Dorn gebildet wird, hindurch. Im Lochungskonus werden etwa 5% des Blockumfanges von den Walzen erfaßt und im Blockinneren, wo das Walzgut überall kreisförmig unter starker Drehung gegen den Dorn getrieben wird, ist der Dorn auf seinem ganzen Umfang in axial streckender Richtung sehr stark wirksam. Hieraus erklärt sich die Tatsache, daß bei Mannesmannschen Schräg-Walzwerken die axiale Streckung in sehr überwiegendem Teil im Lochungskonus erfolgt und dem Querwalzteil ganz andere Aufgaben zukommen, nämlich das Glätten der Innenwand, die Verschweißung des zapfenförmig aufgerissenen Hohls und der Bildung einer gleichmäßigen Wandstärke. Das Glätten und Verschweißen der Wand erfolgt hier unter einem gewissen Aufweiten des Hohlkörpers, während die hier im Querwalzteil erfolgende Längsstreckung nur noch unwesentlich ist (Abb. 138).

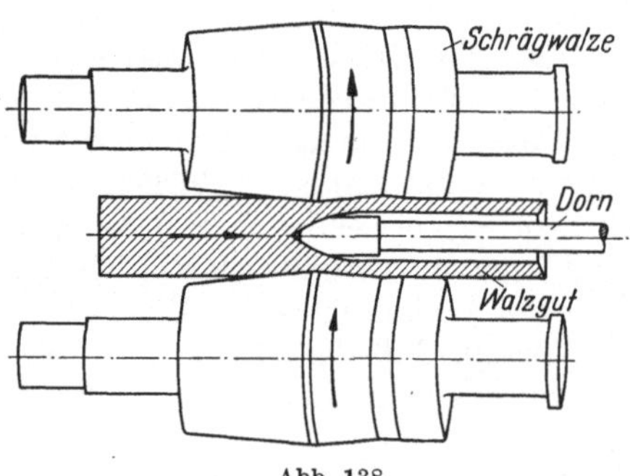

Abb. 138

Wesentlich anders sieht dieses Bild bei den Stiefelschen Lochwalzwerken aus. Hier erfährt der Hohlkörper vom Beginn des Querwalzteiles ab noch eine ganz wesentliche Querschnittsverminderung, d. h. also eine ganz erhebliche Längsstreckung. Diese wurde von STIEFEL in der Weise erreicht, daß er den freien Raum zwischen den Arbeitsflächen der Walzen durch eine obere und untere Führung abschloß und damit ein Aufweitung verhinderte, indem das Walzgut hiermit zum Fließen in axialer Richtung gezwungen wurde. Diese Arbeitsweise des starken Längsstreckens mit

Hilfe von Führungen erfordert natürlich eine hohe axiale Durchzugskraft der Walzen und ist daher nur zu erreichen, mit im Verhältnis zum Walzgutdurchmesser sehr großen oder scheibenförmigen Arbeitswalzen. Das Walzgut gleitet hier unter hohem Druck über die Führungen, was mit einem hohen Verschleiß derselben verbunden ist und nur eine Verwendung von sehr hochwertigem Werkstoff für diese Führungen zuläßt.

Durch diese Anwendung der Führungen erzielte STIEFEL so dünnwandige Hohlkörper, wie sie bisher nicht erzeugt werden konnten, und es wurde auf diese Weise möglich, Hohlzylinder mit zwei, höchstens drei Stichen im Stopfenwalzwerk zu fertigen Rohren auszuwalzen.

Dieses von STIEFEL angewendete Mittel, den Zwischenraum zwischen den Arbeitsflächen der beiden Walzen durch Führungen zu schließen, bedingt auch die Erkenntnis, daß das Kaliber im Querwalzteil eines Schrägwalzwerkes geschlossen ausgeführt werden muß, wenn man hiermit eine Längsstreckung erzielen will. Für den Verformungsablauf im Querwalzteil von Schrägwalzwerken ist diese Erkenntnis für die Herstellung dünnwandiger fertiger Hohlkörper von großer Wichtigkeit. Wenn man sich auch vor Augen hält, daß das Walzgut nur an etwa 5% seines Umfanges von den Arbeitsflächen der Walzen erfaßt wird, und an etwa 90% des Umfanges unter starkem Druck über Führungen getrieben wird, die den natürlichen Fluß des Walzgutes in die Umfangsrichtung verhindern sollen, so ist der erste Schritt in dieser Richtung nur als eine zu weiteren konstruktiven Ausführungen anregende Erkenntnis zu betrachten.

Der Querwalzteil eines Schrägwalzwerkes ist naturgemäß dem gleichen Gesetz unterworfen, welches in vorstehendem schon für den Lochungsteil beschrieben wurde und welches besagt, daß die Arbeitsfläche in der Richtung, in der eine Streckung erfolgen soll, zur Vermeidung überflüssiger Reibungswiderstände möglichst kurz sein muß. Soll demnach der Querwalzteil eines Schrägwalzwerkes zum Längsstrecken benutzt werden, so muß der Kaliberspalt in der Längsrichtung möglichst kurz sein. Andererseits ist die Länge des Hohlkörpers, der mit einem Durchgang zwischen den Walzen und dem Dorn, also in einem Stich fertig gestellt werden kann, in gewissem Sinne abhängig von der Länge des Kaliberspaltes in axialer Richtung, denn der gewalzte Hohlkörper darf ja keine schraubenförmigen Riefen zeigen, sondern soll außen und innen möglichst glatte Oberflächen haben. Hieraus folgt, daß bei einer Umdrehung des Walzgutes ein um so längeres Stück fertig gewalzt werden kann, je mehr Walzen am Umfang angeordnet sind.

Soll die Längsstreckung des Hohlkörpers im Querwalzteil möglichst weit getrieben werden, so ist als weiterer Gesichtspunkt zu beachten, daß die Werkstoffmenge bei einem Stich, also einem einzigen Durchgang zwischen Walze und Dorn, nicht zu groß gewählt werden darf, welcher Gesichtspunkt um so bedeutungsvoller wird, je dünner die Wandstärke des Hohlkörpers sein soll. Praktisch bedeutet das, daß das Walzgut bei in axialer Richtung möglichst kurzem Walzspalt eine möglichst hohe Stichzahl durchlaufen muß. Diese hohe Stichzahl ist aber einerseits durch eine möglichst große Walzenzahl oder andererseits durch eine möglichst geringe Steigung der schraubenlinienförmigen Bewegung des Walzgutes zu erreichen. Der Verlust an Vorschubgeschwindigkeit des Walzgutes, der durch die geringe Steigung bedingt ist, kann nur durch eine höhere absolute Walzgeschwindigkeit erreicht werden, um eine unzulässige Abkühlung des Walzgutes im Verlaufe des Walzvorganges zu vermeiden. Die in vorstehendem dargelegten Gesichtspunkte für die Gestaltung des Querwalzteiles eines Schrägwalzwerkes kurz zusammengefaßt, ergeben also folgende Forderungen für die Längsstreckung des Walzgutes:

1. eine möglichst geschlossene Ausbildung des Kalibers
   a) durch Reibführungen, b) durch eine Vielzahl von Walzen;
2. eine möglichst kurz gehaltene Ausführung des Walzspaltes in axialer Richtung und
3. eine möglichst hohe Stichzahl (Umdrehungszahl) für die Walzung dünner Wandstärken.

Bei Schrägwalzwerken, bei denen weniger Wert auf die Längsstrekkung im Querwalzteil gelegt wird, die also mit einem längeren Walzspalt in axialer Richtung ausgestattet werden können, ist wesentlich darauf zu achten, daß das Walzgut durch die Walzen nicht auf Verdrehung beansprucht wird. Diese Forderung ist um so wichtiger, je dünner die Wandstärke werden soll. Am genauesten muß dieser Grundsatz bei Aufweitewalzwerken eingehalten werden, in welchen dünnwandige fertige Rohre erzeugt werden.

Vergleicht man nunmehr die Grundsätze, nach denen man den Lochungsteil und den Querwalzteil bei Schrägwalzwerken zu gestalten hat, so findet man, daß sich diese Forderungen in verschiedener Hinsicht widersprechen. Der Lochungskonus kann prinzipiell bei Forderung eines optimalen Wirkungsgrades, wie nachher mathematisch nachgewiesen werden soll, nur mit zwei Arbeitswalzen ausgestattet werden. Wünschenswert sind für ihn möglichst große Walzendurchmesser und eine möglichst geringe Stichzahl für das Walzgut. Auf der anderen Seite erfordert der Querwalzteil möglichst viele Walzen und eine hohe Stichzahl. Für beide Teile gilt, daß ihr Walzspalt in axialer Richtung möglichst kurz sein soll. Da aber gewöhnlich der Lochungskonus das Walzgut mit hohem Druck erfaßt und vorwärts treibt und auf diese Weise die Menge des zu verarbeitenden Walzgutvolumens bestimmt, ergeben sich für den Querwalzteil die Schwierigkeiten, an denen s. Zt. die Gebr. Mannesmann bei ihren Versuchen, dünnwandige Rohre aus massiven Blöcken zu erzielen, gescheitert sind. Die aufgeführten Gesichtspunkte für die Gestaltung des Querwalzteiles lassen sich natürlich nicht alle zu gleicher Zeit verwirklichen, und in ihrer gegenseitigen Abstimmung aufeinander liegen eine ganze Reihe von Möglichkeiten zu Erfolg versprechenden Bauarten von Schrägwalzwerken begründet, die eine Erzeugung dünnwandiger Rohre zur Zielsetzung haben. Wenn die vorstehenden Erläuterungen als Grundlage für die Betrachtungen aufgefaßt werden, die für das Hohlwalzen von massiven Stahlzylindern maßgebend sind, so kann mit diesen Voraussetzungen an die Erzeugung nahtloser Rohre herangegangen werden.

Es sollen zunächst einige mögliche Herstellungsbereiche für Rohre auf Grund von praktisch verwendeten Walzen und Blockabmessungen angegeben werden.

Mit den in Abb. 139 ausgeführten Schrägwalzen können aus Blöcken von 100 ··· 185 mm Außendurchmesser nahtlose Rohre von 46 ··· 89 mm Außendurchmesser gewalzt werden. Die zu unterst in der Abbildung gezeichnete Rolle dient nur als Führung und sitzt beim Walzprozeß über der Schrägwalzebene. Das gleiche gilt auch für die in folgendem gezeigten, unterhalb der Arbeitswalzen abgebildeten Führungswalzen.

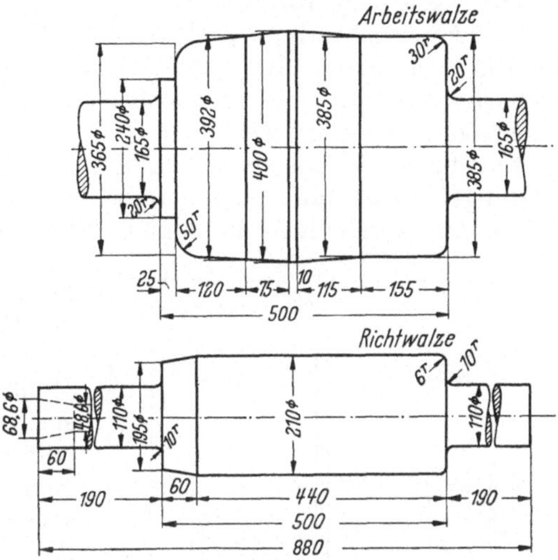

Abb. 139

Aus einem Blockabmessungsbereich von 155 ··· 190 mm ∅ werden praktisch Rohre von 89 ··· 114,5 mm ∅ erzielt, mit den in Abb. 140 gezeigten Arbeitswalzen;

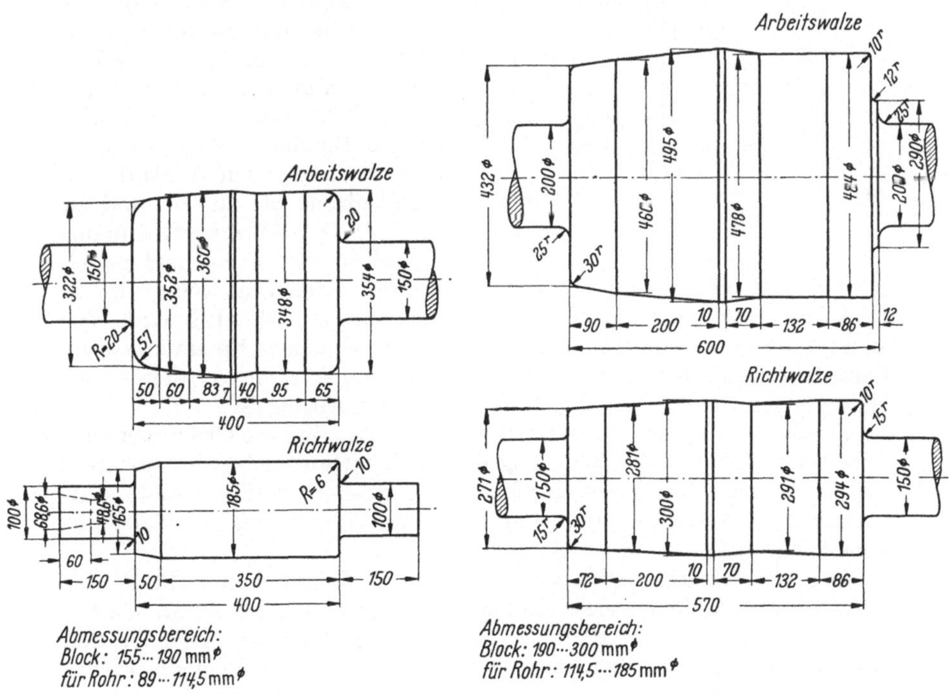

Abb. 140

Abb. 141

und schließlich werden aus den in Abb. 141 gezeigten Arbeitswalzen aus Rohblöcken von 190···300 mm ∅ Rohre von 114,5 bis 185 mm ∅ erzeugt.

Das eigentliche Kalibrieren von Schrägwalzen beruht heute immer noch sehr weitgehend auf praktischen Erfahrungen. Am einfachsten für die Dimensionierung der Einzelteile der Walzen ist es, diese Teile als Vielfache des Durchmessers anzugeben, wie dies nachstehend auch an einem Beispiel gezeigt wird.

Eine für die Verformungsvorgänge des Walzgutes zweckmäßige Kalibrierungsform ist ganz besonders bei dem schwer zu erfassenden Lochwalzen eine unerläßliche Bedingung für die erfolgreiche und wirtschaftliche Arbeitsweise des Walzwerkes und eine gute Beschaffenheit des Walzerzeugnisses.

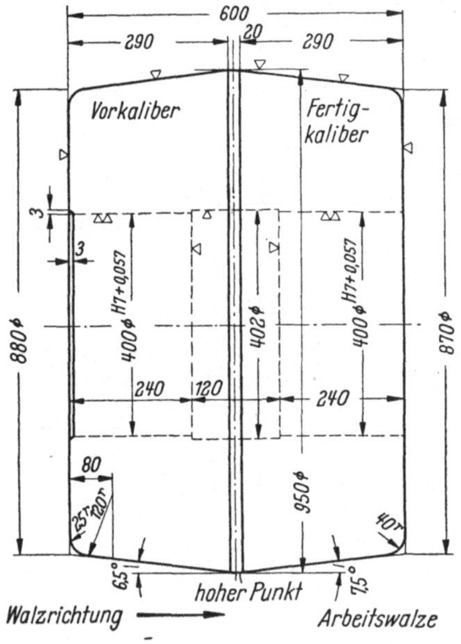

Abb. 142

Entsprechend dem Wesen des Hohlwalzens ergeben sich als ursprüngliche Ballenform der Arbeitswalzen 2 Kegelstümpfe mit gemeinsamer Grundfläche, dem sogenannten *hohen Punkt* Abb. 142.

Der zunehmende Kegel bildet das Vorkaliber, in welchem der Block gedrückt und gelocht wird. Der abnehmende Kegel stellt das Fertigkaliber dar. in welchem das Walzgut mit Hilfe des Dornes aufgeweitet und quer gewalzt wird. Diese Zweiteilung der Kalibrierung ist für einen betriebssicheren und störungsfreien Verlauf des Hohlwalzens oft zu roh und zu dürftig. Das Walzgut wird in der Einschnürung nur unzulänglich geführt und bekommt am Austrittsende der Walzen zu wenig Druck. Deshalb besteht die Gefahr, daß es nicht genügend maßhaltig wird. Vor allem kann es vorkommen, daß durch unausgeglichene Spannungen die Geradheit des Fertigfabrikats zu wünschen übrig läßt, die eine der Grundbedingungen für eine störungsfreie Weiterbearbeitung ist.

Zur Behebung dieser Anstände wird zweckmäßig die Grundform der Arbeitswalze durch Zergliederung der beiden Hauptgebiete in mehrere Unterabschnitte, besonders durch Ausbau des Fertigkalibers weiter entwickelt und vervollkommnet und damit die Verformung des Walzgutes feiner abgestuft.

Das Lochwalzen darf man besonders aus 2 Ursachen wohl als das schwierigste aller Walzverfahren bezeichnen. Das *Kaliber* ist am meisten offen. Die Beanspruchung des Werkstoffes ist infolge des Friemelns und des Aufweitens am höchsten. Zur Beherrschung des Arbeitsablaufs im Schrägwalzwerk sind darum beim Entwerfen der Kalibrierung 2 Grundsätze zu beachten. Man muß die Abmessungen der einzelnen Bearbeitungsstrecken, besonders im Fertigkaliber derart aufeinander abstimmen, so daß das Werkstück auf der ganzen Länge genügend geführt wird. Es darf keinesfalls vorkommen, daß es an irgend einer Stelle zwischen den Walzen leer geht. Dieses Leergehen hat unter Umständen die äußerst lästige Betriebserschwerung zur Folge, daß man gezwungen ist, zur Vermeidung von Steckern die Walzenanstellung während des Blockdurchganges zu ändern. Man muß weiter dafür sorgen, daß der Richtungswechsel in der Verformung nicht zu grob ist, sondern möglichst sanfte Übergänge schaffen. Ein allmählicher, nirgends zu gewaltsamer Übergang vom Block zum Enderzeugnis wird dadurch unter weitgehender Schonung des Werkstoffes sichergestellt.

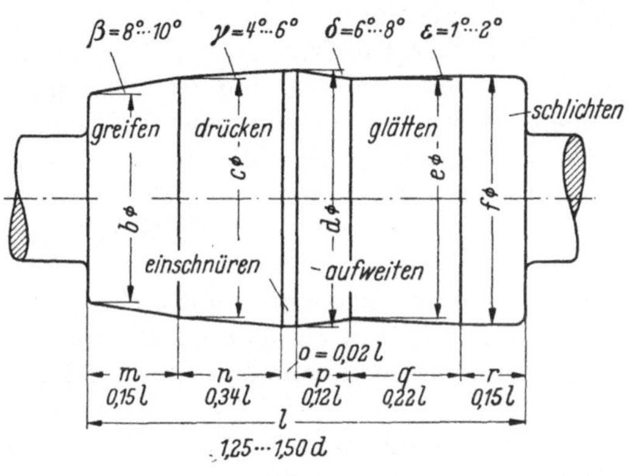

Abb. 143

Das Ausgangsmaß für die Gestaltung der Arbeitswalze bildet der größte Ballendurchmesser d im Einschnürungsgebiet (Abb. 143). Seine Größe ist mit Rücksicht auf das Greifvermögen von der Dicke d_b des größten zu verwalzenden Blockes abhängig. Im Schrifttum dürften Angaben über eindeutige Werte für die Größe des Ballendurchmessers kaum zu finden sein. Ein betriebssicheres Erfassen der Blöcke und leichtes Hineinziehen in die Walzen erreicht man erfahrungsgemäß, wenn man $d = (1{,}75 \text{ bis } 2{,}0) \cdot d_b$ macht.

Die zweite Hauptabmessung der Arbeitswalze ist die Ballenlänge l, die sich nach dem Ballendurchmesser richten soll. Man macht zweckmäßigerweise $l = 1{,}25 \text{ bis } 1{,}50) \cdot d$. Dabei ist der zweite Wert dem ersteren vorzuziehen. Eine größere Gesamtlänge ermöglicht es auch, die Einzelabschnitte breiter zu machen. Die Verformungsstufen haben dadurch einen größeren Raum zur Verfügung. Die Übergänge werden weniger schroff, was der vorgenannten zweiten Kalibrierungsregel entspricht. Man erzielt damit ein ruhiges Arbeiten des Walzwerkes und eine schonende Behandlung des Werkstoffes.

Nach dieser Darlegung der Grundmaße der Arbeitswalzen sollen die einzelnen Bearbeitungsflächen und ihre zahlenmäßige Bestimmung erörtert werden. Dabei wird betont, daß die folgenden Angaben nicht unbedingt als feststehend anzusehen sind. Sie sollen nur als Anhaltszahlen und Richtwerte dienen und müssen u. U. bei anders gelagerten Verhältnissen diesen angepaßt werden. So wird man z. B. die Kegel etwas steiler machen müssen, wenn man gewohnt ist, dickere Blöcke zu verwalzen. Die angegebenen Maße sind in Schrägwalzwerken mit einem Schrägstellungswinkel von 5° ausprobiert worden, der sehr häufig vorkommt. Bei anderen Schräglagen müssen sie gegebenenfalls etwas verändert werden. Die Breiten der einzelnen Bearbeitungsstufen werden in den folgenden Ausführungen als Teil der Ballenlänge ausgedrückt. Die Durchmesser an den Begrenzungen ergeben sich durch Festlegung der Neigungswinkel gegen die Walzenachse. Hier soll nachdrücklich darauf hingewiesen werden, daß beide Koordinaten, Breite wie Durchmesser, in ihrer Bedeutung für die Formgebung durchaus gleichwertig sind.

Die Ausbildung des Vorkalibers mit nur einem Kegel hat den Nachteil, daß die Walzen Blöcke, die dicker als gewöhnlich sind, nur schlecht fassen wollen. Das Mittel zur Verbesserung des Greifvermögens ist in einer Verminderung des Druckes gegeben. Es ist deshalb ratsam, das Vorkaliber derart aufzuteilen, daß man am Eingang, im ersten Drittel der Länge des zunehmenden Kegels eine Greiffläche mit einem etwa doppelt so großem Steigungswinkel wie beim hinteren Teil vorsieht (Abb. 143). Durch diese Maßnahme erleichtert man beträchtlich das Hineinziehen von außergewöhnlich dicken Blöcken in die Walzen. Man könnte einwenden, daß man die Greiffläche weglassen könnte und einfach den Steigungswinkel des Vorkalibers, wie nach Abb. 142 größer zu nehmen braucht. Das empfiehlt sich nicht. Blöcke, die dünner sind als üblich, würden dann zu spät erfaßt werden. Dadurch würde die Bearbeitungsfläche zum Lochen zu kurz ausfallen. Brauchbare Maße für die Greiffläche sind die Breite $b = 0{,}15\,l$, Steigungswinkel $\beta = 8 \cdots 10°$, wobei der erste Wert für die 1,5 d-Walze und der zweite für die 1,25 d-Walze gelten soll.

Der wichtigste Bearbeitungsabschnitt der Schrägwalze ist die Druckfläche. Sie hat die Aufgabe, den Block so weit zu zermürben, daß er hohl bricht. Hier liegt sozusagen der Schwerpunkt des Hohlwalzens. Entsprechend dieser Bedeutung soll sie auch am breitesten von allen Verformungsstufen ausgebildet werden. Sie soll sich so weit erstrecken, daß die engste Kaliberstelle sich mit dem Kreuzungspunkt der Walzen in der Mitte des Ballens deckt. Eine Verkürzung der Druckfläche durch Vorverlegung des hohen Punktes nach dem Eingang der Walzen zu wirkt sich in mehrfacher Hinsicht nachteilig aus. Dem Wesen des Hohlwalzens ist es angemessen, wenn der Block vor dem Kreuzungspunkt der Walzen gedrückt und hinter ihm aufgeweitet wird. Denn bei einem schmalen Lochungskonus muß sein Steigungswinkel steiler gemacht werden. Man kann die Schrägwalze als Hintereinanderschaltung einer unendlichen Anzahl von aufeinander folgenden Kalibern auffassen. Der Druck in jedem einzelnen dieser Kaliber wird deshalb auf unzulänglichem Bearbeitungsraum zu groß. Die Formänderung wird also in jedem dieser *Stiche* zu gewaltsam, was der vorerwähnten zweiten Kalibrierungsregel widerspricht. Infolge schlechter Lochvorbereitung entstehen Hemmungen im Vorschub. Der Fortgang des Walzens ist gefährdet und kann sogar ganz zum Stillstand kommen, ohne daß die Drehung aufzuhören braucht. Das kommt besonders bei dicken Blöcken vor, weil die Walzen wegen der zu kurzen Anlauffläche den Widerstand des Lochdornes schlecht überwinden können. Bei einer genügend breiten Druckfläche bildet sich ein großer und tiefer Krater im Anstichende des Blockes, in welchem die Lochdornspitze sofort gute Führung bekommt, was die Möglichkeit der

Bildung einer ungleichmäßigen Wanddicke verringert. Diese Einbuchtung wird umso größer sein, je länger die Drehung unter Druck andauert. Die große Breite der Druckfläche ist auch für die Schonung des Werkstoffes erwünscht. Er braucht für die Zermürbung eine gewisse Zeit, die ohne nachteilige Folgen nicht unterschritten werden darf. Bei zu plötzlicher Beanspruchung entstehen Zerrungen, die zu Rissen und Schalen im Inneren Anlaß geben können. Schließlich wirkt sich die große Breite der Druckfläche auch günstig auf den Kraftbedarf aus. Die in dieser Hinsicht gemachten Beobachtungen bestätigen vollauf diese Behauptung. Es ist einleuchtend, daß bei einer kürzeren Strecke der Druck in jedem der unendlich vielen Kaliber stärker und deshalb auch die Leistung der Walzenzugmaschinen größer sein muß. Diese 4 Gesichtspunkte dürften die Notwendigkeit einer möglichst breiten Druckfläche hinreichend bewiesen haben. Bewährte Maße für die Druckfläche sind $n = 0{,}34 \cdot l$, Steigungswinkel $\gamma = 4 \cdots 6°$ für die $1{,}5 \cdot d$- und $1{,}25 \cdot d$-Walze.

Der Wendepunkt in der Verformung des Blockes durch die Schrägwalzen, der Übergang vom Drücken zum Aufweiten also, liegt im sogenannten *hohen Punkt*. Nach der im vorherigen aufgestellten zweiten allgemeinen Kalibrierungsregel soll jeder schroffe Richtungswechsel in der Bearbeitung vermieden werden. Um diesem Grundsatz zu genügen, erweitert man am besten den Punkt zu einer schmalen zylindrischen Fläche. Dadurch verharrt das Werkstück kurze Zeit in einer bedingten Ruhelage in bezug auf die Formänderung; nur der Vorschub geht weiter. In Anlehnung an die Grundform ordnet man die Einschnürungsfläche derart an, daß sich ihre Mitte mit der Ballenmitte möglichst deckt. Als Maß für die Breite ist anzuraten: $o = 0{,}02 \cdot l$.

Die zweite Hälfte des Ballens weist bei der entwickelten Form der Arbeitswalze die größten Veränderungen gegenüber der ursprünglichen Form auf. Der Grund liegt in der Anwendung der vorerwähnten ersten Kalibrierungsregel, um eine möglichst zuverlässige Führung des Werkstückes zu erzielen.

Für die Ausbildung der Aufweitfläche sollen zwei Gesichtspunkte maßgebend sein. Das Walzgut hängt auf dieser Strecke sozusagen am meisten in der Luft während des ganzen Schrägwalzvorganges, was natürlich leicht zu Störungen im Arbeitsablauf Anlaß geben kann. Es empfiehlt sich deshalb, sie nach Möglichkeit nicht zu breit zu machen. Das hat auch den Vorteil, daß bei größeren Rohrweiten wenigstens ein Teil der zylindrischen Fläche des Dornes noch in den nächsten Bearbeitungsabschnitt hereinragen kann. Der Zweck dieser Maßnahme soll später erläutert werden. Nach dem starken Einschnüren soll der Block einigermaßen frei und unbehindert aufweiten können. Dazu muß ihm genügend Raum zwischen den Walzen zur Verfügung stehen. D. h. man soll den abnehmenden Kegel der Aufweitfläche steiler machen als den zunehmenden Kegel der Druckfläche. Bei zu kleinem Neigungswinkel würde das Werkstück beim Querwalzen u. U. zu großen Druck bekommen. Die Folge wäre ein so starkes Krummwerden, daß es auch in den folgenden Verformungsstufen nicht mehr behoben werden könnte. Folgende Maße für die Aufweitfläche sind zu empfehlen:

Breite $p = 0{,}12 \cdot l$, Neigungswinkel $\delta = 6 \cdots 8^\circ$ für die $1{,}5 \cdot d$- und $1{,}25 \cdot d$-Walze.

Da das Walzgut beim Querwalzen unter großer Beanspruchung nur unzulänglich geführt werden kann, bedarf die Aufweitfläche unbedingt einer Ergänzung, nämlich der Glättefläche mit zunehmendem Kegel. Sie dient dazu, den durch das Querwalzen entstehenden mehr oder weniger elliptischen Querschnitt des Hohlblocks kreisrund zu machen. Diese Aufgabe wird bei größeren Rohrweiten wesentlich erleichtert, wenn das Walzgut auch von innen bearbeitet werden kann. Daher besteht die im vorigen Abschnitt erhobene Forderung zu Recht, daß ein Teil des Lochdornes in die Glättefläche hineinragen soll. Die Glättefläche bildet hier also gewissermaßen ein Gegenstück zur Druckfläche, dementsprechend erinnert auch ihre Bemessung an diese. Weil das hohle Werkstück mit der verhältnismäßig dünnen Wand bei Walztemperatur gegen zu hohen und plötzlichen Druck sehr empfindlich ist, muß man sehr behutsam, aber doch wirksam genug drücken. Daraus ergibt sich die Notwendigkeit, den Kegel ziemlich lang und flach auszubilden. Bei Vernachlässigung dieser Regel läuft man Gefahr, daß der Hohlblock leicht gegen das Auslaufende zu, flach gedrückt werden kann, was wieder unliebsame, zeitraubende Betriebsstörungen verursacht. Auf Walzen mit zu breiter Aufweitfläche bleibt für die Glättefläche nicht mehr genug Platz übrig, so daß sie eigentlich nur einen Übergang zum nächsten Bearbeitungsabschnitt darstellt und die ihr zugedachte Aufgabe nicht erfüllen kann. Günstige Maße für die Glättefläche sind: Breite $q = 0{,}22 \cdot l$, Steigungswinkel $\varepsilon = 1 \cdots 2^\circ$.

Als letzte Bearbeitungsstrecke auf den Schrägwalzen ist, entsprechend dem überall im Walzwerkswesen vorgesehenen Schlichtkaliber, zur Vollendung der Formgebung die zylindrische Schlichtfläche notwendig. Es ist leicht einzusehen, daß man mit einer zylindrischen Walzenform die Maßhaltigkeit des Enderzeugnisses zuverlässiger erreichen kann, als es mit der kegeligen Gestalt der vorhergehenden Bearbeitungsabschnitte möglich ist. Hier sollen die durch die angestrengte Verformung dem Hohlblock noch anhaftenden Spannungen ausgeglichen werden, so daß er *gerade* aus den Walzen austritt. Die Bearbeitung durch die zylindrische Walzenform bringt nebenbei noch den Vorteil, daß der Hohlblock am Austrittsende angespitzt wird, was das Greifen im Fertigwalzwerk erleichtert. Als Maß für die Breite der Schlichtfläche bleibt übrig: $r = 0{,}15 \cdot l$.

Zum Schluß soll die Gestaltung der Führungswalzen kurz erörtert werden. Ihre Grundform ist, entsprechend ihrem Zweck, als Kaliberschluß das Ausweichen des Blockes aus den Arbeitswalzen zu verhindern, ein Zylinder. Diese Form braucht kaum verändert zu werden. Eine Ausbildung in Anlehnung an die Hauptwalzen ist im Gegenteil geeignet, den Durchgang des Werkstückes zu erschweren und Störungen im Vorschub hervorzurufen, weil dann die Führung nicht mehr zuverlässig arbeitet. Die Abmessungen der Führungswalzen richten sich nach denen der Arbeitswalze (s. Abb. 143). Zweckmäßigerweise macht man den Ballendurchmesser $d_f = 0{,}55 - 0{,}6 \cdot d$. Damit ist die Führungswalze etwas stärker im Durchmesser als der dickste Block. Die Längen beider Arten von Walzen sind gleich: $l_f = l$ (s. Abb. 144 u. 145).

Im Vorkaliber ordnet man, um das Greifen und Drücken des Walzgutes zu erleichtern, 2 flache Kegel an. Ihre Steigungswinkel macht man etwa halb so groß wie die entsprechenden Steigungswinkel der Arbeitswalzen. Durch diese Maßnahme braucht die Führungswalze nicht schräg gelagert zu werden. Im Fertigkaliber bleibt sie von der Einschnürungsfläche bis zum Auslaufende aus dem vorerwähnten Grund zylindrisch.

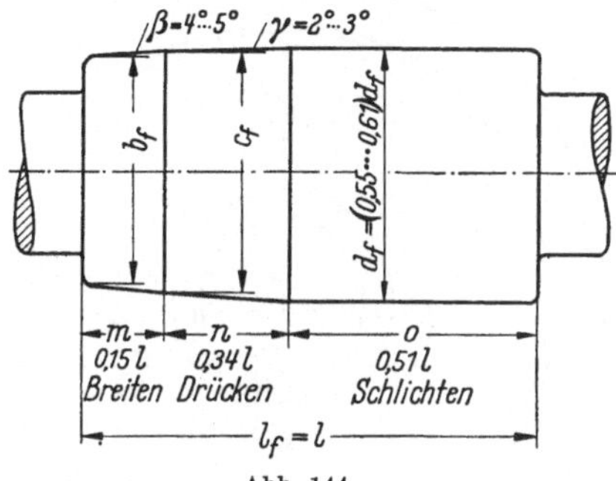

Abb. 144

Rohrwalzwerke, welche gleichfalls nach dem Schrägwalzverfahren arbeiten, sind wie bereits im vorstehenden erwähnt, die Kegellochapparate und die Scheibenapparate. Sie wurden gleichfalls von Gebr. Mannesmann erstmalig zur Ausführung gebracht, um die dickwandig vorgewalzten Rohrluppen zu dünnwandigen Rohren auszuwalzen; aber diesen Ausführungen war in den neunziger Jahren des vorigen Jahrhunderts kein Dauererfolg beschieden, trotzdem man in die Entwicklung, besonders der Scheibenschrägwalzapparate viel Arbeit und Geld hereingesteckt hatte.

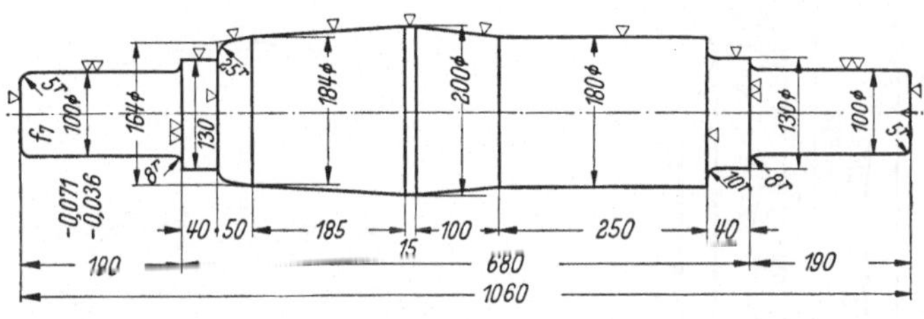

Abb. 145

Die Vollendung von heute im Gebrauch stehenden Scheibenwalzwerken und Kegellochapparaten zu praktisch wertvollen und betriebssicheren, hohen Anforderungen gewachsenen Walzwerken blieb in erster Linie Stiefel vorbehalten. Auf die Arbeitsprinzipe dieser Apparate soll im folgenden kurz eingegangen werden (s. Abb. 146, 147).

Die Stiefelschen Scheibenapparate (Abb. 136a, b) unterscheiden sich von den eigentlichen Mannesmannschen Schrägwalzwerken zum Lochen massiver Blöcke dadurch, daß hier beide Walzen mit ihren Achsen in *einer* Ebene gleich gerichtet zueinander liegen. Das Kaliber wird durch die beiden kegelig abgeflachten Stirnseiten der Scheiben gebildet. Durch diese Anordnung ergibt sich zwangsläufig, daß das Walzgut unter- oder oberhalb der Ebene der beiden Walzenachsen durchgeführt werden muß, wenn es axial transportiert werden soll, und außerdem ist das Kennzeichnende bei diesem Walzwerk, daß der

Walzendurchmesser der beiden Scheiben sich, in Durchgangsrichtung des Walzgutes gesehen, gegenläufig ändert. Abb. 137 b zeigt schematisch

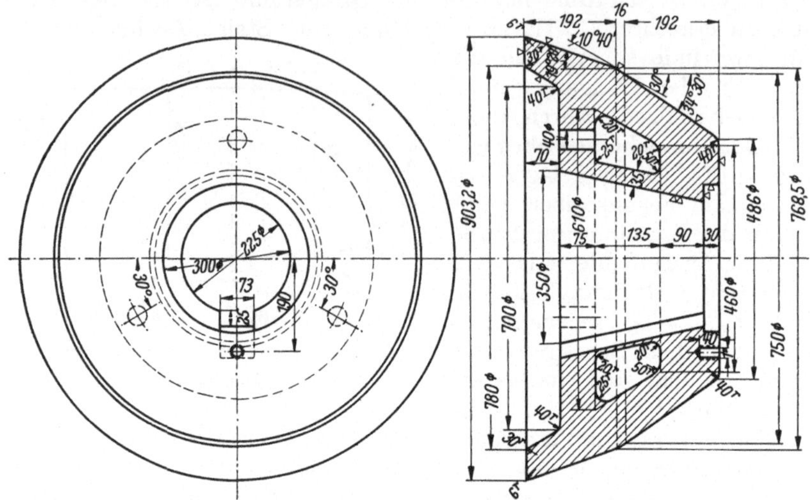

Abb. 146. Arbeitswalze eines Kegel-Schrägwalzwerks zum Auswalzen von Hohllupen ($d = 80 \cdots 160$ mm außen)

die Anordnung eines Stiefelschen Scheibenapparates. Die profilierte Scheiben a und b sitzen auf den Achsen c und d, welche auch die Stirn-

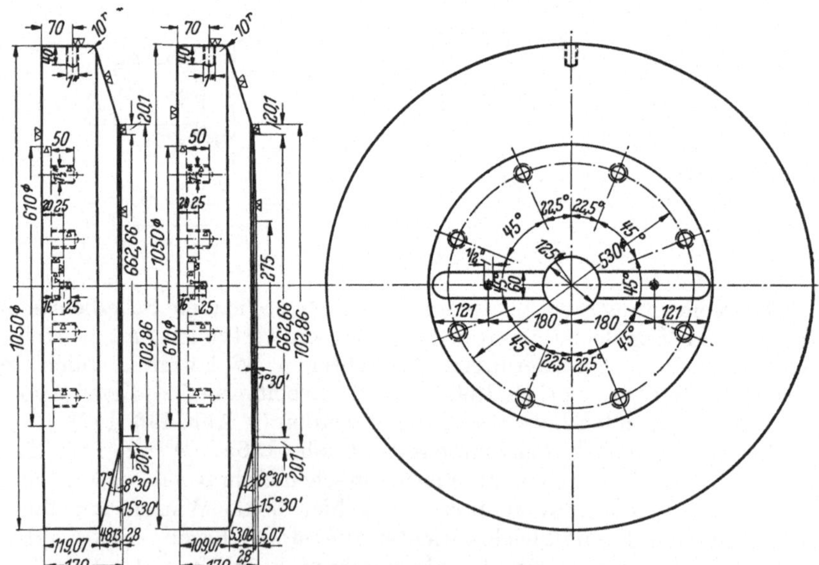

Abb. 147. Walze für ein Scheiben-Hohlblockwalzwerk zum Auswalzen von Hohllupen ($d = 80 \cdots 190$ mm außen)

räder e und f tragen. Diese Stirnräder kämmen mit den Rädern g und h, die auf der gemeinsamen Hauptantriebswelle i sitzen.

Das hervorstechendste Merkmal der Stiefelschen Lochwalzwerke gegenüber den Mannesmannschen liegt jedoch nicht in der äußeren Form und Stellung der Walzen, sondern die zielbewußte Idee STIEFELS ist die möglichst weitgehende Schließung des Kalibers durch eine obere und eine untere Führung, die das Walzgut an einer Aufweitung hindern und zum Fließen in axialer Richtung zwingen sollen. Der Zweck dieser Maßnahme war der, möglichst dünnwandige Hohlkörper zu erzeugen, die in einem Stopfen-Duo-Walzwerk mit 2 oder 3 Stichen zu fertigen Rohren ausgewalzt werden konnten. Für jede einzelne Blockabmessung sind hier besondere Führungen notwendig, so daß zwischen Führung und Walze der Zwischenraum immer möglichst klein ist und der Durchtritt des Walzgutes an diesen Stellen verhindert wird. Abb. 148 deutet schematisch die Schließung des Kalibers zwischen den Walzen an. Die größten Rohrabmessungen, die unter Verwendung eines Scheibenapparates hergestellt werden, dürften 135 mm nicht überschreiten. Das zweite Stiefelsche Lochwalzwerk ist der Kegellochapparat. Der Verwendungsbereich des Scheibenapparates ist nach oben begrenzt, weil der Einfluß der gegenseitig sich ändernden Durchmesser der Walzen bei den größeren Blockdimensionen viel zu ungünstige verformungstechnische Bedingungen zu erfüllen hat. Der Kegellochapparat dagegen eignet sich besonders für die Erzeugung von Rohren mit größerem Durchmesser.

In Abb. 136 a, b ist die schematische Darstellung eines solchen Kegellochapparates gezeigt. Die Walzen bilden mit der Durchgangsrichtung des Walzgutes im Grundriß einen Winkel von etwa 30°, der Durchmesser der Walzen wächst bei beiden Walzen vom Eintritt zum Austritt des Walzgutes gleichmäßig. Der Antrieb der Walzen *a* und *b* erfolgt über die Kegelräder *c*, *d* und *e*, *f*, die wiederum mittels der Stirnräder *g*, *h*, *i* und *k* von der Hauptantriebswelle *l* angetrieben werden. Die Walzen mit ihren Achsen *m* und *n* und den dazu gehörigen Kegelrädern bilden ein geschlossenes Aggregat, das schlittenförmig ausgebildet und wegen der verschiedenen zu walzenden Abmessungen in der Achsrichtung verschiebbar angeordnet ist. So bilden die Gruppen *a*, *m*, *o*, *e* und *b*, *n*, *d*, *f* je ein geschlossenes Ganzes und die Verschiebbarkeit wird dadurch ermöglicht, daß die Wellen *o* und *p* als Teleskopwellen ausgebildet sind.

Die beiden Schrägwalzwerksbauarten nach STIEFEL hatten jahrzehntelang das Feld für die Herstellung dünnwandiger Rohrluppen aus vollen Blöcken beherrscht. Erst in neuerer Zeit ist man dazu übergegangen, die Fortschritte, die man bei diesen Walzwerken gemacht hatte, auch auf andere Bauarten zu übertragen. Den Anforderungen, die mit der Entwicklung hochwertiger Stähle auch an die Rohrwalzwerke zu stellen waren, waren auch die Stiefelschen Bauarten nicht mehr gewachsen. War jahrzehntelang der Rohrwerkstoff immer derselbe geblieben und damit kein Anlaß zur Änderung der einmal festliegenden Schrägwalzwerksbauarten gegeben, so erwies sich nunmehr als notwendig, für die neu entwickelten Metallqualitäten von neuem die günstigsten Schrägstellungen der Walzen und deren Kalibrierungen festzustellen. Mit dem

Auftauchen dieser neuen Stahlsorten erweiterte sich selbsttätig das Arbeitsgebiet der meisten neuzeitlichen Röhrenwalzwerke, so daß ein Umbau der Walzenstraßen nicht nur für die Rohrabmessungen, sondern auch innerhalb der Abmessung auf andere Werkstoffqualitäten notwendig wurde.

Das von STIEFEL entwickelte Verfahren besteht darin, aus dem vollen Block eine verhältnismäßig lange, dünnwandige Luppe herzustellen und diese in 2 Stichen im Stopfenwalzwerk zum fertigen Rohr auszuwalzen.

Je dünner die Wandstärke der aus einem vollen Block herzustellenden Luppe ist, um so höher ist natürlich der Druck auf den Dorn und um so mehr wird die Dornstange auf Knickung beansprucht. Je länger eine Luppe ist, um so länger muß auch die Dornstange sein und um so geringer ist bei Beibehaltung ihres Durchmessers die Knickfestigkeit. Beim Walzen dünner Luppen muß also der Gefahr des Ausknickens der Dornstange durch eine möglichst enge Führung der austretenden Luppe begegnet werden, weil ja die Dornstange sich wieder in der Luppe selbst führt. Hieraus ergibt sich wieder, daß die Führungen für die Luppe mit jeder zu walzenden Abmessung ausgewechselt werden müssen, weil das Spiel zwischen Führung und Lupe so klein als nur möglich sein soll.

Die Verwalzung einer dünnwandigen Luppe in einer Stopfen-Straße mit 2 Stichen erfordert nur kurze Zeit, und die Leistungsfähigkeit einer solchen Stopfen-Straße geht bei den neuesten Werken in den entsprechenden Abmessungen zu Spitzenleistungen von 6 Rohren pro Minute. Das bedingt aber, daß auch die Arbeitszeiten im Schrägwalzwerk auf das entsprechend geringst mögliche Maß gebracht werden.

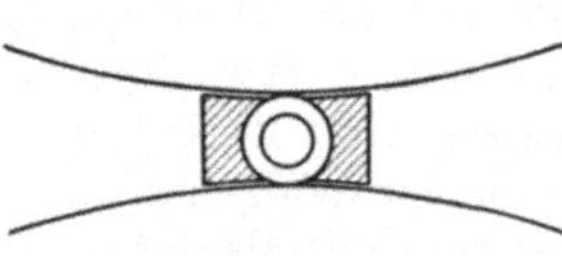
Abb. 148. Kaliberschluß beim Schrägwalzen nach STIEFEL

Für das Walzen von Rohren (Hohllupen) von 80···160 mm Außen-Durchmesser kommen Kegelschrägwalzen in Frage, wie sie vorstehend in Abb. 146 dargestellt sind.

Scheibenwalzen zum Auswalzen von Hohlluppen von 80···190 mm Außendurchmesser zeigt in Werkstattzeichnung die folgende Abb. 147.

STIEFEL stattete das Schrägwalzwerk mit oberer und unterer Führung aus. Er schloß dadurch das Kaliber weitgehend (s. Abb. 148) und erreichte beim Lochen Wandstärken von 6···8 mm. Das Schließen des Kalibers erfolgt hier durch profilierte Richtleisten und ist infolge der hohen Reibung der feststehenden Leisten am Walzgut keine befriedigende Lösung, da andererseits auch der Verschleiß hier ziemlich hoch ist. Es wird also hier der Werkstoff nach Beendigung des Lochprozesses im Querwalzteil gegen die Führungen gewalzt, die ihn daran hindern sich aufzuweiten und ihn zwingen, in der Längsrichtung abzufließen. Auf diese indirekte Weise — durch Verhinderung der Aufweitung — werden die langen und dünnwandigen Luppen erzielt.

Es ist das Verdienst von DIESCHER, die festen Führungen durch große Scheibenwalzen ersetzt zu haben, die ebenfalls das Kaliber weitgehend schließen und deren Profil dem der Führungen ungefähr entspricht. Den grundsätzlichen Aufbau eines solchen Walzwerkes, welches für Loch- und Streckwalzwerke sehr geeignet ist, zeigt Abb. 149.

Die Schrägwalzen *a* bilden hier mit den Scheibenwalzen *b*, die über die Kupplungen *c* angetrieben werden, das geschlossene Kaliber. In der Luppe befindet sich eine zylindrische Dornstange *d*, oder beim Lochwalzwerk ein Lochstopfen. Die Scheibenwalzen sind im Sinne der Walzrichtung regelbar angetrieben. Ihre Umfangsgeschwindigkeit ist erheblich höher als die dem Werkstoff durch die Schrägwalzen erteilte Vorschubgeschwindigkeit. Die Scheibenwalzen haben daher die Tendenz, den von diesen gegen sie gedrückten Werkstoff in der Walzrichtung fortzubewegen und veranlassen ihn daher nicht nur durch ihre Wirkung als geschlossenes Kaliber zum Abfluß in die Längsrichtung zu treiben,

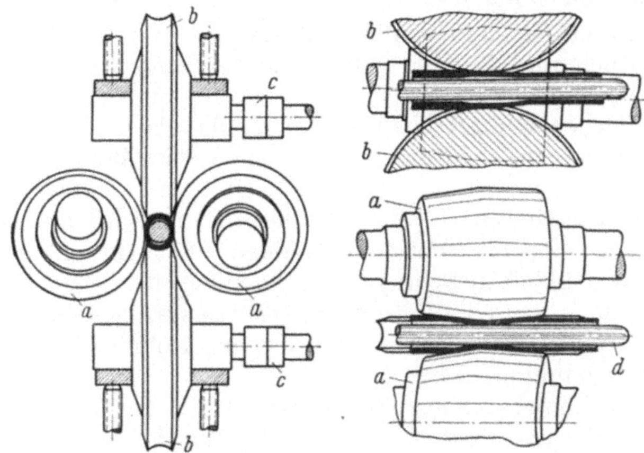

Abb. 149. Diescher-Walzwerk

sondern sie unterstützen dieses Abfließen nachdrücklich durch ihre Drehung. Das Rohr ist also auf einem großen Teil seines Umfanges Kräften ausgesetzt, die bestrebt sind, es in der Walzrichtung zu strecken.

Zwischen den Schrägwalzen und dem Dorn werden die beiden Walzspalte gebildet, durch welche die Luppe hindurchgewalzt und ihre Wandstärke dabei verringert wird. Im Falle eines offenen Kalibers wäre hier nur eine sehr geringe Streckung erzielbar, dagegen würde sich das Rohr erheblich aufweiten lassen. Daran wird es jedoch durch die Scheibenwalzen gehindert, die das Kaliber umschließen.

Die Wirkung der Scheibenwalzen ist also eine doppelte. Einmal wirken sie lediglich durch ihr Vorhandensein als Führungen, gegen welche der aus den Walzspalten austretende Werkstoff gedrückt wird und bestimmen so, je nach ihrer Einstellung, den Grad der Aufweitung und damit der Streckung, den die Luppe erfährt. Durch ihren besonderen Antrieb in der Walzrichtung unterstützen sie außerdem die streckende Wirkung, die sie als Führung haben, ganz erheblich und vermindern gleichzeitig die Zerrbeanspruchungen, denen der Werkstoff ausgesetzt ist, durch ein sanfteres Umlenken der aufweitenden Kräfte in solche, die die Luppe zu strecken bestrebt sind.

Aus diesen besonderen Aufgaben der Verformungswerkzeuge ergibt sich, daß im wesentlichen die Einstellung der Schrägwalzen zum Dorn die Wandstärke des Rohres bestimmt, so wie die Einstellung der Scheibenwalzen seinen Durchmesser begrenzt. Ihre Einstellung erfolgt zweckmäßig so, daß der Werkstoff sich etwas von der Dornstange löst, so daß diese dann lose im Rohr liegt und sich während des Walzens in diesem abrollen kann. Dadurch wird der Verschleiß der Dornstange in mäßigen Grenzen gehalten und sie nimmt während des Walzens nur wenig Wärme auf. Nach Fertigstellen des Rohres kann sie leicht aus demselben herausgezogen werden. Die praktischen Erfahrungen haben gezeigt, daß die Beanspruchungen des Werkstoffes gegenüber dem Stiefel-Verfahren sehr herabgesetzt sind, so daß es möglich ist, Rohre aus hochlegierten Stählen mit dünnen Wandstärken zu walzen.

Infolge ihrer Herstellung durch Querwalzen weisen die Rohre eine außerordentlich gute Durcharbeitung auf. Sie sind sehr maßhaltig und erreichen eine hohe Präzision in Durchmesser und Wandstärke. Ihre gute Oberflächenbeschaffenheit, die auf die glättende Wirkung der Scheibenwalzen zurückzuführen ist, macht ein besonderes Glätten überflüssig.

Was die Diescher-Lochwalzwerke betrifft, so wird die Dornstange hier durch einen Stopfen ersetzt. Sie können je nach ihrem Verwendungszweck mit den üblichen Schrägwalzen oder kegelförmigen Walzen ausgeführt werden. Durch die zum Streckwalzwerk gelangenden dünnwandigen Luppen lassen sich bei den fertigen Rohren Wandstärken bis herunter zu 1,6 mm erreichen.

Das Lochwalzwerk kann zum Lochen von Blöcken für alle bekannten Fertigwalzwerke verwendet werden. In Zusammenarbeit mit dem Streckwalzwerk ist es bisher in Anlagen für Rohre von etwa 40···100 mm Durchmesser bei Rohrlängen von etwa 9 m verwendet worden. In seinem Aufbau unterscheidet es sich von den Schrägwalzwerken üblicher Bauart dadurch, daß an die Stelle der Führungen die Scheibenwalzen treten und für diese im Walzenständer eine entsprechende Lagerung vorgesehen werden muß. Diese erfolgt teils über teils unter den Arbeitswalzen und ist so durchgeführt, daß die Scheibenwalzen in der Senkrechtrichtung nach oben und unten verstellbar sind. Sie werden von einem seitwärts stehenden Kammwalzgerüst aus, über Kupplungen und Spindeln, durch einen in der Drehzahl regelbaren Gleichstrommotor angetrieben, so daß ihre Drehzahl genau den jeweiligen Walzverhältnissen angepaßt werden kann. Die Arbeitsweise unterscheidet sich im übrigen nicht von derjenigen anderer Lochwalzwerke.

Das Dieschersche Streckwalzwerk ist in seinem Aufbau dem Diescher-Lochwalzwerk ähnlich. Die Lagerung der Scheibenwalzen erfolgt auch hier über und unter den Arbeitswalzen, aber in einer Weise, daß sie nicht nur in der Senkrechtrichtung nach oben und unten sondern auch seitwärts angestellt werden können. Diese seitliche Verstellbarkeit ist notwendig, um die Scheiben bei dünnwandigen Rohren so nahe wie möglich an die Arbeitswalzen heranbringen zu können, damit der aus diesen austretende Werkstoff sofort von ihnen aufgefangen und geführt werden kann. Wie beim Lochwalzwerk erfolgt auch hier der Antrieb der Scheibenwalzen durch einen regelbaren Gleichstrommotor.

Eine Art von Schrägwalzverfahren stellt auch das *Assel-Verfahren* dar. Dieses Verfahren ist ein Walzverfahren, in welchem Hohlkörper (Rohrluppen) ausgewalzt werden, die sich zwischen 3 unter dem gleichen Winkel zur Walzgutachse geneigten Walzen in Schraubenlinienform beim Walzen fortbewegen, wobei der Drehsinn der Walzen der gleiche ist. Die Assel-Walzen haben zum Unterschied von den üblichen anderen Schrägwalzen einen schulterförmigen Ansatz, mit welchem die größten Abnahmen bei bester Toleranz der Rohrwand und des Durchmessers erzielt werden (s. Abb. 150).

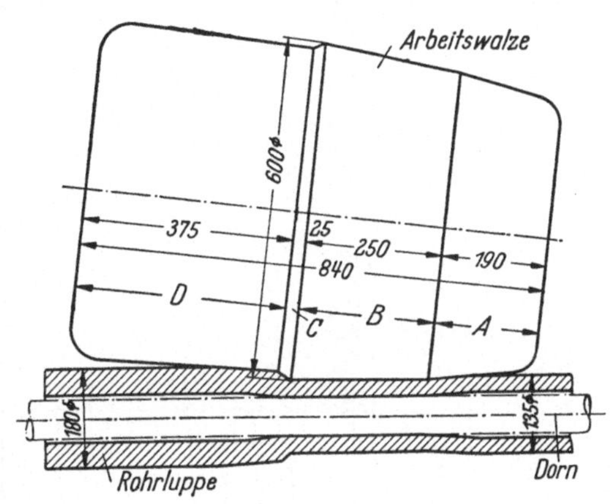

Abb. 150

Man kann sich eine solche Walze in folgende Abschnitte zerlegt denken: *A*. den Führungskegel, *B*. den Konus zum Fassen des Walzgutes; die Aufgabe dieses Kegelteiles ist, die Rohrluppe in die Walzen hineinzuziehen, sie gegen den Walzdorn zu drücken und bei der drehenden Bewegung die Rohrwandstärke fortlaufend zu reduzieren.

Der nächste Abschnitt der Walzen ist der Kegel *C*, der als Schulteransatz ausgebildet ist. In diesem Teil wird die Luppe von der Schulter erfaßt und im Durchmesser und Wandstärke unter fortgesetzter Umdrehung stark reduziert. Die Verformungsabschnitte einer jeden einzelnen Arbeitswalze überdecken sich gegenseitig mit denjenigen, die von der davorliegenden Arbeitswalze hervorgerufen werden. Beim Austreten aus diesem Abschnitt ist das Rohr unrund. Dieser Mangel wird aber im folgenden Abschnitt korrigiert. Die Unebenheiten werden hier beseitigt, die Wandstärken erhalten hier genaue Toleranzen, so daß sich der Rohrquerschnitt um seine Achse genau verteilt und sich vom Dorn soweit löst, daß das Rohr dann ohne Schwierigkeit über den Dorn gezogen werden kann.

Die Verringerung des Luppendurchmessers in der Verformungszone *C* ist gleich der doppelten Schulterhöhe. Der Winkel im Walzenabschnitt vor der Schulter schwankt meist zwischen 12 und 15°.

Die 3 Walzen des Assel-Walzwerkes haben genau die gleiche Entfernung von der Rohrachse. Es ist daher ohne weiteres möglich, die Walzenanstellung beim Walzen anderer Rohrdurchmesser zu ändern und sie ebenfalls bei auftretenden Abnutzungen umzustellen.

Die 3 Arbeitswalzen drehen sich im gleichen Sinn und mit der gleichen Umdrehungszahl. Diese Drehzahl der Walzen wird mittels eines Motors über ein Getriebe reguliert. Die 3 kalibrierten Walzen liegen in einem Winkel von 12···15° zur Walzenachse geneigt und sitzen zumeist auf Stahlachsen, auf die sie mittels Keil oder mittels einer Wasserdruckvorrichtung glatt aufgezogen werden.

Ein kompletter Walzensatz hält die Kantenschärfe für eine Rohrlänge von 500⋯700 m, dann muß er nachgeschliffen werden. Die Walzen kann man bis zu 25 mal nachschleifen; sie verlieren dann bei jedesmaligem Nachschleifen etwa 1,5 mm im Durchmesser. Man kann also in einem Walzensatz mit einer Arbeitsspanne von 10500 m gewalzter Rohrlänge rechnen, bei hervorragendem Walzenmaterial auch erheblich mehr.

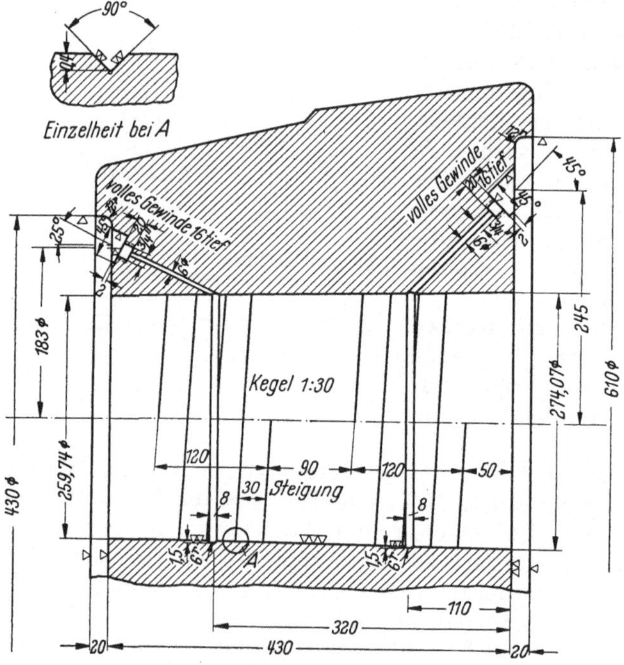

Abb. 151. Arbeitswalze eines Assel-Walzwerkes

Entsprechend ihrem Verschleiß bringt man die Walzen näher an die Walzgutachse heran und vermeidet damit ein zu häufiges Umbauen.

Die Toleranzen der üblichen in diesem Walzprozeß erzeugten Rohre überschreiten im Durchmesser nicht 0,25 mm und in der Wandstärke nicht 0,12 mm. Die Erzeugung des Assel-Walzwerkes beträgt bei Rohren von etwa 5 mm Wandstärke und mehr etwa 30 m/min und bei einer Wandstärke von etwa 2,5 mm etwa 12 m/min.

Die Vorteile eines Assel-Walzwerkes sollen in folgendem kurz hervorgehoben werden. Man kann Rohre von verschiedenem Durchmesser auf diesem Walzwerk bis zu einem Durchmesserverhältnis von etwa 1:2,5 ohne Umwechseln der Walzen herstellen. Sowohl im Durchmesser, als auch in der Wandstärke ist die erzielbare Genauigkeit der Rohre eine hervorragend gute, so daß sie heute besonders für die Herstellung von

Kugellagerrohren verwendet wird, aus welchen dann im weiteren Herstellungsprozeß die Laufringe der Lager, die eine sehr hohe Toleranz erfordern, ohne nennenswerte Nacharbeit ausgeführt werden können.

Der Übergang, bzw. die Umstellung der Walzen auf einen anderen Rohrdurchmesser kann hier mit einem Minimum an Zeitverlust erfolgen. Der Verschleiß der Walzen kann bis zu einem bestimmten Grade durch einfaches Zusammenfahren der Walzen weitgehend ausgeglichen werden.

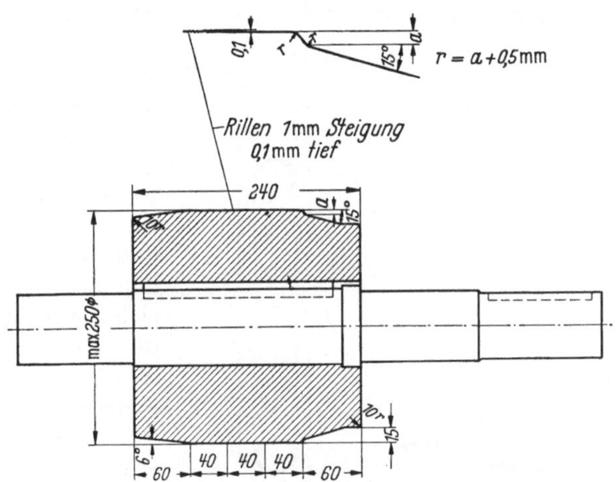

Abb. 152. Arbeitswalze eines Assel-Walzwerkes

In ihrer praktischen Verwendung haben sich verschiedene Walzen typen gut bewährt, von denen einige in den Abb. 151, 152 wiedergegeben sind.

Aus der folgenden Tabelle sind einige Normen von Hohlblöcken zu ersehen und die daraus im normalen Durchgang erzeugten Abmessungen von Fertigrohren.

Hohlblockdurchmesser in mm		Fertigrohrdurchmesser × Wandstärke
außen	innen	in mm
81	63	68 × 3,3
93	72	79 × 4,5
108	87	93 × 4,5
125	100	107 × 5
132	105	113 × 5,5
153	125	133 × 6
160	131	139 × 6
180	148	158 × 7
180	142	158 × 10

I. Moderne Reduzierwalzwerke für die Rohrherstellung[1]

Bereits am Ausgang des vorigen Jahrhunderts begannen die Bemühungen, ein Walzwerk zu entwickeln, das es erlaubt, bei kontinuierlichem Durchlauf den Außendurchmesser von Rohren im warmen Zustand zu vermindern. Das erste Patent dieser Art stammt aus dem Jahre 1889. Damals dachte man aber nur daran, mittels eines im Rohr befindlichen Dornes neben einer Durchmesserabnahme auch eine Verringerung der Wanddicken zu erreichen. Jedoch erst um das Jahr 1920 wurde das erste Walzwerk gebaut, in dem Rohre ohne Dorn, also mit frei formbarer Rohrwand im Außendurchmesser reduziert werden konnten. Die Beherrschung dieser freien Verformung und besonders der Änderung der Wanddicke hat viele Schwierigkeiten bereitet. Wir können jedoch heute sagen, daß wir die Gesetze kennen, nach denen sich die Rohrwand ändert. Wir sind damit in der Lage, die Veränderung der Wanddicke vorher zu bestimmen.

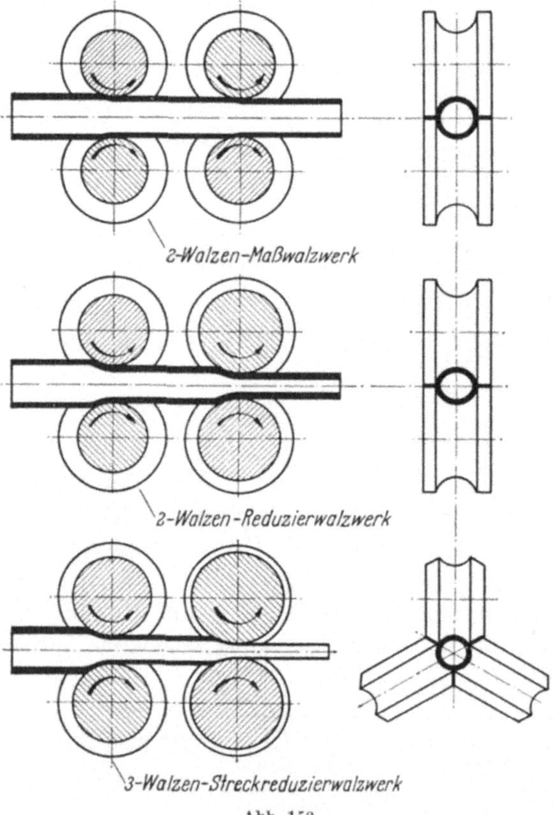

Abb. 153

Im Laufe der Entwicklung sind drei Walzwerkstypen entstanden, denen die gleiche Formungsart zugrunde liegt: Das Maßwalzwerk, das Reduzierwalzwerk und das Streckreduzierwalzwerk. Abb. 153 zeigt die grundsätzlichen Merkmale dieser drei Rohrreduzierverfahren.

Ziel des Maßwalzverfahrens ist die Herstellung eines kreisrunden und maßhaltigen Fertigrohres aus einer Rohrluppe ohne eine wesentliche Verminderung des Außendurchmessers. Auf dem Reduzierwalzwerk werden dagegen erhebliche Durchmesserabnahmen bei gleichzeitig in geringem Maße zunehmender Rohrwand

[1] Mit freundlicher Genehmigung der Fa. Meer AG. Inhaltsteile und Abbildungen aus den Meerberichten.

erreicht. Streckreduzieren endlich bezweckt eine wesentliche Wandverminderung bei gleichzeitiger Reduktion des Rohraußendurchmessers.

Weiter zeigt Abb. 153, daß für das Streckreduzierverfahren wegen der verformungstechnischen Vorteile die 3-Walzenanordnung gewählt wurde, nachdem die schwierigen konstruktiven Probleme gelöst sind, die bislang der Einführung dieser Anordnung hinderlich waren.

Maßwalzwerke besitzen durchschnittlich zwei bis fünf Walzgerüste mit je zwei Walzen; es sind jedoch auch schon Maßwalzwerke mit bis zu zwölf Gerüsten ausgeführt worden. Die übliche Durchmesserreduktion liegt im Mittel zwischen 3% und 8%. Die Rohrwand erfährt im allgemeinen eine geringfügige Zunahme, sie kann aber bei vielgerüstigen Maßwalzwerken auch konstant gehalten werden.

Die Herstellung warmfertiger Rohre vor allem im Bereich größerer Durchmesser ist fast ausschließlich mit der Verwendung des Maßwalzwerkes verknüpft. Der Vorteil der kontinuierlichen Arbeitsweise, die das Fertigwalzen des Rohres in einem Durchgang und mit hoher Walzgeschwindigkeit gestattet, rechtfertigt die Aufstellung eines Maßwalzwerkes auch bei kleinen Rohrabmessungen, zumal es möglich ist, mit einem solchen Walzwerk die Produktion mehrerer Rohrstraßen abzunehmen.

Reduzierwalzwerke modernster Bauart gestatten Durchmesserabnahmen bis zu etwa 70% bei 18 Walzgerüsten. Einen Überblick über die Zusammenhänge zwischen den Gesamtdurchmesserabnahmen und den dazu erforderlichen Gerüstzahlen gibt die nebenstehende Tafel (s. Abb. 154).

Das Verhalten der Rohrwand im Reduzierwalzwerk ist von den im Walzwerksantrieb festgelegten Drehzahlverhältnissen und von der Kalibrierung abhängig. Während jedoch bisher für jedes Walzwerk und für jede gegebene Reduktion die für eine gewünschte Fertigwand erforderliche Ausgangswanddicke rein empirisch ermittelt werden mußte, können wir heute auf Grund der vorliegenden Untersuchungen das Verhalten der Rohrwand unter bestimmten gegebenen Verhältnissen voraussagen und durch entsprechende Maßnahmen bei der Walzenkalibrierung beeinflussen.

Normalerweise sollte das Rohr während des Durchganges keinem Längszug ausgesetzt sein. Im praktischen Betrieb ist aber auch bei den Reduzierwalzwerken ein gewisser Zug notwendig, um mit Sicherheit Materialstauungen zwischen den einzelnen Walzgerüsten zu verhindern und gleichzeitig die beim Fehlen eines Längszuges auftretenden erheblichen Wandzunahmen in erträglichen Grenzen zu halten.

Bei modernen Reduzierwalzwerken liegt daher unter der Bedingung eines gewissen Mindestzuges die normale prozentuale Wandzunahme etwa bei einem Fünftel der prozentualen Durchmesserabnahme — so tritt beispielsweise bei einer 50%igen Durchmesserreduktion ungefähr eine 10%ige Wandzunahme ein.

Ohne auf Einzelheiten einzugehen, sei hier erwähnt, daß erst das Reduzierwalzwerk die wirtschaftliche Fertigung kleinkalibriger Rohre ermöglichte. So wird zum Beispiel aus einer auf einer mechanischen

Rohrstrangpresse der Firma Meer hergestellten 2″-Luppe ein 3/4″-Gasrohr in einer Wärme fertiggewalzt — eine in der Fabrikation nahtloser Rohre einmalige Tatsache. Gleichzeitig erlaubt der Einsatz eines Reduzier-

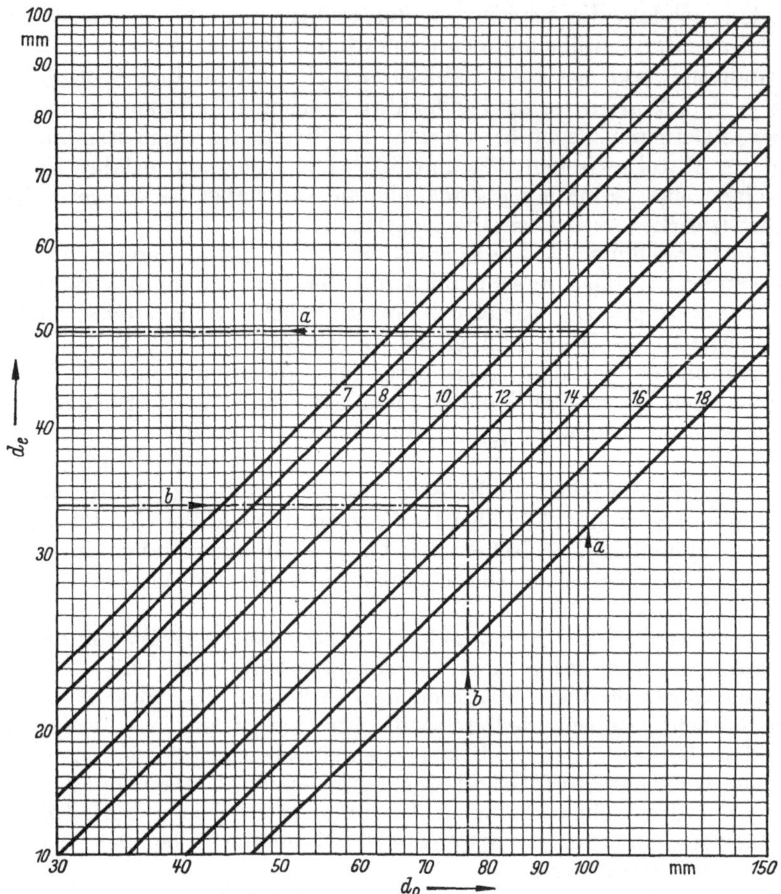

Abb. 154. Erreichbare Durchmesser-Reduktionen und Bestimmung der Gerüstzahlen für Rohr-Reduzierwalzwerke. (Meer-Bericht vom Sept. 1954)

walzwerkes zur Herstellung der Zwischenabmessungen die Beschränkung der eigentlichen Rohrstraßen auf wenige und im Durchschnitt großkalibrige Standardluppen mit hohem Einsatzgewicht, also eine größere Produktion. Der schnelle Gerüstwechsel im Reduzierwalzwerk vermindert die erforderlichen Umstellzeiten der Rohrstraßen und erhöht damit nochmals die Erzeugung.

Streckreduzierwalzwerke lassen bei 18 Gerüsten Durchmesserabnahmen von über 75% bei gleichzeitiger Wandreduktion um 38% zu[1]. Ein grundsätzlicher Zusammenhang zwischen Durchmesserabnahme und

[1] Bauart Meer (Masch. Fabr. AG), Mönchen-Gladbach.

notwendiger Gerüstzahl besteht ähnlich wie bei normalen Reduzierwalzwerken auch hier; jedoch kommt noch ein weiterer gesetzmäßiger Zusammenhang zwischen einer bestimmten Durchmesserabnahme und der dabei erreichbaren größten Wandverminderung hinzu. Eine eingehende Erörterung dieser Abhängigkeitsverhältnisse erfolgt im nächsten Abschnitt. Hier sei zunächst gesagt, daß schon bei zehn bis zwölf Gerüsten die erreichbare Wandabnahme etwa $^1/_3$ der jeweiligen Durchmesserreduktion ausmacht, d. h., daß bei dieser Gerüstzahl für je 30% Durchmesserabnahme eine Wandverminderung von etwa 10% erzielt werden kann. Hierbei ist Voraussetzung, daß das Walzwerk mit einem Antrieb ausgerüstet ist, der eine individuelle Regelung der Walzendrehzahlen der einzelnen Gerüste gestattet.

Die beim Streckreduzieren unvermeidlichen verdickten Rohrenden, die dadurch entstehen, daß Anfang und Ende der Luppe beim Durchgang durch das Walzwerk zwangsläufig nicht dem vollen Zug ausgesetzt sind, erfordern möglichst große Einsatzlängen. Die Aufstellung eines Streckreduzierwalzwerkes hinter einer Rohrschweißstraße, auf der sich ohne Schwierigkeiten Rohre bis zu Einsatzlängen von 70 m herstellen lassen, ist daher besonders vorteilhaft. Gleichzeitig gestattet diese Kombination, auf der etwa vorhandenen Schweißanlage ein großkalibriges und starkwandiges Standardrohr mit hoher Geschwindigkeit zu schweißen und mittels des nachgeordneten Streckreduzierwalzwerkes alle kleineren Rohre in der Normalisierhitze fertigzuwalzen. Damit ist es möglich, den der Fretz-Moon-Straße eigenen hohen Durchsatz auch für hochwertige elektrisch geschweißte Rohre zu erreichen. Moderne Rohrschweißmaschinen der Bauart Meer erreichen in dieser Kombination mit dem zugeordneten Streckreduzierwalzwerk heute bereits im gesamten Dimensionsbereich konstante Produktionsziffern bei beispielsweise etwa 20 t/h für Gasrohre von $^3/_8$″ ··· 3″ nach DIN 2440.

Gewisse Entwicklungsrichtungen zeichnen sich schon heute deutlich genug ab, um hier kurz angedeutet werden zu können: Die Herstellung geschweißter Rohre kann durch die Verwendung eines der Schweißmaschine unmittelbar nachgeordneten Streckreduzierwalzwerkes vollkontinuierlich und mit größtmöglichem Materialdurchsatz erfolgen. Der Endenabfall wird durch diese Arbeitsweise auf einen Betrag beschränkt, der durch Umstellungen auf unterschiedliche Fertigrohrdurchmesser bedingt ist. Die dafür erforderliche Synchronisation der Schweißmaschine und des Streckreduzierwalzwerkes läßt sich mit einer hierfür entwickelten Steuerung beherrschen.

Auch die Fabrikation nahtloser Rohre kann durch Einsatz eines Streckreduzierwalzwerkes wirtschaftlicher gestaltet werden, wenn es gelingt, die Einsatzlänge der Rohre entscheidend heraufzusetzen. Der Weg dazu wird von dem kontinuierlichen Walzwerk gewiesen. Die Produktion einer solchen kontinuierlichen Rohrstraße ist weit höher als die der übrigen Anlagen zur Erzeugung nahtloser Rohre und kann etwa auf das Vierfache modernster Stoßbankanlagen beziffert werden. Der Vergleich mit dem Schweißrohr fällt ebenso günstig aus, da eine solche kontinuierliche Anlage mit etwa dem doppelten Durchsatz einer dimensionsmäßig vergleichbaren Fretz-Moon-Straße arbeiten kann. Der Endenabfall der streckreduzierten Rohre liegt mit etwa 1,5···2% in der Größenordnung der mit endlichen Einsatzlängen arbeitenden Rohrschweißstraßen.

Diese Betrachtungen zeigen deutlich, daß die Tendenz zu immer schneller und mit unvermindertem Durchsatz für alle Rohrsorten arbeitenden Walzenstraßen und damit das Streben nach wirtschaftlicher Rohrfertigung untrennbar mit der zunehmenden Verwendung des Streckreduzierwalzwerkes verbunden ist.

K. Die Kalibrierung der Walzen für Rohrreduzierwerke[1]

I. Allgemeine theoretische Grundlagen

1. Werkstofffluß

Im Vergleich zu den konstruktiven Problemen beim Bau der Reduzierwalzwerke sind die grundlegenden Beziehungen zwischen den Walzendrehzahlen und dem Verhalten der Rohrwand in der Literatur bisher sehr spärlich behandelt worden, und Angaben über den Werkstofffluß beim Reduzieren von Rohren in der Walzhitze finden sich nur inden Arbeiten von J. S. Blair [*21*] und W. Boettcher [*22*].

Von einzelnen Firmen, insbesondere der Firma Meer AG, ist in der Erkenntnis, daß die theoretische Grundlage für die Beurteilung des Werkstoffverhaltens beim Reduzieren vor allem nach der Einführung des Streckreduzierverfahrens zu einem zufriedenstellenden Betrieb der Reduzierwalzwerke unerläßlich sein würde, ein besonderes Augenmerk auf die verformungstheoretische Seite des Reduzierprozesses gerichtet worden, zumal die bislang bekannten empirischen Methoden zur Walzkaliberberechnung sich als unzulänglich für die Erfassung der Vorgänge beim Reduzieren unter Längszug erwiesen.

Die Grundlage der im folgenden entwickelten Theorie bilden hierbei im wesentlichen die Arbeiten von E. Siebel und E. Weber: *Spannungen und Werkstofffluß beim Rohrziehen* [*23, 24*].

Davon abgeleitet ist einmal eine Gleichung, die Aufschluß über den Werkstofffluß beim Reduzieren unter Längszug gibt und weiterhin ein Verfahren zur Bestimmung der Kalibrierung. Die vorliegenden Berechnungen haben sich inzwischen im Betrieb sehr gut bestätigt. Für ihre Entwicklung werden nachstehende Bezeichnungen und Begriffe verwendet.

s = Wandstärke

d_m = mittlerer Rohrdurchmesser

d = Rohraußendurchmesser

$\nu = \frac{s}{d}$ = Wandstärkenkoeffizient

σ_r = Radialspannung

[1] Mit freundlicher Genehmigung der Fa. Meer AG. Abbildungen und Inhaltsteile aus den Meerberichten.

σ_l = Axialspannung

σ_t = Tangentialspannung

$\varphi_r = \ln \frac{s_{i+1}}{S_i}$ = radiale logarithmische Formänderung

$\varphi_l = \ln \frac{l_{i+1}}{l_i} = \ln \frac{F_{i-1}}{F_i}$ = axiale logarithmische Formänderung

$\varphi_t = \ln \frac{d_{m\,i+1}}{d_{m\,i}}$ = tangentiale logarithmische Formänderung

σ_m = mittlere Spannung

k_f = Formänderungsfestigkeit

$z = \frac{\sigma_l}{k_f}$ = Streckkoeffizient.

Ausgehend von der grundsätzlichen Annahme der bildsamen Formgebung, daß die logarithmische Formänderung φ in einer bestimmten Richtung der Differenz zwischen der zugehörigen Normalspannung σ und der mittleren Spannung σ_m proportional ist, erhält man den Ansatz zur Grundgleichung des Werkstoffflusses (s. Abb. 155).

$$(\sigma_r - \sigma_m) : (\sigma_l - \sigma_m) : (\sigma_t - \sigma_m) = \varphi_r : \varphi_l : \varphi_t \,. \quad (1)$$

Hinzu kommen die Gleichung der mittleren Spannung

$$\sigma_m = \frac{1}{3} (\sigma_r + \sigma_l + \sigma_t) \quad (2)$$

und die Fließbedingung

$$\sigma_l - \sigma_t = k_f \,. \quad (3)$$

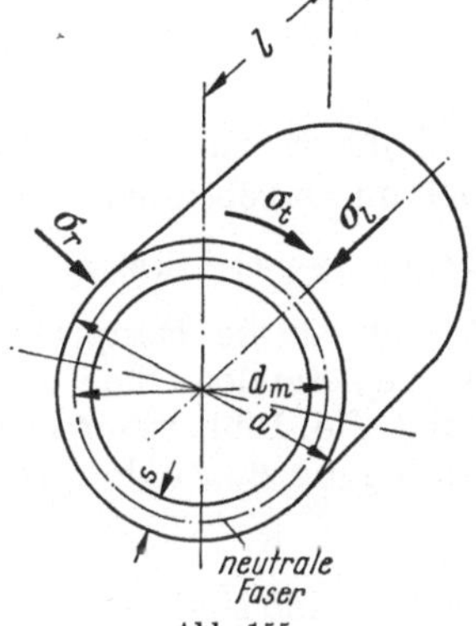

Abb. 155

Setzt man zunächst näherungsweise die relativ kleine Radialspannung gleich Null ($\sigma_r = 0$), so folgt mit Gl. (3) und dieser Bedingung aus Gl. (2):

$$\sigma_m = \frac{1}{3} (2\,\sigma_l - k_f) \,. \quad (4)$$

Die Größen σ_r und σ_m gehen in Gl. (1) ein und damit ergibt sich nach Division durch k_f die Verhältnisgleichung:

$$(1 - 2\,z) : (z + 1) : (z - 2) = \varphi_r : \varphi_l : \varphi_t \,. \quad (5)$$

Der Einfluß des Streckkoeffizienten z wird jetzt deutlich sichtbar. Setzt man nämlich Werte für diese für das Reduzierwalzwerk charakteristische Größe an, so ergibt sich sofort der Werkstofffluß: Für $\varphi_l = 0$ entsprechend $z = 0$ folgt aus Gl. (5):

$$1 : 1 : -2 = \varphi_r : \varphi_l : \varphi_t$$

Das bedeutet, daß der Werkstofffluß ausschließlich aus der Durchmesserreduktion je zur Hälfte in die Länge und in die Rohrwand geht,

d. h. daß das in Umfangsrichtung verdrängte Material je zur Hälfte in axialer und in radialer Richtung abfließt und dadurch eine entsprechende Verlängerung und Wandstärkenzunahme bewirkt.

Für $\sigma_1 = 0{,}5 \cdot k_f$ entsprechend $z = 0{,}5$ ergibt sich analog:

$$0 : 1 : (-1) = \varphi_r : \varphi_2 : \varphi_t .$$

Hier bleibt die Wandstärke unverändert und der Werkstoff fließt ausschließlich aus der Durchmesserabnahme in die Länge.

Für $\sigma_l = k_f$ entsprechend dem theoretisch maximalen Streckkoeffizienten $z = 1$ findet man schließlich:

$$-1 : 2 : -1 = \varphi_r : \varphi_2 : \varphi_t .$$

Der Werkstofffluß geht also zu gleichen Teilen aus der Durchmesserabnahme und aus der Wandverminderung ausschließlich in die Länge. Das obige Bild des Werkstoffverhaltens wird durch die endliche Rohrwand beeinflußt, da die Radialspannung nicht vernachlässigbar ist. Der Ausdruck für die hier maßgebende Größe der mittleren Radialspannung findet sich zu

$$\sigma_{rm} = \sigma_t \frac{s}{d} \cdot = \sigma_t \cdot \nu \tag{6}$$

und ihr Einfluß verändert die einfache Verhältnisgleichung 5 zu der sich nun ergebenden Form:

$$2z(\nu-1) + (1-2\nu) : z(1-\nu) + (1+\nu) : z(1-\nu) - (2-\nu) = \varphi_r : \varphi_l : \varphi_t \tag{7}$$

Damit ist die Hauptverformungsgleichung für die Rohrreduzierwalzwerke gefunden. Sie ist in der deutlichsten Weise graphisch interpretierbar (Abb. 156), wenn man gleichzeitig die bekannte Volumenkonstanzbedingung zugrunde legt:

$$\varphi_r + \varphi_l + \varphi_t = 0 . \tag{8}$$

In Abb. 156 sind die drei logarithmischen Formänderungen φ_r, φ_l und φ_t als Funktion des mittleren Streckkoeffizienten z_m und für verschiedene Werte des Wandstärkenkoeffizienten ν dargestellt. Aus dem Diagramm läßt sich für bestimmte Werte von z_m und ν das Verhältnis der logarithmischen Formänderungen unmittelbar entnehmen — es ist also beispielsweise eine Aussage möglich über die bei einer bestimmten Durchmesserabnahme erzielbare Wandverminderung als Funktion des mittleren Streckkoeffizienten.

Der mittlere Streckkoeffizient z_m ist das arithmetische Mittel der Streckkoeffizienten vor und hinter einem Gerüst und gibt in guter Annäherung den bei der Verformung in dem betreffenden Gerüst tatsächlich wirksamen relativen Zug an. Sind bei der Verformung mehrere Gerüste beteiligt, so kann man aus den mittleren Streckkoeffizienten, die für die einzelnen Gerüste gültig sind, wiederum einen Mittelwert bilden, welcher als Streckzahl z_{ges} bezeichnet wird. Es ist zu beachten, daß zur Bestimmung der Streckzahl die Streckkoeffizienten jedes Gerüstes mit dem Gewicht der Durchmesserreduktion einzusetzen sind.

Für eine genaue Rechnung muß auch das jeweilige ν beachtet werden. Die Streckzahl ist erstens von der Anzahl der an einer bestimmten Reduktion beteiligten Walzgerüste und zweitens sehr wesentlich davon abhängig, wie schnell ein Auf- und Abbau der einzelnen Streckkoeffizienten in den Ein- und Auslaufgerüsten möglich ist.

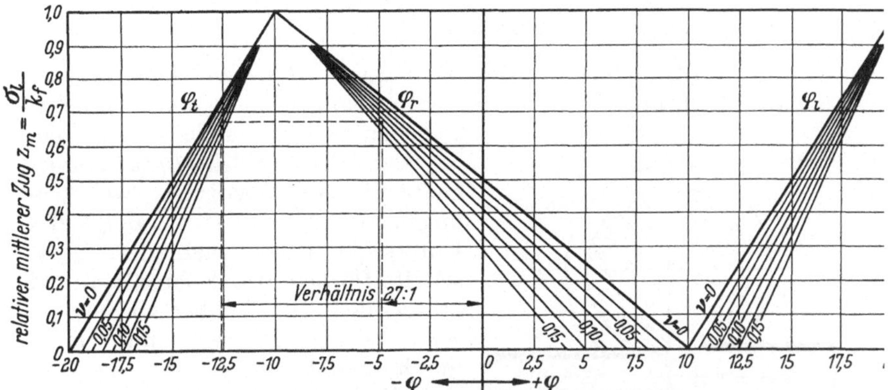

Abb. 156. Graphische Darstellung der verformungs theoretischen Grundgleichung der Rohr-Reduzier-Walzwerke

Bei Streckreduzierwalzwerken mit individueller Drehzahlregelung und der damit möglichen vollständigen Anpassung an die für unterschiedliche Rohrabmessungen ebenso unterschiedlichen Verhältnisse genügen zum Aufbau des Zuges von Null bis zu seinem praktisch zulässigen Höchstwert und ebenso zum Abbau desselben etwa je 3···4 Gerüste, d. h. daß mit insgesamt 6···8 Walzgerüsten bereits eine Streckzahl von $z_{ges} \approx 0{,}5$ aufgebracht werden kann, wenn eine entsprechende Durchmesserabnahme möglich ist.

Bei diesem Wert für z_{ges} tritt bereits eine Wandverminderung ein, wie sich aus Abb. 156 für die entsprechenden Werte von ν entnehmen läßt.

Als Beispiel für die erreichbaren Wandannahmen ist in Abb. 156 für eine Durchmesserreduktion von etwa 65%, ein mittleres ν von 0,10 und eine mit 14 beteiligten Walzgerüsten bei individueller Drehzahlregelung erreichbare mittlere Streckzahl $z_{ges} = 0{,}67$ das Verhältnis von φ_t zu φ_r eingezeichnet. Dieses Verhältnis entspricht bei einem Wert von etwa 2,7 einer günstigstenfalls erzielbaren Wandverminderung von rund 24%.

2. Walzkräfte und Reibungszahl

Unzweifelhaft ist die wirklich erreichbare Wandverformung neben dem zur Verhinderung von Rohrreißern praktisch zulässigen und werkstoffbedingten Höchstwert des Streckkoeffizienten außerdem noch von der Reibungszahl zwischen Rohr und Walze begrenzt. Der Einfluß der Reibungszahl ist aus der Betrachtung des Kräftegleichgewichtes im Walzkaliber zu ersehen (Abb. 157).

Es bedeuten:

P_w = Normalkomponente des Walzdruckes

P_r = Axialkomponente des Walzdruckes (Rückdruck)

P_a, P'_a = Axialkraft aus der Zugspannung σ_l multipliziert mit der Querschnittsfläche F des Rohres

μ_w = effektive Reibungszahl.

Die Normalkomponenten des Walzdrucks P heben einander auf; in axialer Richtung herrscht jedoch im allgemeinen eine Differenz zwischen den vorhandenen Kräften, die sich aus der Rückdruckkomponente P_r des Walzdrucks und den ungleichen Axialkräften infolge des Unterschiedes zwischen den Querschnittsflächen des Rohres vor und hinter dem Walzkaliber zusammensetzt. Diese Differenz muß daher durch eine Kraft, die hier *Zugkraft* der Walzen benannt ist, gedeckt werden und darf demzufolge nicht größer sein als das Produkt der Walzdruckkomponente P_w und der maximalen Reibungszahl μ um die Aufrechterhaltung des Kräftegleichgewichtes zu gewährleisten.

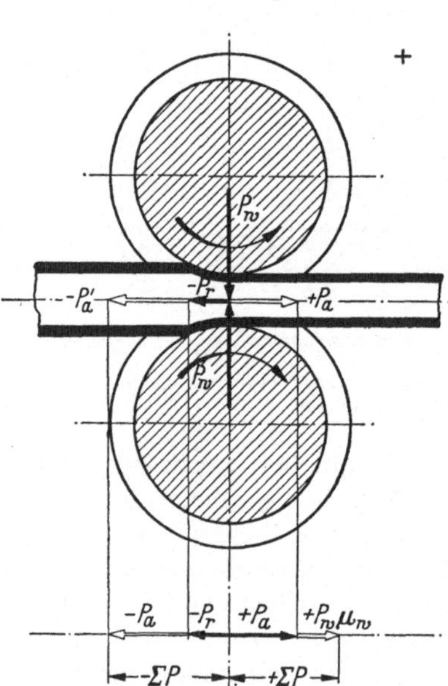

Abb. 157. Kräftegleichgewicht im Kaliber

Nun wird sofort ersichtlich, daß für alle mittleren Walzgerüste mit beiderseits gleicher Zugspannung σ_l, d. h. mit beiderseits gleichem Streckkoeffizienten z, die günstigstenfalls von den Walzen aufzubringende *Zugkraft* durch die maximale Reibungszahl μ im Verein mit der Walzdruckkomponente P_w begrenzt ist. Da aber die Axialkräfte P_a und P'_a vor und hinter dem Gerüst definitionsgemäß den jeweiligen Rohrquerschnitten proportional sind, wird ihre Differenz um so größer, je mehr die Durchmesserreduktion und damit der Querschnittsunterschied zunehmen. Da diese Axialkraftdifferenz einschließlich des Rückdruckes, wie erwähnt, von der *Zugkraft* der Walzen $P_w \cdot \mu_w$ gedeckt werden muß, ergibt sich, daß für die betrachteten Gerüste eine Grenze der zulässigen Durchmesserreduktion in Abhängigkeit von dem Streckkoeffizienten gegeben ist.

Abb. 158 zeigt für die maximal erreichbare Reibungszahl und für verschiedene Rohraußendurchmesser die obere Grenze der Durchmesserreduktion in Abhängigkeit von dem vor und hinter dem Gerüst herrschenden Streckkoeffizienten, sowie den Grenzbereich des betrieblich zulässigen Streckkoeffizienten. Das Diagramm gilt nur für einen bestimmten Walzendurchmesser.

Die Wechselwirkung zwischen Durchmesserabnahme ϱ, Streckkoeffizient z, und Rohrdurchmesser d gibt einen Anhalt für die Zahl der für eine bestimmte Gesamtreduktion erforderlichen Walzgerüste. Großkalibrige Rohre erfordern daher infolge der engeren Begrenzung der Durchmesserreduktion je Gerüst im allgemeinen mehr Walzgerüste, als dies für kleine Rohre bei sonst gleichen Verhältnissen notwendig ist.

Im Bestreben nach wirtschaftlichen Arbeiten wird man im allgemeinen eine bestimmte Reduktion mit der geringstmöglichen Gerüstzahl erzielen wollen. Dies bedingt eine Ausnutzung der Reibungszahl μ und der damit gegebenen Zugkraft der Walzen bis zur Grenze des in jedem Walzkaliber bei der zugehörigen Walzendrehzahl vorhandenen

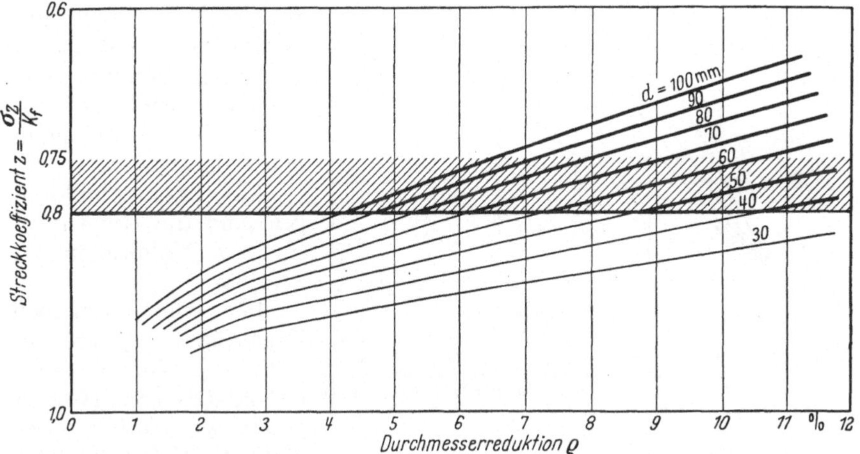

Abb. 158. Das Diagramm gilt für Dreiwalzenanordnung und $d = 270$ mm ideellen Walzendurchmesser. Das schraffierte Feld bezeichnet den zur Vermeidung von Rohrreißern maximal zulässigen Bereich des Streck-Koeffizienten z. — Erläuterung der Begrenzung der Durchmesserabnahme pro Walzgerüst durch den Steck-Koeffizienten z_m und die Reibungszahl μ.

Kräftegleichgewichtes. Ist jedoch dieses Kräftegleichgewicht auch nur in einem Walzensatz gestört, also nach der unzulässigen Seite hin überschritten — wird also mit anderen Worten die axiale Zugkraft- und Rückdruckdifferenz nicht mehr vollständig von der *Zugkraft* der Walzen gedeckt —, so werden die benachbarten und von diesen fortschreitend alle Walzgerüste in der gleichen Richtung beeinflußt und der aufgebrachte Streckkoeffizient und mit ihm die Wandabnahme fallen erheblich ab. Störungen im Kräftegleichgewicht eines Walzgerüstes bewirken also einen Durchgriff dieser Störung durch das ganze Walzwerk.

Im Lichte dieser Betrachtung erscheint die oft vertretene Ansicht, daß zum Streckreduzieren — zur Erzielung einer Wandverminderung also — eine gewisse Mindestzahl von Walzgerüsten zum *Einspannen* des Rohres notwendig sei, als irrig in bezug auf Walzwerke mit individuell regelbaren Walzendrehzahlen, die den oben geschilderten unterschiedlichen Bedingungen für jedes Gerät jeweils angepaßt werden können. Bei richtiger Drehzahleinstellung trägt sich in einem solchen Walzwerk gewissermaßen jedes Gerüst selbst; die in der Walzhitze vorhandene Reibungszahl ist nirgendwo überschritten.

In den Ein- und Auslaufgerüsten liegen die Verhältnisse etwas anders dadurch, daß der Auf- bzw. Abbau des Streckkoeffizienten erforderlich ist. Die Abb. 159 und 160 zeigen diesen Auf- und Abbau des Streckkoeffizienten für je ein Einlauf- und Auslaufgerüst in ähnlicher Weise wie Abb. 158 für die mittleren Gerüste. Zu Abb. 160 ist zusätzlich zu erwähnen, daß das letzte Gerüst als Maßwalzgerüst ohne Durchmesserabnahme arbeitet und demzufolge keinen Zugabbau mehr erlaubt.

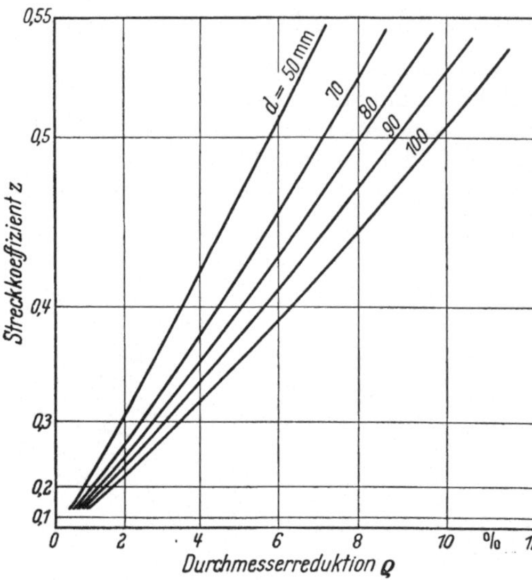

Abb. 159. Abhängigkeit des maximal erreichbaren Streck-Koeffizienten z hinter dem ersten Walzgerüst von der Durchmesser-Reduktion ϱ bei maximaler Reibungszahl. Das Diagramm gilt für Dreiwalzenanordnung und $d = 270$ mm ideellen Walzendurchmesser

Aus diesen Abbildungen sind die Richtlinien für das Kalibrieren erkennbar.

Für einen schnellen Zugaufbau empfiehlt es sich, die Durchmesserabnahme im ersten Gerüst gering zu wählen (etwa 3⋯5%), da für das Verhalten der Wand auch im ersten Gerüst der mittlere Zug $z_m = (z_{i-1} + z_i)/2$ maßgebend ist. Da aber z_0 null ist, geht eine Erhöhung von z_l durch starke Durchmesserreduktion nur zur Hälfte in den z_m-Wert ein. Abb. 156 zeigt jedoch, daß bei kleinem z_m die Wandzunahme relativ groß ist, d. h., daß eine geringe Durchmesserabnahme im Interesse einer möglichst geringen Wandzunahme im ersten Gerüst ratsamer erscheint als eine große Durchmesserreduktion. Hier ist zu erwähnen, daß das erste Gerüst nach dem Einlauf des Rohres von diesem unter Drehmomentumkehr geschleppt wird, da offensichtlich die Differenz der Axialkraft im Rohr in die Walzrichtung weist, so daß die Walzen das Rohr bremsen statt ziehen.

Im zweiten Gerüst empfiehlt sich jedoch eine kräftige Durchmesserabnahme (8⋯12%) aus dem Bestreben nach einer möglichst schnellen Verminderung des Rohraußendurchmessers, da gemäß Bild 158 in den mittleren Gerüsten dann größere Reduktionen bei hohem Zug erreicht werden können. Außerdem bildet für dieses Gerüst die Reibungszahl keine Grenze der zulässigen Durchmesserreduktion, da im allgemeinen zwischen dem zweiten und dritten Gerüst die Drehmomentumkehr an den Walzen von dem immer geschleppten ersten zu dem fast immer ziehenden dritten Gerüst stattfindet. Die Reibungszahl μ_w, die im ersten Gerüst entsprechend Abb. 157 negativ, vom dritten oder spätestens vierten

Gerüst ab aber positiv ist, liegt also im zweiten oder dritten Gerüst bei dem Wert Null, da hier die Axialkraftdifferenz bei hoher Durchmesserabnahme und starkem Zugaufbau sehr gering wird.

Dies sei nachstehend erläutert. Der außerordentlich verwickelte Ausdruck für die bei bestimmten Verhältnissen erforderliche effektive Reibungszahl läßt sich vereinfacht als Funktion zweier Einflüsse wie folgt darstellen:

$$\mu_w = f(d, \varrho) - g\,(z_i F_i - z_{i-1} \cdot F_{i-1}) \tag{9}$$

Der vordere Ausdruck entspricht im wesentlichen der Rückdruckkomponente P_r des Walzdrucks (vgl. auch Abb. 157). Der zweite Ausdruck ist ein Maß für die Absolutdifferenz der Kräfte in axialer Richtung durch die unterschiedlichen Querschnittsflächen F des Rohres, multipliziert mit der jeweiligen Axialspannung σ_l. Der erste Ausdruck ist immer positiv und liegt im Normalfall der mittleren Gerüste etwa in der Größenordnung von 1/3 des zweiten Ausdrucks. Ist im zweiten Ausdruck das erste Glied der Klammer kleiner als das zweite (dies entspricht dem Normalfall der mittleren Gerüste), so wird auch der zweite Ausdruck positiv. Ist aber das erste Klammerglied größer als das zweite (dies entspricht den Verhältnissen im ersten Gerüst und auch im zweiten Gerüst bei entsprechend hohem z_i-Wert), so wird der zweite Ausdruck negativ und kehrt das Vorzeichen des Gesamtausdruckes um oder läßt ihn zu Null werden.

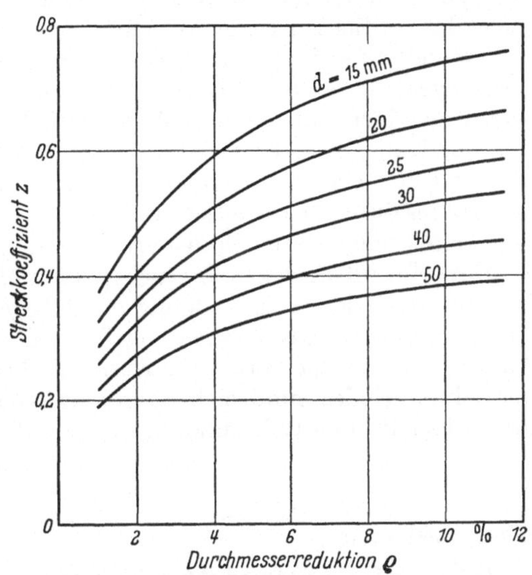

Abb. 160. Das Diagramm gilt für Dreiwalzenanordnung und $d = 270$ mm ideellen Walzendurchmesser und zeigt die Abhängigkeit des maximal erreichbaren Streck-Koeffizienten z vor dem vorletzten Walzgerüst von der Durchmesserreduktion ϱ bei maximaler Reibungszahl μ.

Durch den fast dem maximal zulässigen Zug entsprechenden Wert z_2 hinter dem zweiten Gerüst wird der Wert z_{m2} gegen den Zug z_1 hinter dem ersten Gerüst groß genug, um bereits im zweiten Gerüst eine Wandverminderung erreichen zu können.

Das dritte Gerüst ist dann nach den in Abb. 158 dargestellten Beziehungen zu kalibrieren mit dem Bestreben, hinter dem dritten Gerüst bereits an der oberen Grenze des zulässigen Zuges zu arbeiten.

Für die Auslaufgerüste ist dann sinngemäß und entsprechend Abb. 160 zu verfahren.

3. Verdickte Rohrenden

Das Auftreten der sogenannten verdickten Enden beim Reduzieren unter Zug wird dadurch hervorgerufen, daß die Rohrenden beim Durchlauf durch das Walzwerk jeweils zwischen zwei Gerüsten für die Länge des Gerüstabstandes keinerlei Längszug unterworfen sind. Daraus folgt, daß sich an den Rohrenden eine beträchtliche Wandverdickung ergibt. Die Wandzunahme der Endquerschnitte ist für $z = 0$ aus Abb. 156 zu entnehmen.

Wichtiger für die Wirtschaftlichkeit des Streckreduzierens — von dem hier vornehmlich die Rede ist — scheint die Frage nach der Gesamtlänge des verdickten Endes zu sein.

Zweifelsohne wird rein gewichtsmäßig ein Rohrstück von den Abmessungen, die es beim Durchtritt durch das erste Gerüst unter Einschluß der hier eintretenden Wandverdickung für $z = 0$ aufweist, und von der Länge des Abstandes zwischen erstem und zweitem Walzgerüst als verdicktes Ende anfallen, wenn man voraussetzt, daß beim Durchtritt des Rohres durch das zweite Gerüst bereits der Betriebszustand zwischen dem ersten und zweiten Gerüst erreicht ist.

Darauf wird dieses Rohrstück beim weiteren Durchlauf durch das Walzwerk teleskopartig zu seiner endgültigen Länge beim Auslauf auseinandergezogen, das Gewicht bleibt jedoch insgesamt erhalten. Ein Ansatz für die theoretische Erfassung dieser endgültigen Länge des verdickten Endes muß sich daher als eine Summe darstellen lassen, die — hier für den Rohranfang geltend — folgende Form besitzt:

$$L_{Vn} = a \cdot \left[V_n' + V_n \sum_{i=2}^{n} \frac{V_i' - 1}{V_1 \cdot V_2 \cdot V_3 \cdots V_{i-1}} \right] \qquad (10)$$

Hierin bedeuten:

L_{Vn} = die Länge des verdickten Endes nach dem Austritt aus dem n-ten Gerüst
a = den Gerüstabstand
n = die Anzahl der Walzgerüste
V_i = die Verlängerung im Betriebszustand für das i-te Walzgerüst
V_n = die Gesamtverlängerung im Betriebszustand für $i = n$ Walzgerüste:

$$V_n = F_0/F_n = e^{ln\varphi}$$

V_n' = die Gesamtverlängerung bei $\sigma_l = 0$ für n Walzgerüste.
V_i' = die Verlängerung im i-ten Walzgerüst bei $\sigma_l = 0$.

Ersichtlich ist sofort der bestimmende Einfluß des Gerüstabstandes und der Anzahl der Walzgerüste.

Da im allgemeinen der Gerüstabstand unveränderlich ist und in seinem Mindestwert durch konstruktive Erfordernisse der Walzenlagerung bedingt wird, ist eine Verminderung der Länge der verdickten Enden nur durch eine Einflußnahme auf die Anzahl der jeweilig angesetzten Gerüste möglich. Die Forderung nach der geringstmöglichen Gerüstzahl für eine bestimmte gewünschte Reduktion hat gleichzeitig verschärfte Walzbedingungen zur Folge, die ihrerseits die Verlängerung pro Gerüst im Betriebszustand V_i im Vergleich zur Verlängerung ohne Zug V_i' möglichst groß werden lassen.

Der Erfolg dieser Maßnahme ist theoretisch sehr gering, da, wie erwähnt, das Gewicht des verdickten Endes konstant ist. Praktisch hat jedoch die Rohrwand bestimmte zulässige Toleranzen, und der beträchtliche Unterschied zwischen V_i und V_i' hat zur Folge, daß beim Einlauf des Rohres eine Tendenz zum Umstülpen des Rohrendes besteht, d. h., daß der Werkstoff an der Außenfläche des Rohres durch die einem schnellen Zugaufbau und großen Verlängerungen von Gerüst zu Gerüst — das alles gilt, wie gesagt, für konkrete Walzbedingungen auf Grund kleiner Gerüstzahlen — entsprechenden großen Geschwindigkeitsunterschiede der Walzen gegenüber dem einlaufenden Rohrende sehr stark zum Rohrende hin gezogen wird und daß dadurch vom Rohrende aus gesehen die Rohrwand entsprechend früher durch ihre Plustoleranz geht. Es findet mit anderen Worten eine Werkstoffverlagerung zum Rohrende hin statt, die entsprechend der Gewichtskonstanz des verdickten Endes eine geringere Abfallänge zur Foge hat.

Es bleibt noch anzufügen, daß der Ausdruck für die Länge des verdickten Endes jeweils um ein weiteres Summenglied vermehrt wird, je später der Betriebszustand zwischen erstem und zweitem Gerüst beim Einlauf des Rohres eintritt. Diese Zusatzausdrücke werden jedoch schnell kleiner und geben im ganzen nur einen kleinen Beitrag.

II. Forderungen für den Bau der Reduzierwalzwerke und deren Kalibrierung

Die bisher dargestellten Beziehungen der verschiedenen Einflüsse auf das Werkstoffverhalten beim Reduzieren gelten ganz allgemein für alle Rohrreduzierwalzwerke.

Eine genauere Betrachtung dieser Einflüsse zeigt, daß die für das Maßwalzwerk und auch für das Reduzierwalzwerk üblichen Walzprogramme mit den bisher bekannten und jahrzehntelang bewährten Walzwerkstypen in zufriedenstellender Weise eingehalten werden können.

Für den erfolgreichen Betrieb von Streckreduzierwalzwerken ist es aber unbedingt erforderlich, daß bei den teilweise recht hohen Durchmesserreduktionen neben der notwendigen Verwendung von 3-Walzengerüsten vor allem der Antrieb dieser Walzwerke die Möglichkeit der Anpassung an die verschiedensten Einflußgrößen zuläßt.

Aus den theoretischen Erörterungen in den vorhergehenden Abschnitten dieser Untersuchung geht in zwingender Weise hervor, daß die Ausnutzung der sich mit diesem Walzverfahren bietenden bedeutenden Vorteile für die Rohrfertigung ganz unmittelbar mit der Verwendung eines Walzwerksantriebes verknüpft ist, der in gewissen Grenzen eine individuelle Regelung der Walzendrehzahlen gestattet.

Es ist ebenso unzweifelhaft, daß besondere konstruktive Maßnahmen ergriffen werden mußten, um die hohen Ansprüche an die Genauigkeit der Einhaltung dieser individuell einstellbaren Walzendrehzahlen auch unter den rauhen Betriebsbedingungen im Rohrwalzwerk erfüllen zu können.

1. Reduzierwalzwerke mit frei wählbaren Drehzahlen

Im folgenden soll eine auf den theoretischen Grundgleichungen basierende Methode zur Bestimmung der Walzenkalibrierung und der Gerüstdrehzahlen bei Reduzier- und Streckreduzierwalzwerken erläutert werden.

Das nachstehend entwickelte Berechnungsverfahren gilt dabei ganz allgemein für alle Reduzierwalzwerke; es hat jedoch zum Ziel, die für die Herstellung eines bestimmten Fertigrohres aus einer gegebenen Luppe bei Vorgabe der Durchmesserreduktion von Gerüst zu Gerüst erforderlichen Walzendrehzahlen zu ermitteln. Das Verfahren bezieht sich also auf alle Reduzierwalzwerke mit individuell regelbaren Walzendrehzahlen und vornehmlich auf Streckreduzierwalzwerke der Bauart Meer und liefert die notwendigen Werte mit auch für verschärfte Bedingungen ausreichender Genauigkeit.

a) Berechnungsverfahren. Die Hauptverformungsgleichung VII liefert zusammen mit der Volumenkonstanzbedingung VIII drei Gleichungen für die fünf Unbekannten φ_r, φ_l, φ_t, z und ν.

Für die Walzenkalibrierung müssen daher zwei Größen vorgegeben werden. Prinzipiell können diese beiden anzunehmenden Größen beliebig gewählt werden. Es empfiehlt sich jedoch sowohl mit Rücksicht auf die bislang üblichen Methoden zur Kalibrierung von Reduzierwalzwerken als auch im Hinblick auf ein nicht zu umständliches und fehleranfälliges Berechnungsverfahren die Vorgabe der Werte ϱ und φ_l für jeden Walzensatz.

Hierbei wird die Außendurchmesserreduktion ϱ an Stelle der unbekannten Reduktion φ_t vorgegeben, da diese sich ja auf den mittleren Rohrdurchmesser $d_m = d - s$ bezieht und infolge der noch unbekannten Rohrwand s zunächst nicht die Bestimmung der für die Rechnung benötigten Reduktion ϱ erlaubt. Die Vorgabe des φ_l-Wertes oder genauer gesagt der φ_l-Stufung entspricht einer Vorgabe der Verlängerung von Gerüst zu Gerüst, da $\varphi_l = \ln F_{i-1}/F_i$ ist.

Es hat sich erwiesen, daß die anzunehmenden Werte der Verlängerung φ_2 und die zugehörigen Werte der Durchmesserreduktion ϱ in bestimmter Weise einander zugeordnet werden können, jedoch ist dieses Verhältnis auch von anderen Einflußgrößen abhängig. Für den Kalibreur ergibt sich damit die Möglichkeit, auf eine Nachprüfung der Verformungsverhältnisse in den einzelnen Gerüsten verzichten zu können, wenn ihm die jeweils günstigsten Werte des obenerwähnten Verhältnisses bekannt sind; diese Kenntnis kann dabei sowohl auf theoretischer Vorausberechnung als auch auf empirischer Grundlage beruhen.

Der wesentliche Vorteil des im folgenden entwickelten Berechnungsverfahrens liegt darin, daß die vorgegebenen Werte bereits die Walzendrehzahlen bestimmen, da sich diese unmittelbar aus der Verlängerung φ_l im Verein mit der Durchmesserabnahme ϱ für jedes Gerüst ergeben. Der Kalibreur kann sich also darauf beschränken, die Durchmesserreihe und die φ_l-Stufung unter Einhaltung der bereits erwähnten empirischen oder aus der Theorie her bekannten Verhältnisse zwischen beiden Werten für alle Gerüste anzunehmen, um dann unmittelbar und exakt die Walzendrehzahlen errechnen zu können.

Erforderlichenfalls ist für jedes Gerüst eine Nachprüfung des Kräftegleichgewichtes, des Wandverhaltens und des Streckkoeffizienten z möglich. Die dazu notwendigen Berechnungsgleichungen sind im folgenden Abschnitt angegeben.

b) Berechnungsgleichungen. Gegeben sind Außendurchmesser d_0 bzw. d_e und Wanddicke s_0 bzw. s_e der Luppe und des Fertigrohres. Damit sind auch die Werte für die Rohrquerschnitte F_0 bzw. F_e und für eine eventuelle Nachprüfung die mittleren Durchmesser d_{m0} bzw. d_{me} und die Wandstärkenkoeffizienten ν_0 bzw. ν_e bekannt. (Vgl. dazu die Begriffsbestimmungen auf S. 132/133.)

Ebenso ergibt sich die Gesamtverlängerung V_{ges} und das auf die einzelnen Gerüste zu verteilende Gesamt-φ_l. Die notwendigen Gleichungen lauten:

$$F_0 = (d_0 s_0 - s_0^2) \cdot \pi \quad (\text{mm}^2) \tag{11}$$

$$F_e = (d_e \cdot s_e - s_2^2) \cdot \pi \quad (\text{mm}^2) \tag{12}$$

$$V_{ges} = F_0/F_e = e^{\varphi_{l\,ges}} \tag{13}$$

$$\varphi_{l\,ges} = \ln V_{ges} = \ln F_0/F_e\,. \tag{14}$$

Die zuweilen übliche Angabe der Gesamtquerschnittsreduktion R_{ges} an Stelle der Gesamtverlängerung errechnet sich wie folgt:

$$R_{ges} = (F_0 - F_e)/F_0\,. \tag{15}$$

Der weiteren Berechnung geht die Annahme der Gerüstzahl voraus. Allgemein gültige Regeln bestehen hier nicht, da die Gerüstzahl sehr wesentlich von der je Gerüst möglichen Durchmesserreduktion abhängt und den in Abb. 158, 159 und 160 dargestellten Beziehungen sowie insbesondere der Absolutgröße des Rohrdurchmessers und auch des Walzendurchmessers unterworfen ist. Empfehlenswert ist daher ein Überschlag an Hand der Gesamtdurchmesserabnahme und der Abb. 158, 159 und 160 eine grobe Verteilung der Durchmesserreduktion also.

An Hand der festgelegten Gerüstzahl gibt man nun die Werte für die Durchmesserreduktionen ϱ der Walzgerüste im einzelnen vor:

$$\varrho_i = \frac{d_{i-1} - d_i}{d_{i-1}} \tag{16}$$

und errechnet ausgehend vom Anstichdurchmesser d_0 die einzelnen Walzenkaliberdurchmesser d_i. Der Index i steht für die Nummer des Walzgerüstes, beginnend einlaufseitig mit $i = 1$ für das erste Gerüst.

$$d_i = d_{i-1} \cdot (1 - \varrho) \quad (\text{mm}^2) \tag{17}$$

Das Gesamt-φ_l wird jetzt entsprechend der Anzahl der Walzgerüste aufgeteilt. Allgemein gültige Regeln existieren auch hier nicht, da die Zuordnung der φ_{li}-Werte zu den Werten für ϱ_i von zahlreichen Einflüssen abhängt. Generell liegt das φ_{li} in der gleichen Größenordnung wie ϱ_i, für den Anfang ist jedoch ein mehrmaliges Probieren mit anschließendem Nachprüfen für z und μ_w unerläßlich, um die notwendige Sicherheit zu erlangen. Man kann auch die Verlängerung von Gerüst zu Gerüst vorgeben, wobei darauf zu achten ist, daß die Gesamtverlängerung das Produkt aller Verlängerungen ist, während sich die φ_{li}-Werte addieren.

Die Summe aller φ_{li}-Werte muß natürlich wieder $\varphi_{l\,ges}$ ergeben.

$$\varphi_{l\,ges} = \sum_{i=1}^{n} \varphi_{l\,i} \tag{18}$$

Hierin ist n die Anzahl der Walzgerüste.

Nun müßte erforderlichenfalls eine Nachprüfung erfolgen. Hier sei jedoch der Rechnungsgang unter Verzicht auf diese bei einiger Erfahrung nicht mehr notwendige Nachprüfung weitergeführt.

Aus den Werten für d_i und $\varphi_{l\,i}$ errechnen sich unmittelbar die Walzendrehzahlen in folgender Weise:

$$v_i = e^{\sum_{i=1}^{i} \varphi_{l\,i}} \tag{19}$$

Hierin ist v_i eine relative Größe, die der Geschwindigkeit des Rohres beim Auslauf aus dem Gerüst i entspricht, wenn die Geschwindigkeit v_0 der ins erste Gerüst einlaufenden Luppe gleich 1 gesetzt wird. Offensichtlich ist v_i gleich der Gesamtverlängerung V_i, die das Rohr nach dem Verlassen des i-ten Gerüstes erfahren hat, wenn die Verlängerung des einlaufenden Rohres — der Luppe also — gleich 1 ist. In gleichem Maße entspricht v_i auch der theoretischen Umfangsgeschwindigkeit der Walzen im Gerüst i gegenüber der Umfangsgeschwindigkeit $v_0 = 1$ der Walzen in einem imaginären 0-ten Walzgerüst (i = null), das gewissermaßen die Luppe liefert.

In die theoretische Walzendrehzahl geht nun der auf Grund des im Durchmesser ständig abnehmenden Rohres bei gleichbleibendem idealen Walzendurchmesser d_w sich ändernde effektive Transportdurchmesser der Walze im Kalibergrund ein:

$$n_i = v_i \cdot \frac{d_w - d_0}{d_w - d_i} \tag{20}$$

Damit ist bereits die erforderliche theoretische Walzendrehzahl gefunden. Praktisch werden jedoch in den Einlaufgerüsten gewisse Abzüge und in den Auslaufgerüsten gewisse Zuschläge vorgenommen. Die Größe der Abzüge in den Einlaufgerüsten hängt davon ab, ob ein Zug und wie schnell und bis zu welchem z-Wert dieser Zug aufgebaut wird. Für schärfste Bedingungen bei schnellstmöglichem Zugaufbau beginnt der Abzug beim dritten Gerüst und erreicht — für das zweite Gerüst zunehmend — dann im ersten Gerüst etwa den Wert

$$\Delta n_{1\,max} \approx \left(1 - \frac{d_w - d_1}{d_w - 0{,}5\, d_1}\right) \cdot 10^2 (\%) \tag{21}$$

Das vierte Gerüst bleibt im n_i-Wert unverändert wie auch alle folgenden Gerüste bis zum (n—3)-ten Gerüst. Hier setzt der Drehzahlzuschlag ein und steigt bis zum (n—1)-ten Gerüst auf etwa 1% an. Das letzte Maßwalzgerüst läuft im Mittel um etwa 0,7 bis 1% schneller als das (n—1)-te Gerüst, das im allgemeinen ebenfalls als Maßwalzgerüst arbeitet.

$$n_{n\,max} = 1{,}01 \cdot n_{n-1} \tag{22}$$

Die somit einschließlich der Zuschläge und Abzüge erhaltene n_i-Reihe wird unmittelbar in die erforderlichen Walzendrehzahlen umgerechnet, in dem man ein beliebiges n_i einer passenden Drehzahl n_{wi} zuordnet und alle anderen Walzendrehzahlen im Verhältnis entwickelt.

Zum Beispiel sei einem n_i-Wert von 1,789 eine Drehzahl von $n_{wi} = 200{,}0\ \text{min}^{-1}$ zugeordnet worden. Dann ist die einem Wert für beispielsweise $n_{i-2} = 1{,}432$ entsprechende Drehzahl:

$$n_{wi-2} = n_{wi} \frac{n_{i-2}}{n_i} = 200{,}0 \frac{1{,}432}{1{,}789} = 159{,}2\ \text{min}^{-1} \tag{23}$$

c) Gleichungen zur Nachprüfung. Die Prüfung der Drehzahlberechnung erfolgt so, daß man, ausgehend von dem Außendurchmesser, der Durchmesserreduktion und dem φ_{li}-Wert, für jedes Gerüst die Rohrwanddicke errechnet. Dann bestimmt man den mittleren Durchmesser d_m und das zugehörige ν. Aus diesen Werten ist die Durchmesserreduktion φ_{ti} und damit auch z_i errechenbar. Schließlich wird geprüft, ob die zulässige Reibungszahl nicht überschritten ist. Zu dieser Rechnung dienen folgende Gleichungen:

$$s_i = \frac{d_i}{4} \cdot A + \frac{d_i}{16} \cdot A^2 + \frac{d_i}{32} \cdot A^3 \quad (\text{mm}) \tag{24}$$

mit $$A = 4 s_0\, d_{m0}/d_i^2 \cdot e^{\sum_1^i \varphi_{li}}$$

Weiterhin werden gebraucht:

$$d_{mi} = d_i - s_i \quad (\text{mm}) \tag{25}$$

$$\nu_i = \frac{s_i}{d_i} \tag{26}$$

$$\nu_{mi} = \frac{1}{2} (\nu_{i-1} + \nu_i) \tag{27}$$

$$\varphi_{ti} = -\ln \frac{d_{mi-1}}{d_m} \tag{28}$$

Mit diesen Angaben errechnet sich der im Gerüst wirksame Streckkoeffizient z_m zu:

$$z_{mi} = \frac{\varphi_{li}(2 - \nu_{mi}) + \varphi_{ti}(1 + \nu_{mi})}{\varphi_{li}(1 - \nu_{mi}) - \varphi_{ti}(1 - \nu m)} \tag{29}$$

Aus dem so ermittelten z_{mi} und dem bereits bekannten z_{i-1} ergibt sich nach Gl. (30) der gesuchte Wert für z_i.

Da definitionsgemäß z den Anteil der Zugspannungs σ_l im Rohr an der Formänderungsfestigkeit k_f ausdrückt, darf z_i den Wert 1 natürlich nicht überschreiten. Die Sicherheitsgrenze für das maximal zulässige z ist vom Rohrwerkstoff her gegeben — sie liegt im Mittel bei etwa 70 bis 85% entsprechend $z = 0{,}7 \cdots 0{,}85$. Man vergleiche dazu auch Abb. 158 (S. 137).

Die Überprüfung der Kräfteverteilung im Walzkaliber nach Abb. 157, genauer gesagt der Reibungszahl μ_w erfolgt an Hand der Gleichungen

$$z_i = 2 z_{mi} - z_{i-1} \tag{30}$$

$$1{,}6 \frac{d_i \cdot \sqrt{d_{i-1} - d_i}}{d_{i-1} + d_i} - \frac{(z_i\, s_i\, d_{mi}) - (z_{i-1} \cdot s_{i-1}\, d_{mi-1})}{\nu_{mi}(1 - z_{mi}) \cdot (d_{i-1} + d_i) \cdot \sqrt{d_{i-1} - d_i}} \geqq 7{,}6 \tag{31}$$

Die Glg. (31) gilt für ein 3-Walzen-Streckreduzierwalzwerk mit 270 mm ideellem Walzendurchmesser und für Rohrtemperaturen von 700 ··· 1000° C bei Verwendung wassergekühlter Hartgußwalzen. Die Angabe entsprechender Werte für 2-Walzen-Reduzierwalzwerke und für unterschiedliche Walzendurchmesser würde hier zu weit führen, da der Kontrollwert verschiedenen und für jede Walzwerkstype und -größe unterschiedlichen Einflüssen unterliegt.

Anmerkung: Die Gl. (30) stellt insofern eine Annäherung an die wirklichen Verhältnisse im Walzkaliber dar, als der für den Werkstofffluß maßgebende Streckkoeffizient z_{mi} nicht genau dem arithmetischen Mittel von z_{i-1} und z_i entspricht. Für die praktischen Bedürfnisse ist die obige Annahme jedoch völlig ausreichend, zumal sich exakte Werte von z_{mi} nur durch eine Integration aller tatsächlichen z-Werte über die Länge der Berührungsfläche zwischen Rohr und Walze finden lassen.

2. Reduzierwalzwerke mit vorgegebenen Drehzahlen

a) Berechnungsverfahren. In ähnlicher Weise wie für Walzwerke mit frei wählbarer Drehzahlreihe ist es möglich, bei normalen Reduzierwalzwerken mit vorgegebener Drehzahlreihe die Walzkaliberdurchmesser für eine bestimmte jeweilige Reduktion zu ermitteln.

Es empfiehlt sich jedoch, an der bisher üblichen Berechnungsmethode festzuhalten und zunächst einmal auch bei Reduzierwalzwerken mit starrer Drehzahlstufung die Durchmesserreihe anzunehmen, zumal der Wert der Durchmesserreduktion ϱ, für den die Drehzahlreihe des Walzwerkes ausgelegt wurde, bekannt ist.

Das im folgenden entwickelte Berechnungsverfahren schlägt daher diese Methode der Kaliberdurchmesservorgabe vor, liefert aber zusätzlich die Angaben für die Vorausermittlung der einer bestimmten gewünschten Fertigwand entsprechenden Luppenwand und eine Gleichung zur Nachprüfung des Verhaltens der Rohrwand beim Durchlauf durch das Walzwerk und insbesondere zur Nachprüfung der ermittelten Luppenwand.

b) Berechnungsgleichungen. Gegeben sind Außendurchmesser d_e und Wandstärke s_e des Fertigrohres sowie der Außendurchmesser d_0 der Luppe.

Zunächst schätzt man zweckmäßigerweise die erforderliche Wandstärke s_0 der Luppe und berechnet mit diesem Wert das $\varphi_{t\,ges}$ und das mittlere $\nu_{m\,ges}$.

$$d_{m0} = d_0 - s_0 \quad \text{(mm)} \tag{32}$$

$$d_{me} = d_e - s_e \quad \text{(mm)} \tag{33}$$

$$\varphi_{t\,ges} = -\,l_n \frac{d_{m0}}{d_{me}} \tag{34}$$

$$\nu_0 = \frac{s_0}{d_0} \tag{35}$$

$$\nu_e = \frac{s_e}{d_e} \tag{36}$$

$$\nu_{m\,ges} = \frac{1}{2}(\nu_0 + \nu_e) \tag{37}$$

Mit den beiden Werten $\varphi_{t\,ges}$ und $\nu_{m\,ges}$ geht man nun in das Diagramm Abb. 156 und entnimmt für einen z_m-Wert von $0{,}20 \cdots 0{,}25$ — dies entspricht der üblichen Arbeitsweise auf Reduzierwalzwerken — im Sinne des eingezeichneten Beispiels das $\varphi_{r\,ges}$ und prüft über die Wandzunahme entsprechend dem Verhältnis $\varphi_{t\,ges}$ zu $\varphi_{r\,ges}$ die geschätzte Luppenwandstärke nach.

Anmerkung: Dieses Verfahren trifft nur annäherungsweise zu, da das mittlere $\nu_{m\,ges}$ nicht dem arithmetischen Mittel aus ν_0 und ν_e entspricht, wie dies in Gl. (37) vorausgesetzt ist. Der tatsächliche Wert für $\nu_{m\,ges}$ ist erst durch Integration der dem Diagramm Abb. 156 zugrunde liegenden Hauptverformungsgleichung zu ermitteln. Eine solche Entwicklung würde hier jedoch zu weit führen.

Für die Nachprüfung der Verformungsverhältnisse im Streckreduzierwalzwerk ist der Fehler durch die arithmetische Mittelung auch bei hohen Genauigkeitsansprüchen vernachlässigbar, da die Rechnung nur für jeweils *ein* Gerüst erfolgt.

Bei der Ermittlung der Luppenwandstärke für das Reduzierwalzwerk mit dem mittleren Gesamt-ν muß man sich der relativ groben Annäherung durch diese Methode bewußt bleiben — die erreichte Genauigkeit ist jedoch in Bezug auf die erste Vorausermittlung zufriedenstellend.

Nun bestimmt man an Hand des für das jeweilige Reduzierwalzwerk bekannten Wertes für ϱ_i die Durchmesserreihe für d_i und damit gleichzeitig auch die Anzahl n der erforderlichen Walzgerüste an Hand von Gl. (7).

Hiermit ist bereits die Walzkaliberberechnung im eigentlichen Sinne abgeschlossen.

Eine Nachprüfung der errechneten Kaliberreihe ist durch die Bestimmung des Verhaltens der Rohrwand s_i und damit auch des Wertes der ermittelten Luppenwandstärke s möglich.

c) Gleichungen zur Nachprüfung. Unter der Voraussetzung des zumeist üblichen und bereits bei der Annahme der Durchmesserreihe eingeschlossenen Sicherheitszuschlages in Höhe von etwa 1% der Walzendrehzahl für jedes Gerüst entsprechend einem mittleren Zug $z_m = 0{,}20 \cdots 0{,}25$ ergibt sich die Gleichung für die Rohrwand s_i wie folgt:

$$s_i = \frac{d_i}{4} \cdot \left[\frac{4 \cdot s_0 \cdot d_{m\,0} \cdot n_{w\,1} \cdot (d_w - 0{,}9\, d_1)}{d_i^2 \cdot n_{w\,i} \cdot (d_w - 0{,}9\, d_i)\; 1{,}01^{-(i - 10^2 \varrho_1)}} \right] + \frac{d_i}{16} [\cdots]^2 + \frac{d_i}{32} [\cdots]^3 \text{ (mm)} \tag{38}$$

Die Überprüfung der eingangs ermittelten Luppenwandstärke s_0 kann sofort durch Anwendung dieser Gleichung auf das letzte an der Durchmesserreduktion beteiligte Gerüst erfolgen; das Ergebnis muß dann die Fertigrohrwand s_e sein. Ist dies nicht der Fall, so ist eine Wiederholung mit einer entsprechend korrigierten Luppenwand s_0 erforderlich.

Hierzu ist zu bemerken, daß es auch möglich ist, ein Fertigrohr mit bestimmter Wanddicke aus Luppen mit etwas unterschiedlicher Wand zu erhalten, wenn man die Reduktion ϱ für jedes Gerüst abändert. Die dadurch erreichbare Änderung der Umfangsgeschwindigkeit der Walzen ist zwar sehr begrenzt, jedoch kann diese Möglichkeit in besonderen Fällen zum Erfolg führen.

3. Die Bestimmung der Walzkaliberform

Es ist allgemein bekannt, daß Durchmesserabnahmen, welche die bei den Kalibern der Maßwalzwerke üblichen geringen Werte überschreiten, eine sog. *Öffnung des kreisrunden Walzkalibers* erfordern, um ein Abdrängen des Rohrwerkstoffes aus der Verformungszone in den Walzspalt mit den daraus sich ergebenden Oberflächenfehlern des Fertigrohres zu verhindern. Diese Kaliberöffnung wird durch ein Zurücknehmen der Walzenflanke in der Umgebung des Walzspaltes erreicht.

Von den verschiedenen gebräuchlichen Öffnungs-Verfahren empfehlen wir die Anwendung der im folgenden dargestellten, mit Rücksicht auf eine geringe Polygonbildung des Rohrinnern und für die Verwendung einfacher Werkzeuge entwickelten Methode.

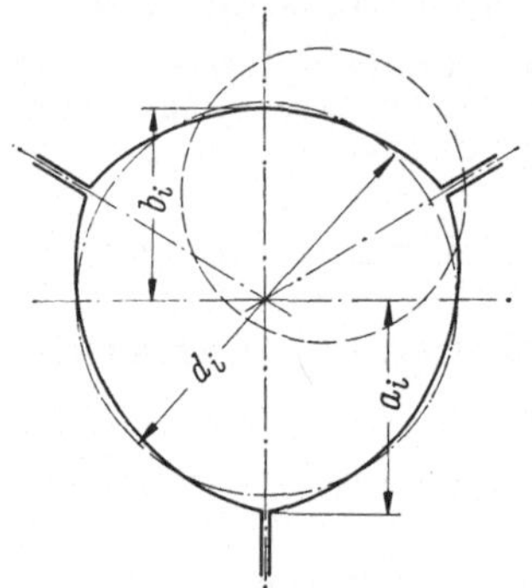

Abb. 161. Formgebung des Walzenkalibers eines 3-Walzengerüstes

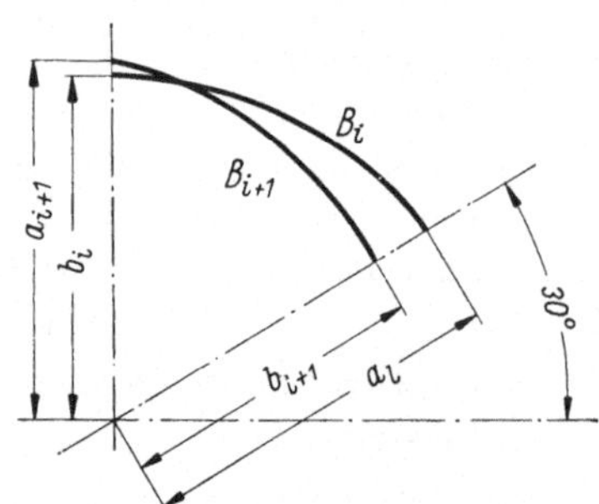

Abb. 162. Ausschnitt aus Abb. 164

a) 3-Walzen-Gerüste (Trio-Kaliber). Die grundsätzliche Form des Walzkalibers zeigt Abb. 161. Der berechnete und vom Rohrdurchmesser d_i bestimmte ideelle Walzkaliberkreis wird durch ein Dreieck aus elliptischen Bogenstücken mit gleichem Gesamtumfang $d_i \cdot \pi$ ersetzt.

Einen Ausschnitt aus Abb. 161 zeigt Abb. 162. hier ist erkennbar, daß die kleine Halbachse b_i jedes Walzkalibers von der großen Halbachse a_i des darauffolgenden Walzkalibers um einen bestimmten und von der Durchmesserabnahme ϱ_i abhängigen Betrag überdeckt wird. Die Überdeckung ist durch den Wert ξ als Verhältnis der beiden Halbachsen b_i und a_{i+1} definiert.

$$\alpha = \frac{a_i}{b_i} = \frac{a_{i+1}}{b_{i+1}} \tag{39}$$

$$\xi = \frac{b_i}{a_{i+1}} \tag{40}$$

$$d_i = a_i + b_i \quad \text{(mm)} \tag{41}$$

Wenn die Gleichung für das Verhältnis der Bogenlängen B

$$B_{i+1} = B_i \cdot (1 - \varrho_{i+1}) \quad \text{(mm)} \tag{42}$$

Gültigkeit besitzt, läßt sich für α folgender Ausdruck finden:

$$\alpha = \frac{1}{\xi_i\,(1 - \varrho_i)} \tag{43}$$

Streng genommen gilt dieser Ausdruck nur für aufeinanderfolgende Gerüste mit gleicher Durchmesserreduktion ϱ. Er ist jedoch mit kleinen entsprechenden Korrekturen auch in den Fällen anwendbar, in denen Gerüste mit unterschiedlicher Durchmesserabnahme ϱ aufeinanderfolgen. Der Wert ξ_i hängt von ϱ_i ab und kann wie folgt angegeben werden:

ϱ_i	ξ_i
$= 0{,}03$	$= 0{,}990$
0,05	0,988
0,08	0,985
0,10	0,980
0,12	0,975

Die für die Berechnung der Halbachsen erforderlichen Gleichungen lauten:

$$a_i = \frac{d_i}{1 + \frac{1}{a}} \quad \text{(mm)} \tag{44}$$

$$b_i = \frac{d_i}{1 + a} \quad \text{(mm)} \tag{45}$$

Die Bearbeitung der Walzen erfolgt mit einem kreisrunden Werkzeug, das vor der Walzmittelebene schneidet. Dazu sind die Walzen bereits

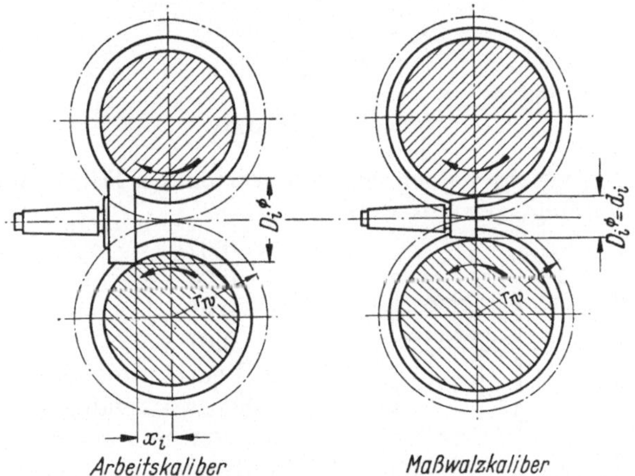

Abb. 163. Werkzeugstellung beim Kaliberfertigschneiden im Gerüst eines 3-Walzen-Reduzierwalzwerkes

im Walzgerüst fertig montiert; das Gerüst wird in einer Sondermaschine aufgenommen, die mit entsprechenden Einrichtungen für den Antrieb der Walzen versehen ist und einen Werkzeugschlitten zur Aufnahme des Schneidpilzes besitzt. Die Werkzeugstellung beim Kaliber-Fertigschneiden zeigt Abb. 163. Hier ist auch dargestellt, daß die Maßwalzkaliber mit einem gleichen Werkzeug geschnitten werden, das aber im Gegensatz zu der bei den zu öffnenden Kalibern notwendigen Stellung vor der Walzmittelebene beim Fertigschneiden in der Walzmittelebene steht.

Der Werkzeugdurchmesser D_i ergibt sich aus den Halbachsen a_i und b_i nach der Bezeichnung

$$D_i = \left(b_i - \frac{b_i^2}{d_w} - \frac{a_i}{2} + \frac{a_i^2}{d_w}\right) + 0{,}75 \frac{a_i^2}{\left(b_i - \frac{b_i^2}{d_w} - \frac{a_i}{2} + \frac{a_i^2}{d_w}\right)} \quad \text{(mm)} \qquad (46)$$

Das Maß x_i für den Abstand der Schnittkante des Werkzeuges von der Walzmittelebene kann nach der Gleichung

$$x_i = \sqrt{(r_w - b_i)^2 - \left(r_w - \frac{D_i}{2}\right)^2} \quad \text{(mm)} \qquad (47)$$

errechnet werden. Diese Gleichung ist jedoch fehleranfällig durch die annähernd gleich großen Ausdrücke unter der Wurzel — zum Fertigschneiden empfiehlt sich daher die Verwendung eines der auf dem Markt befindlichen Dreipunkt-Innenmeßgeräte, mit dem der kleinste dem Walzkaliber einbeschriebene Kreis vom Durchmesser $2\,b_i$ mit hoher Genauigkeit gemessen werden kann.

b) 2-Walzengerüst (Duo-Kaliber) Die für das Trio-Kaliber abgeleiteten Beziehungen gelten im Sinne von Abb. 165 auch für das Duo-Kaliber.

$$\alpha = \frac{1}{\xi_i\,(1 - \varrho_i)} \qquad (43)$$

$$a_i = \frac{d_i}{1 + \frac{1}{\alpha}} \quad \text{(mm)} \qquad (44)$$

$$b_i = \frac{d_i}{1 + \alpha} \quad \text{(mm)} \qquad (45)$$

Der Wert ξ_i weicht jedoch von den Werten des Trio-Kalibers ab und kann etwa wie folgt gewählt werden:

ϱ_i	ξ_i
0,02	0,990
0,04	0,985
0,06	0,975
0,07	0,968

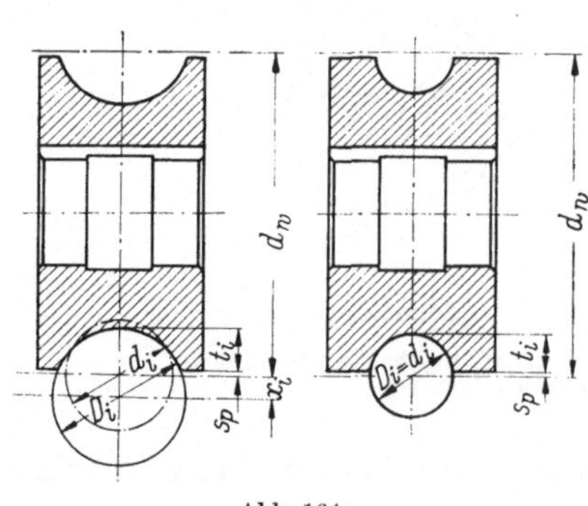

Abb. 164

Die Bearbeitung der Duo-Walzen erfolgt zweckmäßigerweise einzeln, entweder mit einem kreisrunden Stahl oder mit einer geeigneten Drehvorrichtung für den Einsatz normaler Drehstähle. Das Prinzip des Bearbeitungsverfahrens ist in Abb. 164 für ein geöffnetes Arbeits- und ein Maßwalz-Kaliber dargestellt.

Die für die Walzen-Bearbeitung und für die Herstellung des Werkzeuges erforderlichen Größen werden wie folgt berechnet:

$$t_i = b_i - s_p \quad \text{(mm)} \qquad (48)$$

$$D_i = \frac{b_i}{\sin^2 \beta_i} \quad \text{(mm)} \qquad (49)$$

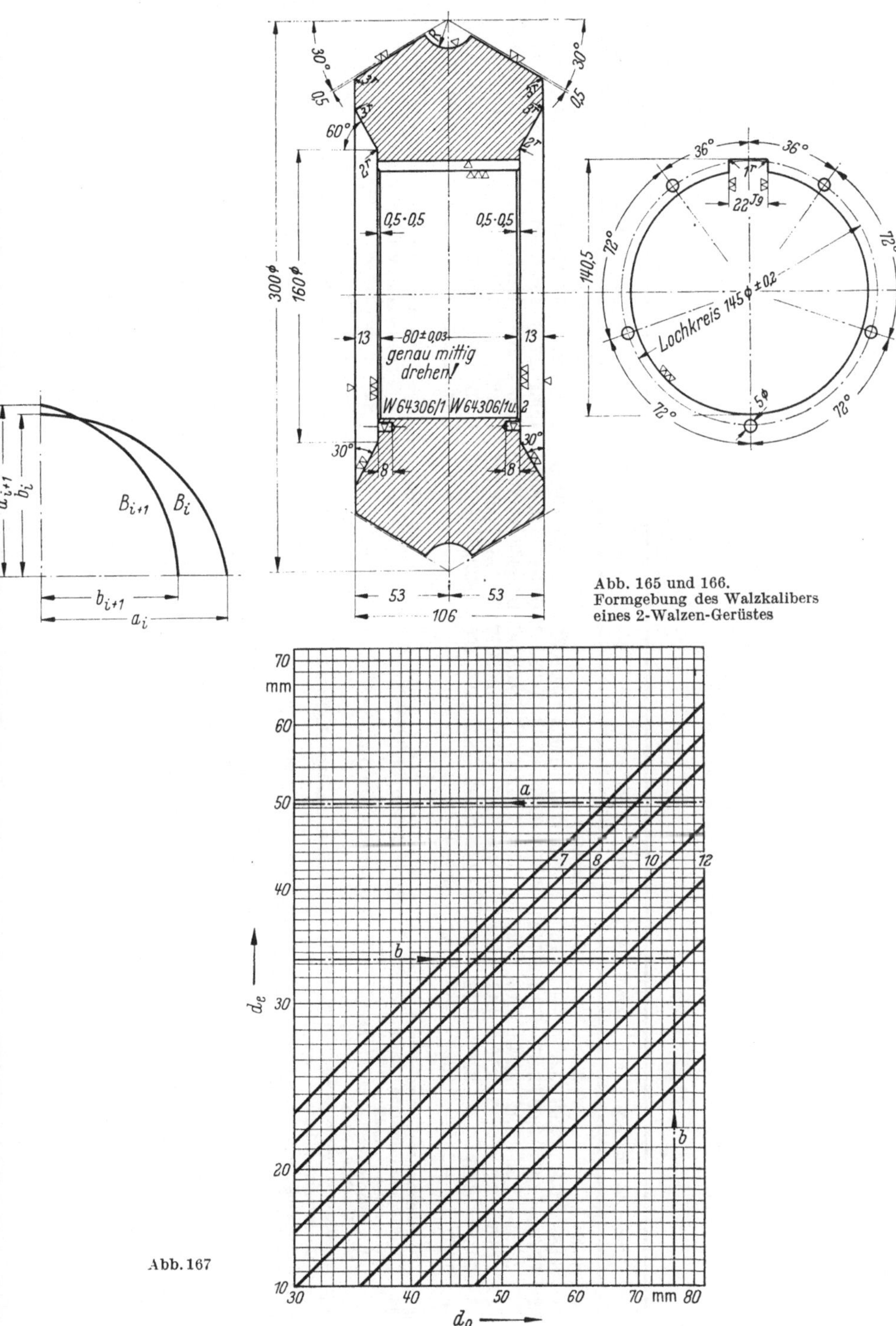

Abb. 165 und 166.
Formgebung des Walzkalibers eines 2-Walzen-Gerüstes

Abb. 167

	d mm	Δd mm	ϱ %	s mm	Δs mm	dm mm	F mm²	F_1/F_2	A %	$-\varphi_t$	$-\varphi_r$	$+\varphi_l$	vi	d_G mm	n_i'	Δn %	n_i	s_{err} mm	f %
0	80,8			3,5		77,3	850,0								1,0				
1	80,8	0,8	0,99	3,5	—	76,5	841,2	1,01	1,035	0,01036	—	0,01036	1,01	220,7	1,004	—6	60,7	3,496	0,11
2	77,6	2,4	3,09	3,37	0,13	74,23	785,7	1,07	6,598	0,03017	0,038	0,06817	1,082	224,1	1,058	—1	67,2	3,367	0,09
3	75,25	2,35	3,12	3,24	0,13	72,01	732,8	1,072	6,733	0,03040	0,03938	0,06978	1,16	226,4	1,123	0	72,0	3,238	0,06
4	72,95	2,3	3,15	3,12	0,12	69,87	684,8	1,07	6,55	0,03017	0,03754	0,06771	1,242	228,7	1,19	0	76,3	3,12	0
5	70,7	2,25	3,18	3,0	0,12	67,7	638,0	1,073	6,823	0,03155	0,03938	0,07093	1,332	230,9	1,265	+0,5	81,5	2,999	0,03
6	70,7	—	—	3,0	—	67,7	638,0	1,0	—	—	—	—	1,332	229,3	1,273	+2	83,3	2,999	0,03

d Durchmesser des Rohres (mm)
Δd Durchmesser-Abnahme (mm)
ϱ Durchmesser-Abnahme (%)
s Wandstärke des Rohres (mm)
Δs Wandstärken-Abnahme (mm)
d_m mittlerer Durchmesser des Rohres (mm²)
F Querschnitt des Rohres (mm²)
$F1/F2$ Streckung
A Abnahme (%)

φ_t tangentiale logarithmische Formänderung $= \ln \frac{dm_1}{dm_0}$
φ_r radiale logarithmische Formänderung $= \ln \frac{s_1}{s_0}$
φ_2 axiale logarithmische Formänderung $= \ln \frac{F_0}{F_1}$

d_G Walzendurchmesser im Kalibergrund (mm)
n_i' theoretische Walzendrehzahl
Δn Drehzahlkorrektur (%)
n_i wirkliche Walzendrehzahl (U/min)
s_{err} Nachgerechnete Wandstärke (mm)
f Wandstärkenfehler $= \frac{s - s_{err}}{s} \cdot 100$ (%)

$$\operatorname{tg} \beta_i = \frac{b_i}{a_i} = \frac{1}{\alpha} \tag{50}$$

$$x_i = \frac{D_i}{2} - b_i \quad \text{(mm)} \tag{51}$$

Berechnnngsbeispiel. Es ist auf einem Zweiwalzen-Streckreduzierwalzwerk von 6 Gerüsten mit Walzendurchmessern von $d_W = 300$ mm und einer Austrittsgeschwindigkeit von $v = 60$ m/min eine Kalibrierung für nachstehende Rohrdimensionen durchzuführen:

Ausgangsrohrquerschnitt 80,8 × 3,5 }
Endquerschnitt 70,7 × 3 mm } Warmmaße.

Aus dem nachstehenden Diagramm (Abb. 167) ergibt sich die Anzahl der Walzgerüste mit 6.

Die Berechnung der aus vorstehenden Formeln ermittelten Werte ist in der Tabelle auf Seite 152 durchgeführt.

Die a_i und b_i-Werte, für die erzielbaren Durchmesser des Rohres auf den einzelnen Gerüsten enthält die nachstehende Tabelle.

	ξ_i	α	a_i	b_i
1	0,991	1,018	40,35	39,65
2	0,988	1,044	39,65	37,95
3	0,988	1,045	38,45	36,80
4	0,988	1,045	37,30	35,65
5	0,988	1,045	36,15	34,55
6	—	—	35,35	35,35

ξ_i Faktor, hängt von der Durchmesserabnahme ϱ ab.

$$\alpha = \frac{1}{\xi_i (1 - \varrho_i)}$$

$$a_i = \frac{d_i}{1 + \frac{1}{\alpha}} \quad \text{(mm)}$$

$$b_i = \frac{d_i}{1 + \alpha} \quad \text{(mm)}$$

L. Das Kalibrieren von Richtwalzen

1. Der Richtprozeß im allgemeinen

Rohre und Stangen, die durch Walzen, Ziehen oder Pressen im warmen Zustand hergestellt werden, sind nach dem Herstellungsvorgang meistens nicht gerade, so daß ein anschließender Richtvorgang notwendig ist.

Das Warmrichten beseitigt die bei der Herstellung entstandenen Krümmungen. Bei dem anschließenden Transport auf Rollgängen und Kühlbetten wird sich das Walzgut im allgemeinen infolge ungleicher Wärmeabfuhr wieder verziehen. Es ist deshalb ein Nachrichten in kaltem Zustand nötig.

Das Kaltrichten ist ein Kaltverformungsvorgang, der eine Änderung der Materialeigenschaften bewirkt, die zum Teil erwünscht (Erhöhung der Festigkeit), zum Teil unerwünscht (Alterung und Versprödung) ist. Sehr große Kaltverformungen sollten jedenfalls vermieden werden. Das Warmrichten ist also überall dort notwendig, wo das Walzgut sehr krumm bzw. das Erzeugnis besonders empfindlich gegen eine große Kaltverformung ist.

Mitunter kann durch Anwendung besonderer Kühlbetten, die durch gleichmäßige Drehung des Richtgutes eine allseitig gleiche Wärmeabfuhr gestatten, auf das Kaltrichten in manchen Fällen verzichtet werden.

Auch kaltgewalztes und kaltgezogenes Material ist nach den notwendigen Glühprozessen nicht mehr gerade und muß gerichtet werden.

Die gebräuchlichsten Maschinen und Vorrichtungen zum Richten von Rohren und Stangen sind:

1. Stempelrichtpressen
2. Rollenrichtmaschinen
3. Schrägwalzenrichtmaschinen
4. Schrägwalzenrichtmaschinen mit umlaufendem Richtkäfig (Flügelrichtmaschinen)
5. Vorrichtungen zum Richten von Rohren mittels hydraulischen Innendruckes (Expander)
6. Verfahren zum Streckrichten.

Die Auswahl des anzuwendenden Richtverfahrens muß unter Berücksichtigung verschiedener Gesichtspunkte erfolgen.

So sind z. B. Rollenrichtmaschinen, Schrägwalzenrichtmaschinen oder Flügelrichtmaschinen zu verwenden, wenn große Richtgeschwindigkeiten verlangt werden. Soll sehr langes, dünnes Material gerichtet werden, dann wird man häufig den Flügelrichtmaschinen den Vorzug geben. Für geschweißte Rohre mit großem Durchmesser und kleiner Wandstärke findet der Expander Anwendung. Häufig kommt es nicht so sehr auf eine Richtwirkung an, als vielmehr darauf, eine möglichst genau bestimmbare Änderung der Festigkeitseigenschaften des Materials zu erzeugen. Die Möglichkeiten hierzu bieten in besonders günstiger Weise die Verfahren zum Streckrichten. Dort, wo es auf größte Schonung des Materials ankommt, wird man sich der Stempelrichtpressen bedienen. Sie gestatten es, den Richtvorgang mit einem Minimum an Formänderungen durchzuführen.

Die Art des zu wählenden Richtverfahrens ist ferner wesentlich von den Symmetrieeigenschaften der Querschnitte der Walzwerkserzeugnisse abhängig. Man kann annehmen, daß die größte Durchkrümmung in der Richtung senkrecht zur Ebene des kleinsten Widerstandsmomentes des Querschnittes erfolgt. Diese Annahme gilt um so besser, je größer die Differenz zwischen dem größten und dem kleinsten Widerstandsmoment des Querschnittes ist. Es folgt hieraus, daß Rundprofile im allgemeinen räumlich krumm sind, wogegen z. B. ein I-Profil nur in einer Ebene, nämlich in der Ebene des kleinsten Widerstandsmomentes krumm ist.

Um beim Richten von Rundprofilen Durchbiegungen in allen Richtungen senkrecht zur Zylinderachse verwirklichen zu können, muß entweder das Richtgut in der Richtvorrichtung oder die Richtvorrichtung um das Richtgut umlaufen. Zum Richten von Rundprofilen eignen sich daher besonders die Schrägwalzenrichtmaschinen. Rollenrichtmaschinen finden in der Hauptsache zum Richten von Profilen niederer Symmetrie und zum Vorrichten Verwendung.

Bei der hohen Produktion der Walzwerke sind heute nur die kontinuierlich arbeitenden Richtverfahren wirtschaftlich anwendbar. Es soll deshalb im folgenden hauptsächlich der Richtvorgang auf Schrägwalzenrichtmaschinen behandelt werden.

2. Bestimmung der Drehgeschwindigkeit von Walze und Rohr

unter Voraussetzung eines ruhenden Maschinengestells (Abb. 168).

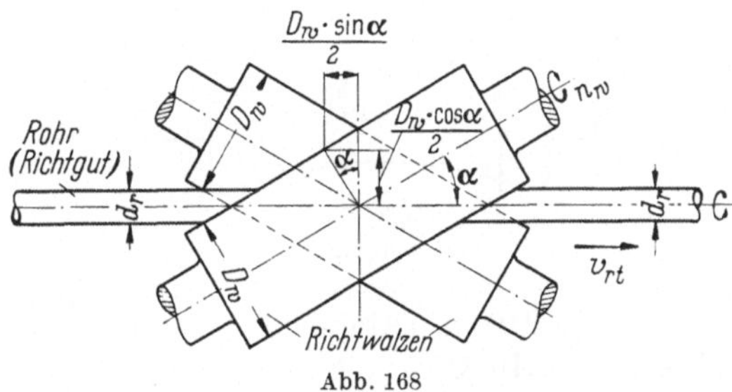

Abb. 168

1. V_{ru} = Umfangsgeschwindigkeit des Rohres in m/sek
V_{wu} = Umfangsgeschwindigkeit der Richtwalze in m/sek
$R_w = \frac{D_w}{2}$ = Walzenradius
r_r = Radius des Rohres (außen gemessen)
α = Neigungswinkel zwischen Walzen- und Rohrachse
ω = Winkelgeschwindigkeit
Index r ··· bezeichnet Rohr
Index w ··· bezeichnet Walze
Index t ··· bezeichnet Transportrichtung
Index u ··· bezeichnet Umfangsrichtung
V_{ru} = Geschwindigkeit des Rohres in Umfangsrichtung
V_{wt} = Geschwindigkeitskomponente der Walze in Transportrichtung.

Unter der Voraussetzung, daß zwischen Walze und Rohr ein Schlupf nicht auftritt, müssen die Umfangsgeschwindigkeiten von Walze und Rohr einander gleich sein.

2. $V_{ru} = r_{ru} \cdot \omega_r = R_w \cdot \cos\alpha \cdot \omega_w;$

$$\omega_r = \frac{R_w \cdot \omega_w \cdot \cos\alpha}{r_r} = \frac{R_w \cdot \omega_w \cdot \cos\alpha \cdot \sin\alpha}{r_r \cdot \sin\alpha} \text{ (Umfangsrichtung)}$$

$$\omega_w = \frac{\pi \cdot n_w}{30}; \quad \omega_r = \omega_w \cdot \frac{R_w \cdot \cos\alpha}{r_r};$$

$$\frac{\pi \cdot n_r}{30} = \frac{\pi \cdot n_w}{30} \cdot \frac{R_w \cdot \cos\alpha}{r_r}\,; \quad n_r = n_w \cdot \frac{R_w \cdot \cos\alpha}{r_r}\,;$$

$$V_{rt} = \frac{\pi}{30} \cdot n_w \cdot R_w \cdot \sin\alpha = \text{Transportgeschwindigkeit in Längsrichtung der Rohrachse. (m/sec)}$$

$$V_{rt} = D_w \cdot \pi \cdot n_w \cdot \sin\alpha \text{ (m/min); oder } \left(n_w = \frac{V_{rt}}{\pi \cdot D_w \cdot \sin\alpha}\right)$$

$$V_{rt} = \omega_w \cdot R_w \cdot \sin\alpha \text{ (m/sec)}$$

3. $$\omega_r = \frac{V_{rt} \cdot \cos\alpha}{r_r \cdot \sin\alpha} = \frac{V_{rt}}{r_r \cdot \frac{\sin\alpha}{\cos\alpha}} = \frac{V_{rt}}{r_r \cdot \operatorname{tg}\alpha}.$$

Beispiel: Für die ausgeführte Walze gilt: $D \cdots$ mittlerer Durchmesser.

$$D = \frac{2 \cdot D_{max} + D_{min}}{3} \text{ (Abb. 169).}$$

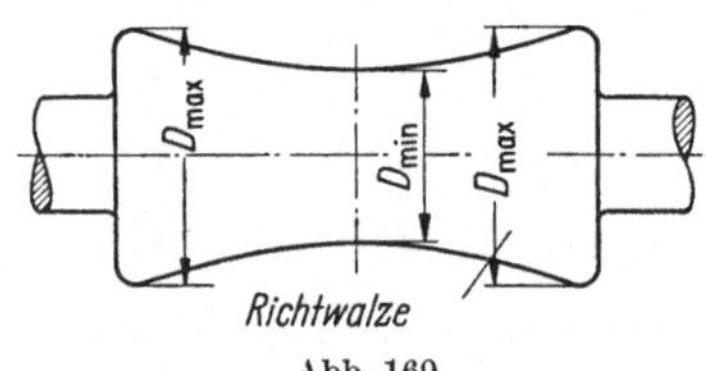

Abb. 169

angenommen: $D_{max} = 270\ \varnothing$ (Angaben in mm)
$D_{min} = 210\ \varnothing$.

Dann ergibt sich D in der Überschlagsrechnung bei 3-Punktaufhängung zu:

$$D = \frac{2 \cdot 0{,}270 + 0{,}210}{3} = 0{,}25 \quad \text{(m)}\,;$$

für $\alpha = 30^\circ$ wird $\sin\alpha = 0{,}5$

Richtgeschwindigkeit (angenommen) $V_{rt} = 60$ m/min $= 1$ m/sec. Für die Richtwalze ergibt sich damit:

$$n_w = \frac{V_{rt}}{D_w \cdot \pi \cdot \sin\alpha} = \frac{60}{0{,}25 \cdot \pi \cdot 0{,}5} = 153 \text{ U/min}.$$

Für das Rohr: $r = 60$ mm $\varnothing$ $\qquad \cos 30^\circ = 0{,}86603$

$$n_r = n_w \cdot \frac{R_w \cdot \cos\alpha}{r_r} = 153 \cdot \frac{0{,}125 \cdot \cos 30}{0{,}06} = 153 \cdot 1{,}82 = \underline{278 \text{ U/min.}}$$

Für Richtmaschinen, deren Käfig (Gehäuse) mit der Drehzahl n_k rotiert, ergeben sich die entsprechenden Beziehungen aus Abb. 170.

Betrachtet man den rotierenden Käfig als Bezugssystem und bezeichnet alle anderen Drehzahlen mit dem Index *rel* (relativ), dann gilt:

$$n_{w\,rel} \cdot D_w \cdot \cos\alpha = n_{r\,rel} \cdot d_r. \tag{52}$$

Bei Bezugnahme auf ein anderes System gilt allgemein:

$$n_{abs} = n_{Fz} + n_{rel}. \tag{53}$$

Bezüglich des als ruhend angenommenen Systems gilt:

$$n_{w\,abs} = n_k + n_{w\,rel} \tag{54}$$

$$n_{w\,abs} = n_k + n_{r\,rel} \cdot \frac{d_r}{D_w} \cdot \frac{1}{\cos\alpha}\,. \tag{55}$$

Mit

$$n_{r\,rel} = n_k$$

ergibt sich:

$$n_{w\,abs} = n_k \cdot \left(1 + \frac{d_r}{D_w} \cdot \frac{1}{\cos\alpha}\right). \tag{56}$$

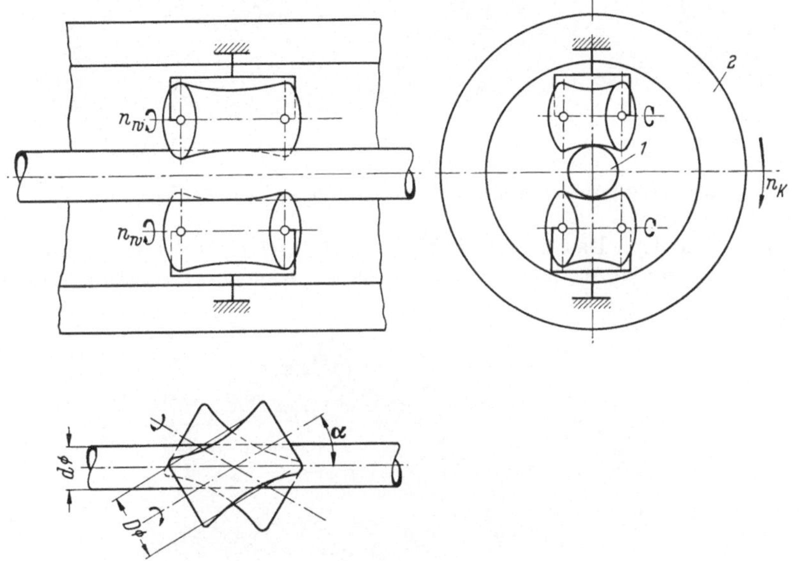

Abb. 170

Mit der im vorigen abgeleiteten Beziehung für die Richtgeschwindigkeit

$$V_{rt} = \pi \cdot D_w \cdot n_{w\,abs} \cdot \sin\alpha$$

erhält man:

$$V_{rt} = \pi \cdot n_k \cdot (D_w \cdot \sin\alpha + d_r \cdot \operatorname{tg}\alpha) \tag{57}$$

3. Die Kinematik des Richtvorganges

Es sind bei Schrägwalzenrichtmaschinen zwei grundsätzlich verschiedene Anordnungen der Richtwalzen möglich:

1. Die Walzenstühle mit den Walzen befinden sich in einem drehbar gelagerten Rahmen. Dieser Rahmen wird über Räder oder Riemen angetrieben (Abb. 171).

2. Die Walzen sind im ruhenden Maschinengestell gelagert und werden über Spindeln angetrieben (Abb. 172).

Bei ruhenden Walzenachsen, also im Falle 2, dreht sich das Richtgut mit einer Drehzahl n_R, die dem Durchmesser des Richtgutes umgekehrt

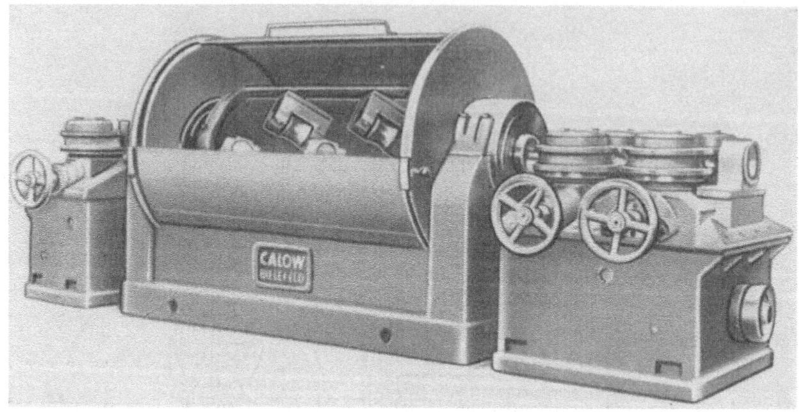

Abb. 171. Gesamtansicht einer Richtmaschine der Fa. Calow (Werkaufnahme)

proportional ist. Das hierdurch auftretende *Schlagen* des Richtgutes ist gefährlich und kann, besonders bei dünnem Richtgut, zu einem Wieder-

Abb. 172. Gesamtansicht einer Rollenrichtmaschine der Fa. Mannesmann-Meer (Werkaufnahme)

krummwerden des gerichteten Materials und Beschädigungen der Oberfläche führen.

Dieser Zusammenhang zwischen Richtgutdurchmesser d und Drehzahl n_R setzt der Verwendung dieser Maschinengattung für kleine Durchmesser eine Grenze.

Bei den Flügelrichtmaschinen ist die Drehung des Rohres ersetzt durch die Drehung des Käfigs. Die Drehzahlverhältnisse liegen hier jedoch weit günstiger als im Falle der feststehenden Walzenachsen. Das hat seinen Grund darin, daß sich die Absolutdrehzahl der Walzen aus zwei Komponenten additiv zusammensetzt. Die eine Komponente ist die Drehzahl der Walzenachse bezüglich der Achse des Richtgutes, also die Käfigdrehzahl n_K, die zweite Komponente ist die Drehzahl der Walze bezüglich ihrer eigenen Achse.

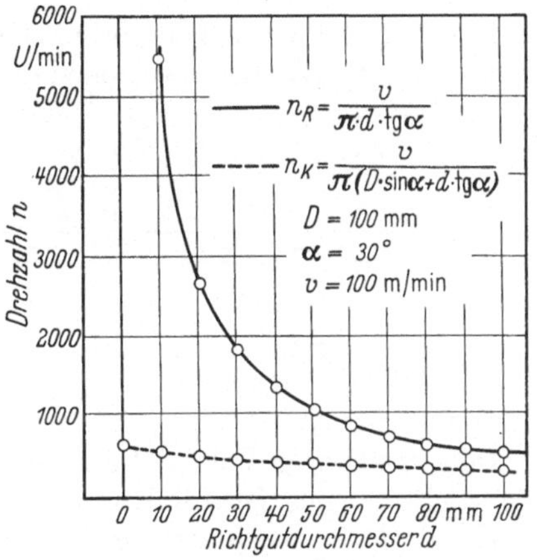

Abb. 173

In Abb. 173 sind diese Verhältnisse graphisch dargestellt. Für beide Fälle ist eine gleiche Richtgeschwindigkeit von 100 m/min zu grunde gelegt.

Man erkennt, daß das Verhalten der Flügelrichtmaschinen im Bereich kleiner Richtgutdurchmesser deshalb weit günstiger ist, weil die Käfigdrehzahl auch für $d = 0$ endlich bleibt. Die Rohrdrehzahl n_r geht dagegen für $d \to 0$ nach unendlich. Die Käfigdrehzahlen n_K sind selbst für große Richtgeschwindigkeiten noch ziemlich gering.

Ein Nachteil der Flügelrichtmaschinen liegt in den großen, nur schwer beherrschbaren Zentrifugalkräften, die durch die Rotation des Käfigs entstehen. Es gilt:

$$dK = dM \cdot r \cdot \omega^2$$

K = Zentrifugalkraft

M = Masse des rotierenden Körpers

r = Radius (Abstand von Dreh-Achse und Schwerpunkt)

ω = Winkelgeschwindigkeit.

Bedeutet l eine Querschnittsabmessung des Richtgutes, dann gilt:

für: $$r \sim l$$

$$dM \sim l^2$$

so daß: $$K \sim l^3 \cdot \omega^2 \tag{58}$$

Hieran erkennt man, daß einer Vergrößerung der Richtgutdurchmesser durch die Zentrifugalkräfte Grenzen gesetzt sind. Man geht praktisch nicht über $d = 150$ mm ⌀ hinaus.

Sowohl die Drehung n_r des Richtgutes in einem Falle als auch die Drehung n_K des Käfigs im anderen Falle sind häufig unerwünscht. Sie lassen sich beide vermeiden, wenn man den Schränkwinkel $\alpha = 90°$ macht, was man aus den Beziehungen

$$n_r = \frac{\sqrt{r \cdot t}}{\pi \cdot d_r \cdot \operatorname{tg} \alpha}$$

$$n_K = \frac{\sqrt{r \cdot t}}{\pi \cdot (D_w \cdot \sin \alpha + d_r \cdot \operatorname{tg} \alpha)}$$

erkennt.

Das Resultat ist die bekannte Rollenrichtmaschine, wie sie in Abb. 174 dargestellt ist. Die Richtwalzen sind alle oder teilweise angetrieben.

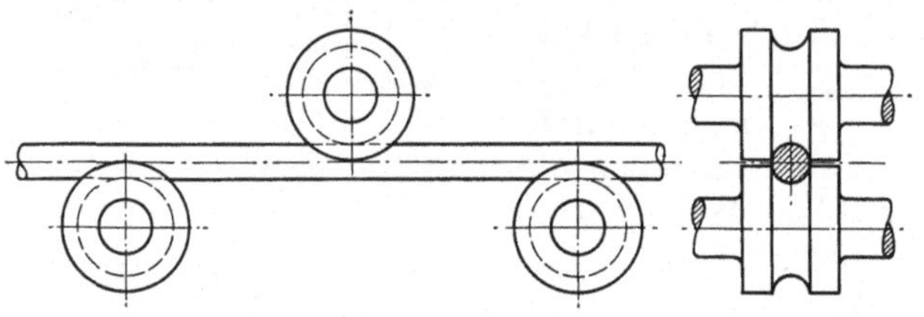

Abb. 174

Dem erwähnten Vorteil dieser Maschine steht ein Nachteil gegenüber. Die Richtwirkung ist für Rundprofile nicht immer ganz befriedigend.

Es wurde in vorstehendem bereits erwähnt, daß Rundprofile im allgemeinen räumlich krumm sind und deshalb zum erfolgreichen Richten Durchbiegungen in allen Richtungen senkrecht zur Stabachse verlangen.

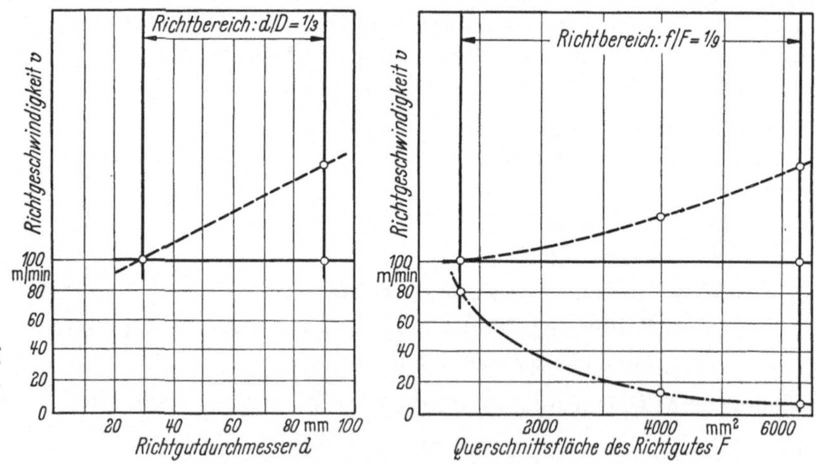

Abb. 175

Diese Forderung ist bei Rollenrichtmaschinen insofernnicht ganz erfüllt, da sie maximal nur in zwei auf einander senkrecht stehenden Ebenen richten (Abb. 174).

In Abb. 175 ist die Abhängigkeit der Richtgeschwindigkeit vom Durchmesser des Richtgutes bzw. der Querschnittsfläche des Richtgutes für die beiden Fälle 1 und 2 aufgezeichnet.

Bei feststehenden Walzenachsen ist die Richtgeschwindigkeit nur durch die Abmessungen und Lage der Walze und ihre Drehzahl bestimmt, während bei den Flügelrichtmaschinen eine Abhängigkeit der Richtgeschwindigkeit vom Durchmesser des Richtgutes besteht.

Für einen Richtbereich von 30 ··· 90 mm ∅ und einer Richtgeschwindigkeit von 100 m/min bei $d = 30$ mm ∅ ergibt sich für Flügelrichtmaschinen eine größte Geschwindigkeit bei $d = 90$ mm ∅ von 163 m/min, während im Falle feststehender Walzenachsen die Richtgeschwindigkeit konstant 100 m/min ist.

Das je Zeiteinheit verarbeitete Volumen kann im allgemeinen für ein Rohrwerk als konstant betrachtet werden. Das bedeutet, daß an jeder Stelle der Straße das Produkt aus Transportgeschwindigkeit und Querschnitt des Rohres konstant ist.

$$V_0 \cdot F = \text{const}$$

V_0 ··· Transportgeschwindigkeit
F ··· Rohrquerschnitt.

Im Gegensatz zu den Schrägrollenrichtmaschinen, bei welchen das Richtgut die Walzen in Form einer Schraubenlinie durchläuft, arbeitet die Rollenrichtmaschine mit parallelen Rollenachsen, d. h. das Richtgut durchläuft die kontinuierlich angeordneten Rollen gerade, ohne Drehungsmoment. Die Richtrollen umfassen das Rundprofil hier so, daß es nur in einer vertikalen Ebene, ideell also nur an 2 Punkten an den Richtrollen anliegt (s. Abb. 176) oder diagonal an 4 Punkten (s. Abb. 177). Das letztere System ist dem ersten bei weitem überlegen, da hier der Richtprozeß in 2 aufeinander senkrecht stehenden Ebenen gleichzeitig durchgeführt wird. Auch wird dieser Typ von Richtmaschinen infolge seines universellen Anwendungsbereiches gern zum Richten von Profilstählen, wie Winkel-Eisen, U-Eisen, T-Eisen und Doppel-T-Eisen verwendet (Bauart Ehrhardt und Sehmer A.G., Saarbrücken).

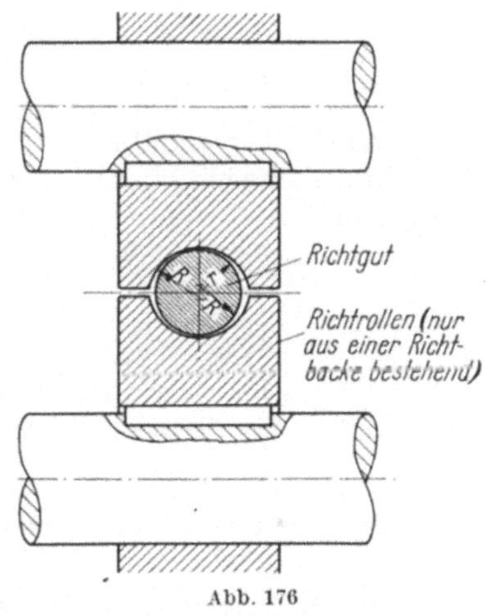

Abb. 176

Für Vollmaterial (Stangen) sind die Geschwindigkeiten der Richtmaschinen und V_0 in Abhängigkeit der Querschnittsfläche F in Abb. 175 dargestellt.

Im Interesse einer wirtschaftlichen Ausnutzung der Richtmaschinen und zwecks Vermeidung unnötigen Verschleißes ist ein der Beziehung $V_0 \cdot F = \text{const}$ entsprechender Verlauf der Richtgeschwindigkeit zu fordern. Diese Forderung ist für beide Maschinentypen nicht erfüllt. Es zeigt sich hier die Notwendigkeit eines regelbaren Antriebs. Es kommen Gleichstrommotoren oder regelbare Getriebe zur Anwendung.

Es wurde in vorstehendem gezeigt, daß Rundprofile zur Erzielung eines einwandfreien Richteffektes Durchbiegungen in allen Richtungen senkrecht zur Stabachse erfahren müssen. Da diese Durchbiegungen im plastisch verformten Bereich erfolgen müssen, ist die Kenntnis der Zahl z der Drehungen des Rohres bei Vorschub um die Länge l, wobei l die Länge des plastisch verformten Stabbereiches bedeutet, notwendig.

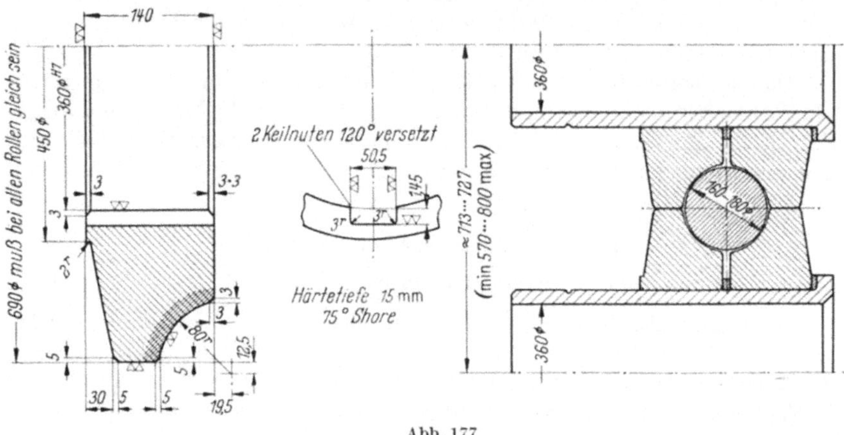

Abb. 177

Diese Größe z ergibt sich aus den abgeleiteten Beziehungen zwischen Vorschubgeschwindigkeit V_{rt} und der Drehzahl des Rohres bzw. des Käfigs zu:

$$Z_1 = \frac{l_1}{\pi \cdot d_r \cdot \operatorname{tg} \alpha} \quad \text{(ruhendes Maschinengestell)} \tag{59}$$

$$Z_2 = \frac{l_2}{\pi \cdot (D_w \sin \alpha + d_r \cdot \operatorname{tg} \alpha)} \quad \text{(rotierender Käfig)}\,. \tag{60}$$

Im Interesse einer einwandfreien Richtwirkung ist zu fordern:

$$Z > 1 \tag{61}$$

(über die Größe von l siehe: Dynamik des Richtvorganges).

4. Die Kalibrierung der Walzen von Schrägwalzenrichtmaschinen

Zum Richten von Rundprofilen werden heute fast ausschließlich Schrägwalzenrichtmaschinen benutzt. Die hierzu verwendeten Walzen sollen im Interesse einer guten Richt- und Glättwirkung so profiliert sein, daß sie das Richtgut auf ihrer ganzen Länge möglichst genau führen [25].

Man wählte früher als Walzenfläche ein einschaliges Hyperboloid und schloß so:

Auf einem einschaligen Hyperboloid lassen sich zwei Systeme von geraden Linien ziehen. Es muß also möglich sein, eine Mantellinie des Zylinders mit einer Erzeugenden des Hyperboloides zusammenzulegen, um die geforderte Linienberührung zu verwirklichen.

Dieser Schluß erwies sich als falsch. Legt man eine Mantellinie des Zylinders mit einer Erzeugenden des Hyperboloides zusammen, dann werden sich beide Flächen gegenseitig unterschneiden. Eine Berührung zweier Flächen längs einer Linie ist nur möglich, wenn einmal diese Linie beiden Flächen angehört und zum anderen die Tangentialebenen beider Flächen in jedem Punkte der Berührungskurve gleiche Richtung haben.

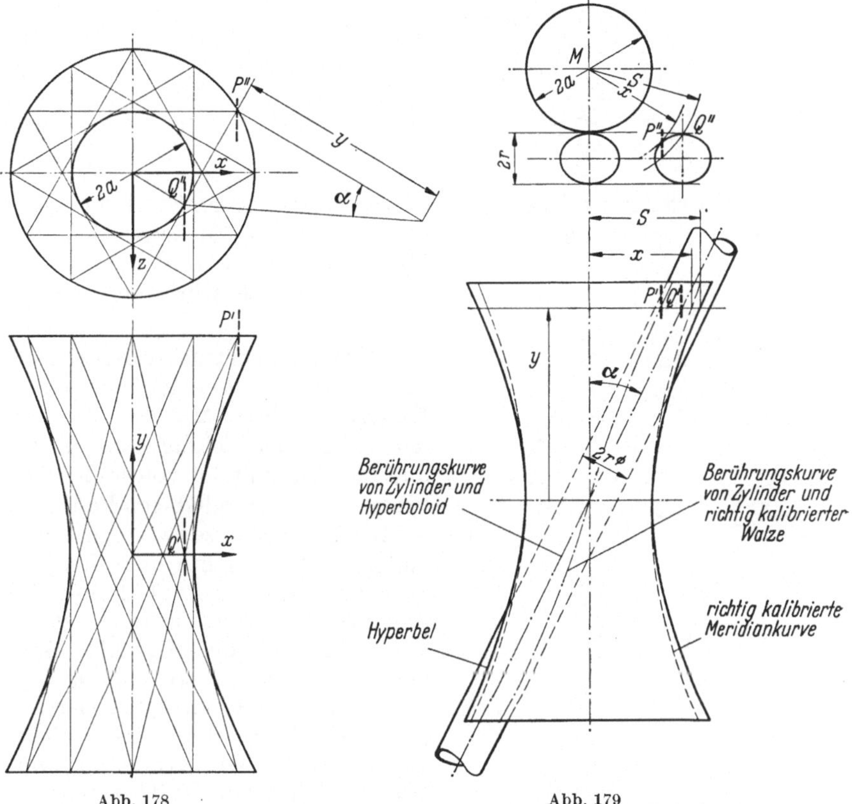

Abb. 178

Abb. 179

Man erkennt diese Verhältnisse sofort bei Betrachtung der Abb. 178 u. 179 wenn man beachtet, daß die Walze nach konzentrischen Kreisen, der Zylinder jedoch nach kongruenten Ellipsen geschnitten wird. Der Berührungspunkt Q zwischen Zylinder und Hyperboloid muß nach Voraussetzung im Grundriß auf der Projektion der Zylinderachse, im Aufriß im Endpunkt der kleinen Achse der Ellipse liegen. Ein Kreis um M mit dem Radius S durch den Endpunkt der kleinen Achse der Ellipse kann aber nur für den engsten Walzendurchmesser die Ellipse tangieren. Für alle anderen Schnitte liegt der wahre Berührungspunkt P'' seitlich von Q''. Aus dem Aufriß ist die Überschneidung der Querschnitte klar erkennbar.

Lotet man die wahren Berührungspunkte P'' in den Grundriß, dann erhält man die Punkte P der wahren Berührungskurve. Sie ist keine

Gerade, sondern eine räumliche Kurve. Die richtige Walzenform erhält man durch Übertragen der Strecke x in den Grundriß.

Die Gleichung der Meridiankurve der Walzenfläche ergibt sich aus Abb. 178 u. 179[1]. Dreht man den Punkt P auf den Meridian, dann erhält man im Koordinatensystem xy die Gleichung der Meridiankurve mit den Beziehungen:

$$P''Q'' = y \cdot \operatorname{tg} \alpha \tag{62}$$

$$(P''Q'')^2 = x^2 - a^2 \tag{63}$$

$$\frac{x^2}{a^2} - \frac{y^2}{(a/\operatorname{tg} \alpha)^2} = 1\,. \tag{64}$$

Obige Überlegungen lassen sich bei der zeichnerischen Ermittlung der Meridiankurve verwenden. Es gibt jedoch einen einfacheren Weg die Meridiankurve zu konstruieren, der im folgenden beschrieben werden soll.

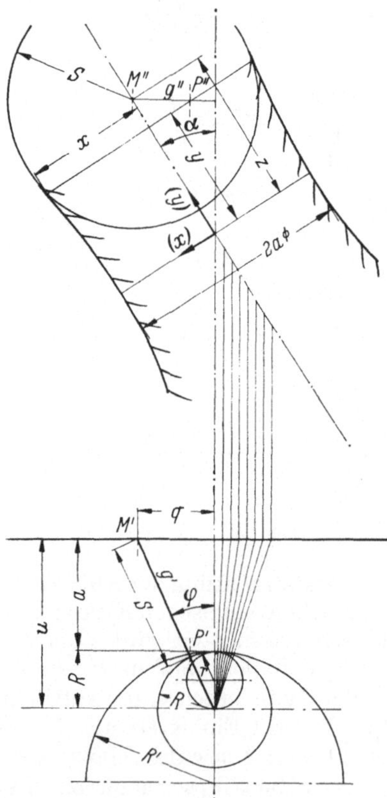
Abb. 180

Abb. 180. Man betrachte die Schrägwalze als Umhüllungsfläche einer Kugelschar, deren Mittelpunkte auf der Achse der Schrägwalze liegen und die den Zylinder von außen berühren. In einem beliebigen Punkte P der Berührungskurve zwischen Walze und Zylinder errichte man das Lot auf der durch diesen Punkt hindurchgehenden Tangentialebene. Es steht senkrecht auf der Zylinderachse und geht durch den Mittelpunkt der Kugel. Man kann also jede Gerade g'' als die Vertikalprojektion einer solchen Normalen betrachten. Im Grund bildet sich die Gerade g in wahrer Größe ab.

Der Radius der in P den Zylinder berührenden Kugel ergibt sich aus dem Grundriß zu:

$$S = \overline{M'P'}\,. \tag{180}$$

Die Punkte M'' und P'' ergeben sich durch Loten. Den gesuchten Meridian der Schrägwalze erhält man als Einhüllende der Kreisschar um die wandernden Mittelpunkte M'', wobei die Lote von P'' auf die Achse der Schrägwalze die Kreise um M'' mit dem Radius S in den jeweiligen Berührungspunkten zwischen Kreisschar und Umhüllungskurve schneiden.

Aus Abb. 180 folgt:

$$Z \cdot \sin\alpha = U \cdot \operatorname{tg}\varphi; \tag{65}$$

$$S + R = U/\cos\varphi. \tag{66}$$

Die Koordinaten des auf den Meridian gedrehten Berührungspunktes seien x, y. Zwischen ihnen besteht folgende Beziehung:

$$x^2 + (Z - y)^2 = S^2. \tag{67}$$

Einsetzen obiger Beziehungen ergibt:

$$x^2 + \left(U \cdot \frac{\operatorname{tg}\varphi}{\sin\alpha} - y\right)^2 = \left(\frac{U}{\cos\varphi} - R\right)^2. \tag{68}$$

Dies ist die Gleichung der Kreisschar mit dem Parameter φ. Die Gleichung der Einhüllenden ergibt sich durch partielle Differentiation nach dem Scharparameter.

$$\frac{\partial f(x; y; \varphi)}{\partial\varphi} = 0. \tag{69}$$

Man erhält zwei Gleichungen für die Koordinaten x und y des Berührungspunktes P.

$$x = \left(\frac{U}{\cos\varphi} - R\right) \cdot \sqrt{1 - \sin^2\alpha \cdot \sin^2\varphi} \tag{70}$$

$$y = U \cdot \operatorname{tg}\varphi \cdot \frac{\cos^2\alpha}{\sin\alpha} + R \cdot \sin\alpha \cdot \sin\varphi. \tag{71}$$

Entgegen der früheren Annahme ist also die Form des Meridians vom Durchmesser des zu richtenden Zylinderkörpers abhängig.

Setzt man $R = 0$ dann erhält man:

$$\frac{x^2}{a^2} - \frac{y^2}{(a/\operatorname{tg}\alpha)^2} = 1. \tag{72}$$

Dies ist die Gleichung der oben abgeleiteten Hyperbel. Man sieht, daß die richtig profilierte Walze sich um so mehr dem einschaligen Hyperpoloid nähert, je kleiner der Zylinderdurchmesser ist.

Aus dem angegebenen Verfahren folgt eine einfache geometrische Konstruktion der Meridiankurve (s. Abb. 180).

Weil die Walzenform vom Durchmesser des Richtgutes abhängig ist, müßte man für die verschiedenen Durchmesser die entsprechend profilierten Walzen verwenden. Es zeigt sich jedoch, daß man ein und dieselbe Walze für einen größeren Richtbereich dadurch verwendbar machen kann, daß man den Schränkwinkel in Abhängigkeit des veränderten Zylinderdurchmessers ändert. Aus Abb. 181 ergeben sich für zwei verschiedene Zylinderdurchmesser folgende beiden Gleichungen:

$$(S_0 + R_0)^2 = (a + R_0')^2 + (l \cdot \sin\alpha_0)^2 \tag{73}$$

$$(S_0 + R)^2 = (a + R)^2 + (l \cdot \sin\alpha)^2. \tag{74}$$

Sie sind gewonnen unter der Voraussetzung, daß der zu einem bestimmten Wert von l gehörige Kugelradius S bei der Drehung konstant bleibt. Nach Umformen erhält man:

$$\frac{\sin\alpha}{\sin\alpha_0} = \sqrt{\frac{k + D/D_0}{k+1}} \tag{75}$$

$$D = 2\,R\,;$$

$$k = \frac{S+a}{D_0}\,.$$

Die Abhängigkeit zwischen $\sin\alpha/\sin\alpha_0$ und k ist in Abb. 182 als Funktion von D/Do dargestellt.

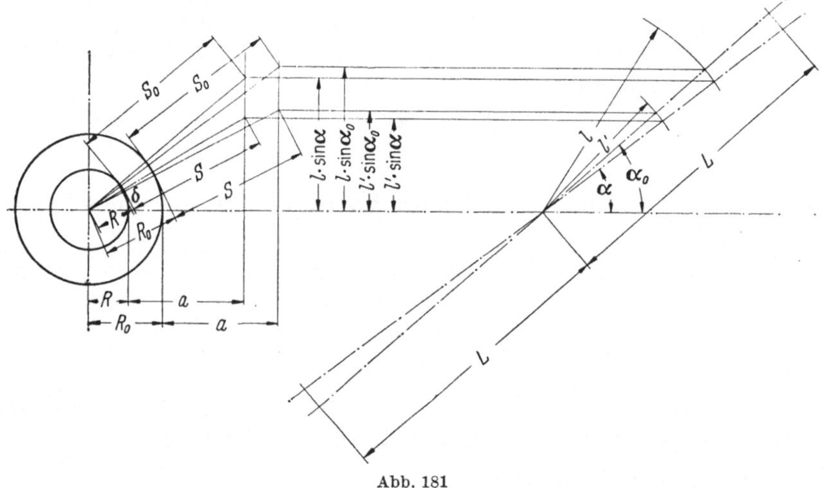

Abb. 181

Ist $\sin\alpha/\sin\alpha_0$ von S unabhängig, dann gibt der aus dieser Gleichung berechnete Wert für α denjenigen Schränkwinkel an, für den die Meridiankurve der ursprünglichen Walze in der gedrehten Lage identisch ist mit dem Meridian, der für den veränderten Zylinderdurchmesser und den veränderten Schränkwinkel kalibrierten Walze. Für endliche Werte von k und $D/D_0 = l$ ist aber eine Abhängigkeit von $\sin\alpha/\sin\alpha_0$ und S immer vorhanden. Es ist ein möglichst kleiner Wert von $d\,\dfrac{\frac{\sin\alpha}{\sin\alpha_0}}{dk}$ anzustreben. Daraus ergeben sich folgende Forderungen:

1. Großer Wert von k, d. h.: der Quotient aus dem kleinsten Walzendurchmesser und dem bei der Profilierung der Walze zugrunde gelegten D_0 muß möglichst groß werden.
2. Kleiner Wert von $d\,k$, d. h.: kleine Walzenlängen bzw. kleine Schränkwinkel.
3. Großer Wert von D/D_0, d. h.: kleiner Richtbereich.

Der Forderung möglichst großer Walzendurchmesser sind aus konstruktiven Gründen Grenzen gesetzt. Der Forderung nach kleinen Walzenlängen läßt sich konstruktiv am ehesten nachkommen. Kleine Schränkwinkel sind unzulässig wegen der dadurch bedingten kleinen

Richtgeschwindigkeiten und hohen Rohrdrehzahlen. Im Interesse der Wirtschaftlichkeit ist ein möglichst kleiner Wert von D/D_0 zu fordern.

Bei der Kalibrierung der Walze tritt die Frage auf, für welchen Rohrdurchmesser des Richtbereiches die Kalibrierung durchzuführen ist, um für die anderen Durchmesser des Bereiches eine möglichst gute Berührung zwischen Walze und Rohr zu erzielen.

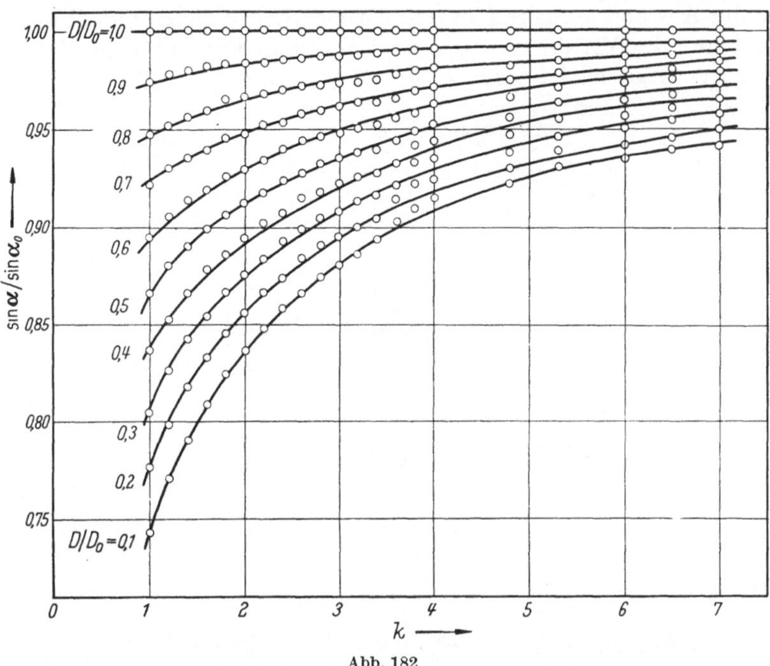

Abb. 182

Eine Berührung zwischen Walze und Rohr ist nur an drei Stellen möglich, und zwar im Kehlkreis und an zwei dazu symmetrisch liegenden Punkten der Walze.

Hierbei ist zu untersuchen, ob und unter welchen Bedingungen eine Unterschneidung beider Flächen auftritt. Eine solche Unterschneidung ist unter allen Umständen zu vermeiden.

Zur Bestimmung des Schränkwinkels α wurden unter der Voraussetzung der oben beschriebenen Berührungsverhältnisse folgende beiden Gleichungen ermittelt:

$$(S_0 + R_0)^2 = (l \cdot \sin\alpha_0)^2 + (a + R_0)^2$$

$$(S_0 + R)^2 = (l \sin\alpha)^2 + (a + R)^2 .$$

Die Berührung zwischen Walze und Rohr erfolgt hierbei an den Stellen:

$$S = S_0 \text{ und } S = a .$$

Für irgend einen anderen Punkt der Walze $a < s < s_0$ gelten folgende beiden Gleichungen:

$$(S + R_0)^2 = (l' \sin\alpha_0)^2 + (a + R_0)^2 \qquad (76)$$

$$(S + R + \delta)^2 = (l' \sin\alpha)^2 + (a + R)^2 . \qquad (77)$$

Damit eine Unterschneidung beider Flächen nicht auftritt, ist zu fordern:

$$\delta \geqq 0 . \qquad (78)$$

S ist eine veränderliche Größe des Walzendurchmessers.

R_0 ist der Radius, von dem ausgegangen wird.

S_0 ist der Wert von S, der an einer ganz bestimmten Stelle der Walze das Rohr tangiert (Endpunkt der Walze).

δ ist der Abstand an irgendeiner Stelle zwischen Walzen- und Rohroberfläche. Ein Mittelwert von δ wird um so kleiner, je kürzer die Walze und je dicker sie ist (Abb. 183).

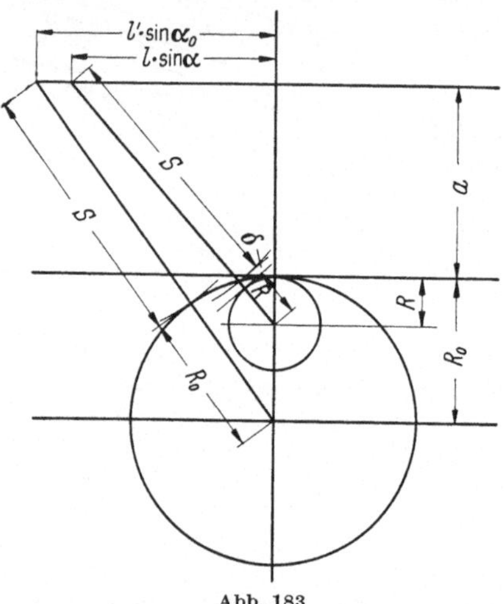

Abb. 183

Durch Umformen beider Gleichungssysteme erhält man:

$$\frac{(s + a + D_0) \cdot (s - a)}{\left(s + a + D_0 \cdot \frac{D}{D_0} + \delta\right) \cdot (s - a + \delta)} = \frac{S_0 + a + D_0}{S_0 + a + D} = c . \qquad (79)$$

Auflösen dieser Gleichung nach δ ergibt unter Vernachlässigung der in δ quadratischen Glieder:

$$\delta = (s - a) \frac{\frac{1}{c} \cdot (s + a + D_0) - \left(s + a + D_0 \cdot \frac{D}{D_0}\right)}{2 s + D_0 \cdot \frac{D}{D_0}} . \qquad (80)$$

Mit der Abkürzung $k = (s + a)/D_0$ und $K_0 = \frac{S_0 + a}{D_0}$ erhält man:

$$\delta = (s - a) \frac{\frac{1}{c} \cdot (k + 1) - (k + D/D_0)}{\frac{2 s}{D_0} + \frac{D}{D_0}} .$$

Führt man für C den Ausdruck

$$C = \frac{S_0 + a + D_0}{S_0 + a + D} = \frac{k_0 + 1}{k_0 + D/D_0}$$

ein, dann ergibt sich nach Umformen:

$$\delta = (s - a)\,\frac{ko + D/D_0}{\frac{s-a}{D_0} + k + D/D_0}\cdot\left[\frac{k+1}{k_0+1} - \frac{k + D/D_0}{k_0 + D/D_0}\right].$$

Für $ko > k$ kann die Bedingung $\delta \geqq 0$ nur erfüllt werden für $D/D_0 \leq 1$, d. h. wenn die Walzen für den größten Durchmesser des Richtbereiches kalibriert sind. Es ist dann möglich, ein Rohr mit einem kleineren Durchmesser D an den Stellen $S = S_0$ und $S = a$ zur Berührung mit der Walze zu bringen, ohne daß eine Unterschneidung zwischen Walze und Rohr an den übrigen Stellen auftritt.

Eine gute Richt- und Glättwirkung ist um so besser zu erzielen, je kleiner der Wert δ ist. Daraus folgen die schon früher abgeleiteten Forderungen:

1. Kleine Walzenlängen.
2. Ein möglichst großes Verhältnis von Walzendurchmesser zu Rohrdurchmesser.
3. Kleiner Richtbereich.

5. Ermittlung der mittleren Walzenumfangsgeschwindigkeit

Mittlere Umfangsgeschwindigkeit:

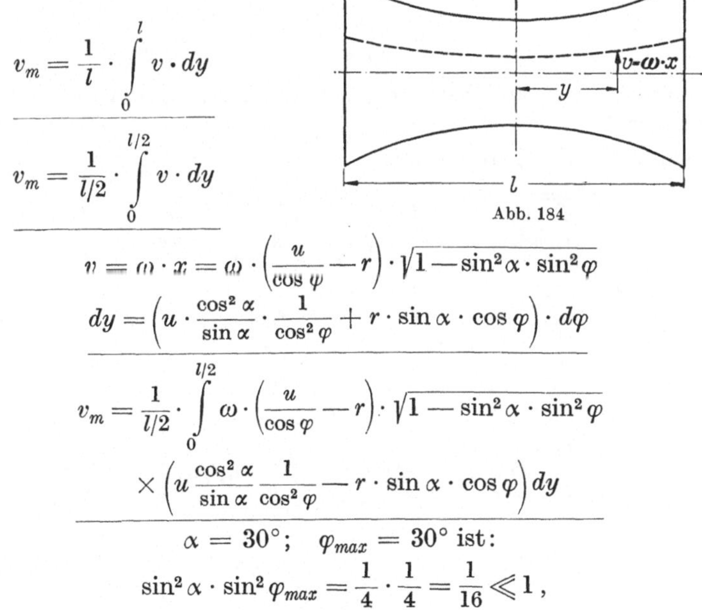

Abb. 184

$$v_m = \frac{1}{l}\cdot\int_0^l v\cdot dy$$

$$v_m = \frac{1}{l/2}\cdot\int_0^{l/2} v\cdot dy$$

$$v = \omega\cdot x = \omega\cdot\left(\frac{u}{\cos\varphi} - r\right)\cdot\sqrt{1 - \sin^2\alpha\cdot\sin^2\varphi}$$

$$dy = \left(u\cdot\frac{\cos^2\alpha}{\sin\alpha}\cdot\frac{1}{\cos^2\varphi} + r\cdot\sin\alpha\cdot\cos\varphi\right)\cdot d\varphi$$

$$v_m = \frac{1}{l/2}\cdot\int_0^{l/2}\omega\cdot\left(\frac{u}{\cos\varphi} - r\right)\cdot\sqrt{1 - \sin^2\alpha\cdot\sin^2\varphi}$$

$$\times\left(u\,\frac{\cos^2\alpha}{\sin\alpha}\,\frac{1}{\cos^2\varphi} - r\cdot\sin\alpha\cdot\cos\varphi\right)dy$$

mit: $\alpha = 30°;\quad \varphi_{max} = 30°$ ist:

$$\sin^2\alpha\cdot\sin^2\varphi_{max} = \frac{1}{4}\cdot\frac{1}{4} = \frac{1}{16} \ll 1,$$

d. h. der Wert der Wurzel schwankt zwischen:

1. $\varphi = 0;\qquad \sqrt{1 - \sin^2\alpha\cdot\sin^2\varphi} = 1$

2. $\varphi = \varphi_{max} = 30°;\qquad \sqrt{1 - \frac{1}{16}} = 0{,}965.$

φ (Parameter, der den Punkt auf der Rohrachse durch den Winkel φ und $a + r$ kennzeichnet).

Betrachtet man die Wurzel als konstant = 1, dann ergibt sich der Wert des Integrals zu groß gegenüber dem wahren Wert.

Der Fehler beträgt:

$$F = \frac{1 - 0{,}965}{1} \cdot 100\%$$

$$F = 3{,}5\%.$$

Damit wird das Integral:

$$v_m = \frac{\omega}{l/2} \cdot \int_0^{l/2} \left(\frac{u}{\cos\varphi} - r\right) \cdot \left(u \cdot \frac{\cos^2\alpha}{\sin\alpha} \cdot \frac{1}{\cos^2\varphi} + r \cdot \sin\alpha \cdot \cos\varphi\right) \cdot d\varphi$$

$$v_m = \frac{\omega}{l/2}\left[\frac{u^2 \cdot \cos^2\alpha}{\sin\alpha} \cdot \int_0^{l/2} \frac{d\varphi}{\cos^3\varphi} + u \cdot r \cdot \sin\alpha \cdot \int_0^{l/2} d\varphi - \frac{u \cdot r \cdot \cos^2\alpha}{\sin\alpha} \cdot \int_0^{l/2} \frac{d\varphi}{\cos^2\varphi}\right.$$

$$\left. - r^2 \cdot \sin\alpha \cdot \int_0^{l/2} \cos\varphi \cdot d\varphi\,.\right]$$

Transformation der Grenzen: (l nach φ transformieren)

In der Gleichung:

$$y = u \cdot \operatorname{tg}\varphi \cdot \frac{\cos^2\alpha}{\sin\alpha} + r \cdot \sin\alpha \cdot \sin\varphi$$

setzt man: $y = l/2$ und berechnet den Winkel φ_{max}, der dem Wert $y = l/2$ entspricht.

Ausführung der Integration:

1. $$\int_0^{\varphi_{max}} \frac{d\varphi}{\cos^3\varphi} = \frac{\sin\varphi}{2 \cdot \cos^2\varphi}\Bigg|_0^{\varphi_{max}} + \frac{1}{2} \cdot \int_0^{\varphi_{max}} \frac{d\varphi}{\cos\varphi}$$

mit:

$$\int_0^{\varphi_{max}} \frac{d\varphi}{\cos\varphi} = \ln \operatorname{tg}\left(\frac{\pi}{4} + \frac{\varphi}{2}\right)\Bigg|_0^{\varphi_{max}}$$

ist:

1. $$\int_0^{\varphi_{max}} \frac{d\varphi}{\cos^3\varphi} = \frac{\sin\varphi_{max}}{2 \cdot \cos^2\varphi_{max}} + \frac{1}{2} \cdot \ln \operatorname{tg}\left(\frac{\pi}{4} + \frac{\varphi_{max}}{2}\right)$$

2. $$\int_0^{\varphi_{max}} d\varphi = \varphi_{max}$$

3. $$\int_0^{\varphi_{max}} \frac{d\varphi}{\cos^2\varphi} = \frac{\sin\varphi_{max}}{\cos^2\varphi_{max}}$$

4. $$\int_0^{\varphi_{max}} \cos\varphi\, d\varphi = \sin\varphi_{max}$$

mit: $\alpha = 30°$ Anstellwinkel ergibt sich:

$$v_m = \frac{\omega}{l/2}\left[\frac{3}{2}\cdot u^2\cdot\left(\frac{\sin\varphi_{max}}{2\cdot\cos^2\varphi_{max}}+\frac{1}{2}\cdot\ln\operatorname{tg}\left\{\frac{\pi}{4}+\frac{\varphi_{max}}{2}\right\}\right)\right.$$
$$\left.+\frac{1}{2}\cdot u\cdot r\cdot\varphi_{max}-\frac{3}{2}\cdot u\cdot r\cdot\frac{\sin\varphi_{max}}{\cos^2\varphi_{max}}-\frac{1}{2}\cdot r^2\cdot\sin\varphi_{max}\right]$$

(der Unterschied mit der umseitigen Faustformel beträgt nur wenige Prozent).

Ergänzung:

Wie groß wird v_m bei Vernachlässigung von $\sqrt{1-\sin^2\alpha\cdot\sin^2\varphi}$?

$$\alpha = 90°$$

$$v_m = \frac{\omega}{l/2}[u\cdot r\cdot\varphi_{max} - r^2\cdot\sin\varphi_{max}]$$

$$v_m = \omega\frac{r}{l/2}\left[u\cdot\frac{\pi}{2}-r\right]$$

$$v_{m1} = \omega\left[u\cdot\frac{\pi}{2}-r\right] \qquad v_{m2} = \omega\left[u-\frac{\pi}{4}\cdot r\right].$$

Wie groß ist der Fehler im Vergleich mit dem genauen Wert?

$$\frac{v_{m1}-v_{m2}}{v_{m2}} = \frac{u\cdot\left(\frac{\pi}{2}-1\right)-r\cdot\left(1-\frac{\pi}{4}\right)}{u-\frac{\pi}{4}\cdot r}$$

$$F = \frac{u/r\cdot 0{,}57-0{,}215}{u/r-0{,}785}$$

für $u/r = 2$

$$F = \frac{1{,}14-0{,}215}{2-0{,}785} = \frac{0{,}93}{1{,}215}\cdot 100 = 76{,}5\,\%.$$

Obige Näherung ist also nur zulässig für kleine Winkel α. Wie groß ist der Fehler der Näherung?

$$v_m = \frac{2\cdot v_{max}+v_{min}}{3} \qquad \text{für } \alpha = \frac{\pi}{2}$$

$$v_{m1} = \frac{2\cdot u\cdot\omega+\omega\cdot(u-r)}{3} = \omega\cdot\frac{3\cdot u-r}{3} = \omega\cdot\left(u-\frac{r}{3}\right)$$

$$v_{m2} = \qquad\qquad = \omega\cdot\left(u-\frac{\pi}{4}\cdot r\right)$$

$$\frac{v_{m1}-v_{m2}}{v_{m2}} = \frac{u-r/3-u+\pi/4\cdot r}{u-\frac{\pi}{4}\cdot r} = \frac{r\cdot\left(\frac{\pi}{4}-\frac{1}{3}\right)}{u-\frac{\pi}{4}\cdot r} = \frac{\frac{\pi}{4}-\frac{1}{3}}{u/r-\frac{\pi}{4}}$$

$$F = \frac{0{,}452}{u/r-0{,}785}. \quad \text{Für: } u/r = 2 \qquad F = \frac{0{,}452}{1{,}215}\cdot 100$$

$$\underline{F = 37{,}2\,\%.}$$

Wie groß ist größte Abweichung von der mittleren Geschwindigkeit und wo tritt sie auf?

$$v_{max} = \omega \cdot u$$

$$v_{max} - v_{mittel} = \omega \cdot \left(u - u + \frac{\pi}{4} r\right)$$

$$\underline{\Delta v_1 = \omega \left(\frac{\pi}{4} \cdot r\right)}$$

$$v_{mittel} - v_{min} = \omega \left[\left(u - \frac{\pi}{4} r\right) - (u - r)\right]$$

$$\underline{\Delta v_2 = \omega \cdot r \left(1 - \frac{\pi}{4}\right)}$$

$$\frac{\Delta v_1}{v_{mittel}} = \frac{\omega \cdot \frac{\pi}{4} \cdot r}{\omega \left(u - \frac{\pi}{4} r\right)} = \frac{1}{\frac{u}{r} \cdot \frac{4}{\pi} - 1}$$

$$\frac{\Delta v_2}{v_{mittel}} = \frac{\omega \cdot r \left(1 - \frac{\pi}{4}\right)}{\omega \left(u - \frac{\pi}{4} r\right)} = \frac{1}{\frac{\pi/4}{1 - \pi/4} \left(\frac{u}{r} \cdot \frac{4}{\pi} - 1\right)}$$

$$\frac{\pi}{4} = 0{,}785 \qquad \frac{\Delta v_1}{v_{mittel}} = \frac{1}{1{,}35 \cdot \frac{u}{r} - 1}$$

$$\frac{\Delta v_2}{v_{mittel}} = \frac{1}{3\left(1{,}35 \cdot \frac{u}{r} - 1\right)}$$

d. h. die Abweichung ist am Rande größer als in der Mitte.

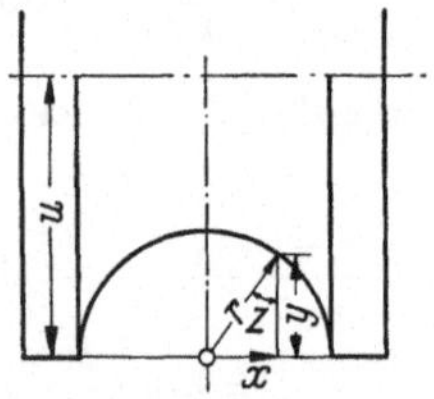

Abb. 185

$$\frac{u}{r} = 2$$

$$v = \omega\,(u - y)$$

$$v = \omega\,\left(u - \sqrt{r^2 - x^2}\right)$$

$$v\,dx = \omega\,\left(u - \sqrt{r^2 - x^2}\right)dx$$

$$\underline{v_m = \frac{1}{r} \int_0^r v \cdot dx = \frac{\omega}{r} \cdot \int_0^r \left(u - \sqrt{r^2 - x^2}\right) dx}$$

$$\frac{\omega}{r}\int_0^r \left(u - \sqrt{r^2 - x^2}\right) dx = \frac{\omega}{r}\left(u \cdot r - r \cdot \int_0^r \sqrt{1 - \left(\frac{x}{r}\right)^2} \cdot dx\right)$$

$$r \cdot \int_0^r \sqrt{1 - \left(\frac{x}{r}\right)^2} dx = ? \qquad \Big|_0^1 \frac{x}{r} = \sin z \Big|_0^{\frac{\pi}{2}}$$

$$dx = r \cdot \cos z \cdot dz$$

$$r^2 \cdot \int_0^{\frac{\pi}{2}} \cos^2 z \cdot dz = \frac{1}{4}\sin 2z + \frac{1}{2} z \Big|_0^{\frac{\pi}{2}}$$

$$= \frac{\pi}{4}$$

damit:

$$v_m = \frac{\omega}{r}\left(u \cdot r - r^2 \cdot \frac{\pi}{4}\right)$$

Mittlere Transport-Geschwindigkeit

$$v_m = \omega \cdot \left(u - \frac{\pi}{4} \cdot r\right).$$

Ist: $\alpha = 90°$

$$v = \omega\left(\frac{u}{\cos\varphi} - r\right)\cos\varphi$$

$$v_m = \frac{1}{l/2}\int_0^{l/2} \omega\,(u - r \cdot \cos\varphi) \cdot r \cdot \cos\varphi \cdot d\varphi$$

$$v_m = \frac{\omega}{l/2}\int_0^{l/2} (u \cdot r \cdot \cos\varphi - r^2\cos^2\varphi)\, d\varphi \qquad \sin\varphi_{max} = \frac{l}{2r} = 1$$

$$v_m = \frac{\omega}{l/2} \cdot \left[u \cdot r \cdot \sin\varphi_{max} - r^2 \cdot \frac{1}{4}\sin 2\varphi_{max} + \frac{1}{2}\varphi_{max})\right]$$

$$v_m = \frac{\omega}{l/2}\left[u \cdot r \cdot \frac{l}{2r} - r^2\left(\frac{1}{4} \cdot 2 \cdot \frac{l}{2r}\sqrt{1 - \frac{l^2}{4r^2}} + \frac{1}{2}\,\text{arc}\sin\frac{l}{2r}\right)\right]$$

$$v_m = \frac{\omega}{l/2}\left[\frac{u \cdot l}{2} - r \cdot l\sqrt{1 - \frac{l^2}{4r^2}} - \frac{r^2}{2} \cdot \text{arc}\sin\frac{l}{2r}\right]$$

$$\varphi_{max} = \frac{\pi}{2} \qquad l = 2r$$

$$v_m = \frac{\omega}{r} \cdot \left[u \cdot r - \frac{\pi}{4} \cdot r^2\right]$$

$$v_m = \omega \cdot \left[u - \frac{\pi}{4} r\right].$$

Frage: Läßt sich eine Walze, die für einen Rohrdurchmesser $2R$ kalibriert ist, für kleinere Rohrdurchmesser verwendbar machen, indem man den Schränkwinkel α ändert?

Mit den Bezeichnungen laut Skizze:

$$(s + R_0)^2 = (a + R_0)^2 + (l' \cdot \sin\alpha_0)^2$$
$$(s + R)^2 = (a + R)^2 + (l' \cdot \sin\alpha)^2 .$$

Umformen ergibt:

$$\sin\alpha = \sin\alpha_0 \sqrt{\frac{s + a + 2R}{s + a + 2R_0}}\,.$$

Diese Gleichung ist gewonnen unter der Voraussetzung, daß der zu einem bestimmten s gehörige Breitenkreisdurchmesser der Walze bei der Drehung der Walze konstant bleibt.

Tabelle 5. *Errechnung der Werte K und* $\frac{D}{D_0}$

↓ K	0,2	0,3	0,4	0,5	$\rightarrow \frac{D}{D_0}$ 0,6	0,7	0,8	$\rightarrow \frac{D}{D_0}$ 0,9	1,0
1	0,387	0,403	0,418	0,438	0.447	0,460	0,474	0,486	0,5
2	0,428	0,438	0,447	0,456	0,465	0,474	0,483	0,492	0,5
3	0,447	0,454	0,461	0,468	0,474	0,481	0,487	0,493	0,5
4	0,458	0,463	0,469	0,474	0,479	0,484	0,490	0,495	0,5
5	0,466	0,470	0,474	0,478	0,483	0,487	0,492	0,496	0,5
6	0,470	0,476	0,477	0,481	0,485	0,489	0,493	0,496	0,5
7	0,474	0,478	0,481	0,483	0,487	0,490	0,494	0,496	0,5
8	0,477	0,480	0,483	0,485	0,488	0,491	0,494	0,497	0,5
9	0,478	0,482	0,485	0,487	0,489	0,492	0,495	0,497	0,5
10	0,481	0,483	0,486	0,488	0,490	0,493	0,495	0,497	0,5
11	0,483	0,484	0,487	0,489	0,491	0,493	0,495	0,497	0,5
1	2250	2350	2450	2540	3035	2635	2725	2820	2910
2	2530	2600	2635	2710	2745	2745	2820	2850	2930
3	2640	2700	2730	2800	2820	2840	2850	2910	2935
4	2720	2740	2800	2820	2840	2850	2900	2925	2940
5	2750	2810	2820	2835	2850	2905	2915	2930	2940
6	2810	2830	2830	2850	2905	2910	2918	2934	2945
7	2820	2835	2850	2855	2910	2915	2922	2936	2945
8	2830	2840	2855	2905	2915	2920	2924	2938	2945
9	2840	2850	2905	2910	2920	2923	2927	2940	2950
10	2850	2855	2910	2915	2925	2925	2930	2940	2950
11	2900	2905	2915	2920	2930	2930	2933	2940	2950

Diese Voraussetzung ist selbstverständlich. Der zu berechnende Winkel α ist jedoch nicht eindeutig, sondern von dem veränderlichen s abhängig.

$$\sin\alpha = \sin\alpha_0 \sqrt{\frac{c + D}{c + D_0}} \qquad c = s + a, \quad D = 2R, \quad D_0 = 2R_0$$

$$\sin\alpha = \sin\alpha_0 \sqrt{\frac{\frac{c}{D_0} + \frac{D}{D_0}}{\frac{c}{D_0} + 1}}$$

$$\frac{c}{D_0} = k$$

$$\sin\alpha = \sin\alpha_0 \sqrt{\frac{k + D/D_0}{k + 1}}$$

(s. Diagramm S. 167).

Unter der Voraussetzung, daß $\sin\alpha$ von s unabhängig ist, gibt der aus dieser Gleichung berechnete Wert für α denjenigen Schränkwinkel an, für den die Meridiankurve der ursprünglichen Walze in der gedrehten Lage identisch ist mit dem Meridian der für den neuen Rohrdurchmesser und dem veränderten Schränkwinkel kalibrierten Walze.

Im Interesse einer guten Richtwirkung ist also anzustreben:

1. großes D/D_0: d. h. kleiner Richtbereich
2. großes k: d. h. große Walzendurchmesser

Für die ausgeführte Walze:

$$D/D_0 = 60/85 = 0{,}707$$

$$k = \frac{s+a}{D_0}$$

$$k_{max} = \frac{135+105}{85} = 2{,}82 \qquad k_{min} = \frac{105+105}{85} = 2{,}5\,.$$

In diesem Bereich ergibt sich aus der Zeichnung eine Änderung von α:

$$\varDelta\alpha \text{ etwa } 10' \text{ (Minuten)}\,.$$

Relative Winkeländerung:

$$\frac{\varDelta\alpha}{\alpha} = \frac{10'}{28°40} \cdot 100 = \underline{0{,}58\%}.$$

Diese relative Winkeländerung kann als Maß für die relative Änderung von s dienen. Sie ist demnach nicht groß.

Es war:

$$k = \frac{s+a}{D_0}\,.$$

Anzustreben ist ein großer Wert von k. Es darf aber nicht s_{max} sehr groß gemacht werden (keine allzu große Walzenlängen).

Ist der Unterschied

$$s_{max} - s_{min} = s_{max} - a$$

sehr groß, dann ist der Bereich, der in allen k veränderlich ist, sehr groß.

Es ergibt sich also eine große Änderung von α in Abhängigkeit der Änderung von s.

Anzustreben ist: kleines $d\alpha$; demnach: kleines ds. D. h. kleine Walzenlängen.

6. Ermittlung der kritischen Drehzahl des Richtgutes

Eigenkreisfrequenz eines an einem Ende eingespannten Balkens:

$$\omega_e^2 = \left(\frac{\beta}{l}\right)^4 \cdot \frac{I}{F} \cdot \frac{E}{\varrho}$$

l = Länge d. Rohres zwischen den Auflagern.
E = Elastizitätsmodul d. Materials.
ϱ = Dichte
I = Trägheitsmoment } d. Rohres.
F = Querschnitt } d. Rohres.

β ist von der Art der Einspannung und von der Ordnungszahl der Oberschwingung abhängig.

$$\omega^2 \left(\frac{\omega_e}{\omega}\right)^2 = \frac{\beta^4}{l^4} \cdot \frac{I}{F} \cdot \frac{E}{\varrho} .$$

$\omega =$ die aus der Drehzahl d. Rohres sich ergebende Winkelgeschwindigkeit $\left(\frac{\pi n}{30}\right)$.

Für Kreisringquerschnitt:

$$\frac{I}{F} = \frac{1}{16} \cdot D^2 \left[1 + \left(\frac{d}{D}\right)^2\right]$$

Man erhält:

$$l \cdot \sqrt{\frac{\omega_e}{\omega}} = \frac{\beta}{2} \sqrt[4]{\frac{E}{\varrho} \cdot \left(1 + \left(\frac{d}{D}\right)^2\right)} \sqrt[2]{\frac{D}{\omega}}$$

$$l \cdot \sqrt{\frac{\omega_e}{\omega}} = \frac{\beta}{2} \sqrt[4]{\frac{E}{\varrho}} \sqrt[4]{1 + \left(\frac{d}{D}\right)^2} \sqrt[2]{\frac{D}{\omega}}$$

Mit:

$$\frac{1}{2} \sqrt[4]{\frac{E}{\varrho}} = \text{const.}$$

$$l \cdot \sqrt{\frac{\omega_e}{\omega}} = \beta \cdot \text{const} \cdot \sqrt[4]{1 + \left(\frac{d}{D}\right)^2} \sqrt[2]{\frac{D}{\omega}}$$

für Vollmaterial: $d/D = 0$

$$l \cdot \sqrt{\frac{\omega_e}{\omega}} = \beta \cdot \text{const} \cdot \sqrt[2]{\frac{D}{\omega}}$$

für Rohre: $d/D \approx 1$

$$l \cdot \sqrt{\frac{\omega_e}{\omega}} = \beta \cdot \text{const} \cdot \sqrt[4]{2} \sqrt[2]{\frac{D}{\omega}}$$

Die kritische Länge ergibt sich für $\frac{\omega_e}{\omega} = 1$

$$l_{krit} = \beta \cdot \text{const} \cdot \sqrt[4]{2} \sqrt[2]{\frac{D}{\omega}} \quad [m]$$

gegeben:

$$D = 85 \text{ mm} \qquad \omega = \frac{\pi}{30} \cdot 1730 \; U/\text{min}$$

$$\text{const} = \frac{1}{2} \cdot \sqrt[4]{\frac{E \cdot g}{\gamma}} = \frac{1}{2} \cdot \sqrt[4]{\frac{2{,}1 \cdot 10^6 \cdot 10^4 \cdot 9{,}81}{7{,}85 \cdot 10^3}}$$

$$\text{const} = \frac{1}{2} \cdot \sqrt[4]{0{,}262} \cdot 100 = 50 \cdot 0{,}715$$

$$\text{const} = 35{,}8 \quad [\text{m; kg; sec}]$$

$$l_{krit} = \beta \cdot 35{,}8 \cdot \sqrt[2]{\frac{0{,}085}{175}} \qquad [\text{m}]$$

$$l_{krit} = \beta \cdot 0{,}85 \text{ m} .$$

$\beta = 1{,}875$ (m) für die Grundschwingung:

$$\underline{l_{krit} = 1{,}875 \cdot 0{,}85 = 1600\,\text{mm}\,.}$$

Für die Oberschwingungen ergeben sich größere Rohrlängen.

Es ist darauf zu achten, daß der größte Abstand zwischen den Walzen in der Maschine kleiner ist als l_{krit}.

Verlangt man bei hinreichender Sicherheit:

$$\sqrt{\frac{\omega_e}{\omega}} = 1{,}414 \qquad \left(\frac{\omega_e}{\omega} = 2\right)\cdot$$

dann erhält man für die größte zulässige Länge:

$$\underline{l_{zul} = \frac{1600}{1{,}414} = 1130\,\text{mm}\,.}$$

In der Konstruktion ist verwirklicht:

$$\underline{l_{tats} = 680 - 350 = 330\,\text{mm}\,.}$$

Da die Richtmaschinen für Stangen und Rohre benutzt werden, ist für die Sicherheit gegen Erreichen der kritischen Drehzahl die Formel für $d/D = 0$ maßgebend, weil sie die kleinste kritische Länge liefert und die Maschinen im allgemeinen unterkritisch betrieben werden.

$$\underline{l \cdot \sqrt{\frac{\omega_e}{\omega}} = \beta \cdot \text{const} \cdot \sqrt[2]{\frac{D}{\omega}}\,.}$$

Ferner ist hier nur die kleinste kritische Länge von Interesse:

$$\beta = \beta_{min} = 1{,}875$$

$$\sqrt{\frac{\omega_e}{\omega}} \cdot l = 1{,}875 \cdot 35{,}8 = 66 \qquad [\text{m; kg; sec}]$$

$$\underline{l \cdot \sqrt{\frac{\omega_e}{\omega}} = 66 \cdot \sqrt[2]{\frac{D}{\omega}}\,.}$$

Es ist zu untersuchen, ob die Bedingung: $l < l_{krit}$ für den gesamten Richtbereich eingehalten ist.

Zusammenhang zwischen D und ω?

$$\omega_R = \omega_{Walze} \cdot \frac{D_{Walze}}{D_{Rohr}} \cdot \cos\alpha$$

$$\underline{\omega_R = \frac{v_R}{\text{tg}\,\alpha \cdot R_R} \qquad [1/\text{sec}]}$$

$$l \cdot \sqrt{\frac{\omega_e}{\omega}} = 66 \cdot R \cdot \sqrt{\frac{\text{tg}\,\alpha}{v}}$$

mit $\alpha = 30°$

$$\underline{l \cdot \sqrt{\frac{\omega_e}{\omega}} = 38 \cdot R \cdot \sqrt{\frac{1}{v}} \quad (v \text{ in m/sec})}$$

Für eine bestimmte Maschine mit Drehstromantrieb ist $v = \text{const}$, so daß:

$$l \cdot \sqrt{\frac{\omega_e}{\omega}} = D \cdot \text{const}.$$

$$\frac{D}{l} = (\text{const})^{-1} \cdot \sqrt{\frac{\omega_e}{\omega}}$$

Zur Berechnung der größten zulässigen Länge l_{max} ist:

Rohr: $$l_{max} = \beta \cdot \text{const} \cdot \sqrt[4]{2} \cdot \frac{\sqrt[2]{\frac{D}{\omega}}}{\sqrt[2]{\frac{\omega_e}{\omega}}}$$

Stangen: $$l_{max} = \beta \cdot \text{const} \cdot \frac{\sqrt[2]{\frac{D}{\omega}}}{\sqrt[2]{\frac{\omega_e}{\omega}}}$$

mit:

$$\text{const} = \frac{1}{2} \cdot \sqrt[4]{\frac{E}{\varrho}}.$$

Verlangt man:

$$\omega_e/\omega = 10 \qquad \beta = 1{,}875$$

d. h. 10fache Sicherheit gegen Erreichen der kritischen Drehzahl, dann ist:

Rohre: $$l_{max} = 25 \cdot \sqrt[2]{\frac{D}{\omega}} \qquad [\text{m}]$$

Stangen: $$l_{max} = 21 \cdot \sqrt[2]{\frac{D}{\omega}} \qquad [\text{m}]$$

ω = Eigenfrequenz des Rohres.

Mit:

$$\omega = \frac{v}{\text{tg}\,\alpha \cdot R} \qquad [1/\text{sek}]$$

$$l_{max} = 19 \cdot D \cdot \sqrt{\frac{1}{v}} \qquad [\text{m}]$$

$$l_{max} = 16 \cdot D \cdot \sqrt{\frac{1}{v}} \qquad [\text{m}] \qquad (v \text{ in m/sek}).$$

Da die Maschinen für Stangen und Rohre benutzt werden, ist für die Berechnung die kleinste Länge zugrunde zu legen.

$$l_{max} = \frac{16 \cdot D}{\sqrt{v}} \qquad [\text{m}]\ (v \text{ in m/sek}).$$

Man erkennt hieraus die Notwendigkeit eines regelbaren Antriebes. Z. B.: Richtbereich $D = 8 \cdots 35$ mm Durchmesser

$$\frac{8}{\sqrt{v_1}} = \frac{35}{\sqrt{v_2}} \qquad \sqrt{\frac{v_2}{v_1}} = \frac{35}{8} = 4{,}38$$

$$v_2 = 19{,}2 \cdot v_1.$$

In diesem Bereich ist die Drehzahl nicht verstellbar. Die Maschine ist dann so gebaut, daß der Abstand der Walzen viel kleiner ist als die zulässige Länge.

$$l_{krit} = 66 \cdot \sqrt{\frac{D}{\omega}} = 50 \cdot \frac{D}{\sqrt{v}}$$

$$l_{krit} = \frac{50 \cdot 0{,}008}{\sqrt{61}} \cong 500 \text{ mm}.$$

Setzt man für die Produktion eines Hüttenwerkes:

$$v \cdot F = \text{const}$$

$$v \cdot D^2 = \text{const}$$

mit:

$$F = \frac{\pi}{4} \cdot D^2,$$

dann ist:

$$l_{krit} = \text{const}_1 \cdot \frac{D}{\sqrt{v}} = \frac{D}{\sqrt{\frac{\text{const}_2}{D^2}}}$$

$$\underline{l_{krit} = \text{const} \cdot D^2,}$$

d. h. bei einer Geschwindigkeitsregelung nach wirtschaftlichen Gesichtspunkten ist die kritische Länge proportional dem Quadrat des Durchmessers.

Wenn es möglich ist, die tatsächliche Länge kleiner zu machen als die kleinste auftretende kritische Länge, dann sind Schwingungserscheinungen für alle größeren Durchmesser vermieden.

l_{krit} wird aber um so kleiner, je größer const_2 wird, d. h. je größer die Produktion des Hüttenwerkes ist, welche vom Rohrquerschnitt F und der Richtgeschwindigkeit v abhängt.

Es gilt also: $v = \text{const} \cdot D^2$, d. h. $\frac{v_1}{v_2} = \left(\frac{D_1}{D_2}\right)^2$.

Im allgemeinen ist: $\frac{D_1}{D_2} = 3;$ dann ist: $\frac{v_2}{v_1} = 9 = 3^2$.

Die Drehzahlen der Gleichstrommotoren sind im Verhältnis 1:2 regelbar.

Man muß immer die tatsächliche Länge kleiner machen als die kleinste kritische Länge, um bei jedem Durchmesser Sicherheit gegen Erreichen der kritischen Drehzahl zu haben.

7. Zusammenhang zwischen Schränkwinkel, Richtgut und Walzendurchmesser

Kalibrierung. Der Winkel α ist ermittelt worden unter der Voraussetzung, daß das Rohr und die Walze sich an 2 Punkten berühren;

$$s = a \qquad s = s_0.$$

Es ergab sich: $\sin\alpha = \sin\alpha_0 \sqrt{\frac{s_0 + a + D}{s_0 + a + D_0}}$.

D_0 = Rohrdurchmesser, der bei der Kalibrierung der Walze zugrunde gelegt wurde.

Wählt man nun einen andern Durchmesser auf der Walze (s), dann ist zu untersuchen, ob derjenige Wert von s', der sich für den neuen Rohrdurchmesser und dem unter obiger Annahme ermittelten Schränkwinkel α für den gleichen Punkt auf der Walze ergibt, gleich, größer oder kleiner ist als s.

Um immer eine Anlage des Rohres an der engsten Stelle der Walze zu haben, kann nur gestattet werden:

$$\underline{s' \geqq s}$$

$$(s + R_0)^2 = (a + R_0)^2 + (y \cdot \sin \alpha_0)^2$$

$$(s' + R)^2 = (a + R)^2 + (y \cdot \sin \alpha)^2$$

$$\frac{s + a + 2 \cdot R_0}{s' + a + 2R} \cdot \frac{s - a}{s' - a} = \left(\frac{\sin \alpha_0}{\sin \alpha}\right)^2 = \frac{s_0 + a + 2 \cdot R_0}{s_0 + a + 2 \cdot R}$$

Man suche die Beziehung zwischen s und s' auf bei konstantem Wert von $\left(\frac{\sin \alpha}{\sin \alpha_0}\right)^2$. Dieser Wert kann gleich, größer oder kleiner sein als 1. Man erhält eine Beziehung zwischen s und s' in Abhängigkeit von R_0; R; a; $\left(\frac{\sin \alpha}{\sin \alpha_0}\right)$. Es ist jedoch zu beachten, daß R_0/R und $\frac{\sin \alpha}{\sin \alpha_0}$ nicht unabhängig voneinander zu ändern sind.

$$\frac{k_0 + D/D_0}{k_0 + 1} = \left(\frac{\sin \alpha}{\sin \alpha_0}\right)^2.$$

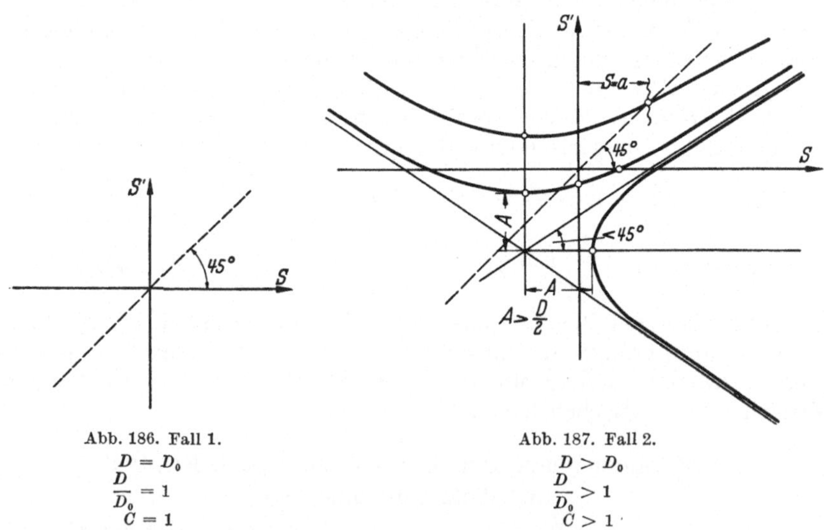

Abb. 186. Fall 1.
$D = D_0$
$\frac{D}{D_0} = 1$
$C = 1$
Die Hyperbel wird zu einer Geraden

Abb. 187. Fall 2.
$D > D_0$
$\frac{D}{D_0} > 1$
$C > 1$

Hält man diese Beziehung ein, dann verringert sich die Zahl der Veränderlichen.

$$\underline{R_0;\ R;\ R/R_0;\ a\ .}$$

Für das Bestehen der beiden umseitigen Gleichungen gilt die Bedingung:

$$\underline{D_0 \geqq D.} \quad \text{(Abb. 186, 187.)}$$

Nur für diesen Fall kann die Bedingung $s' \geqq s$ erfüllt werden.

Ist $$A \gtreqless \frac{D_0}{2}\,?$$

$$A = \sqrt{\left(a + \frac{D_0}{2}\right)^2 - C \cdot \left(a + \frac{D}{2}\right)^2}$$

$$D < D_0; \qquad C < 1 . \quad \text{(Abb. 188.)}$$

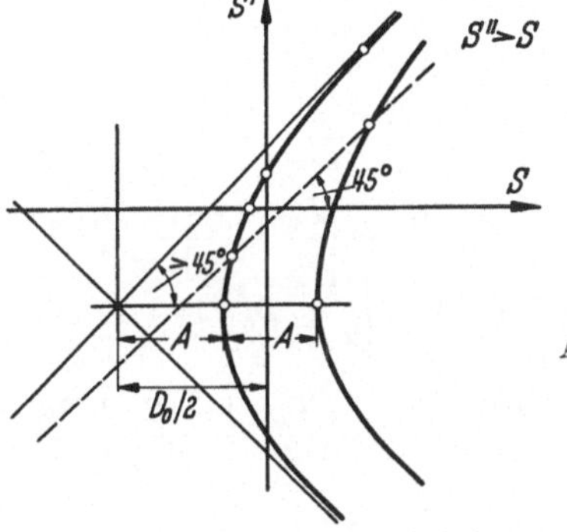

Abb. 188. Fall 3.
$D < D_0$
$\frac{D}{D_0} < 1$
$C < 1$
$S' < S$

Da s und s' nicht negativ werden können, ist die Bedingung $s' > s$ immer erfüllt.

Kann $A > D/2$ werden?

$$A = \sqrt{\left(a + \frac{D_0}{2}\right)^2 - C \cdot \left(a + \frac{D}{2}\right)^2}$$

$$= \text{imaginär}$$

$$\text{für } D > D_0 \qquad C > 1 \quad \text{(Abb. 187.)}$$

$$\underline{\frac{A}{R_0} = \sqrt{\frac{(a + R_0)^2 - C \cdot (a + R)^2}{R_0^2}} = \sqrt{\left(\frac{a}{R_0} + 1\right)^2 - C \cdot \left(\frac{a}{R_0} + \frac{R}{R_0}\right)^2}.}$$

Aus Abb. 188 folgt: für $\frac{R}{R_0} = 0{,}3$ und $k = 2$, daraus: $C = 0{,}9$

$$k = \frac{s + a}{D_0} = \frac{2a}{D_0} = \frac{a}{R_0}.$$

Also:

$$\frac{A}{R_0} = \sqrt{(2 + 1)^2 - 0{,}9 \cdot (2 + 0{,}3)^2}$$

$$A = R_0 \cdot \sqrt{9 - 4{,}76} = R_0 \cdot \sqrt{4{,}24}$$

$$\underline{\frac{A}{R_0} = 2{,}06\,,}$$

d. h. die Hyperbel muß bei einem bestimmten Wert $s = s'$ die Achse $s = s'$ schneiden. Wo liegt dieser Wert für s?

Man setze: $s = s'$

$$\left(s + \frac{D_0}{2}\right)^2 - C \cdot \left(s + \frac{D}{2}\right)^2 = \left(a + \frac{D_0}{2}\right)^2 - C \cdot \left(a + \frac{D}{2}\right)^2$$

$$s^2 + s \cdot D_0 + \left(\frac{D_0}{2}\right)^4 - C \cdot s^2 - C \cdot s \cdot D - C \cdot \left(\frac{D}{2}\right)^2 = \left(a + \frac{D_0}{2}\right)^2 - \left(a + \frac{D}{2}\right)^2$$

$$s^2 \cdot (1 - C) + s \cdot (D_0 - C \cdot D) = \left(a + \frac{D_0}{2}\right)^2 - C \cdot \left(a + \frac{D}{2}\right)^2 - \left(\frac{D_0}{2}\right)^2 + C \cdot \left(\frac{D}{2}\right)^2$$

$$s^2 + s \cdot D_0 \cdot \frac{1 - C \cdot D/D_0}{1 - C} + \left[\frac{D_0}{2} \cdot \frac{1 - C \cdot D/D_0}{1 - C}\right]^2 = a^2 + \frac{a \cdot D_0 - C \cdot a \cdot D}{1 - C}$$

$$= a^2 + a \cdot D_0 \cdot \frac{1 - C \cdot D/D_0}{1 - C} + \left[\frac{D_0}{2} \cdot \frac{1 - C \cdot D/D_0}{1 - C}\right]^2$$

$$\left[s + \frac{D_0}{2} \cdot \frac{1 - C \cdot D/D_0}{1 - C}\right]^2 = \left[a + \frac{D_0}{2} \cdot \frac{1 - C \cdot D/D_0}{1 - C}\right]^2$$

$$s + \frac{D_0}{2} \cdot \frac{1 - C \cdot D/D_0}{1 - C} = a + \frac{D_0}{2} \cdot \frac{1 - C \cdot D/D_0}{1 - C}$$

$$\underline{\underline{s = a\,.}}$$

Der Schnittpunkt ist unabhängig von C, D/D_0, und D_0. Es ist $s = a$.

Der Schränkwinkel der Richtwalzen wird bei manchen Anordnungen automatisch mit der Walzenanstellung verändert. Das geschieht dadurch, daß ein im Maschinengestell befestigter Bolzen in eine in der Führungsbüchse der Anstellspindel befindliche schraubenförmige Nut eingreift und diese Büchse mitsamt dem Walzenstuhl bei der Anstellung dreht.

Unter der Annahme, daß die Nut eine Schraubenlinie darstellt, folgt für die Beziehung zwischen Winkeländerung und Durchmesseränderung des Richtgutes aus Abb. 189:

$$\Delta\alpha = \Delta D \cdot \frac{\operatorname{tg}\psi}{r}\,. \tag{81}$$

Es wird folgender Zusammenhang zwischen dem Schränkwinkel α und der Durchmesseränderung ΔD verlangt:

$$\frac{\sin\alpha}{\sin\alpha_0} = \sqrt{1 - \frac{\Delta D}{s + a + D_0}}\,. \tag{82}$$

In erster Näherung sei der veränderliche Wert s durch den konstanten Mittelwert

$$s_m = \frac{a + s_0}{2} \tag{83}$$

ersetzt. Damit wird:

$$\frac{\sin\alpha}{\sin\alpha_0} = \sqrt{1 - \frac{\Delta D/D_0}{k_m + 1}}\,. \tag{84}$$

Im allgemeinen ist der Ausdruck $\frac{\Delta D/D_0}{k_m + 1}$ klein gegen 1, so daß die Wurzel in eine Reihe entwickelt werden kann:

$$\frac{\sin\alpha}{\sin\alpha_0} \approx 1 - \frac{1}{2} \cdot \frac{\Delta D/D_0}{k_m + 1}. \tag{85}$$

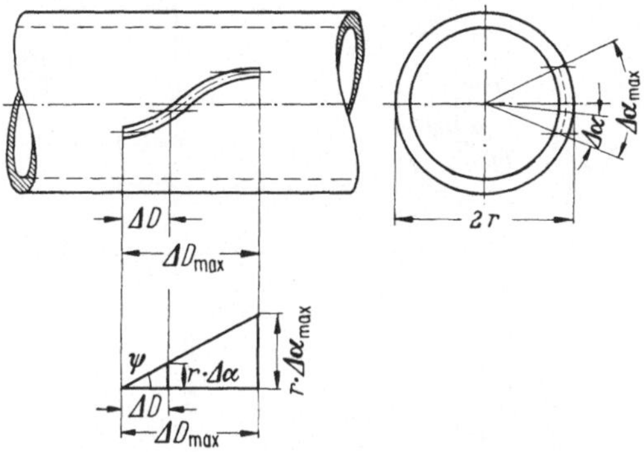

Abb. 189

Für kleine Winkeländerungen $\Delta\alpha$ kann man setzen:

$$\Delta \sin\alpha \approx \alpha_0 - \alpha = \Delta\alpha. \tag{86}$$

Damit erhält man:

$$\frac{\Delta\alpha}{\sin\alpha_0} = \frac{1}{2} \cdot \frac{\Delta D/D_0}{k_m + 1}. \tag{87}$$

Durch Vergleich mit der Gl. (81) erhält man schließlich:

$$\operatorname{tg}\psi = \frac{1}{2} \cdot \sin\alpha_0 \cdot \frac{r}{D_0} \cdot \frac{1}{k_m + 1}. \tag{88}$$

Die abgeleiteten Beziehungen gelten um so besser, je kleiner der Richtbereich ist.

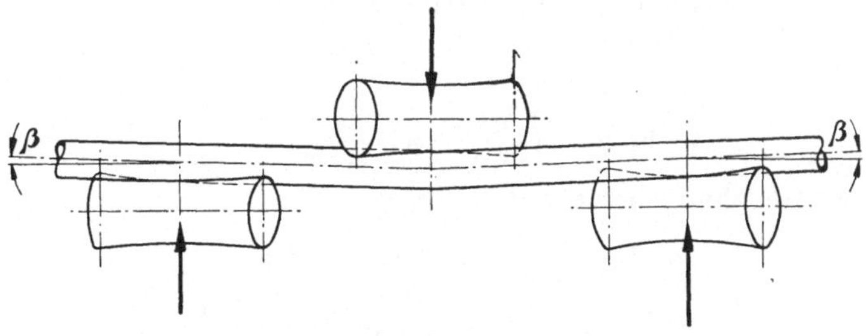

Abb. 190

Die Kalibrierung der Walzen erfolgte bisher auf Grund der Annahme, daß die Achsen von Walze und Rohr in der horizontalen Ebene einander parallel sind. Diese Voraussetzung ist bei der üblichen Walzenanordnung für Kaltrichtmaschinen nicht erfüllt. Die Rohrachse ist gegen die Walzenachse infolge der Durchbiegung des Rohres geneigt (Abb. 190). Im folgenden werde untersucht, wie sich die Kalibrierung der Walzen bei Berücksichtigung dieses Neigungswinkels β ändert. Der Winkel β zwischen Rohr- und Walzenachse werde durch die Neigung der Tangente an die Biegelinie des Rohres im Berührungspunkt mit der Walze bestimmt.

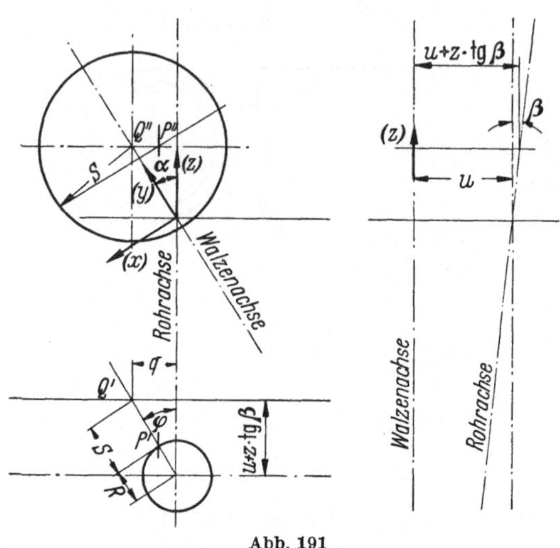

Abb. 191

Aus Abb. 191 ergeben sich die Beziehungen zur Ableitung der Gleichung der Meridiankurve. Es gelten folgende Gleichungen:

$$s^2 = x^2 + \left(\frac{q}{\sin\alpha} - y\right)^2 \tag{89}$$

$$(s + R) \cdot \cos\varphi = u + z \cdot \operatorname{tg}\beta \tag{90}$$

$$q = (u + z \cdot \operatorname{tg}\beta) \cdot \operatorname{tg}\varphi \tag{91}$$

$$z = y \cdot \cos\alpha\,. \tag{92}$$

Die Gleichung der Meridiankurve ergibt sich durch partielle Differentiation der Gl. (89) nach dem Scharparameter φ.

$$\frac{\partial f(x;y;\varphi)}{\partial\varphi} = 0$$

$$s \cdot \sin\varphi - \left(\frac{q}{\sin\alpha} - y\right) \cdot \frac{1}{\sin\alpha} = 0\,. \tag{93}$$

Aus dieser Gleichung berechnet sich y zu:

$$y = \frac{u \cdot \operatorname{tg}\varphi \cdot \dfrac{\cos^2\alpha}{\sin\alpha} + R \cdot \sin\alpha \cdot \sin\varphi}{1 - \dfrac{\operatorname{tg}\beta}{\operatorname{tg}\alpha} \cdot \operatorname{tg}\varphi \cdot \cos^2\alpha} = \frac{y_0}{1 - c}\,. \tag{94}$$

Für $\beta = 0$ ergibt sich, wie es gefordert werden muß:

$$y = y_0\,.$$

Die Gleichung für x erhält man durch Einsetzen der Gl. (94) in Gl. (89) mit Berücksichtigung von Gl. (91), (92), (93) und der Beziehung:

$$x_0 = \left(\frac{u \cdot \operatorname{tg}\varphi}{\sin\alpha} - y_0\right)\sqrt{\frac{1}{\sin^2\alpha \cdot \sin^2\varphi} - 1}\,. \tag{90a}$$

wobei der Index 0 für $\beta = 0$ gilt.

$$\frac{x}{x_0} = \frac{\dfrac{u \cdot \operatorname{tg} \varphi}{\sin \alpha} - y_0 \cdot \dfrac{1 - \dfrac{c}{\cos^2 \alpha}}{1 - c}}{u \cdot \dfrac{\operatorname{tg} \varphi}{\sin \alpha} - y_0} . \tag{91a}$$

Die Größe c ist klein, und man kann aus diesem Grunde die folgende Näherung einführen:

$$\frac{1}{1 - c} \approx 1 + c . \tag{92a}$$

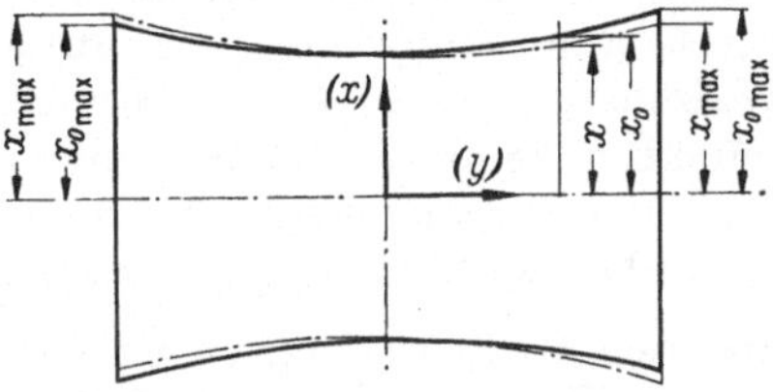

Abb. 192

Durch Vernachlässigung der in c quadratischen Glieder erhält man schließlich:

$$\frac{x}{x_0} = 1 \pm c \cdot \frac{\dfrac{u}{\cos \varphi} + R \cdot \operatorname{tg}^2 \alpha}{\dfrac{u}{\cos \varphi} - R} . \tag{93a}$$

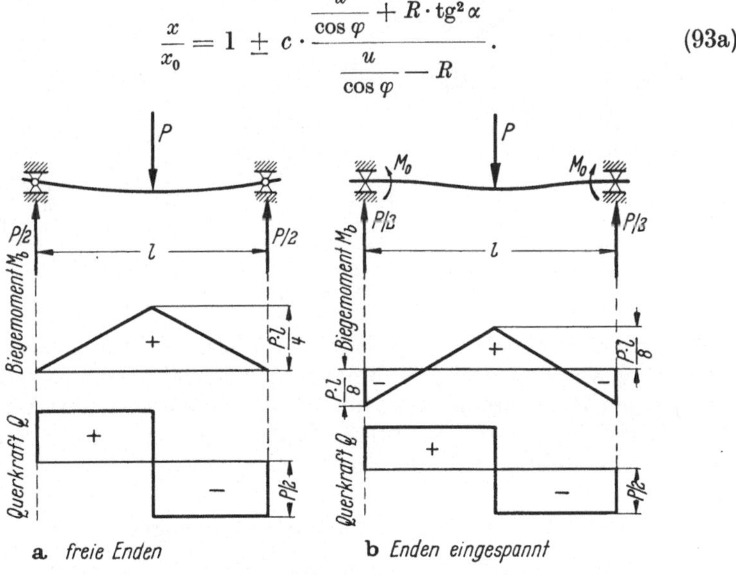

a *freie Enden* b *Enden eingespannt*

Abb. 193

Zur Abschätzung der Größe von x/x_0 setzt man den Ausdruck:

$$\frac{\dfrac{u}{\cos \varphi} + R \cdot \operatorname{tg}^2 \alpha}{\dfrac{u}{\cos \varphi} - R} \approx 1 \tag{94a}$$

und erhält:

$$\frac{x}{x_0} \approx 1 \pm c\,. \tag{95}$$

Vorbehaltlich der späteren Bestätigung werde gesetzt

$$c_{max} = 1/100\,.$$

Damit ergibt sich an den Enden der Walzen eine Durchmesserabweichung, die in der Größenordnung von 1% liegt. Die veränderte Walzenform ist auf Abb. 192 erkennbar.

Die Abweichung ist also nicht sehr groß. Trotzdem ergibt sich hieraus eine wesentliche Folgerung. Werden die Walzen, wie oben beschrieben, kalibriert, dann kann man die Auflagerung des Rohres bei der üblichen Walzenanordnung als frei betrachten. Das bedeutet, daß an den Stützpunkten keine Einspannmomente auftreten, woraus folgt, daß das maximale Biegemoment größer ist, als im Falle der festen Einspannung mit horizontaler Tangente an den Enden (Abb. 193.).

Um eine einwandfreie Richtwirkung zu erzielen, muß die Walzenoberfläche sauber geschliffen sein. Das Schleifen der Walzen erfolgt zweckmäßigerweise so, daß man eine Schleifscheibe in Richtung ihrer

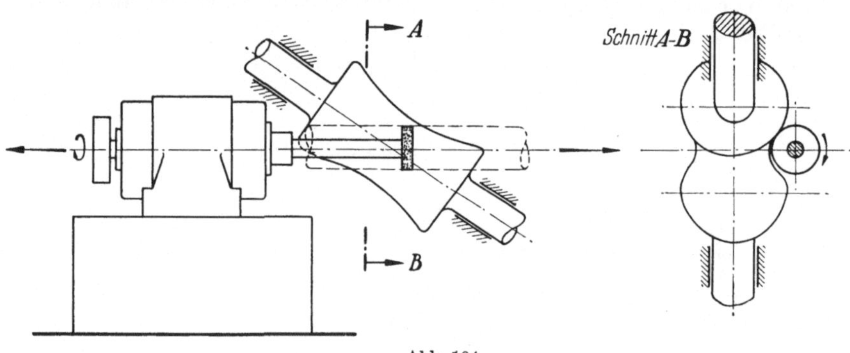

Abb. 194

Drehachse in der gleichen Weise an der Walze vorbeiführt wie ein Rohr beim Richtvorgang. Der Durchmesser der Schleifscheibe ist dabei gleich demjenigen Rohrdurchmesser, für den die Walze kalibriert werden soll. Die Oberfläche der so bearbeiteten Walzen entspricht jetzt vollkommen den an sie gestellten Anforderungen (Abb. 194).

8. Dynamik des Richtvorganges

Das Richten von stabförmigem Material geschieht, wie oben erwähnt, hauptsächlich durch Biegen.

Da das Richtgut vor dem Biegevorgang gekrümmt ist, werde zur Untersuchung der Kraft- und Spannungsverhältnisse die Theorie des schwach gekrümmten Stabes zugrunde gelegt. Die den Biegevorgang beherrschenden Grundgleichungen sind unter folgenden Voraussetzungen abgeleitet:

1. Die Stabquerschnitte haben eine Symmetrieachse, in die die Ebene der Biegemomente hineinfällt.

2. Die Querschnitte bleiben bei der Biegung eben und senkrecht zur Stabachse. Diese Voraussetzung enthält die Vernachlässigung der Schubspannung.

3. Die Dehnungen sind den Spannungen proportional.

4. Das Werkstoffverhalten ist bei Zug- und Druckbeanspruchung gleich.

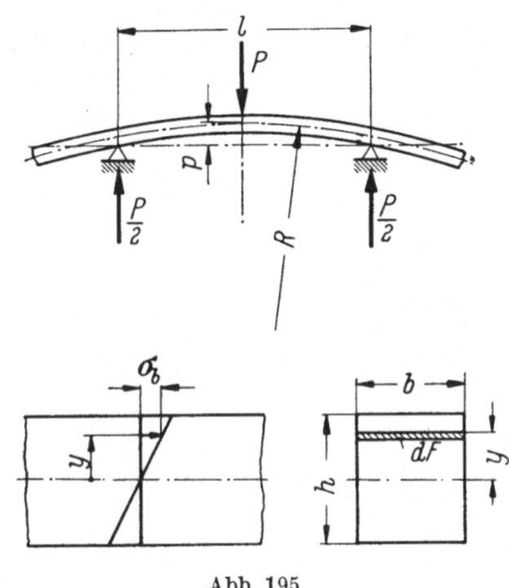

Abb. 195

Für den in Abb. 195 dargestellten Belastungsfall gilt:

$$\int^{F} \sigma_b \cdot dF = 0 . \qquad \sigma_b \text{ Biegungsspannung,} \tag{96}$$

d. h. in Richtung der Stabachse wirken keine äußeren Kräfte.

Ferner ist:

$$\int^{F} \sigma_b \cdot y \cdot dF = M_b . \quad y = \text{Abstand des Flächenelements } dF \text{ von der neutralen Faser,} \tag{97}$$

d. h. an jeder Stelle des Stabes muß sich aus den Biegespannungen das äußere Moment ergeben.

Bei Beachtung obiger Voraussetzungen ergibt sich ferner:

$$\sigma = E \cdot \varepsilon \tag{98}$$

(Proportionalitätsgesetz) ε = spezifische Längung

$$\varepsilon = y \cdot \left(\frac{1}{\varrho} - \frac{1}{R}\right) \tag{99}$$

ϱ = Krümmungsradius der Rohr-Krümmung zu Beginn des Richtprozesses.

R = Krümmungsradius am Ende des Richtprozesses.

Die Differentialgleichung der Biegelinie erhält man mit den Beziehungen nach Abb. 196 zu:

$$\frac{M_b}{E \cdot J} = \frac{1}{a^2} \cdot \left(w + \frac{d^2 w}{d\varphi^2}\right) \tag{100}$$

Erklärung der Bezeichnungen siehe Abb. 196.

Die Glieder $\frac{M_b}{J \cdot E}$ u. $\frac{W}{a^2}$ sollen größenordnungsmäßig miteinander verglichen werden.

Es ist:

$\frac{\sigma_f}{E} \sim 10^{-3}$ $h \sim 10$ mm. σ_f = Spannung an der Streckgrenze.

Damit:

$$\frac{M_b}{E \cdot J} = \frac{\sigma_f}{E} \cdot \frac{2}{h} \sim 10^{-4}\,\text{mm}^{-1}. \tag{101}$$

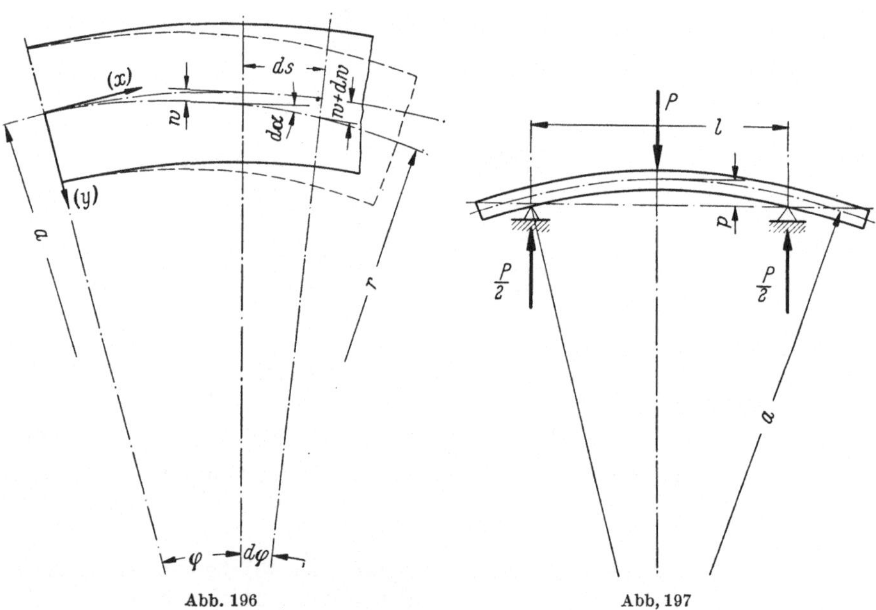

Abb. 196 Abb. 197

Aus Bild 197 erhält man folgende Beziehung:

$$(a - p)^2 + \left(\frac{l}{2}\right)^2 = a^2 \qquad 2\,a \cdot p = \left(\frac{l}{2}\right)^2 \tag{102}$$

Da $p \sim 1$ mm; $l \sim 100$ mm; $a \sim 10^4$ mm,

und ferner: $w \sim p$ sein muß, ist:

$$\frac{W}{a^2} \sim 10^{-8}\,\text{mm}^{-1}. \tag{103}$$

Es ist also:

$$\frac{w}{a^2} \ll \frac{M_b}{J \cdot E}.$$

so daß man mit guter Näherung das Glied $\frac{w}{a^2}$ vernachlässigen kann.

Man erhält die Differentialgleichung des ursprünglich geraden Balkens:

$$\frac{M_b}{E \cdot J} = \frac{1}{a^2} \cdot \frac{d^2 w}{d\varphi^2} \qquad \text{für} \quad \begin{aligned} w &= y \\ a \cdot \varphi &= x \end{aligned}$$

wird:

$$\frac{M_b}{E \cdot J} = \frac{d^2 y}{dx^2}. \tag{104}$$

Beim Richten muß der Stab bleibend verformt werden.

Es soll im folgenden versucht werden, obige Überlegungen auf den Fall der Biegung mit teilweise bleibender Verformung zu übertragen, und so unter vereinfachenden Annahmen zu einer Aussage über Kräfte, Spannungen und Durchbiegungen zu gelangen.

Für den rein elastisch verformten Balkenteil gelten obige Voraussetzungen 1…4.

Das Spannungs-Dehnungs-Diagramm des Werkstoffes werde wie folgt angenommen (Abb. 198):

Unter diesen Voraussetzungen gilt:

$$\int^{F} \sigma_b \cdot dF = 0$$

$$\frac{E}{\varrho} \cdot \int^{F_{el}} y \cdot dF + \sigma_f \cdot \int^{F_{pl}} dF = 0. \tag{105}$$

Jedes Integral muß für sich verschwinden. Das ist nur möglich wenn:

1. die neutrale Linie durch den Schwerpunkt des elastisch verformten Querschnittsteiles geht,

2. die plastisch verformten Querschnittsteile auf der Zug- und Druckseite gleich groß sind.

Ferner ist:

$$\int^{F} \sigma_{b(x)} \cdot y \cdot dF = M_{b(x)}$$

$$\int^{F_{el}} \sigma_{b(x)} \cdot y \cdot dF + \int^{F_{pl}} \sigma_f \cdot y \cdot dF = M_{b(x)}$$

$$\frac{E}{\varrho} \cdot J_{el(x)} + \sigma_f \cdot 2 \cdot S_{pl(x)} = M_{b(x)} \tag{106}$$

mit: J_{el} = Trägheitsmoment des elastisch verformten Querschnittsteiles bezüglich der neutralen Linie.

S_{pl} = statisches Moment des plastisch verformten Bereiches einer Querschnittshälfte bezüglich der neutralen Linie.

Es ist ferner:

$$\int^{F_{el}} \sigma_{b(x)} \cdot y \cdot dF + \int^{F_{pl}} \sigma_f \cdot y \cdot dF = M_{b(x)}$$

$$\sigma_f \cdot W_{el(x)} + \sigma_f \cdot 2\, S_{pl} = M_{b(x)}. \tag{107}$$

Durch Vergleich von Gl. (106) mit Gl. (107) erhält man mit:

$$\frac{W_{el}}{J_{el}} = \frac{2}{a_{(x)}}$$

die Differentialgleichung für die Biegelinie eines teilweise plastisch verformten Balkens.

$$\text{für:} \quad 0 \leq x_1 \leq x_l \qquad \frac{d^2y}{dx_1^2} = \frac{M_{b(x)}}{E \cdot J}$$

$$\text{für:} \quad x_l \leq x_2 \leq \frac{l}{2} \qquad \frac{d^2y}{dx^2} = \frac{\sigma_f}{E} \cdot \frac{2}{a_{(x)}} . \tag{108}$$

Man erkennt, daß die Differentialgleichung eines teilweise plastisch verformten Balkens nicht mehr unabhängig ist von der besonderen Form des betrachteten Balkenquerschnittes.

Die Integration werde für einen Rechteckquerschnitt der Breite b und der Höhe h durchgeführt (Abb. 199).

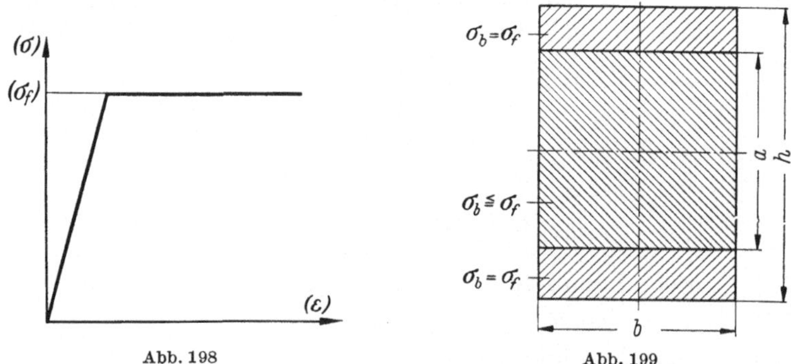

Abb. 198 Abb. 199

Die Abhängigkeit $a = a_{(x)}$ erhält man aus Gl. (107) mit den Beziehungen:

$$W_{el} = \frac{b\,h^2}{6} \cdot \left(\frac{a}{h}\right)^2 \tag{109}$$

$$S_{pl} = \frac{b\,h^2}{8} \cdot \left[1 - \left(\frac{a}{h}\right)\right] \tag{110}$$

zu:

$$\left(\frac{a}{h}\right)^2 = 3 - 2 \cdot \frac{M_{b(x)}}{M_f} . \tag{111}$$

Für den in Abb. 197 dargestellten Belastungsfall ist:

$$M_{b(x)} = \frac{p}{2} \cdot x$$

so daß:

$$\left(\frac{a}{h}\right)_{(x)} = c_{(x)} = \sqrt{3 - 2\,K \cdot x} \tag{112}$$

$$K = \frac{\frac{P}{2}}{M_f} \tag{113}$$

$$M_f = \sigma_f \cdot W . \tag{114}$$

Hiermit läßt sich die Integration der Differentialgleichung durchführen. Man erhält bei Beachtung folgender Randbedingungen:

$$x_1 = 0; \quad y_1 = 0 \tag{115}$$

$$x_1 = x_2 = x_l \quad y_1 = y_2 \tag{116}$$

$$x_2 = \frac{l}{2} \quad \left.\frac{dy_2}{dy_1}\right|_{c \neq 0} = 0 \tag{117}$$

$$x_1 = x_2 = x_l \quad \frac{dy_1}{dx_1} = \frac{dy_2}{dx_2} \tag{118}$$

die Gleichung der Biegelinie zu:

$$0 \leqq x_1 \leqq x_l \qquad y_1 = \frac{\sigma_f}{E} \cdot \frac{2}{h} \cdot \frac{1}{h^2} \cdot \left[\frac{1}{6} \cdot (K \cdot x)^2 + \left(\frac{3}{2} - K \cdot l\right) \cdot K \cdot x\right] \tag{119}$$

$$x_l \leqq x_2 \leqq \frac{l}{2} \qquad y_2 = \frac{\sigma_f}{E} \cdot \frac{2}{h} \cdot \frac{1}{h^2} \cdot \left[\frac{1}{3} \cdot (3 - 2\,K \cdot x)^{3/2} + (3 - K \cdot l) \times K \cdot x - \frac{10}{6}\right] \tag{120}$$

Als größte Durchbiegung an der Stelle $x = l/2$ bei $a/h = c = 0$ erhält man:

$$\left. y_{2\,max} \right|_{x = \frac{l}{2}} = -\frac{10}{27} \cdot \frac{\sigma_f}{E} \cdot \frac{l^2}{h} \tag{121}$$

Die größte, rein elastische Durchbiegung an der gleichen Stelle bei $a/h = c = 1$ beträgt:

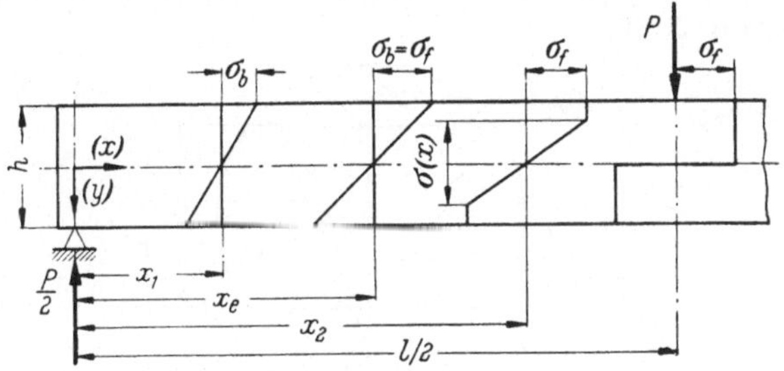

Abb. 200

$$\left. y_{el\,max} \right|_{x = \frac{l}{2}} = -\frac{1}{6} \cdot \frac{\sigma_f}{E} \cdot \frac{l^2}{h} \tag{122}$$

Damit:

$$\left. \frac{y_{2\,max}}{y_{el\,max}} \right|_{x = \frac{l}{2}} = \frac{20}{9}. \tag{123}$$

Unter den oben angegebenen Voraussetzungen erhält man die Durchbiegung des Stabes im Falle des vollplastischen Zustandes ($a/h = 0$) in der Mitte zwischen den Auflagern als etwa doppelt so groß wie diejenige rein elastische Durchbiegung, die an der gleichen Stelle an der Außenfaser die Spannung

$$\sigma_B = \sigma_f \quad \text{d. h.} \quad \left.\left(\frac{a}{h}\right)\right|_{x = \frac{l}{2}} = 1$$

bewirkt.

Aus der Beziehung:

$$\frac{a}{h} = c = \sqrt{3 - 2\frac{M_{b(x)}}{M_f}}$$

ergeben sich zwei Folgerungen:

1. Wie groß ist diejenige Kraft, die notwendig ist, um an der Stelle $x = l/2$ einen bestimmten Spannungszustand, der durch die Größe $c_0 = (a/h)_{x=\frac{l}{2}}$ gekennzeichnet ist, zu bewirken?

$$P = 2 \cdot (3 - c_0^2) \cdot \frac{M_f}{l}. \tag{124}$$

2. Wie groß ist derjenige Stabbereich, in dem die Fließspannung in der Außenfaser erreicht ist?

$$\frac{x_l}{l} = \frac{1}{(3 - c_0^2)}. \tag{125}$$

Für einen Vollkreisquerschnitt erhält man die Beziehung $a = a_{(x)}$ aus Gl. (107) zu:

$$\frac{1}{\pi} \cdot \frac{\psi_0 - \frac{1}{2}\sin 2\psi_0}{\sin\frac{\psi_0}{2}} + \frac{16}{3\pi} \cdot \cos^3\frac{\psi_0}{2} = \frac{M_{b(x)}}{M_f} \tag{126}$$

$$\frac{a}{d} = \sin\left(\frac{\psi_0}{2}\right), \qquad \psi_0 = 2\varphi_0.$$

In der Tabelle nach Abb. 202 sinddie Werte: P bei $c_0 = 0$ und $c_0 = 1$, ferner x_e/l bei $c_0 = 0$ und $c_0 = 1$ für verschiedene Querschnittsformen dargestellt (Abb. 202):

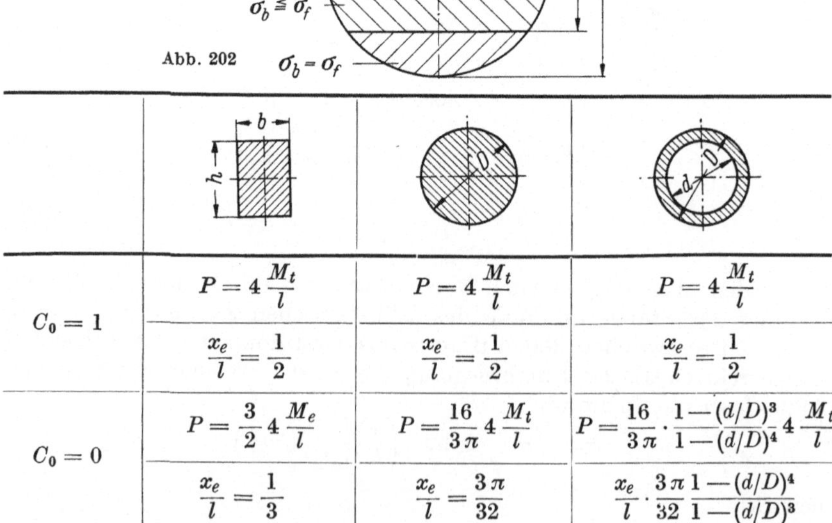

Abb. 201

Abb. 202

	Rechteck	Vollkreis	Kreisring
$C_0 = 1$	$P = 4\frac{M_t}{l}$	$P = 4\frac{M_t}{l}$	$P = 4\frac{M_t}{l}$
	$\frac{x_e}{l} = \frac{1}{2}$	$\frac{x_e}{l} = \frac{1}{2}$	$\frac{x_e}{l} = \frac{1}{2}$
$C_0 = 0$	$P = \frac{3}{2}4\frac{M_e}{l}$	$P = \frac{16}{3\pi}4\frac{M_t}{l}$	$P = \frac{16}{3\pi}\cdot\frac{1-(d/D)^3}{1-(d/D)^4}4\frac{M_t}{l}$
	$\frac{x_e}{l} = \frac{1}{3}$	$\frac{x_e}{l} = \frac{3\pi}{32}$	$\frac{x_e}{l}\cdot\frac{3\pi}{32}\frac{1-(d/D)^4}{1-(d/D)^3}$

Für den Rechteckquerschnitt ist der Zusammenhang zwischen P, $x_e/_l$ und c_0 analytisch noch leicht auffindbar. Er ist in Abb. 203 dargestellt. Auf die Ermittlung des entsprechenden Zusammenhanges für den Kreisquerschnitt sei hier verzichtet. Abb. 204 gibt die Abhängigkeit der Größen P, x_e/l für $c_0 = 0$ in Abhängigkeit vom Durchmesserverhältnis d/D an.

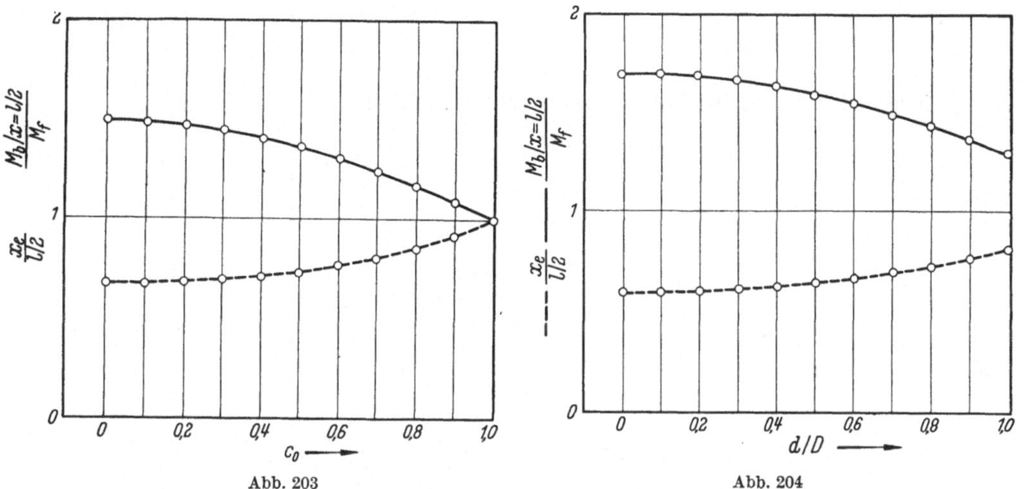

Abb. 203

Abb. 204

Die Größe des plastisch verformten Stabbereiches ist in Abb. 205 für die verschiedenen Querschnittsformen veranschaulicht.

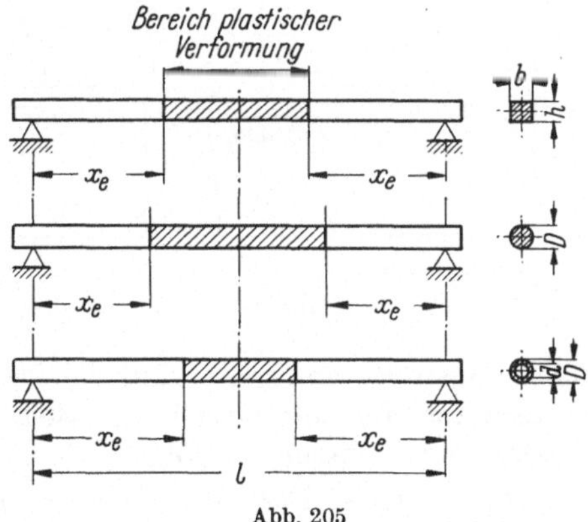

Abb. 205

Bei Rohren nimmt die Länge des plastischen Bereiches mit zunehmendem Durchmesserverhältnis ab. Es ist der ungünstigste Fall bei $d/D = 1$ gezeichnet.

Die Größe x_e entspricht den Größen l_1 und l_2 in den Gl. (59) und (60). Die Größen z lassen sich hiermit berechnen.

Aus der Gl. (120) ergibt sich die Durchbiegung y an der Stelle $x = l/2$ in Abhängigkeit von c_0 zu:

$$y\Big|_{x=\frac{l}{2}} = \frac{\sigma_f}{E} \cdot \frac{l^2}{h} \cdot \frac{1}{3} \cdot \frac{9 \cdot c_0 - c_0^3 - 10}{(3 - c_0{}^2)^2} \tag{127}$$

$$f_B = \frac{y\,|_{x=\frac{l}{2}}}{\frac{\sigma_f}{E} \cdot \frac{l^2}{h}} = \frac{1}{3} \cdot \frac{9\,c_0 - c_0^3 - 10}{(3 - c_0^2)^2}\,. \tag{128}$$

Dieser Zusammenhang ist in Abb. 206 dargestellt.

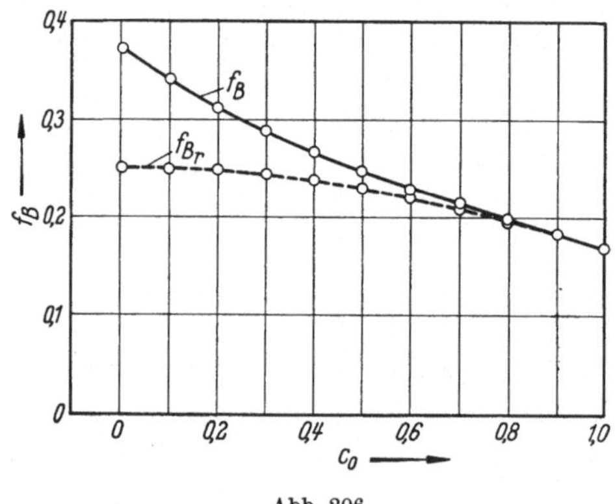

Abb. 206

Der Einfluß der Schubspannungen auf die Form der Biegelinie wurde bisher vernachlässigt. Er soll im folgenden ermittelt werden:

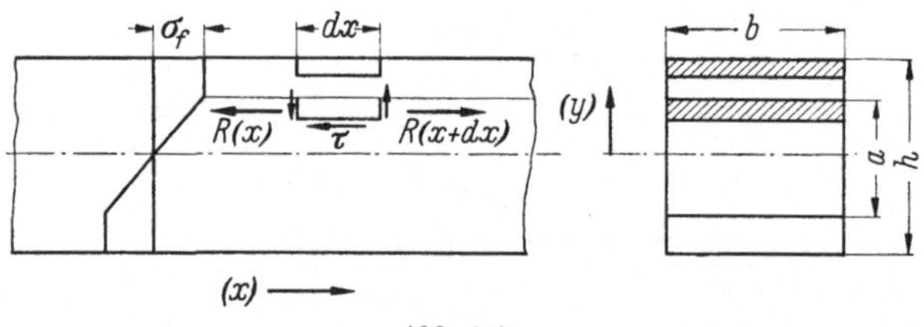

Abb. 207

Wenn man näherungsweise annimmt, daß die Schubspannung über der Breite b konstant ist, formuliert sich die Bedingung des Gleichgewichtes am schraffierten Element wie folgt:

$$R\,(x + d_x) - R(x) - \tau \cdot b \cdot dx = 0\,. \tag{129}$$

Im plastisch verformten Stabbereich ist wegen

$$R\,(x + d_x) - R(x) = 0 \tag{130}$$

$$\tau = 0\,, \tag{131}$$

d. h.: bei dem in Abb. 198 angenommenen Verlauf der Spannungs-Dehnungskurve ist die Schubspannung im plastisch verformten Stabbereich gleich Null. Für den rein elastisch verformten Balkenteil werde die unter der Voraussetzung der Vernachlässigbarkeit der Schubspannungen ermittelte Biegespannungsverteilung zugrunde gelegt:

$$\sigma_b = \frac{M_{b(x)}}{J} \cdot y \tag{132}$$

$$R(x) = \int_{y}^{y=\frac{a}{2}} \sigma_b \cdot dF\,. \tag{133}$$

Für die Schubspannungsverteilung über dem Stabquerschnitt erhält man schließlich:

$$\tau = \sigma_f \frac{h}{l} \cdot \frac{1}{8} \cdot \frac{9-c^2}{c^5} \cdot \left[c^2 - \left(\frac{y}{\frac{h}{2}}\right)^2\right]. \tag{134}$$

Diese Schubspannung beeinflußt die Größe der Durchbiegung. Diese, infolge Schiefstellung der Stabquerschnitte entstehende zusätzliche *Durchbiegung* ergibt sich an der Stelle $x = l/2$ zu:

$$z\Big|_{x=\frac{l}{2}} = \frac{\sigma_f}{E} \cdot \frac{l^2}{h} \cdot \frac{E}{G} \cdot \left(\frac{h}{l}\right)^2 \cdot \frac{5}{96} \cdot \frac{(9-c_0^2)\cdot(3-c_0^2)}{c_0^3} \tag{135}$$

$$f_s = \frac{z\Big|_{x=\frac{l}{2}}}{\frac{\sigma_f}{E} \cdot \frac{l^2}{h}} = \frac{E}{G} \cdot \left(\frac{h}{l}\right)^2 \cdot \frac{5}{96} \cdot \frac{(9-c_0^2)\cdot(3-c_0^2)}{c_0^3}\,. \tag{136}$$

Diese Beziehung ist in Abb. 208 dargestellt.

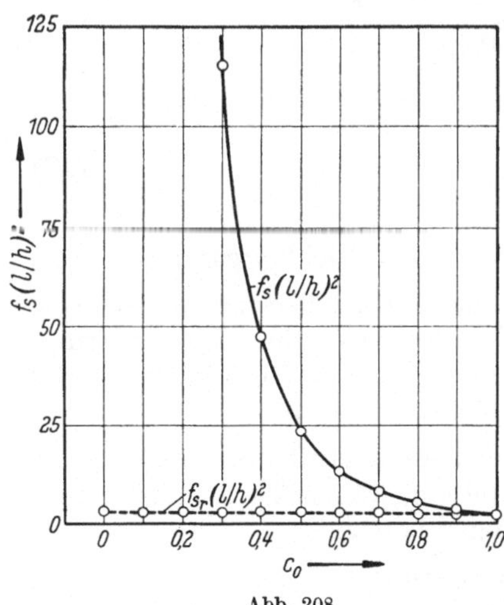

Abb. 208

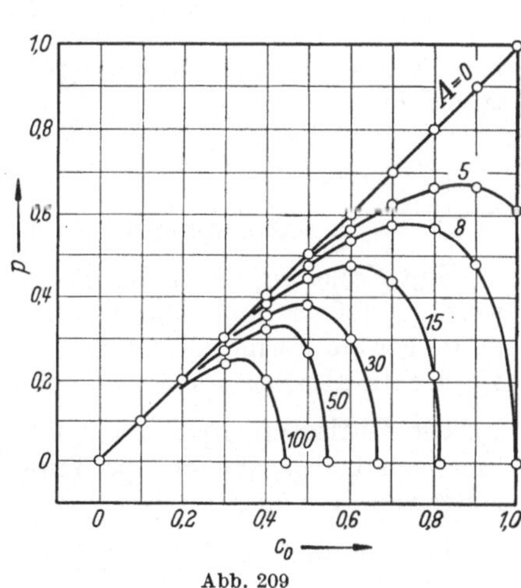

Abb. 209

Die Gesamtdurchbiegung ergibt sich in Abhängigkeit von c_0 zu:

$$f_{ges} = (f_s + f_b) \cdot \frac{\sigma_f}{E} \cdot \frac{l^2}{h}\,. \tag{137}$$

Im elastisch verformten Stabteil überlagern sich die Schubspannungen den Biegespannungen. Bei einer bestimmten Größe einer charakteristischen Spannung σ_r wird auch hier die Fließgrenze des Werkstoffes überschritten. In der Stabmitte sind die Biegespannungen klein und die Schubspannungen groß. Es soll im folgenden der Zusammenhang zwischen c_0 und $y/(h/2)$ für $\tau = \tau_f$, also für den Fall, daß in der Nähe der neutralen Linie die Schubfließgrenze erreicht wird, ermittelt werden. Für die Schubspannung ergab sich:

$$\tau \Big|_{x=\frac{l}{2}} = \sigma_f \cdot \frac{h}{l} \cdot \frac{1}{8} \cdot \frac{9-c_0^2}{c_0^5} \cdot \left[c_0^2 - \left(\frac{y}{\frac{h}{2}}\right)^2\right] \tag{138}$$

$$A = \frac{\tau_f}{\sigma_f} \cdot \frac{l}{h} \cdot 8 = \frac{9-c_0^2}{c_0^5} \cdot [c_0^2 - p^2] \tag{139}$$

$$p = \frac{y}{\frac{h}{2}}. \tag{140}$$

Diese Abhängigkeit zwischen p und A ist in Abb. 209 dargestellt.

Es existieren also im Stab zwei voneinander getrennte Gebiete plastischer Verformung; einmal der äußere Bereich, in dem $\sigma = \sigma_f$ und zum anderen ein Bereich in der Nähe der neutralen Linie, in dem $\tau = \tau_f$ ist. Die plastische Verformung in der Stabmitte infolge Überschreiten der Schubfließgrenze wirkt ebenfalls im Sinne einer Verminderung der Biegesteifigkeit und Vergrößerung der Durchbiegung. Es werde deshalb gesetzt:

$$\frac{h}{2} - \left[\frac{h}{2} - \frac{a}{2} + y\right]_{f_{ges}} = \bar{c} \cdot \frac{h}{2}. \tag{141}$$

Die Berechnung der Durchbiegung f_{ges} hat jetzt mit der Ersatzgröße $\bar{c}$ zu erfolgen.

$$\bar{c} = c - p. \tag{142}$$

9. Anwendung der Ergebnisse auf den Richtvorgang

Zur Erzielung einer Richtwirkung muß das Richtgut so verformt werden, daß es nach Entlastung infolge der elastischen Rückfederung in die gerade Form gelangt. Es darf also nur um den Rückfederungsweg s_r über die Horizontale hinausgebogen werden (Abb. 210).

Die Entlastungsspannungen verlaufen annähernd linear. Demnach läßt sich bei gegebener Spannungsverteilung die Größe der Rückfederungswege aus den elastischen Gleichungen berechnen.

Für den in Abb. 195 dargestellten Belastungsfall gilt:

$$f_{Br} = \frac{p \cdot l^3}{48\, E \cdot J}. \tag{143}$$

Mit Gl. (124) erhält man:

$$\bar{f}_{Br} = \frac{1}{12} \cdot \frac{\sigma_f}{E} \cdot \frac{l^2}{h} \cdot (3 - c_0^2) \tag{144}$$

$$f_{Br} = \frac{1}{12} \cdot (3 - c_a^2). \tag{145}$$

Die elastische *Rückfederung* durch Schub erhält man in ähnlicher Weise zu:

$$f_{sr} = \frac{E}{G} \cdot \left(\frac{h}{l}\right)^2 \cdot \frac{5}{12} \cdot (3 - c_0^2) \,. \tag{146}$$

Der gesamte Rückfederungsweg beträgt nach Einführen der Gl. (124)

$$S_{r\,ges} = \frac{p\,l^3}{48 \cdot E \cdot J} \cdot \left[1 + 5\,\frac{E}{G}\left(\frac{h}{l}\right)^2\right]. \tag{147}$$

Die Rückfederungswege und die Durchbiegung sind in der Abb. 209 und 211 für Biegung und Schub eingezeichnet. Es ist ersichtlich, daß nur für $c_0 = 1$ die elastische Rückfederung gleich der aufgeprägten Durchbiegung ist. Für alle anderen Werte $c_0 < 1$ ist die Durchbiegung größer als die Rückfederung.

Es ist hierbei zu beachten, daß man die Durchbiegung f_{ges} nicht von der Horizontalen aus, sondern unter Berücksichtigung der ursprünglich vorhandenen Durchbiegung p zählen muß.

Beim Richten auf der Presse ist es einfach, durch Probieren die gesamte Durchbiegung so zu wählen, daß $f_r = q$ wird.

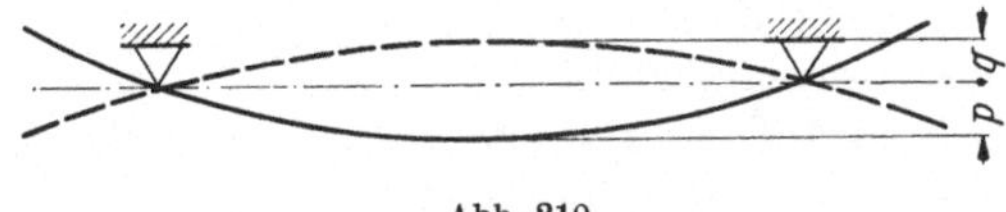

Abb. 210

Beim Richten auf Schrägwalzenrichtmaschinen ist dagegen: $q =$ constant. Da p im allgemeinen veränderlich ist, ist die Gesamtdurchbiegung längs des Stabes verschieden.

Wenn nun einer bestimmten Durchbiegung f_{ges} ein bestimmter Spannungszustand c_0 zugeordnet ist, dann sind auch die Rückfederungswege verschieden große und nicht immer gleich q.

Es ist theoretisch also gar nicht möglich, beim Richten auf Schrägwalzenrichtmaschinen ein gerades Material zu erhalten.

Punkte des Richtgutes beschreiben beim Durchlaufen der Richtmaschine eine Schraubenlinie, deren Ganghöhe sich nach Gl. (59) berechnet zu:

$$h = \pi \cdot d \cdot \operatorname{tg} \alpha \qquad (z = 1) \,. \tag{148}$$

Der Anstieg der Schraubenlinie beträgt demnach

$$\operatorname{tg} \beta = \frac{h}{2\,\pi \cdot (q - f_r)} = \frac{\frac{d}{2}}{q - f_r} \cdot \operatorname{tg} \alpha \,, \tag{149}$$

wenn: $b = q - f_r =$ bleibende Durchbiegung nach Entlastung.

Das Richtgut hat also nach dem Richtvorgang die Form einer Schraubenlinie mit einer Ganghöhe h und dem Anstieg tg β. Die Abweichungen von der Geraden sind im Vergleich zu den Abmessungen des Richtgutes unbedeutend und fallen, zum Teil auch wegen der Periodizität der Krümmungen, nicht ins Auge.

Es ist anzustreben: $q = f_r$.
Die Größe der Rückfederung ist abhängig von der Form des Querschnitts, der Stützweite, den Werkstoffkenngrößen und dem Spannungszustand. Setzt man $c_0 = 0$, dann erhält man unter Vernachlässigung der *Rückfederung* infolge Schub:

1. Für Vollkreisquerschnitt:

$$f_r \approx \frac{16}{3\pi} \cdot \frac{1}{6} \cdot \frac{\sigma_f}{E} \cdot \frac{l^2}{h}. \tag{150}$$

2. Für Kreisringquerschnitt:

$$f_r \approx \frac{16}{3\pi} \cdot \frac{1 - \left(\frac{d}{D}\right)^3}{1 - \left(\frac{d}{D}\right)^4} \cdot \frac{1}{6} \cdot \frac{\sigma_f}{E} \cdot \frac{l^2}{h}. \tag{151}$$

3. Für Rechteckquerschnitt:

$$f_r \approx \frac{3}{2} \cdot \frac{1}{6} \cdot \frac{\sigma_f}{E} \cdot \frac{l^2}{h}. \tag{152}$$

Die Vorgänge bei der Biegung von Stäben wurden im Versuch untersucht. Als Proben wurden benutzt:

Vierkantstäbe: 30 × 30 mm St 50.11

Gefügezustand: normalgeglüht.

Die Versuche wurden auf einer Biegeprüfmaschine der Firma Hahn & Kolb vom Typ TESTA U5 durchgeführt.

Durch Rollenlagerung war die Auflagerreibung an den Stützpunkten weitgehend ausgeschaltet. Als Preßstempel diente ein Zylinder von $d = 20$ mm ⌀. Die Durchbiegungen wurden mittels Meßuhr bestimmt. Im plastischen Bereich erfolgte die Messeung der Durchbiegungen bei konstanter Kraft durch Abwarten, bis die zeitliche Änderung der Dehnungen genügend klein geworden war.

Es wurde zunächst der Zusammenhang zwischen Kraft und Durchbiegung ermittelt und mit dem rechnerischen Ergebnis verglichen (Abb. 211).

Offenbar liegt eine Übereinstimmung der Ergebnisse nicht vor. Die Ursache hierfür liegt in der Tatsache, daß die, bei der Ableitung der Biegelinie in Abb. 200 angenommenen Spannungszustände c in dieser Form nicht stabil sind.

Beim Überschreiten einer bestimmten, den Werkstoff kennzeichnenden Spannung, tritt ein Fließen auf. Das Fließgebiet breitet sich in Abhängigkeit der wirkenden Kräfte und der Zeit über dem Stabquerschnitt aus.

Im plastischen Bereich sind also die Durchbiegungen außer von den Kräften auch von der Zeit abhängig. Dieser Einfluß konnte im Rahmen dieses Programms nicht untersucht werden.

Man kann jedoch sagen: je größer die Belastungsgeschwindigkeit ist, desto mehr werden sich die Versuchswerte den rechnerischen Werten nähern. Der Einfluß der Zeit läßt sich abschätzen, wenn man beachtet, daß die Zeiten im Versuch in der Größenordnung von 100 sec, beim Richtvorgang jedoch in der Größenordnung von 1 sec liegen.

Der Einfluß der Verfestigung ist in erster Näherung durch die Neigung der Biegungslinie im plastischen Bereich gegeben.

Die berechnete Kurve $P = P(f)$ hat eine waagerechte Asymptote. Ihre Existenz liegt in der Annahme der Vernachlässigung der Verfestigung entsprechend Abb. 198 begründet. Bei Berücksichtigung der Ver-

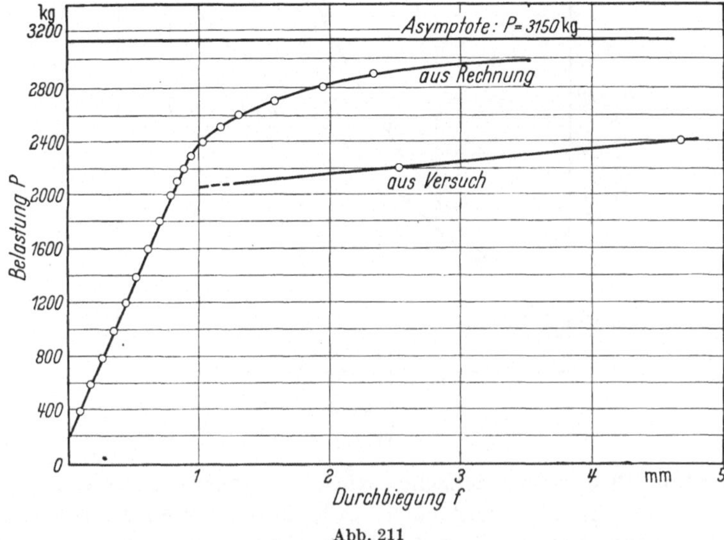

Abb. 211

festigung wird sich eine, der Neigung der aus dem Versuch ermittelten Kurve entsprechende Neigung der berechneten Kurve ergeben.

Man erhält also den in Abb. 212 dargestellten Zusammenhang. Das Verhältnis zweier, zu einem Wert der Dehnung gehörigen Kräfte beträgt für Rechteckquerschnitte $P_2/P_1 = 3/2$.

Die Größe der oberen Kurve stellt dabei einen Grenzwert für sehr große Belastungsgeschwindigkeiten dar. Die untere Kurve bildet den Grenzwert für kleinere Belastungsgeschwindigkeiten.

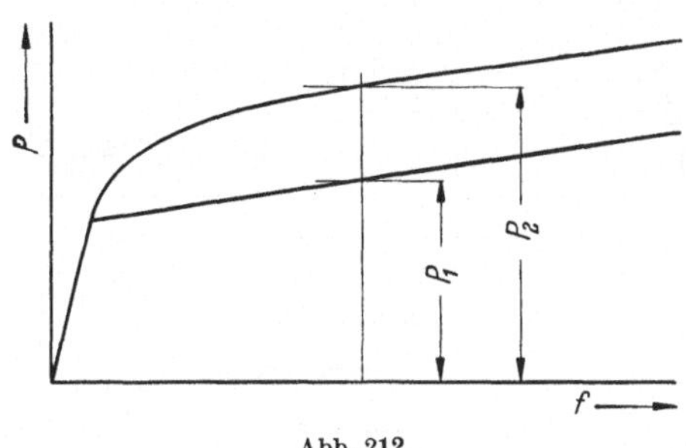

Abb. 212

Hierdurch entsteht ein Einfluß auf die Leistung, der wie folgt berücksichtigt werden soll.

$$N = \varepsilon \cdot \sigma_f \cdot F \cdot v^n . \tag{153}$$

Der Exponent n muß aus dem Versuch ermittelt werden. Die Dehnung ergibt sich aus den abgeleiteten Gleichungen für Kräfte und Durchbiegungen.

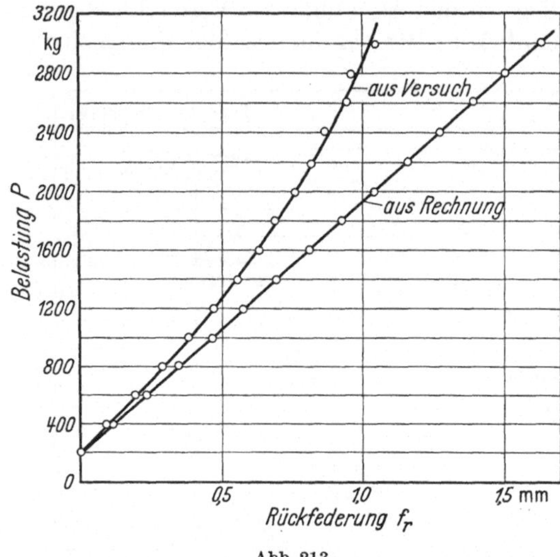

Abb. 213

In Abb. 213 sind die elastischen Rückfederungswege aus Versuch und Rechnung miteinander verglichen. Alle untersuchten Proben zeigten etwa das gleiche Verhältnis zwischen errechneter und gemessener Rückfederung.

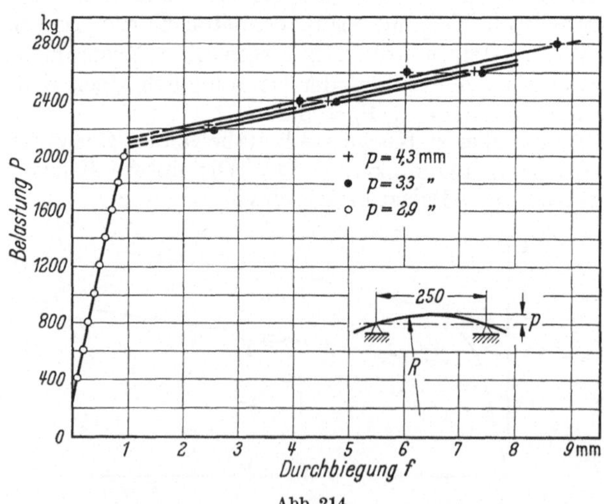

Abb. 214

Bemerkenswert ist, daß die Rückfederungswege weniger als proportional den Kräften ansteigen und bei genügend großen Kräften offenbar weitgehend von der Größe der belastenden Kraft und damit von der Größe der Durchbiegung unabhängig sind.

Im Hinblick auf den Richtvorgang bedeutet das: bei großen anfänglichen Krümmungen (p groß) sind auch die Kräfte groß und damit die Rückfederungswege von der Größe der Kräfte und der Krümmung des Richtgutes weitgehend unabhängig. Es ist also $f_r = q$ annähernd konstant.

Bei kleinen anfänglichen Krümmungen (p klein) sind auch die Kräfte kleiner und damit die Rückfederungswege in stärkerem Maße von der Größe der anfänglichen Krümmung abhängig. Es ist in diesem Falle also schwieriger, die Bedingung $q = f_r =$ const. einzuhalten. Die Abhängigkeit der Kräfte von den Durchbiegungen ist für drei Stäbe mit verschiedenen anfänglichen Krümmungen in Abb. 214 dargestellt.

Es zeigt sich, daß der Kurvenverlauf $P = P(f)$ von der Größe der anfänglichen Krümmung nicht wesentlich beeinflußt wird. Die Größe der beim Richten auftretenden Kraft ist also etwa proportional der Größe der ursprünglichen Durchbiegung p.

10. Leistungsberechnung

Die beim Richten aufzuwendende Arbeit setzt sich zusammen aus den Arbeiten für:

1. Verformung des Richtgutes
2. Reibung
3. Beschleunigung des Richtgutes beim Fassen der Walzen
4. Verluste in den Kraftübertragungsmitteln
5. Verluste im Getriebe
6. Verluste im Motor.

Die Komponenten 1…3 sind der Berechnung zugänglich und sollen im folgenden ermittelt werden.

1. Arbeit für die Verformung des Richtgutes

$$A = \int_{y=0}^{y=y_{max}} p \cdot dy \,. \tag{154}$$

Mit den Beziehungen:

$$K = \frac{(p \cdot l)}{M_f}$$

$$\bar{f}_B = f_B \cdot \frac{\sigma_f}{E} \cdot \frac{l^2}{h}$$

$$\bar{f}_s = f_s \cdot \frac{\sigma_f}{E} \cdot \frac{l^2}{h}$$

erhält man für die Arbeiten infolge Biegungs- und Schubdeformation

$$A_B = \frac{1}{6} \cdot \varepsilon_f \cdot \sigma_f \cdot F \cdot l \cdot \int K \cdot d(\bar{f}_B) \tag{155}$$

$$A_s = \frac{1}{6} \cdot \varepsilon_f \cdot \sigma_f \cdot F\, l \cdot \int K \cdot d(\bar{f}_s) \tag{156}$$

Die Integrale:

$$\int K \cdot d(\bar{f}_B); \qquad \int K \cdot d(\bar{f}_s) = \left(\frac{h}{l}\right)^2 \cdot \int K \cdot d\left[\bar{f}_s \cdot \left(\frac{l}{h}\right)^2\right]$$

lassen sich aus den Abb. 215 und 216 durch Abzählen der Quadrate ermitteln.

Die rein elastische Formänderungsarbeit ergibt sich rechnerisch zu:

$$A_{el} = \frac{1}{6} \cdot \varepsilon_f \cdot \sigma_f \cdot F \cdot l \cdot \frac{(3 - c_0^2)^2}{12}. \quad (157)$$

Damit ergibt sich die Gesamtverformungsarbeit zu:

$$Ar_{ges} = \frac{1}{6} \cdot \varepsilon_f \cdot \sigma_f \cdot F \cdot l \cdot \left[\bar{A}_B + \bar{A}_s + \frac{(3 - c_0^2)^2}{12}\right] \quad (158)$$

und die Leistung:

$$N_{r\,ges} = \frac{1}{6}\,\varepsilon_f \cdot \sigma_f \cdot F \cdot v \left[\bar{A}_B + \bar{A}_s + \frac{(3 - c_0^2)^2}{12}\right] \quad (159)$$

mit v = Richtgeschwindigkeit.

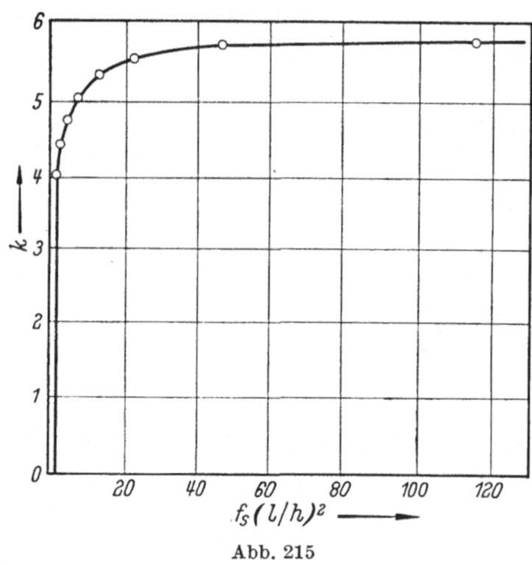

Abb. 215

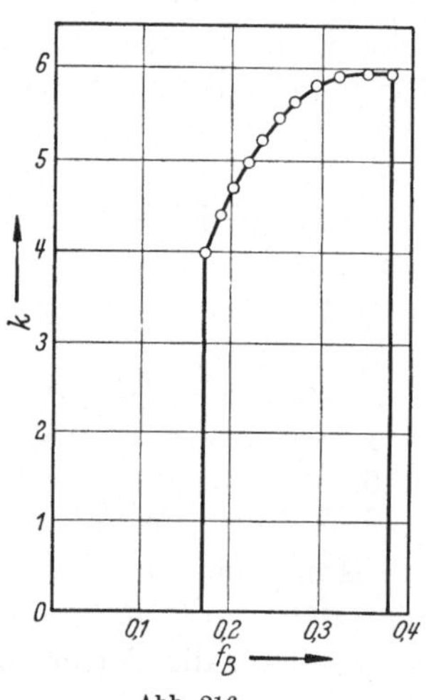

Abb. 216

Zu einem entsprechenden Zusammenhang zwischen den Leistungsgrößen kommt man auch durch folgende Überlegung.

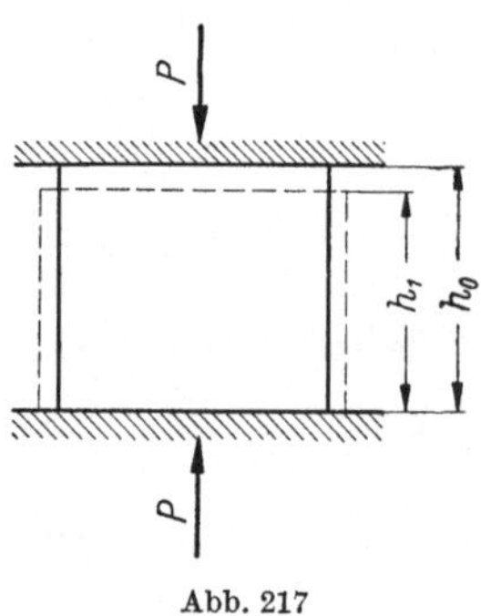

Abb. 217

Die Verformungsarbeit für den in Abb. 217 dargestellten Belastungsfall berechnet sich zu:

$$|A_0| = \sigma_f \cdot v \cdot \ln \frac{h_1}{h_0}{}^* \quad (160)$$

$$|A_0| \cong \sigma_f \cdot F \cdot l \cdot \varepsilon \quad (161)$$

$$N_0 \cong \varepsilon \cdot \sigma_f \cdot F \cdot v\,, \quad (162)$$

wobei hier der Wert ε aus Gl. (116) ermittelt werden muß.

$$\varepsilon = \frac{1}{6} \cdot \varepsilon_f \cdot \left[\bar{A}_B + \bar{A}_s + \frac{(3 - c_0^2)^2}{12}\right]. \quad (163)$$

Bei gleichen Materialien und gleichen Richtgeschwindigkeiten ist:

$$\frac{N_1}{N_2} = \frac{(\varepsilon \cdot F)_1}{(\varepsilon \cdot F)_2}. \quad (164)$$

* Fink'sche Formel

Der Wert ε stellt einen Mittelwert dar, der sich wie folgt berechnet:

$$\varepsilon_{mittel} = \frac{1}{F \cdot l} \cdot \int^{F} \int^{l} \varepsilon \cdot dF \cdot dl \tag{165}$$

F = Querschnittsfläche des verformten Stabes

l = Länge des verformten Stabes

Die Abhängigkeit $\varepsilon = \varepsilon_{(F)}$ läßt sich leicht ermitteln.

Bedeutet:

$$\varepsilon_a = \text{Dehnung der Außenfaser,}$$

dann erhält man unter Voraussetzung einer linearen Verteilung der Dehnungen über dem Querschnitt

$$\int^{F} \varepsilon \cdot dF = \frac{4}{3} \cdot \varepsilon_a \cdot R^2 \cdot \left[1 - \left(\frac{r}{R}\right)^3\right] \tag{166}$$

Es ist nun noch über die Stablänge zu integrieren:

$$\varepsilon_{mittel} = \frac{1}{F \cdot l} \cdot \frac{4}{3} \cdot R^2 \cdot \left[1 - \left(\frac{r}{R}\right)^3\right] \cdot \int^{l} \varepsilon_a \cdot dl. \tag{167}$$

Wenn man an jeder Stelle des Stabes in beiden Fällen den gleichen Spannungszustand annimmt, dann sind die beiden Integrale

$$\int^{l} (\varepsilon_a)_1 \cdot dl \quad \text{und} \quad \int^{l} (\varepsilon_a)_2 \cdot dl$$

gleich zu setzen.

Für das Verhältnis der Leistungen erhält man:

$$\frac{N_1}{N_2} = \left(\frac{D_1}{D_2}\right)^2 \cdot \frac{1 - \left(\frac{d}{D}\right)_1^3}{1 - \left(\frac{d}{D}\right)_2^3}. \tag{168}$$

Im Bereich kleiner Wandstärken kann der Quotient

$$\frac{1 - \left(\frac{d}{D}\right)_1^3}{1 - \left(\frac{d}{D}\right)_2^3},$$

zu 1 angenommen werden, so daß sich ergibt

$$\frac{N_1}{N_2} = \left(\frac{D_1}{D_2}\right)^2. \tag{169}$$

d. h. die Leistungen verhalten sich wie die Quadrate der Außendurchmesser der Rohre.

Ändert man dagegen die Abmessungen des Richtgutes vom dünnwandigen Rohr ($d/D \cong 1$) bis zum Vollquerschnitt ($d/D = 0$), dann ergibt sich ein anderes Verhältnis für die Leistungen.

Gilt: ● für Vollquerschnitt

○ für Kreisringquerschnitt,

dann ist:

$$\frac{N_\bullet}{N_\circ} = \frac{\left(\frac{D_\bullet}{D_\circ}\right)^2}{1 - \left(\frac{d}{D}\right)_0^3}. \tag{170}$$

Setzt man: $N_\bullet/N_\circ = 1$, dann erhält man aus dieser Beziehung eine Zuordnung von Rohrdurchmesser zu Durchmesser des Vollmaterials bei einer optimalen Ausnutzung der installierten Leistung.

Betrachtet man das Verhältnis der Kräfte für verschiedene Abmessungen des Richtgutes, dann gilt:

$$\frac{P_\bullet}{P_\circ} = \frac{(\alpha \cdot w)_\bullet}{(\alpha \cdot w)_\circ}. \tag{171}$$

Der Zahlenfaktor α ist eine Funktion des verwirklichten Spannungszustandes.

Nimmt man ihn für Voll- und Rohrquerschnitt als gleich und Null an, dann ist:

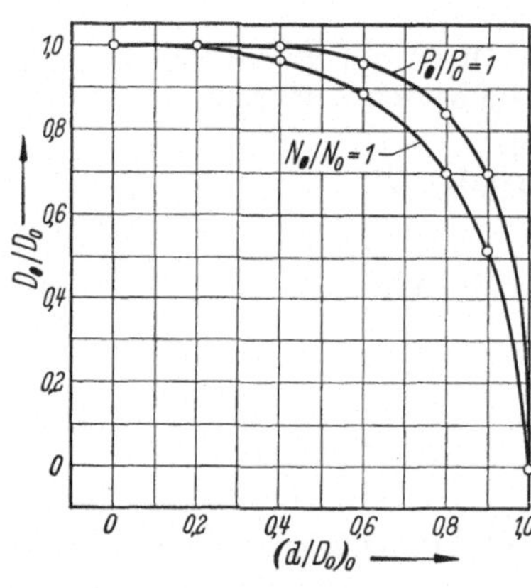

Abb. 218

$$\alpha_\bullet = \frac{16}{3\pi} \cdot 4$$

$$\alpha_\circ = \frac{16}{3\pi} \cdot 4 \cdot \frac{1 - \left(\frac{d}{D}\right)_0^3}{1 - \left(\frac{d}{D}\right)_0^4}$$

damit:

$$\frac{P_\circ}{P_\bullet} = \frac{1 - \left(\frac{d}{D}\right)_0^4}{\left(\frac{D_\bullet}{D_\circ}\right)^3}. \tag{172}$$

Setzt man: $P_\circ/P_\bullet = 1$, dann erhält man aus dieser Beziehung eine Zuordnung von Rohrdurchmesser zu Durchmesser des Vollmaterials, bei optimaler Ausnutzung der Beanspruchungsmöglichkeit der Konstruktion.

Für $P_\bullet/P_\circ = N_\bullet/N_\circ = 1$ sind die beiden Gleichungen in Abb. 218 dargestellt.

Man erkennt, daß die Bedingungen $P_\bullet/P_\circ = N_\bullet/N_\circ = 1$ nur für die Grenzfälle $d/D = 1$ und $d/D = 0$ erfüllbar sind.

2. Arbeit für die Reibung

Die zu überwindenden Reibungskräfte setzen sich aus zwei Komponenten zusammen.

1. Reibungskräfte zwischen Richtgut und Walzen
2. Reibungskräfte zwischen Richtgut und Rinnen sowie Führungen.

Es sei:

L = Äußere Reibungskraft in Richtung der Achse des Richtgutes
U = Äußere Reibungskraft senkrecht zur Achse des Richtgutes.

Dann ist:

$$R = \sqrt{U^2 + L^2} \tag{173}$$

die resultierende äußere Reibungskraft.

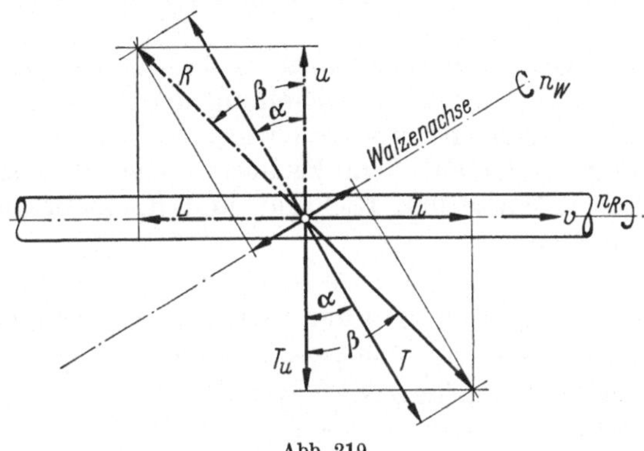

Abb. 219

Die von der Walze auf das Richtgut übertragene Kraft sei T.

$$T = \frac{M_D}{\left(\frac{D}{2}\right)}. \tag{174}$$

Es ergibt sich für die Reibungsleistung einer Walze:

$$N_R = T \cdot \frac{D}{2} \cdot \omega_w. \tag{175}$$

Wegen

$$R \cdot \cos(\beta - \alpha) = |T| \tag{176}$$

ist nach Umformen:

$$N_R = c \cdot \left(\frac{L}{\operatorname{tg}\alpha} + U\right) \cdot v. \tag{177}$$

Man kann die Reibungskräfte L und U dem Gewicht des Richtgutes angenähert proportional setzen, so daß:

$$N_R \cong \bar{c} \cdot G \cdot v. \tag{178}$$

Die Bedingung für das Durchziehen des Richtgutes lautet:

$$T_0 \geqq R \cdot \cos(\beta - \alpha) \tag{179}$$

$$K \cdot \mu_0 \geqq L \cdot \cos\alpha + U \cdot \sin\alpha. \tag{180}$$

Hierbei ist K eine Kraft, die im Berührungspunkt des Richtgutes mit der Walze senkrecht steht auf der Achse des Richtgutes. Sie entsteht dadurch, daß beim Einlauf des Richtgutes in das Walzenpaar Verformungen des Richtgutes auftreten. Diese haben ihre Ursache darin, daß die Querschnittsform des Richtgutes nie genau der Form des Kalibers, das die Walzen bilden, entspricht. μ_0 ist die Reibungszahl zwischen Walze und Richtgut an der Berührungsstelle zwischen beiden (μ_0 = Reibungszahl der gleitenden Reibung).

Setzt man L und U dem Gewicht des Richtgutes proportional, dann ist:

$$K \cdot \mu_0 \geqq c \cdot G . \tag{181}$$

Hieran sieht man, daß schweres Stangenmaterial eine größere Reibungszahl μ_0 verlangt als leichte Rohre.

Hier liegt der Grund für die Tatsache, daß man beim Richten von Rohren Walze und Richtgut zur Schonung der Oberfläche schmieren kann, während man beim Richten von schweren Stangen sorgfältig jede fettige oder ölige Stelle auf dem Richtgut vermeiden muß, um ein Rutschen zwischen Walze und Richtgut und damit örtliche Verbrennungen zu vermeiden.

3. Arbeit für die Beschleunigung des Richtgutes

Beim Fassen der Walzen wird das Richtgut beschleunigt. Die hierzu erforderliche Arbeit setzt sich aus zwei Komponenten zusammen:

1. Arbeit für die Translationsbewegung
2. Arbeit für die Rotationsbewegung.

Die kinetische Energie der Translation beträgt:

$$E_T = \frac{M \cdot v^2}{2} \tag{182}$$

M = Masse des beschleunigten Richtgutes
v = Richtgeschwindigkeit.

Die kinetische Energie der Rotation beträgt:

$$E_R = \frac{\Theta \cdot \omega_R^2}{2} \tag{183}$$

Θ = Trägheitsmoment des Richtgutes bezüglich seiner Achse
ω_R = Winkelgeschwindigkeit des Richtgutes.

Bedeutet T die Zeit, in der das Richtgut auf die volle Geschwindigkeit gebracht wird, dann beträgt die gesamte Beschleunigungsleistung:

$$N_B = \frac{E_T + E_R}{T} \tag{184}$$

Ein Vergleich der Größenordnung beider Energiebeträge ergibt:

$$\frac{E_T}{E_R} \approx 10 ,$$

so daß lediglich die Leistung für die Translationsbeschleunigung berücksichtigt werden muß.

Es ist zu beachten, daß diese Beschleunigungsleistung nicht gleichzeitig mit der vollen Richt- und Reibungsleistung vom Motor verlangt wird, so daß sie bei der Ermittlung des Leistungsbedarfs außer acht gelassen werden kann.

11. Entstehung von Eigenspannungen beim Richten

Beim Richten, als einem plastischen Biegen, treten Eigenspannungen auf, die im Hinblick auf die technische Verwendung des Richtgutes schädlich und deshalb tunlichst zu vermeiden sind.

Wie es zur Entstehung von Eigenspannungen beim Biegen kommt, zeigt Abb. 220.

Es sei das in Abb. 198 dargestellte Spannungs-Dehnungs-Diagramm des Werkstoffes zugrunde gelegt. Es werde ein anfänglich gerader Stab vorausgesetzt, der durch ein konstantes Moment M_a belastet ist. Die Entlastungsspannungen sollen linear verlaufen.

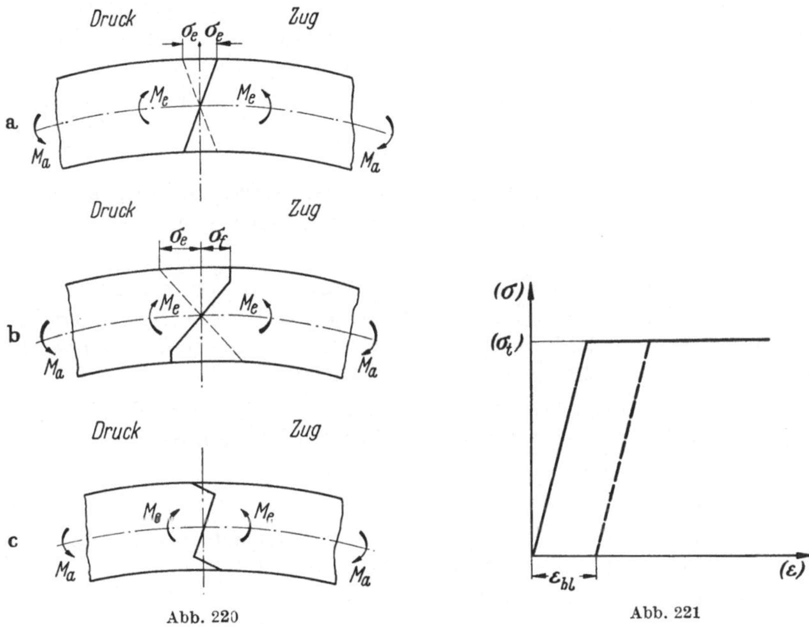

Abb. 220

Abb. 221

In Abb. 220a ist die Verformung rein elastisch. Der Stab federt nach Entlastung in die ursprünglich gerade Form zurück. In Abb. 220b ist die Fließgrenze in den äußeren Fasern überschritten. Die Überlagerung der Entlastungsspannungen mit den von außen aufgeprägten Spannungen ergibt den in Abb. 220c dargestellten Spannungsverlauf.

Die auftretenden inneren Spannungen genügen den folgenden Bedingungen:

1. Ihre Summe ist gleich Null
2. Das resultierende Biegemoment ist gleich Null.

Der Stab bleibt im Sinne der aufgeprägten Belastung gebogen, wie das aus Abb. 221 erkennbar ist.

Es soll unter Zugrundelegung des Spannungszustandes $c_0 = 0$ für $x = l/2$ die Größe dieser Eigenspannungen in der Außenfaser werden.

1. Rechteckquerschnitt

$$M_b = \cdot \frac{3}{2} \cdot \sigma_f \cdot W = \sigma_a \cdot W\,; \qquad \sigma_a - \sigma_f = \frac{1}{2}\,\sigma_f \tag{185}$$

2. Vollkreisquerschnitt

$$M_b = \cdot \frac{16}{3\pi} \cdot \sigma_f \cdot W = \sigma_a \cdot W\,; \qquad \sigma_a - \sigma_f = 0{,}7 \cdot \sigma_f \tag{186}$$

3. Kreisringquerschnitt $d/D = 1$

$$M_b = \cdot \frac{16}{3\pi} \cdot \frac{3}{4} \cdot \sigma_f \cdot W = \sigma_a \cdot W\,; \qquad \sigma_a - \sigma_f = 0{,}275 \cdot \sigma_f\,. \tag{187}$$

Die Forderung nach größtmöglicher Gewichts- und Werkstoffersparnis, besonders bei hochlegierten Stählen und NE-Metallen, führt bei Rohren zur Verwendung großer Durchmesser und kleiner Wandstärken.

Beim Richten derartiger Rohre können leicht Einbeulungen der Oberfläche entstehen, die ihre Ursache in einem Instabilwerden der Rohrwand haben.

Die Art der Beanspruchung der Rohroberfläche ist weitgehend bestimmt durch die Wahl des Richtprinzips als Biegerichtverfahren mit Querkraftwirkung.

Die Größe der beim Richten aufzuwendenden Kraft muß sich im Interesse einer einwandfreien Richtwirkung nach dem Biegeverhalten des Rohres richten. Es können deshalb leicht so große Kräfte notwendig werden, daß das beschriebene Einbeulen auftritt.

Zur Klärung der Frage, wie diese Erscheinung des Einbeulens von den, beim Richtvorgang wirksamen Faktoren abhängig ist, wurden Versuche durchgeführt.

Es bedeuten:

P_k = diejenige Kraft, die im Sinne oben beschriebener Erscheinung als gerade noch zulässig betrachtet werden darf.

P_B = die zum Richten notwendige Kraft.

Als wesentliche Einflußgrößen können angesehen werden:

1. Die einen bestimmten Verformungszustand kennzeichnende Kraft P_k
2. Eine entsprechende Spannung σ_k
3. Abmessungen des Rohres D ⌀ und d ⌀
4. Stützweite l
5. Elastizitätsmodul und Fließgrenze des Werkstoffes (E und σ_f)
6. Form und Abmessungen des Kraftübertragungsmittels A.

Die allgemeine Meßgrößenbeziehung lautet:

$$f(P_k, \sigma_k, D, d, l, E, \sigma_f, A) = 0\,. \tag{188}$$

Nach Dimensionsbefreiung und Auflösung nach P_k erhält man:

$$P_k = E \cdot D^2\,\psi \cdot \left(\frac{l}{D}, \frac{d}{D}, \frac{\sigma}{E}, \frac{A}{D}\right). \tag{189}$$

Die zum Richten notwendige Kraft ergibt sich aus

$$P_B = \alpha \cdot \sigma_f \cdot \frac{W}{l} \tag{190}$$

zu:

$$P_b = \alpha \cdot \frac{\pi}{32} \cdot \sigma_f \cdot D^2 \cdot \frac{1 - \left(\frac{d}{D}\right)^4}{\left(\frac{l}{D}\right)}. \tag{191}$$

Um eine einwandfreie Richtwirkung zu gewährleisten, ist im gesamten Richtbereich zu fordern:

$$P_K > P_B. \tag{192}$$

Der Versuchsaufbau und die benutzte Anordnung zur Messung der Kraft P_k ist aus den Abb. 222, 223 und 224 zu ersehen.

Abb. 222

Die Länge der Proben wurde so gewählt, daß eine sichtbare Verformung der Endquerschnitte nicht mehr erfolgte, d. h. daß die Rohre mit genügender Genauigkeit als unendlich lang betrachtet werden können. Für alle Proben wurde die Form des Preßstempels und die Größe der Verformungsgeschwindigkeit entsprechend den Verhältnissen, die in der Praxis des Richtens verwirklicht sind, gleich groß gewählt.

Für die Durchführung der Versuche wurden kaltgezogene, geglühte Rohre aus St 35.29 benutzt. Es standen folgende Abmessungen zur Verfügung: 60×2, 45×1,5, 40×2, 40×1 mm.

Abb. 223

Die Kräfte konnten von einer Skala abgelesen werden. Eine Schreibvorrichtung gab den graphischen Zusammenhang zwischen Kräften und Durchbiegungen.

Abb. 224

Ein solches Diagramm zeigt Abb. 225. Um Streuungen ausgleichen zu können, wurden alle Versuche mit drei Proben durchgeführt.

Die Meßergebnisse sind in den Abb. 227, 228, 229, und 230 dargestellt.

Die im Hinblick auf die Einbeulung als gerade noch zulässig zu betrachtende Kraft sei P_k, d. i. diejenige Kraft, bis zu der die Verformungen annähernd elastisch sind.

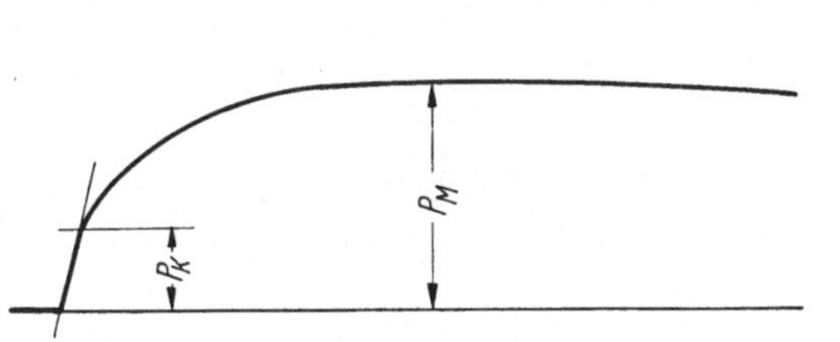

Abb. 225. $P_H = 415$ kg; Geschwindigkeit: 10; Probenlänge: 450 mm; Stützweite: 405 mm; Rohr: 45×1,5

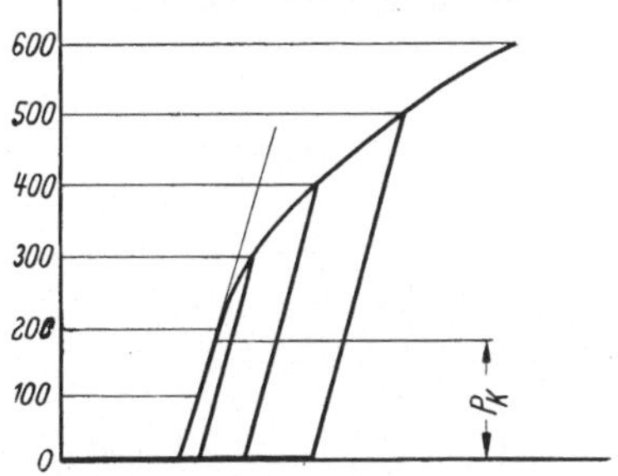

Abb. 226. Rohr: 60×2; Probenlänge l=300 mm; Stützweite: 540 mm

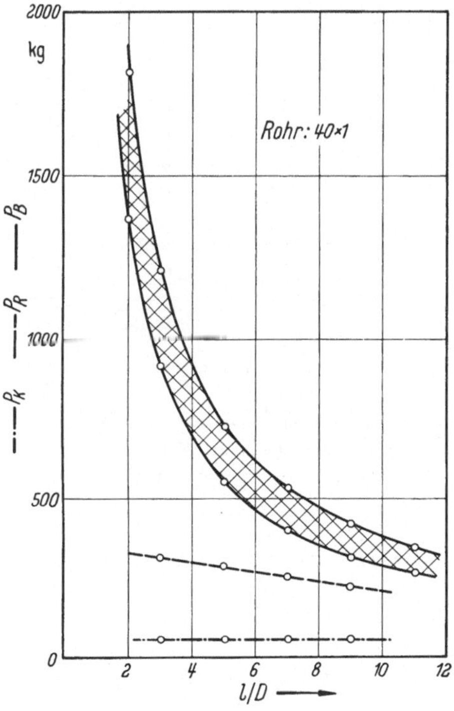

Abb. 227

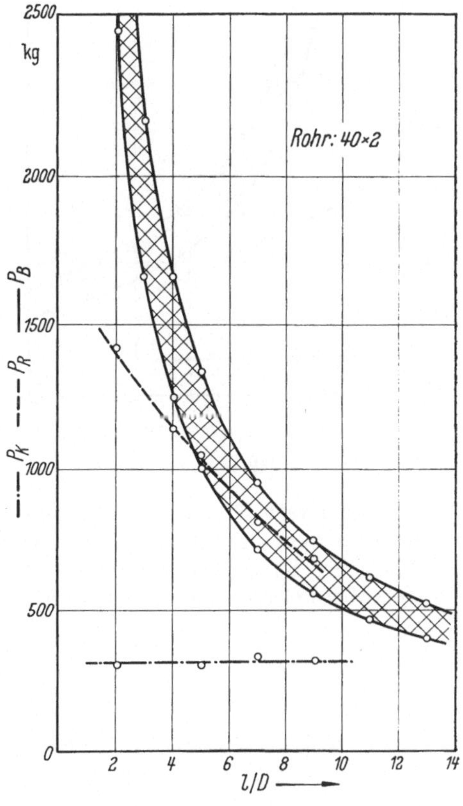

Abb. 228

Es zeigt sich, daß diese Kraft P_k von dem Verhältnis l/D nahezu unabhängig und nur von den Querschnittsverhältnissen des Rohres und der Form des Preßstempels abhängig ist.

Bei steigender Last treten immer größer werdende Querschnittsverformungen auf, wodurch sich das Widerstandsmoment mehr und mehr verringert. Bei $P = P_M$ (Abb. 225) hat das Rohr seinen Widerstand gegen Biegung völlig verloren.

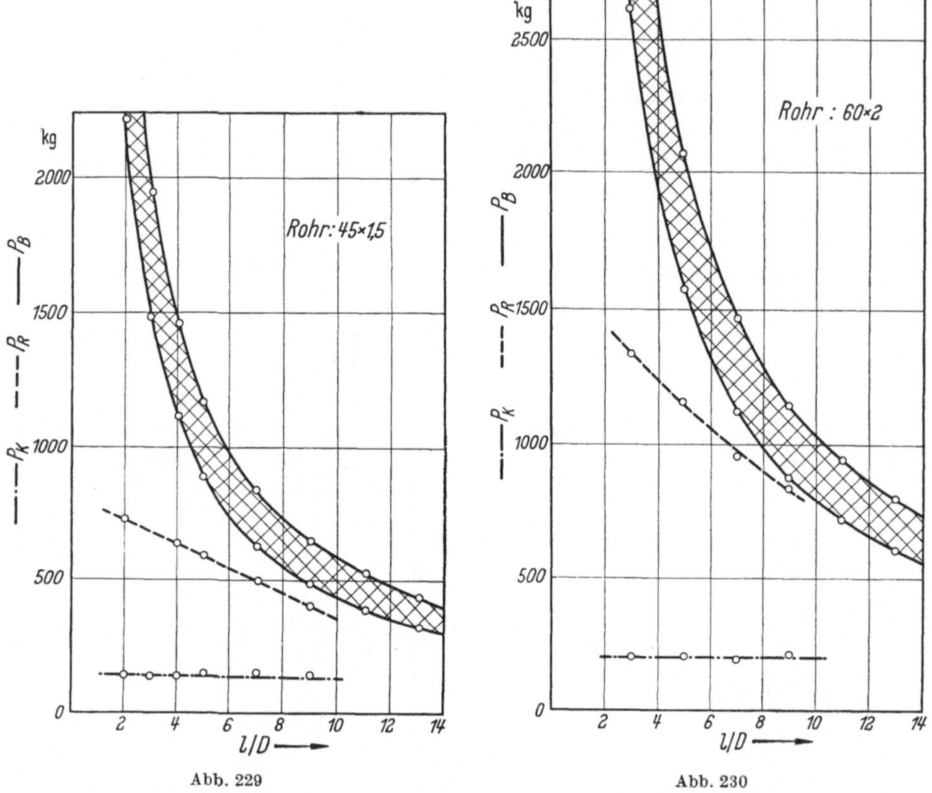

Abb. 229 Abb. 230

Die Kraft P_B, die zur Erzielung eines Richteffektes notwendig ist, liegt in dem kreuzschraffierten Gebiet. Die untere Grenzkurve dieses Bereiches ist berechnet für $\alpha = 4$, d. h. für $\sigma_B = \sigma_f$ in der Außenfaser. Die obere Grenze ist berechnet für:

$$\alpha = 4 \cdot \frac{16}{3\pi} \cdot \frac{1 - \left(\frac{d}{D}\right)^3}{1 - \left(\frac{d}{D}\right)^4},$$

d. h. für den vollplastischen Zustand.

In Abb. 231 sind die Kräfte P_k in Abhängigkeit der Verhältnisse s/D aufgezeichnet. Ferner sind die Kräfte P_B für verschiedene Verhältnisse l/D eingetragen. Als Maßstab wurden die dimensionsfreien Parameter

$$\overline{P}_k = \frac{P_k}{\sigma_f \cdot D^2} \qquad \overline{P}_B = \frac{P_B}{\sigma_f \cdot D^2} \qquad (193)$$

gewählt.

Aus dieser Abbildung folgt ein Zusammenhang zwischen s/D und l/D bei Berücksichtigung der Forderung:

$$P_k > P_B .$$

Es ergibt sich also die Möglichkeit, den Walzenabstand l in Zusammenhang mit dem Durchmesser D des Richtgutes und dem Verhältnis s/D so zu bestimmen, daß eine Einbeulung der Wand beim Richten dünnwandiger Rohre nicht zu befürchten ist.

Die beim Richten tatsächlich auftretenden Verhältnisse liegen etwas günstiger als aus Abb. 231 ersichtlich; und zwar aus folgendem Grund:

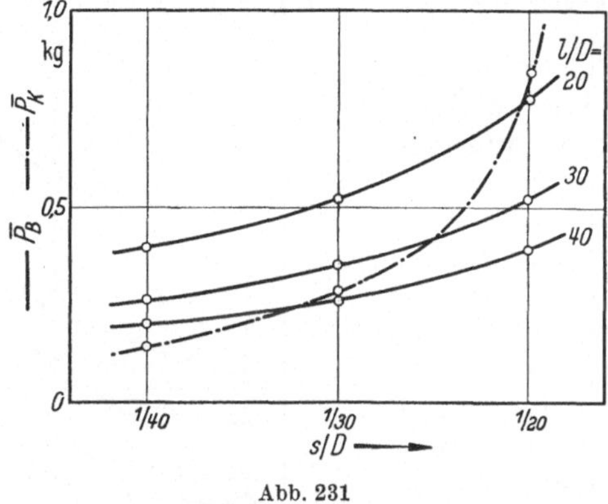

Abb. 231

Bei der Durchbiegung des Richtgutes findet eine Berührung zwischen Walze und Richtgut streng genommen nur noch an zwei Punkten statt. Die Richtkraft P_B wird also je zur Hälfte an diesen beiden Punkten auf das Richtgut übertragen. Die Größe der in diesen Punkten senkrecht zur Rohrachse wirkenden Kräfte ergibt sich aus Abb. 232.

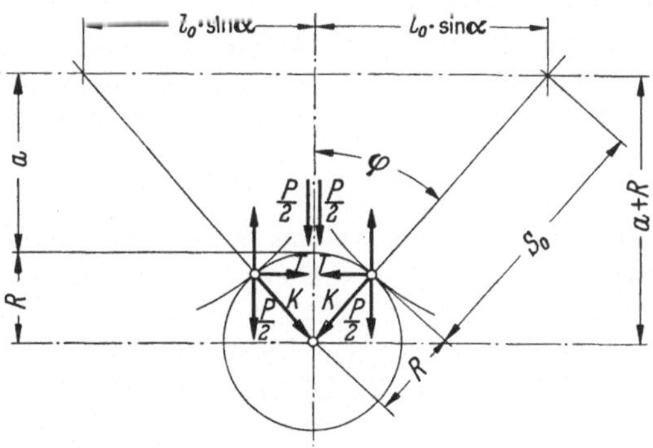

Abb. 232

Zu:

$$K = \frac{P}{2} \cdot \frac{s_0 + R}{a + R} \cong \frac{P}{2} \cdot R . \tag{194}$$

Die Kräfte K können näherungsweise mit den im Versuch gemessenen Kräften P_K gleich gesetzt werden.

Für verschiedene Werte von K und l/D sind die Funktionen

$$\overline{P}_K = f_1\left(\frac{s}{D}; K\right); \qquad \overline{P}_B = f_2 \cdot \left(\frac{s}{D}; \frac{l}{D}\right)$$

in Abb. 233 dargestellt.

Aus diesem Diagramm lassen sich die, für die Konstruktion der Richtmaschinen interessierenden Zusammenhänge zwischen l/D und s/D ersehen.

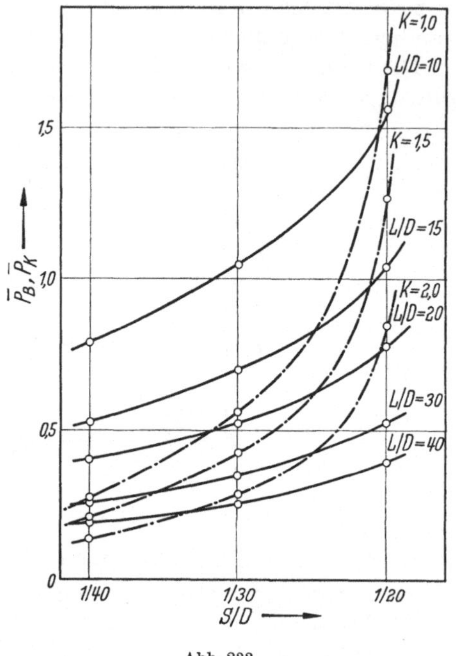

Abb. 233

Die Abhängigkeit des Einbeulens von der Form und den Abmessungen des Preßstempels ist so vielfältiger Natur, daß sie nicht ohne weiteres im Versuch allein zu erklären ist. Grundsätzlich kann jedoch gesagt werden, daß zur Vermeidung unzulässig großer Verformungen die Druckfläche zwischen Preßstempel und Rohr möglichst groß und damit bei gegebener Kraft die Spannung in der Druckfläche möglichst klein sein muß.

Man wird also Walzen mit großem Durchmesser und großen Abrundungsradien an den Enden bevorzugen.

Es entsteht häufig die Frage, ob die Richtmaschinen im Hinblick auf die oben beschriebene Erscheinung des Einbeulens im gleichen Dimensionsbereich wie für Stahlrohre auch für NE-Metallrohre zu verwenden sind.

Diese Frage ist eine Frage nach der Ähnlichkeit des Verhaltens von Maschine und Richtgut für verschiedene Werkstoffe. Die einzuhaltenden Bedingungen beziehen sich auf die Geometrie der Anordnung und auf das Werkstoffverhalten.

Die Bedingung der geometrischen Ähnlichkeit ist erfüllt bei Verwendung der gleichen Maschine und gleicher Rohrabmessungen für Stahl- wie für NE-Metallrohre.

Die Bedingung des ähnlichen Werkstoffverhaltens ist gegeben bei affiner Ähnlichkeit der Spannungs-Dehnungs-Diagramme für die beiden betrachteten Werkstoffe, wobei vereinfachend angenommen ist, daß in den Fasern des gebogenen Rohres nur Längsspannungen bestehen. Die Bedingung des ähnlichen Werkstoffverhaltens ist damit reduziert auf die Bedingung der Ähnlichkeit bei Zug- und Druckbeanspruchung.

Es werde das in Abb. 198 dargestellte Spannungs-Dehnungs-Diagramm zugrunde gelegt. Die Bedingung für das ähnliche Verhalten zweier Werkstoffe formuliert sich damit wie folgt:

$$f\left(\varepsilon; \frac{\sigma}{E}; \frac{\sigma_f}{E}\right) = 0 \tag{195}$$

$$\varepsilon = \text{const}; \qquad \frac{\sigma}{E} = \text{const}; \qquad \frac{\sigma_f}{E} = \text{const}.$$

In Abb. 234 sind für drei Fälle die Spannungs-Dehnungs-Kurven im Falle affiner Ähnlichkeit dargestellt.

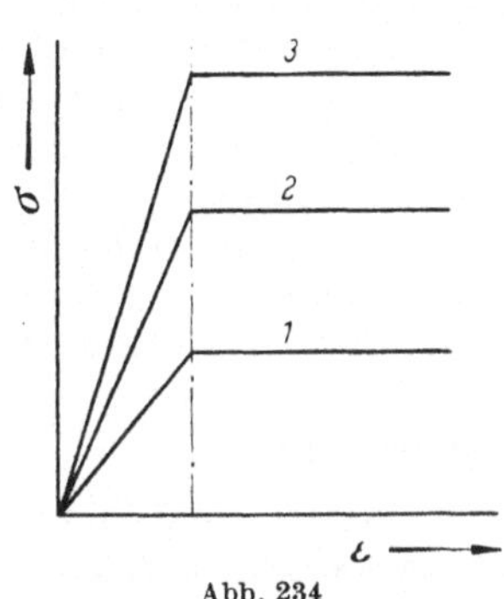

Abb. 234

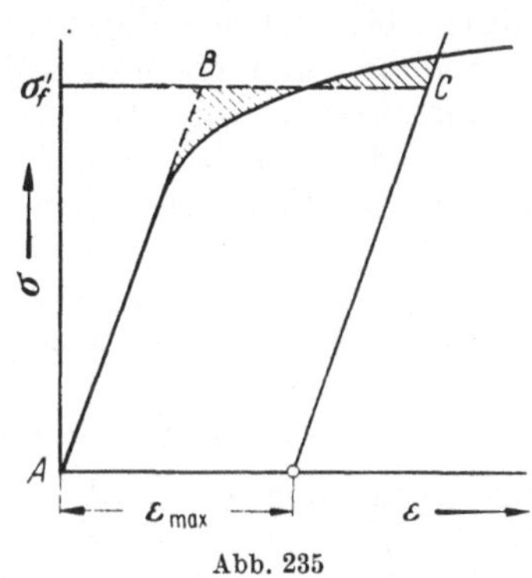

Abb. 235

Die geforderte Bedingung der Affinität der Spannungs-Dehnungs-Diagramme ist im allgemeinen, besonders aber zwischen Stahl und NE-Metallen nicht erfüllt; und zwar aus zweierlei Gründen:

1. bei Nichteisenmetallen existiert kein definierter Elastizitätsmodul,
2. es existiert keine ausgeprägte Fließgrenze.

Um die Spannungs-Dehnungs-Diagramme verschiedener Werkstoffe trotzdem in der oben geforderten Weise miteinander vergleichen zu können, zeichne man, wie in Abb. 235 dargestellt, in das Spannungs-Dehnungs-Diagramm des betreffenden Werkstoffes einen Linienzug A, B, C so, daß die Summe der schraffierten Flächen ein Minimum wird.

Für die so idealisierte Kurve sind die oben ermittelten Ähnlichkeitsbedingungen einzuhalten. Inwieweit diese Idealisierung zulässig ist, kann allein durch die Praxis entschieden werden.

Diese Näherung gilt jedenfalls um so besser,

1. je kleiner die geforderte größte Dehnung ε_{max} ist, d. h. je vorsichtiger das Richten erfolgt,
2. je mehr sich die Spannungs-Dehnungs-Kurve des Werkstoffes in ihrer Gestalt dem in Abb. 198 dargestellten Fall nähert.

Aus diesen Überlegungen kann gefolgert werden:

Bestehen zwischen zwei Werkstoffen die geforderten Ähnlichkeitsbedingungen, dann erfolgt der Richtvorgang auf den gleichen Maschinen und bei gleichen Materialabmessungen in ähnlicher Weise. Wenn also beim Richten des einen Werkstoffes das Einbeulen nicht auftritt, dann tritt es auch beim Richten des anderen Werkstoffes nicht auf. Sind die Ähnlichkeitsbedingungen nicht erfüllt, dann kann man hieraus nicht auf eine qualitative Änderung des Richtvorganges schließen.

Der Wert obiger Überlegungen für die Praxis des Richtens liegt begründet in der Tatsache, daß für viele Materialien und Abmessungen der qualitative Verlauf des Richtvorganges aus der Erfahrung bekannt ist, so daß man für einen neu zu verwendenden Werkstoff fast immer eine Ähnlichkeit zu einem im Richtvorgang erprobten Werkstoff finden kann.

Die Annahme, daß in den Fasern des gebogenen Rohres nur Längsspannungen wirken, stimmt nur angenähert. Bei den üblichen Richtverfahren, bei welchen die Belastung durch eine Einzelkraft erfolgt, treten Schubspannungen auf. Es liegt also in Wirklichkeit ein räumlicher Spannungszustand vor. Das Werkstoffverhalten ist in einem solchen Falle ein anderes als beim einachsigen Spannungszustand, wie er bei der Ermittlung des Spannungs-Dehnungs-Diagramms vorliegt.

Die Bedingung der Gleichheit der Querkontraktionszahlen der Werkstoffe, die ja ebenfalls eine Ähnlichkeitsbedingung darstellt, ist vernachlässigt in der Annahme, daß sie nicht von wesentlichem Einfluß ist.

12. Diskussion der Versuchsergebnisse

Die tatsächliche Größe der zulässigen Druckkraft P_k muß unter Zugrundelegung eines bestimmten Verformungszustandes erfolgen. Ein solcher zulässiger Verformungszustand kann nicht ohne weiteres definiert werden. Er ist in der Praxis insbesondere abhängig von den Anforderungen, die an die Qualität des Richtgutes gestellt werden. Eine ausgeprägte Stabilitätsgrenze im Verlauf des Einbeulvorganges konnte nicht gefunden werden. Als Ersatz hierfür wurde diejenige Kraft gewählt, bis zu der die Gesamtverformungen annähernd linear verlaufen.

Aus der Änderung der bleibenden Verformung, wie in Abb. 226 ersichtlich, läßt sich eine gewisse Berechtigung dieser Definition ableiten. Die Größe der bleibenden Abplattung an der Berührungsstelle zwischen Preßstempel und Rohr wurde dadurch gemessen, daß ein Blatt Papier zwischen beide Körper geschoben wurde. Aus dem erzielten Abdruck konnte die Größe der Abplattung näherungsweise ermittelt werden. Sie ergab sich für $P = P_k$ in der Größe von einigen mm^2.

Bei der Übertragung der Versuchsergebnisse auf den Richtvorgang wurde die Wirkung der Komponente T auf die Einbeulung vernachlässigt. Diese Vernachlässigung scheint gerechtfertigt, weil bei kurzen Walzen s_0 nur wenig von a verschieden ist.

Der Einfluß der Verformungsgeschwindigkeit auf den Einbeulvorgang ist für verschiedene Proben untersucht worden. Es zeigten sich nur geringfügige Abweichungen, die durchaus vernachlässigbar sind (s. Abb. 236). Die Abhängigkeit zwischen Kraft P_k und Durchmesser D des Richtgutes bei konstanten Verhältnissen d/D und l/D ergibt sich aus Gl. (189) zu:

$$P_k = C \cdot D^2 .$$

Die gemessenen Werte befriedigen den theoretischen Zusammenhang recht gut (s. Abb. 237).

Bei großen Durchmessern der zu richtenden Rohre entstehen infolge des hohen Richtdruckes der Walzen und der zuweilen inhomogenen Werkstoffe des Richtgutes mitunter Dellen durch plötzliches Einknicken der Rohrwand nach innen. Eine noch häufigere Fehlerquelle tritt in der

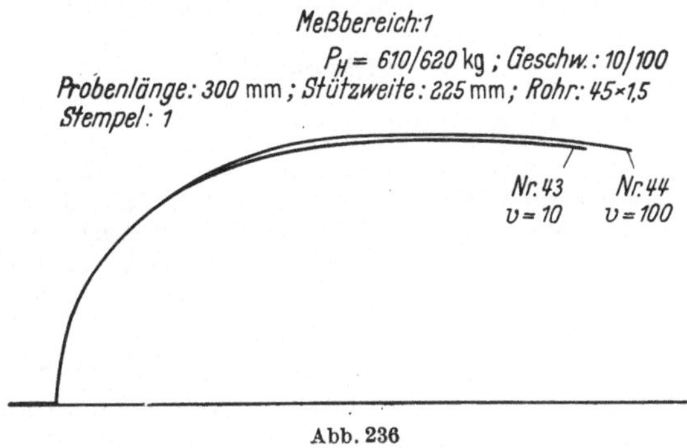

Abb. 236

Weise auf, daß an Stelle des absoluten Runds im gerichteten Rohrdurchmesser Ovalformen entstehen, besonders dann, wenn nur mit zwei Richtwalzen gedrückt wird. Sowohl Ovalität, als auch Dellenbildung entstehen nur bei größeren Rohrdurchmessern, deren Wandstärke im Verhältnis zu letzteren klein ist. Es sind daher Konstruktionen von Richtmaschinen entwickelt worden, die an Stelle von zwei am Umfang des

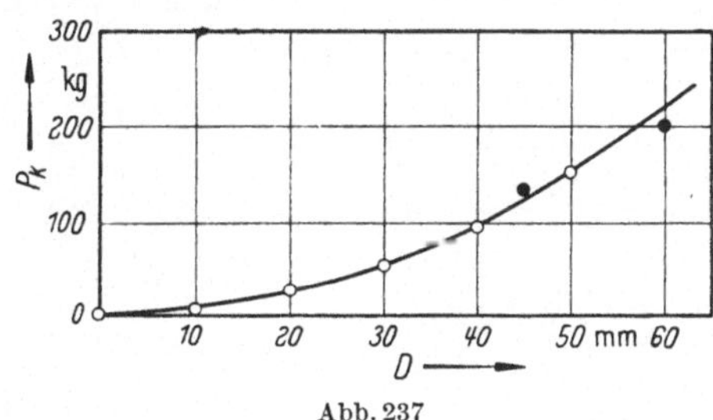

Abb. 237

Richtgutes angreifenden Walzen deren drei besitzen und daher den Rohrzylinder einem gleichmäßigeren Druck unterziehen können, als das Zweiwalzen-System.

Infolge der konstruktiv erheblich komplizierteren Ausführung der Richtmaschinen mit drei den Rohrumfang tangierenden Schrägwalzen ist aber der Preis für diese Ausführung auch ein entsprechend höherer sodaß dieser Maschinentyp heute nur vereinzelt in der Praxis anzutreffen ist.

Die Firma Mannesmann-Meer in Mönchen-Gladbach baut in bewährter Ausführung beide Typen dieser Richtmaschinen. Eine Beschreibung dieser und anderer Richtmaschinen soll an anderer Stelle gebracht werden, da sie nicht unmittelbar mit dem der Kalibrierung gewidmeten Zweck dieses Buches zusammenhängt.

M. Spannungszustand und Verformungseffekt im Innern eines schräggewalzten vollen Blockes in einem Zweiwalzen- und einem Dreiwalzen-Schrägwalzwerk

I. Beschreibung der Spannungsbilder

1. Übersicht

E. SIEBEL schreibt in seinem Buche [26]

„Qualitativ kann man sich über den im Kern eines quer zur Achse beanspruchten Rundstabes herrschenden Spannungszustand ein Bild machen, wenn man den ungefähren Verlauf der Spannungstrajektorien unter Berücksichtigung des Umstandes aufzeichnet, daß dieselben in der Nähe der Oberfläche parallel oder senkrecht zu derselben und an den Symmetrieebenen ebenfalls parallel oder senkrecht zu den letzteren gerichtet sein müssen."

Dort gibt SIEBEL den ungefähren Verlauf dieser Spannungstrajektorien für zwei Preßbahnen an. Die *berechneten* Spannungstrajektorien für zwei *und drei* Preßbahnen sind in Abb. 238 und Abb. 239 dargestellt. Man sieht deutlich die von SIEBEL erwähnten *Symmetrieebenen*.

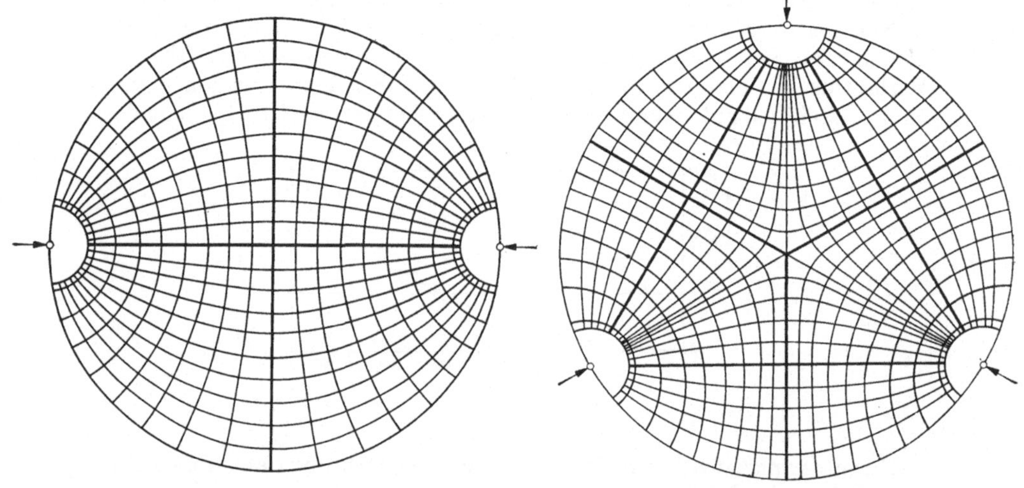

Abb. 238. Spannungstrajektorien für 2 Preßbahnen

Abb. 239. Spannungstrajektorien für 3 Preßbahnen

Um die *Fließerscheinungen* zu erläutern, wurden weiter Abb. 240 und Abb. 241 gezeichnet. Die Linien auf diesen Abbildungen zeigen die Richtungen der maximalen Schubspannungen. Diese Richtungen bilden mit den Spannungstrajektorien überall einen Winkel von 45° und in ihnen *gleitet* der Werkstoff bei der plastischen Verformung. SIEBEL bemerkt dazu:

„. . . Diesen Normalspannungen muß eine starke Schubbeanspruchung des Kernes auf unter 45° zur Verbindungslinie der Lastangriffspunkte geneigten Ebenen entsprechen, was zu Fließerscheinungen in quergestauchten Flußeisenzylindern führt . . ."

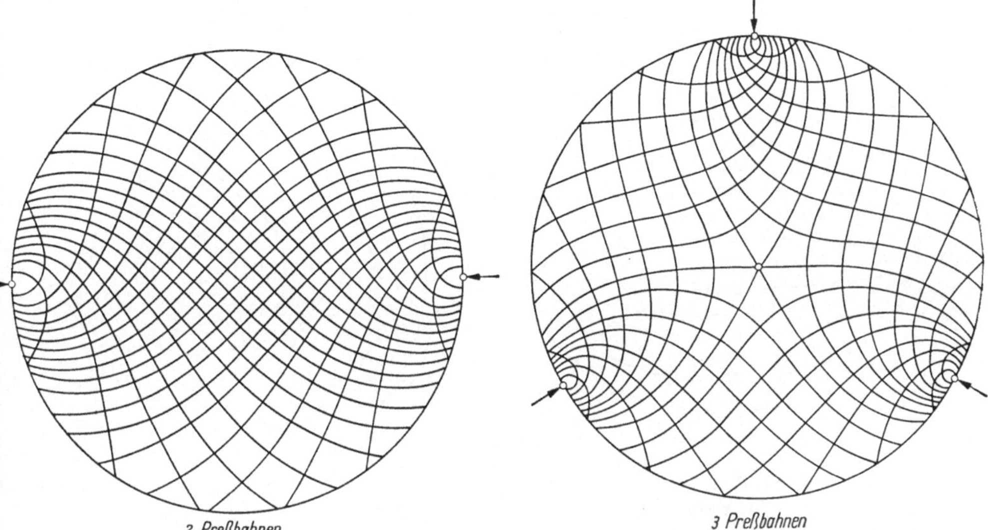

Abb. 240. Richtungen der maximalen Schubspannungen bei 2 Preßbahnen

Abb. 241. Richtungen der maximalen Schubspannungen bei 3 Preßbahnen

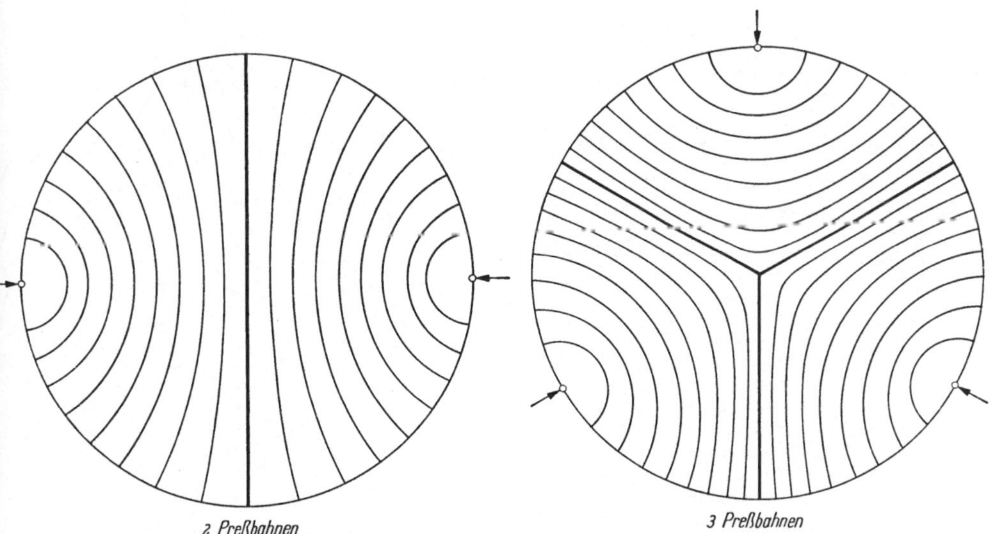

Abb. 242. Spannungstrajektorien für die Hauptspannung σ_1 bei 2 Preßbahnen

Abb. 243. Spannungstrajektorien für die Hauptspannung σ_1 bei 3 Preßbahnen

Ich habe bei meiner genaueren Rechnung alles, was SIEBEL über das *Zweiwalzen-Schrägwalzwerk* ausgeführt hat, voll bestätigt gefunden. Ein Vergleich meiner genaueren Bilder mit denen von SIEBEL zeigt, wie sicher er den Verlauf der Spannungen *gefühlsmäßig* beherrscht. *Quantitativ*

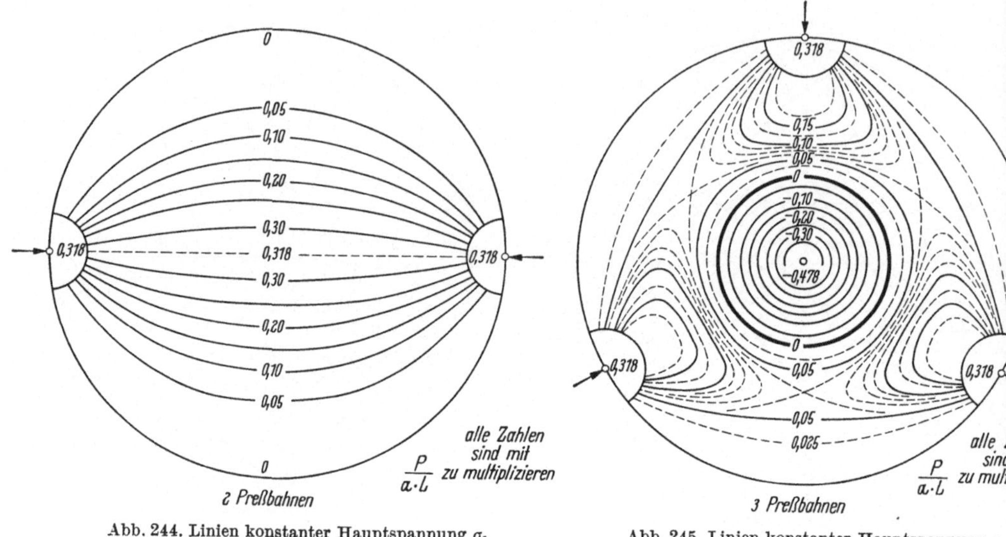

Abb. 244. Linien konstanter Hauptspannung σ_1 bei 2 Preßbahnen

Abb. 245. Linien konstanter Hauptspannung σ_1 bei 3 Preßbahnen

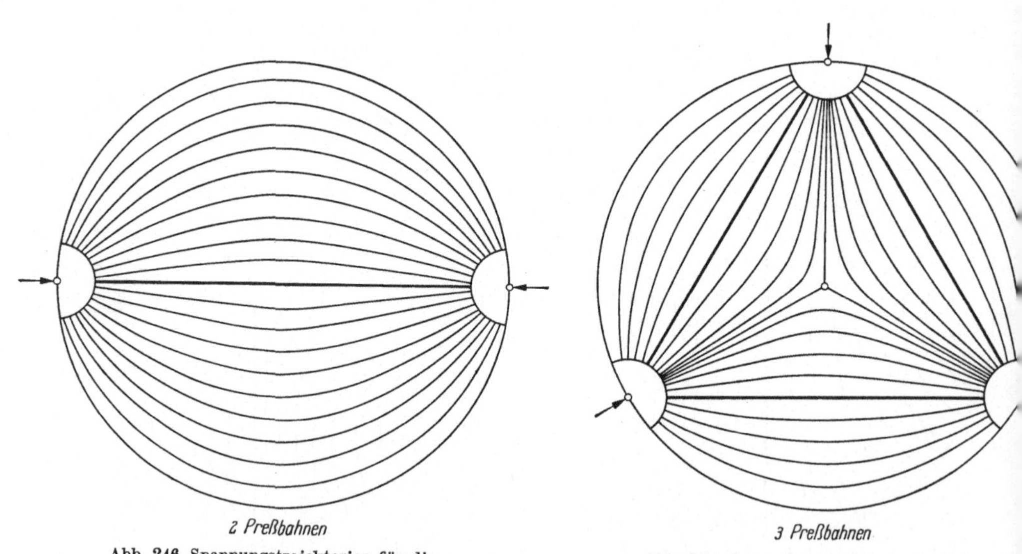

Abb. 246. Spannungstrajektorien für die Hauptspannung σ_2 bei 2 Preßbahnen

Abb. 247. Spannungstrajektorien für die Hauptspannung σ_2 bei 3 Preßbahnen

bin ich über SIEBEL's Ergebnisse hinausgegangen, denn ich habe auch die *Größen* der beiden Hauptspannungen und der maximalen Schubspannung über die *ganze* Querschnittsfläche für zwei und *drei* Preßbahnen berechnet.

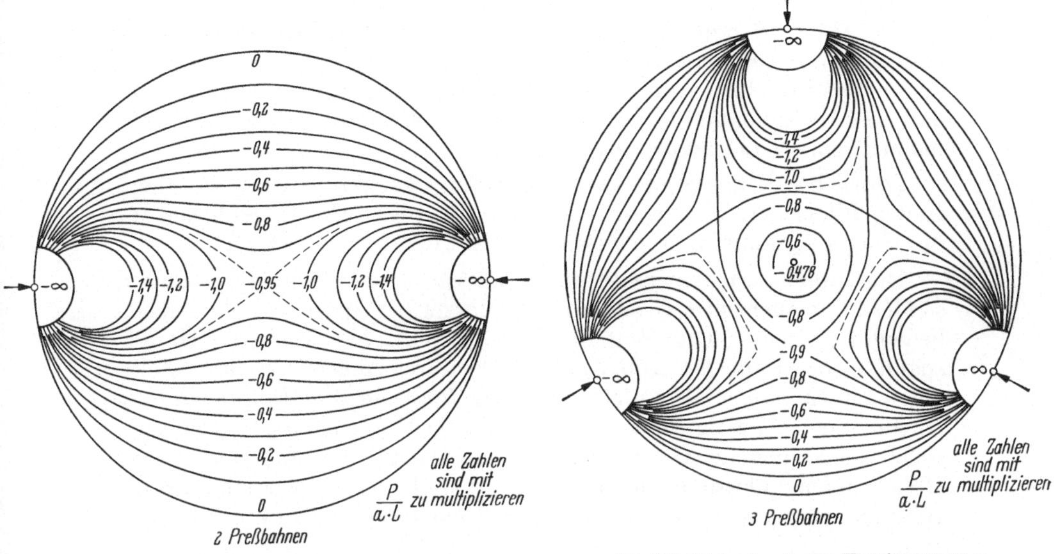

Abb. 248. Linien konstanter Hauptspannung σ_2 bei 2 Preßbahnen

Abb. 249. Linien konstanter Hauptspannung σ_2 bei 3 Preßbahnen

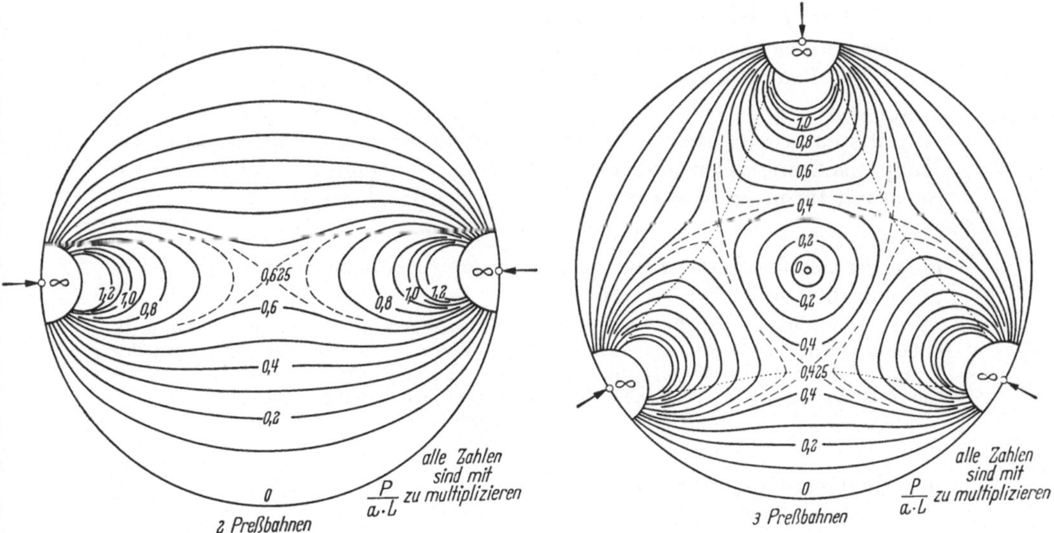

Abb. 250. Linien, auf denen die maximale Schubspannung konstant ist, bei 2 Preßbahnen

Abb. 251. Linien, auf denen die maximale Schubspannung konstant ist, bei 3 Preßbahnen

Trägt man die Größen dieser Spannungen *senkrecht zur Querschnittsfläche* des Blockes auf, so erhält man *Flächen im Raume*. Diese *Flächen* habe ich in den Abb. 244, 245 und 248—251 durch ihre *Höhenlinien* dargestellt.

2. Die Hauptspannung σ_1

Die Abb. 238 und 239 zeigen die Spannungstrajektorien für *beide* Hauptspannungen, die Abb. 242 und 243 dagegen zeigen nur die Spannungstrajektorien für die Hauptspannunge σ_1. Sie lassen erkennen, daß die Hauptspannung σ_1 bezüglich der *Kraftangriffsstellen* (Preßbahnen) eine *Tangentialspannung* ist.

Deutlich sind die von SIEBEL erwähnten Symmetrieebenen zu sehen. In den Bildern erscheinen sie als Symmetrielinien. Die Trajektorien für die Hauptspannung σ_1 stehen *senkrecht* auf der Blockoberfläche.

Uns interessiert aber nicht nur die *Richtung* der Hauptspannung σ_1 sondern vor allem ihre Größe und ihr Vorzeichen (positives Vorzeichen bedeutet in Deutschland Zug, negatives Druck). Die Größe der Hauptspannung σ_1 ist auf den Abb. 244 und 245 durch *Höhenlinien* dargestellt. Diese Linien haben also nichts mit der *Richtung* der Hauptspannung zu tun. Sie sind vielmehr *kartographische Darstellungen* des σ_1-Gebirges, welches sich über der Querschnittsfläche aufbaut. Die angeschriebenen Höhenzahlen müssen noch mit $P/(a \cdot L)$ multipliziert werden, um die Hauptspannung σ_1 an der betreffenden Stelle in kg/cm² zu ergeben.

Dabei ist:

$$\left.\begin{aligned} P/L &= \text{äußere Kraft pro Längeneinheit der Preßbahn in kg/cm,} \\ P &= \textit{äußere Kraft in kg,} \\ L &= \text{Länge der Preßbahn in cm,} \\ a &= \text{Radius des Walzgutzylinders in cm.} \end{aligned}\right\} \quad (1)$$

Der Vergleich der beiden Höhenlinienbilder 244 und 245 zeigt deutlich den *Einfluß der dritten Arbeitswalze* auf das Spannungsbild.

Liegen sich — wie es bei zwei Preßbahnen angenommen ist — die Angriffspunkte der äußeren Kräfte genau diametral gegenüber, so ist die Hauptspannung σ_1 im Querschnitt des Blockes *überall eine Zugspannung*. Sie erhält für unser idealisiertes Problem den Höchstwert

$$0{,}318 \cdot P/(a \cdot L)$$

längs der geraden Verbindungslinie der beiden Kraftangriffspunkte. Hierzu schreibt bereits SIEBEL [*26*]:

Für den elastischen Spannungszustand ist die genaue Spannungverteilung in einem solchen quer beanspruchten Zylinder (Walze) vom Halbmesser a und der Länge L bekannt. Im Mittelpunkt berechnen sich nach Föppl (Drang und Zwang) die in Richtung der äußeren Kräfte P wirkenden Druckspannungen zu

$$\sigma_2 = -\frac{3\,P}{a \cdot L \cdot \pi}$$

und die Querzugspannungen zu (2)

$$\sigma_1 = +\frac{P}{a\,L\,\pi}$$

(dabei ist $\frac{1}{\pi} = 0{,}31831$).

Wendet man nun ein *Dreiwalzensystem* an, so liegen sich die Preßbahnen nicht mehr gegenüber, sondern sie sind — um 120° versetzt — über den Blockumfang verteilt. Die Zugspannungen sind in diesem Falle, wie die Zahlen in der Abb. 245 zeigen, *wesentlich* kleiner und erreichten den Wert $0{,}318 \cdot P/(a \cdot L)$ nur in *unmittelbarer Nähe* der Angriffsstellen der äußeren Kräfte. Dafür tritt im Zentrum des Blockes ein relativ großes Gebiet von *Druckspannungen* auf. Die Höhenlinien des Druckgebietes sind angenähert konzentrische Kreise. Die Hauptspannung $\sigma_1 = 0$ liegt *erstens* auf der Blockoberfläche — mit Ausnahme der Angriffsstellen der äußeren Kräfte — und *zweitens* auf einem angenäherten Kreise im Innern des Blockes. Dieser Kreis hat etwa den Radius

$$r_0 = 0{,}38\, a \qquad (3)$$
$$a = \text{Blockradius (cm)}\,.$$

Die Druckspannung steigt — ihrem Betrage nach — in Richtung auf das Zentrum an und erreicht dort den Wert:

$$-\,0{,}478 \cdot P/(a \cdot L) \qquad (4)$$

(Druckspannungen erhalten das negative Vorzeichen).

Dieses für *drei* Walzen berechnete Spannungsbild stimmt auch mit einem Bilde überein, welches Herr. Dr.-Ing. R. BUNGEROTH in einer Unterhaltung mit mir *vor* der genauen Rechnung nach Gefühl skizziert hat. Er bemerkte dabei, daß er sich bei *drei* Arbeitswalzen *in der zentralen Zone des Blockes keinen eigentlichen Zugspannungszustand vorstellen könne. Wohin soll das Material denn dort ausweichen?*

3. Die Hauptspannung σ_2

Die Abb. 246 und 247 zeigen die Spannungstrajektorien für die Hauptspannung σ_2, diese Hauptspannung ist bezüglich der Kraftangriffstellen eine *Radialspannung* und die Höhenlinienbilder 248 und 249 zeigen, daß sie sowohl bei *zwei* als auch bei *drei* Preßbahnen überall im Querschnitt eine *Druckspannung* ist.

An den Angriffstellen der äußeren Kräfte (Preßbahnen) werden die *theoretischen* Druckspannungen *unendlich* groß. In Wirklichkeit ist dies nicht der Fall infolge der Abplattung des Walzgutes. Dies ist bereits in SIEBELs Schrift erwähnt. Er spricht von *Lastangriffsflächen.* (Wir werden die idealisierten Angriffstellen später als *Pole* bezeichnen und schließen sie in den Spannungsbildern durch einen Kreisbogen von unseren Betrachtungen aus). Interessant ist an den Abb. 246 und 247, daß die Angriffstellen der äußeren Kräfte *durch geradlinige Trajektorien* der Hauptspannung σ_2 verbunden sind. Diese Linien sind stark ausgezogen. Wir kommen bei Besprechung der maximalen Schubspannung auf sie zurück.

4. Der absolute Betrag der maximalen Schubspannung

Der absolute Betrag der maximalen Schubspannung ist gegeben durch die Gleichung:

$$|\tau_{max}| = \frac{1}{2}\,|\sigma_1 - \sigma_2| \qquad (5)$$

Die Größe $|2\,\tau_{max}|$ kann als ein Maß für die Anstregung des Werkstoffes angesehen werden [siehe HÜTTE I, S. 644]. Die Abb. 240 und 241 zeigen die Schubspannungstrajektorien für *zwei* und *drei* Preßbahnen.

In diesen Richtungen *gleitet* das Material beim Beginn der plastischen Verformung. Daher heißen diese Linien auch *Fließlinien.* Sie können auf polierten Schnittflächen durch Ätzen nach Fry sichtbar gemacht werden, und herangezogen werden, wenn man einen Einblick in die Beanspruchungsverhältnisse gewinnen will [*30*].

Die Bilder 250 und 251 zeigen die Höhenlinien der $|\tau_{max}|$-Fläche. Man erhält dieselben Bilder durch das spannungsoptische Meßverfahren, denn diese Höhenlinien sind zugleich die Isochromaten der ebenen Spannungsoptik.

Ein geübter Kartenleser wird sich durch Betrachten der Höhenlinienbilder 250 und 251 bereits eine gute Vorstellung von der $|\tau_{max}|$-Fläche machen können.

Beschreibung des Bildes. An den Angriffstellen der äußeren Kräfte (Preßbahnen) strebt die Fläche der Funktion $|\tau_{max}|$ *in die Höhe.* In Wirklichkeit wird $|\tau_{max}|$ nicht so große Werte annehmen, wie es das Bild zeigt, denn die Rechnung wurde, wie bereits gesagt, mit *linienhaften* Preßbahnen durchgeführt.

Entsprechend den geradlinigen Verbindungslinien der Angriffspunkte (Abb. 246 und 247, Spannungstrajektorien für σ_2) *wölbt* sich von Angriffspunkt zu Angriffspunkt ein *Höhenrücken* der $|\tau_{max}|$-Fläche, der auf *beiden* Seiten bis auf *Null* abfällt.

Bei *zwei* Preßbahnen (Abb. 246 bzw. 250) wird dadurch erreicht, daß der *Beanspruchungsberg durch das Zentrum* des Blockes geht und hier die Höhe

$$|\tau_{max}| = \frac{P}{a \cdot L} \cdot 0{,}625 \quad (\mathrm{kg/cm^2}) \tag{6}$$

(Im Zentrum bei 2 Preßbahnen)

hat.

Bei *drei* Preßbahnen dagegen sieht man im zentralen Bereich des Blockes einen *trichterförmigen Abfall* der $|\tau_{max}|$-Fläche und im Zentrum ist

$$|\tau_{max}| = 0 \tag{7}$$

(Im Zentrum bei 3 Preßbahnen)

Die maximale Werkstoff-Beanspruchung findet bei *drei* Preßbahnen *längs der Seiten des Dreiecks* statt, dessen Ecken die drei Angriffstellen der äußeren Kräfte sind.

Diese Linien laufen am Zentrum des Blockes vorbei. Da der Block beim Schrägwalzen *rotiert,* so tritt die Auflockerung des Materials in einer *ringförmig um den Kern liegenden Zone auf.*

Da bei drei Preßbahnen die Höhenlinien der $|\tau_{max}|$-Fläche im zentralen Bereich angenähert *konzentrische Kreise* sind, so fällt im Zentrum des Blockes außerdem die *Wechselbeanspruchung* fort, welche nach Siebels Erklärung des Schrägwalzvorganges für das *Friemeln* des Werkstoffes notwendig ist.

Wenn man bei einem Zweiwalzen-Schrägwalzwerk die Walzen *in grober Weise falsch* einstellt und wenn das Walzgut zu *rasch und un-*

genügend erwärmt ist, kann es vorkommen, daß aus dem Schrägwalzwerk ein Hohlblock herauskommt, dessen Wand eine deutlich erkennbare *zentrische Trennung* aufweist, so daß dieser praktisch aus *zwei ineinander gesteckten* Hohlblöcken besteht.

Die falsche Walzeneinstellung besteht darin, daß man *zu sehr über der Mitte* walzt und außerdem noch die *Oberwalze* einen zu starken *Druck* ausüben läßt, so daß sie *beinahe wie eine dritte Arbeitswalze* wirkt.

Das Zweiwalzen-Schrägwalzwerk arbeitet dann wie ein Dreiwalzen-Schrägwalzwerk.

Daß diese Erscheinung sich *zwangslos* aus den Bildern des *elastischen* Spannungszustandes erklären läßt, zeigt, daß die *idealisierten Annahmen* doch einigermaßen berechtigt sind[1].

II. Kurzer theoretischer Anhang für die allgemeinverständliche Übersicht

Die ausführliche Theorie kommt später. In diesem Anhang werden die von mir zur Berechnung der Spannungen aufgestellten Formeln *ohne Beweis* mitgeteilt und an drei Beispielen erläutert.
Die Beispiele sind:

a) Die durch eine Einzellast senkrecht belastete Halbebene.

b) Der durch zwei einander diametral gegenüberliegende Preßbahnen gedrückte zylindrische Block.

c) Der durch drei äquidistant längs des Blockumfanges verteilte Preßbahnen gedrückte zylindrische Block.

Angabe der bei der Herstellung der Spannungsbilder benutzten Formeln (ohne Beweis).

P/L = Druckkraft pro Längeneinheit der Zylinderachse längs der n äquidistant über den Umfang verteilten (linienhaften) Preßbahnen, (kg/cm)
n = Anzahl der Preßbahnen,
a = Blockradius, (cm). (8)

Die Beträge und Vorzeichen der in den Formeln noch vorkommenden Größen

$$r_i,\ \varphi_i,\ \alpha_i$$

sowie die Vorzeichen der Spannungen werden an den drei Beispielen ausführlich erläutert werden.

Allgemeine Formeln für n Preßbahnen

Normalspannung σ_s senkrecht zu einem Schnittelement ds in einem Aufpunkte A (im Innern des Blockes):

$$\sigma_s = \frac{2P}{\pi L}\left(\frac{n}{4a} - \sum_{i=1}^{i=n} \frac{\cos\varphi_i}{r_i}\cdot\cos^2\alpha_i\right). \tag{9}$$

Normalspannung $\overline{\sigma_s}$ senkrecht zu einem Schnittelement $\overline{ds}$, welches gegenüber dem Schnittelement ds um 90° gedreht ist, im Aufpunkte A:

$$\overline{\sigma_s} = \frac{2P}{\pi L}\left(\frac{n}{4a} - \sum_{i=1}^{i=n} \frac{\cos\varphi_i}{r_i}\cdot\sin^2\alpha_i\right). \tag{10}$$

[1] Vorstehende Ausführungen verdanke ich einer Mitteilung der Herren Direktor Dr.-Ing. R. Mooshake und Dr. Ing. R. Bungeroth (Mannesmann A.G.)

Schubspannung τ tangential zum Schnittelement ds im Aufpunkte A:

$$\tau_s = \frac{P}{\pi L} \cdot \sum_{i=1}^{i=n} \frac{\cos \varphi_i}{r_i} \cdot \sin (2\,\alpha_i) \tag{11}$$

Absoluter Betrag der maximalen Schubspannung $|\tau_{max}|$ im Aufpunkte A (als Maß für die Beanspruchung des Werkstoffes):

$$|\tau_{max}| = \frac{P}{\pi L} \overset{+}{\sqrt{\left(\sum_{i=1}^{i=n} \frac{\cos \varphi_i}{r_i} \cdot \cos (2\,\alpha_i)\right)^2 + \left(\sum_{i=1}^{i=n} \frac{\cos \varphi_i}{r_i} \sin (2\,\alpha_i)\right)^2}}\,. \tag{12}$$

Berechnung der Hauptspannungen σ_1 *und* σ_2 *nach Größe und Richtung.*

Die Formeln (9), (10) und (11) liefern die Spannungen σ_s, $\overline{\sigma}_s$ und τ_s in zwei zueinander senkrechten, sonst aber beliebig gerichteten Schnitten.

Wie man hieraus Größe und Richtung der Hauptspannungen findet, ist bekannt [siehe z. B. Hütte I, S. 640 ff.].

1. Erläuterung der Formeln durch Beispiele

a) Die durch eine Einzellast senkrecht belastete Halbebene. Bevor wir die Verteilung der Spannungen im Innern eines zylindrischen Blockes berechnen, wollen wir uns mit der Spannungsverteilung und der Beanspruchung einer durch eine Einzellast senkrecht beanspruchten Halbebene bekannt machen. Die Behandlung dieser einfachen Aufgabe, deren Lösung bekannt ist, gibt uns den Schlüssel zum Verständnis des allgemeinen Problems.

Wir betrachten also einen Körper aus elastischem Material, welcher eine unendliche Ebene als Begrenzungsfläche hat und dabei unendlich groß ist. Dieser Körper erfüllt — wie man sagt — den *Halbraum.*

In der Begrenzungsebene verläuft die unendlich lange geradlinige Preßbahn (ohne Breite), welche durch eine auf der Begrenzungsebene senkrecht stehende und längs der Preßbahn gleichmäßig verteilte Kraft pro Längeneinheit ($= P/L$) belastet ist.

Wir wählen diese Preßbahn als z-Achse unseres Koordinatensystems und erkennen, daß wir in allen auf der Preßbahn senkrechten Schnitten den gleichen Spannungszustand haben. Zur Veranschaulichung und Berechnung dieses Spannungszustandes brauchen wir daher nur das folgende Bild eines solchen ebenen Schnittes zu zeichnen (Abb. 252).

Der Punkt A der Halbebene, in welchem wir die Spannungen und die Beanspruchungen berechnen, heißt *Aufpunkt*, weil die äußere Kraft durch Vermittlung des Werkstoffes *auf* diesen Punkt wirkt. Seine Lage wird durch die ebenen Polarkoordinaten r und φ festgelegt.

r = ist die Entfernung des Aufpunktes vom Pole (1) (= Singularstelle).

φ = soll positiv gerechnet werden, wenn man aus der Richtung $\varphi = 0$ der Symmetrieachse (s. Abb. 252) durch eine Drehung entgegen dem Uhrzeigersinn in die Richtung vom Pol (1) zum Aufpunkt A gelangt.

Die Frage: Welche Spannung herrscht im Aufpunkt A? hat in dieser primitiven Formulierung keinen Sinn.

Spannung ist definiert als Quotient: Kraft durch Fläche, also in unserem Falle der ebenen Spannungszustandes als Quotient: Kraft pro Längeneinheit dividiert durch ein Längenelement von bekannter

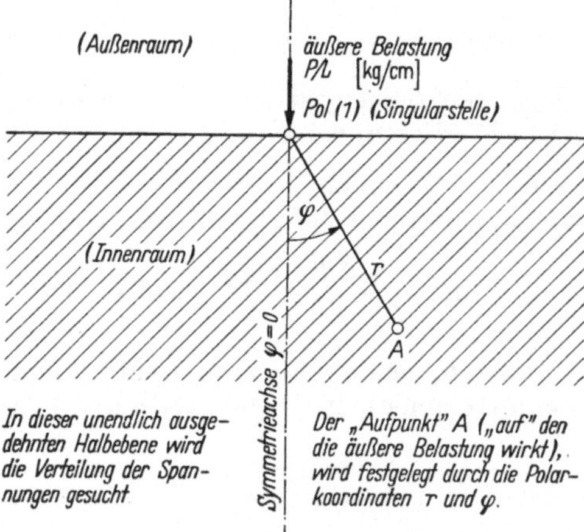

Abb. 252. Der durch eine gerade linienhafte Preßbahn (ohne Breite) mit konstanter Belastung P/L gedrückte Halbraum (Schnitt senkrecht zur Preßbahn)

Orientierung. Wir wollen das orientierte Längenelement im folgenden *Schnittelement* nennen und mit ds bezeichnen [*28*].

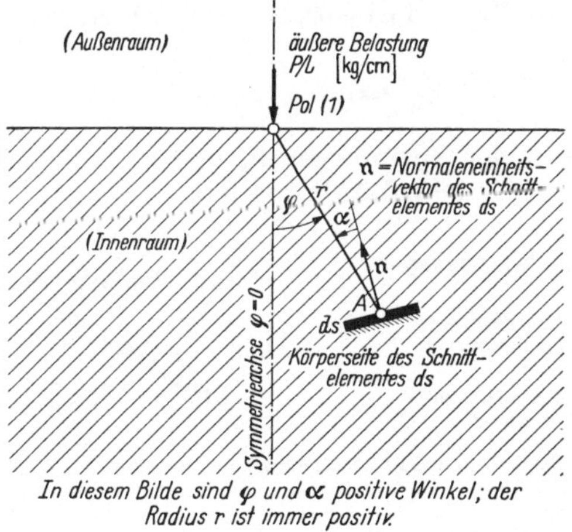

Abb. 253. Orientiertes Schnittelement ds in einem Aufpunkt A

Das *Schnittelement* ds hat eine *äußere Seite* mit einer äußeren Normalen und eine *Körperseite*, die in Abb. 253 durch *Schraffur* angedeutet ist. Die *Orientierung* des Schnittelementes ds legen wir durch den Winkel α fest.

α ist der Winkel zwischen der Verbindungslinie des Aufpunktes A mit dem Pol (1) und der äußeren Normalen des Schnittelementes ds. α soll positiv gerechnet werden, wenn man aus der Normalenrichtung durch eine Drehung entgegen dem Uhrzeigersinn in die Richtung vom Aufpunkt A zum Pol (1) gelangt (Abb. 253).

Formulierung der Spannungen und der Beanspruchung

Für den vorliegenden *Sonderfall* ist: die Anzahl n der Preßbahnen gleich 1 und der Blockradius a gleich unendlich.

Dann gehen die Gl. (9) ··· (12) in die folgenden Gleichungen über:

1. *Normalspannung* σ_s senkrecht zum Schnittelement ds im Aufpunkt A:

$$\sigma_s = -\frac{2P}{\pi L} \cdot \frac{\cos\varphi}{r} \cdot \cos^2\alpha\,. \tag{13}$$

2. *Normalspannung* $\overline{\sigma}_s$ senkrecht zum Schnittelement $\overline{ds}$, welches gegenüber dem Schnittelement ds um 90° gedreht ist, im Aufpunkte A:

$$\overline{\sigma}_s = -\frac{2P}{\pi L} \cdot \frac{\cos\varphi}{r} \cdot \sin^2\alpha\,. \tag{14}$$

3. *Schubspannung* τ_s tangential zum Schnittelement ds im Aufpunkte A:

$$\tau_s = \frac{P}{\pi L} \cdot \frac{\cos\varphi}{r} \cdot \sin(2\alpha)\,. \tag{15}$$

4. *Absoluter Betrag der maximalen Schubspannung* $|\tau_{max}|$ im Aufpunkte A (als Maß für die Beanspruchung des Werkstoffes).

$$|\tau_{max}| = \frac{P}{\pi L} \cdot \frac{\cos\varphi}{r}\,. \tag{16}$$

Die Vorzeichen der Spannungen σ_s und τ_s bezüglich des Schnittelementes ds legen wir gemäß Abb. 254 fest.

Abb. 254. Einheitsvektoren und Richtungen der positiven Normal- und Schubspannungen

Konstruktion der Linien konstanter maximaler Schubspannung.

Gl. (16) gestattet eine sehr einfache Konstruktion der Linien

$$|\tau_{max}| = c = \text{const} \tag{17}$$

Eine elementare Überlegung zeigt, daß diese Kurven Kreise sind, welche die spannungsfreie Begrenzungslinie der Halbebene im Pole (1) berühren und deren Mittelpunkte M_c auf der Symmetrielinie $\varphi = 0$ im Abstande

$$R_c = \frac{P}{2\pi L} \cdot \frac{1}{c} \tag{18}$$

vom Pole (1) liegen. Man betrachte hierzu Abb. 255.

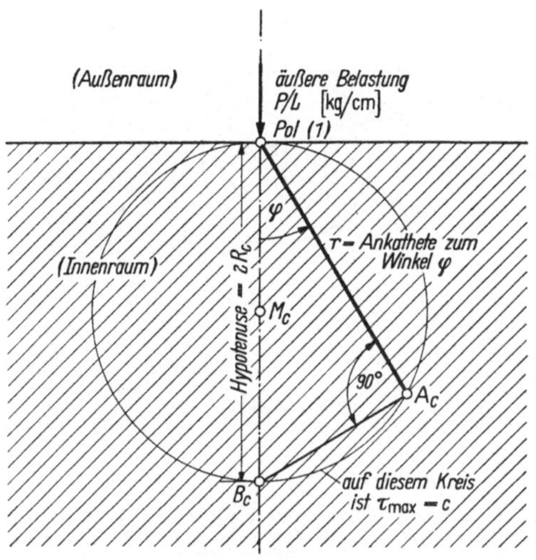

Abb. 255. Konstruktion der Kreise, auf denen die maximale Schubspannung konstant ist

Für alle Aufpunkte A_c, welche auf dem um den Mittelpunkt M_c mit dem Radius R_c geschlagenen Kreise liegen, gilt (da das Dreieck mit den Ecken: Pol (1); A_c ; B_c rechtwinklig ist), die Gleichung:

$$\cos\varphi = \frac{\text{Ankathete}}{\text{Hypotenuse}} = \frac{r}{2 R_c}. \tag{19}$$

Setzt man dies in die aus Gl. (16) und (17) folgende Gleichung

$$\frac{P}{\pi L} \cdot \frac{\cos\varphi}{r} = c \tag{20}$$

ein, so folgt:

$$c = \frac{P}{2\pi L R_c} \tag{21}$$

Die Auflösung nach dem Radius R_c ergibt die Gl. (18):

$$R_c = \frac{P}{2\pi L} \cdot \frac{1}{c}.$$

Trägt man $y = \frac{2\pi R_c L}{P}$ über dem Parameter c graphisch auf, so erhält man die bekannte gleichseitige Hyperbel $y = 1/c$.

Jetzt kann man leicht für eine Folge von Werten des Parameters c die zugehörigen Kreise

$$|\tau_{max}| = c$$

zeichnen.

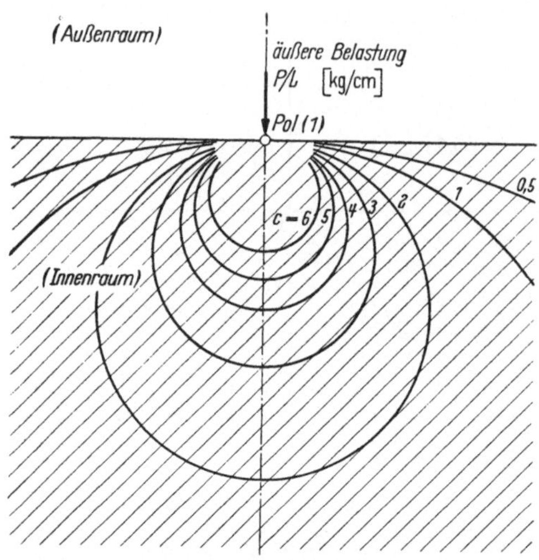

Abb. 256. Der Halbraum wird durch eine linienhafte Preßbahn gedrückt. Die maximale Schubspannung nimmt konstante Werte an auf Kreisen, die durch den Pol gehen und deren Mittelpunkte auf der Symmetrielinie liegen

b) Der durch zwei einander diametral gegenüberliegende Preßbahnen gedrückte zylindrische Block. Die Querschnittsfigur des Blockes ist — wie Abb. 257 zeigt — ein Kreis vom Radius a, der an den einander diametral gegenüberliegenden Polen (1) und (2) durch die äußeren Kräfte pro Längeneinheit der Zylinderachse P/L senkrecht zum Kreisumfang gedrückt wird.

Wir brauchen jetzt nur das, was wir am Beispiel der Halbebene gelernt haben, sinngemäß auf die neue Aufgabe zu übertragen.

Da wir jetzt *zwei* Pole haben, so können wir auch *zwei* Polarkoordinatensysteme zur Beschreibung der Lage des Aufpunktes A benutzen.

1. Vom Pole (1) aus wird der Aufpunkt A festgelegt durch den Winkel φ_1 (in Abb. 258 ist φ_1 ein positiver Winkel) und durch den Radius r_1.

2. Vom Pole (2) aus wird der Aufpunkt A festgelegt durch den Winkel φ_2 (in Abb. 258 ist φ_2 ein negativer Winkel) und durch den Radius r_2.

Weiter müssen wir im Aufpunkt ein Schnittelement ds von bekannter Orientierung festlegen. Da vom Aufpunkt A jetzt *zwei* Strecken, nämlich die Radien r_1 und r_2 zu den Polen (1) und (2) ausgehen, so erhalten wir auch zwei Winkel α_1 und α_2 (siehe Abb. 258)

α_1 ist der Winkel zwischen der Verbindungslinie des Aufpunktes A mit dem Pol (1) und der äußeren Normalen des Schnittelementes ds. Nach unserer Vorzeichenfestsetzung soll α_1 positiv gerechnet werden, wenn man aus der Normalenrichtung durch eine Drehung entgegen dem Uhrzeigersinn in die Richtung vom Aufpunkt A zum Pol (1) gelangt. In Abb. 258 ist α_1 somit ein negativer Winkel, dagegen ist α_2 ein positiver Winkel, denn man gelangt aus der Normalenrichtung des Schnittelementes ds durch eine Drehung entgegen dem Uhrzeigersinn in die Richtung vom Aufpunkt A zum Pole (2).

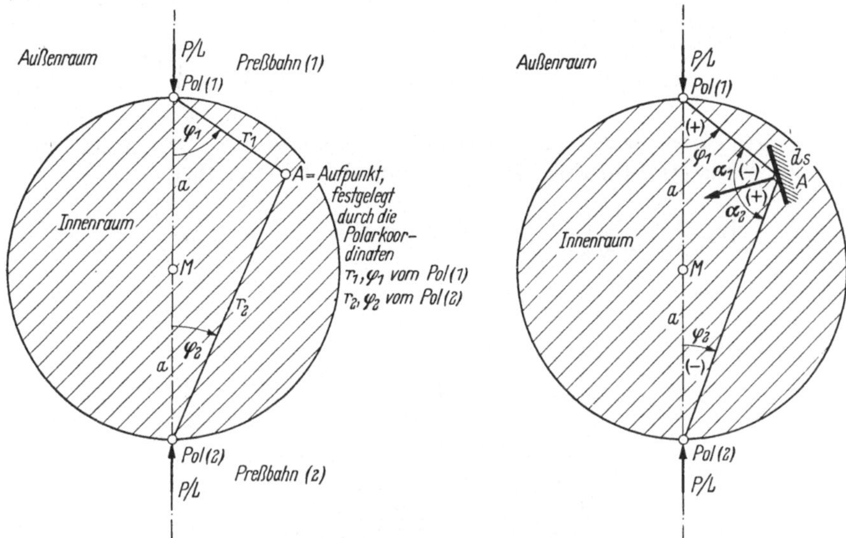

Abb. 257. Der durch zwei Preßbahnen gedrückte Zylinder

Abb. 258. Orientierung des Schnittelementes ds im Aufpunkt A

Durchführung der graphisch-numerischen Rechnung

Die praktische Durchführung einer graphisch-numerischen Berechnung der Spannungsbilder bereitet jetzt keine Schwierigkeiten mehr, denn wir sind imstande für jeden *beliebig gewählten Aufpunkt* A die Größen

$$r_1,\ r_2,\ \varphi_1,\ \varphi_2,\ \alpha_1 \text{ und } \alpha_2$$

durch Ausmessen nach Betrag und Vorzeichen zu bestimmen und da außerdem die sonst noch in den Formeln vorkommenden Größen:

$$\left.\begin{aligned} P/L &= \text{äußere Kraft pro Längeneinheit der Blockachse,}\\ a &= \text{Radius des Blockes und}\\ n &= 2 = \text{Anzahl der Preßbahnen}\end{aligned}\right\} \qquad (22)$$

vorgegeben sind, so können wir für jedes Schnittelement ds in jedem Aufpunkt A (in der Querschnittsfläche des Blockes) die Normal- und Schubspannungen berechnen. Wir wollen nur noch die Gl. (9) ··· (12), die für allgemeines n gelten in Gleichungen für den Sonderfall $n = 2$ umschreiben.

Die Gleichungen für *zwei* Preßbahnen heißen dann:

1. *Normalspannung* σ_s senkrecht zum Schnittelement ds im Aufpunkt A:

$$\sigma_s = \frac{2\,P}{\pi \cdot L}\left(\frac{1}{2\,a} - \frac{\cos\varphi_1}{r_1}\cdot\cos^2\alpha_1 - \frac{\cos\varphi_2}{r_2}\cdot\cos^2\alpha_2\right). \qquad (23)$$

2. *Normalspannung* $\overline{\sigma}_s$ senkrecht zum Schnittelement $\overline{ds}$, welches gegenüber dem Schnittelement ds um 90° gedreht ist, im Aufpunkt A:

$$\overline{\sigma}_s = \frac{2\,P}{\pi\,L}\left(\frac{1}{2\,a} - \frac{\cos\varphi_1}{r_1}\cdot\sin^2\alpha_1 - \frac{\cos\varphi_2}{r_2}\cdot\sin^2\alpha_2\right) \tag{24}$$

3. *Schubspannung* τ_s tangential zum Schnittelement ds im Aufpunkt A (Vorzeichenfestsetzung s. Abb. 254):

$$\tau_s = \frac{P}{\pi\,L}\left(\frac{\cos\varphi_1}{r_1}\cdot\sin(2\,\alpha_1) + \frac{\cos\varphi_2}{r_2}\cdot\sin(2\,\alpha_2)\right). \tag{25}$$

4. *Absoluter Betrag der maximalen Schubspannung* $|\tau_{max}|$ im Aufpunkt A (als Maß für die Beanspruchung des Werkstoffes):

$$|\tau_{max}| = \frac{P}{\pi\,L}\sqrt{\left(\frac{\cos\varphi_1}{r_1}\cos(2\,\alpha_1) + \frac{\cos\varphi_2}{r_2}\cdot\cos(2\,\alpha_2)\right)^2 + \left(\frac{\cos\varphi_1}{r_1}\sin(2\,\alpha_1) + \frac{\cos\varphi_2}{r_2}\sin(2\,\alpha_2)\right)^2}. \tag{26}$$

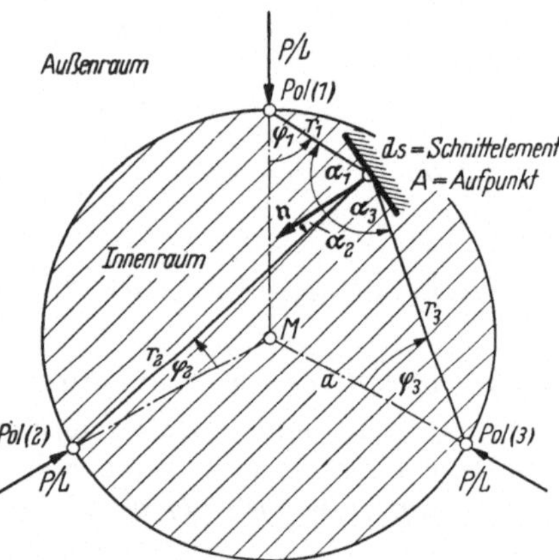

Abb. 259. Der durch drei Preßbahnen (P/L) gedrückte Zylinder

c) Der durch drei äquidistant über den Umfang verteilte Preßbahnen gedrückte zylindrische Block. Nachdem der Gang der Berechnung soeben ausführlich dargestellt ist, können wir uns hier kürzer fassen.

In *genauer Analogie* zum Zylinder, der durch *zwei* Preßbahnen gedrückt wird, werden die für die Berechnung der Spannungen erforderlichen Größen:

$$r_1,\ r_2,\ r_3\ ,$$
$$\varphi_1,\ \varphi_2,\ \varphi_3\ ,$$
$$\alpha_1,\ \alpha_2,\ \alpha_3\ .$$

für jedes Schnittelement ds und für jeden Aufpunkt A *graphisch mit Betrag und Vorzeichen* ermittelt. Da weiter die Größen P/L, a und $n = 3$ *vorgegeben* sind und sich die Gl. (9)···(12) analog wie im vorigen Beispiel spezialisieren, so bereitet die Rechnung keine Schwierigkeit.

Die für die Beurteilung der Beanspruchung des Werkstoffes interessante Gl. (12) nimmt für $n = 3$ die Form an:

$$|\tau_{max}| = \frac{P}{\pi L}\sqrt{\left(\sum_{i=1}^{i=3}\frac{\cos\varphi_i}{r_i}\cos(2\alpha_i)\right)^2 + \left(\sum_{i=1}^{i=3}\frac{\cos\varphi_i}{r_i}\sin(2\alpha_i)\right)^2}. \quad (27)$$

Das möge als orientierende Übersicht genügen. Sollten die Spannungen für einen durch *mehr* Preßbahnen gedrückten Block berechnet werden müssen (z. B. Bei der Untersuchung der Spannungen im Block beim Durchgang durch ein *Nadelwalzwerk, so macht das wohl Arbeit aber es bereitet keine Schwierigkeiten.*

2. Ausführlicher mathematischer Teil

a) Die Herleitung der allgemeinen Formeln für n Preßbahnen. In der *allgemeinverständlichen Übersicht* hatten wir die allgemeinen Gl. (9)···(12) für n Preßbahnen ohne Beweis angeschrieben und an drei Beispielen erläutert, *wie man damit rechnen kann.*

Jetzt müssen wir die Herleitung dieser Formeln bringen.

Dabei empfiehlt es sich *schrittweise* vorzugehen, denn wir wollen nicht formalistisch zaubern sondern das Problem *physikalisch durchschauen.*

Wir stellen daher zuerst die Formeln für den durch *eine Preßbahn belasteten Halbraum* auf. Dann bilden wir mit Hilfe des *Superpositionsprinzips* der Reihe nach die Formeln für den durch *zwei, drei* und *allgemein n* (äquidistant über den Blockumfang verteilte) Preßbahnen gedrückten zylindrischen Block.

Wir beginnen also mit dem *Halbraum.*

b) Der durch eine gerade linienhafte Preßbahn mit gleichmäßiger Belastung gedrückte Halbraum. Wir bemerkten bereits, daß die Behandlung dieser relativ einfachen Aufgabe, deren Lösung deshalb auch schon seit langem bekannt ist, *uns den Schlüssel zum Verständnis* des allgemeinen Problems liefern wird.

Wir betrachten einen Körper, welcher eine *unendliche Ebene* als Begrenzungsfläche hat und dabei unendlich groß ist, d. h. den *Halbraum.* In der Begrenzungsebene verläuft die unendlich lange geradlinige Preßbahn ohne Breite. Sie wird durch eine auf der Begrenzungsebene senkrecht stehende und längs der Preßbahn gleichmäßig verteilte Belastung P/L gedrückt.

Koordinatensystem: Wir wählen die linienhafte Preßbahn als z-Achse unseres *räumlichen* Koordinatensystems und erkennen, daß wir in allen auf der Preßbahn senkrechten Schnitten den gleichen Spannungszustand haben.

Unser Koordinatensystem ist das übliche rechtsgängige kartesische x-y-z-System, jedoch legen wir es folgendermaßen hin:

Wir blicken aus der positiven z-Richtung auf die x-y-Ebene. Die z-Achse soll auf der Bildebene senkrecht stehen, die x- und die y-Achsen liegen dann in der Bildebene, wie es Abb. 260 in perspektivischer Darstellung zeigt.

Die x-z-Ebene ist die *Begrenzungsebene* des Halbraumes, die z-Achse (wie bereits bemerkt) die *Preßbahn.*

Durch den Koordinaten-Nullpunkt legen wir die x-y-Ebene als *Schnittebene* senkrecht zur Preßbahn, wie es in Abb. 261 perspektivisch dargestellt ist.

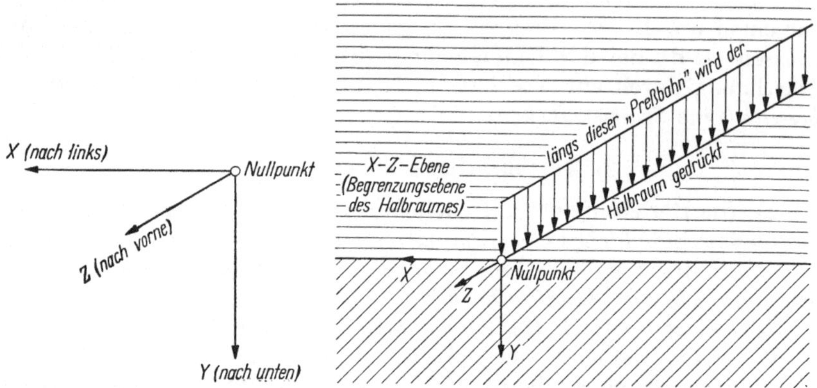

Abb. 260. Räumliches Koordinatensystem in perspektivischer Darstellung

Abb. 261. Schnitt senkrecht zur Preßbahn, durch den Halbraum in perspektivischer Darstellung

Wenn wir jetzt *genau aus der Richtung der positiven* z-Achse auf die Schnittebene blicken, so erhalten wir die folgende *ebene* Abb. 262.

Ich bin auf diese Einzelheiten etwas genauer eingegangen, denn in der Fachliteratur wird unsere Aufgabe bezeichnet als: *die durch Einzellast*

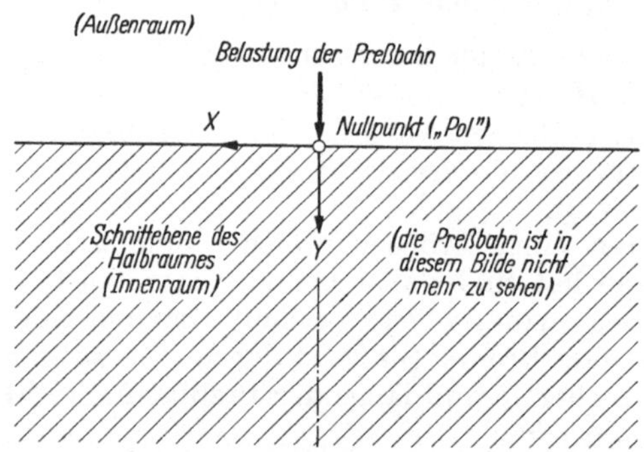

Abb. 262. Blick aus der Richtung der positiven z-Achse auf die Schnittebene des Halbraumes

senkrecht belastete Halbebene, und diese Bezeichnung habe ich auch im *Beispiel* a) der *Übersicht* beibehalten.

Doch das könnte von einem Anfänger leicht falsch verstanden werden.

Wir haben kein ebenes sondern ein räumliches Problem zu lösen, wenn es auch nur mit *zwei unabhängigen Variabeln* berechnet wird (seien es kartesische oder Polarkoordinaten) und wenn auch *die Bilder eben sind.*

Wir werden zwar aus Bequemlichkeit bei der Beschreibung der Bilder von *Strahlen, Kreisen, Polen* usw. reden und haben das auch bereits getan, denn wir sind *keine Pedanten.*

Aber wir müssen uns immer bewußt bleiben, daß das nur eine *saloppe* Beschreibung des Schnittbildes ist. *Das Problem ist räumlich.*

Die weitere Festlegung der Polarkoordinaten r, φ und des Winkels α ist bereits in der *Übersicht* erledigt (s. S. 231).

Der Spannungszustand. Der Spannungszustand, den eine Preßbahnbelastung P/L (bei positiven Werten von P) in dem Halbraum erzeugt, müßte eigentlich durch ein *Ebenenbüschel* beschrieben werden, doch wir betrachten das *Schnittbild* und behaupten in *salopper* aber *praktischer Sprechweise,* der Spannungszustand sei ein *strahlenförmiger Druckspannungszustand.* So erscheint er auch auf Abb. 263.

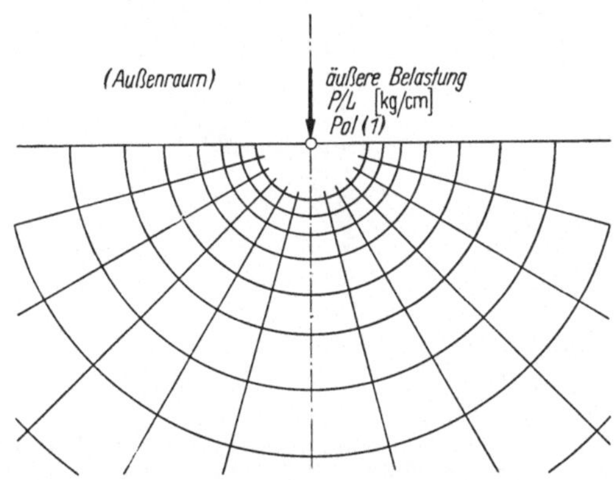

Abb. 263. Hauptspannungslinien des strahlenförmigen Druckspannungszustandes, der sich im Halbraum unter dem Einfluß der äußeren Preßbahnbelastung P/L ausbildet (schematisch)

Die von der Preßbahn ausgehenden Strahlen bilden die eine Schar von Hauptspannungslinien. Die dazu orthogonale Schar wird gebildet *durch die konzentrischen Kreise um den Pol* (1) (der das Bild der Preßbahn ist).

Für diese Hauptspannungsrichtungen ist bekanntlich die Schubspannung gleich Null.

Für unseren Ansatz machen wir die physikalisch plausible Annahme, daß der Druckspannungszustand im Halbraum einachsig ist.

Ob diese physikalisch naheliegende Annahme auch mathematisch in Ordnung ist, müssen wir natürlich später *nachprüfen,* aber erst bauen wir den Ansatz weiter auf.

Wenn der radiale Druckspannungszustand tatsächlich *einachsig* ist, so bedeutet das, daß der *tangentiale* Hauptspannungszustand *gleich Null* ist.

Daher schreiben wir zunächst einmal die folgenden Gleichungen (probeweise) an:

$$\textit{Radialspannung}: \ \sigma_r \neq 0 \tag{28}$$

$$\textit{Tangentialspannung}: \ \sigma_t = 0 \tag{29}$$

$$\textit{Schubspannung}: \ \tau_{rt} = 0\,. \tag{30}$$

Wir brauchen uns danach nur noch mit der Radialspannung zu beschäftigen.

Die Formulierung der Radialspannung. Die Radialspannung σ_r wirkt auf ein Schnittelement ds, welches auf dem Radius r *senkrecht* steht, für welches also der Winkel α, der die Orientierung des Schnittelementes ds beschreibt, gleich Null ist. Daher hängt die Radialspannung σ_r *nur von den Polarkoordinaten* r und φ ab.

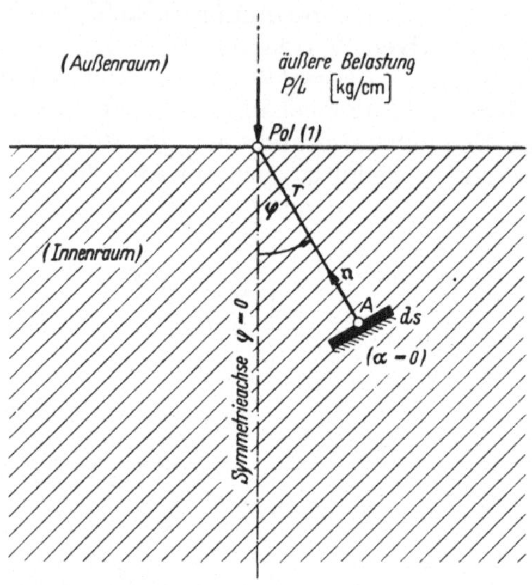

Abb. 264. Schnittelement ds senkrecht zum Radius r vom Pol (1) zum Aufpunkt A (zur Formulierung der Radialspannung σ_r)

Gleichgewichtsbetrachtung. Die folgende Gleichgewichtsbetrachtung wird zeigen, daß die Radialspannung σ_r *umgekehrt proportional* zur Länge des Radius r sein muß.

Dazu stellen wir folgende Überlegung an:

Auf ein Flächenelement $L \cdot ds = L \cdot r \cdot d\varphi$ des Halbkreiszylinders mit dem Radius r um ein Stück der Preßbahn von der *Preßbahnlänge* L wirkt die Radialspannung σ_r. (Notiz: Bei der Gleichgewichtsbetrachtung müssen wir *räumlich denken*). Das Element $L \cdot ds$ übt seinerseits die *Druckkraft*

$$\sigma_r \cdot L \cdot ds = \sigma_r \cdot L \cdot r \cdot d\varphi$$

in Richtung auf die Preßbahn aus.

Die *Komponente* dieser Druckkraft parallel zur Richtung der äußeren Belastung P/L (d. h. parallel zur Symmetrielinie $\varphi = 0$) ist:

$$\sigma_r \cdot L \cdot r \cdot d\varphi \cdot \cos\varphi$$

und die *Summe aller dieser Druckkraft-Komponenten*, die von *allen Flächenelementen des Halbzylinders* herrühren, d. h. das Integral:

$$L \cdot \int_{-\frac{\pi}{2}}^{+\frac{\pi}{2}} \sigma_r \cdot r \cdot \cos\varphi \cdot d\varphi \tag{31}$$

muß mit der Gesamtkraft P (also mit dem Produkt P/L mal L) *im Gleichgewicht sein,* daher gilt die Gleichung:

$$P + \int_{-\frac{\pi}{2}}^{+\frac{\pi}{2}} (\sigma_r \cdot r) \cdot \cos\varphi \, d\varphi = 0\,. \tag{32}$$

Folgerung aus der Gleichgewichtsbedingung: Da die Gleichgewichtsbedingung für *alle* Halbzylinder (mit beliebigem Radius r) gelten muß,

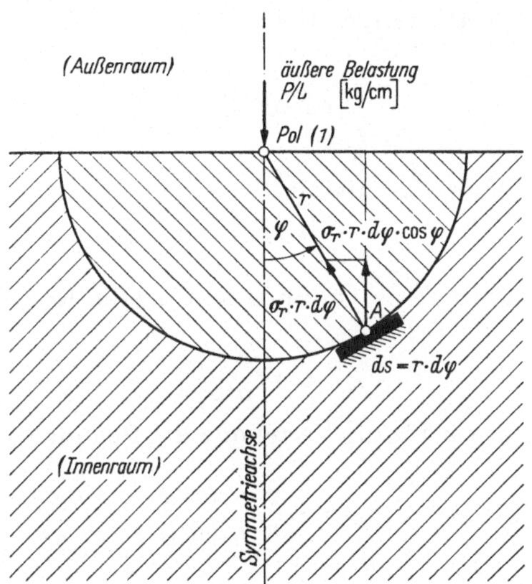

Abb. 265. Die über den Halbkreis mit dem Radius r erstreckte Summe aller Druckkraftkomponenten parallel zur Symmetrieachse muß mit der äußeren Belastung im Gleichgewicht sein

so ist das nur möglich, wenn das Produkt $\sigma_r \cdot r$ *unabhängig vom Radius r, also nur eine Funktion* der Polarkoordinate φ ist, daher setzen wir an:

$$\sigma_r = \frac{-C \cdot f(\varphi)}{r}\,. \tag{33}$$

(Das negative Vorzeichen muß gewählt werden, weil die Radialspannung eine Druckspannung ist).

Jetzt brauchen wir nur noch die Funktion

$$f(\varphi)$$

zu formulieren.

Formulierung der Funktion $f(\varphi)$. Es erscheint plausibel

$$f(\varphi) = \cos\varphi$$

zu setzen, denn in der Richtung eines Strahles, der mit der Symmetrielinie $\varphi = 0$ den Winkel φ bildet, ist *nur die Komponente*

$$\frac{P \cdot \cos\varphi}{L}$$

der äußeren Belastung wirksam.

Wir probieren daher, ob der Ansatz

$$\sigma_r = -C \frac{\cos\varphi}{r} \tag{34}$$

die Gleichgewichtsbedingung (32) *erfüllt:*
Es folgt:

$$P = -L \int_{-\frac{\pi}{2}}^{+\frac{\pi}{2}} \sigma_r \cdot r \cdot \cos\varphi \cdot d\varphi = +C \cdot L \cdot \int_{-\frac{\pi}{2}}^{+\frac{\pi}{2}} \cos^2\varphi \cdot d\varphi . \tag{35}$$

Nun ist (siehe z. B. Hütte I, S. 109):

$$\int_{-\frac{\pi}{2}}^{+\frac{\pi}{2}} \cos^2\varphi \cdot d\varphi = \frac{\pi}{2} . \tag{36}$$

Damit geht Gleichung (35) über in

$$P = + \frac{C \cdot L \cdot \pi}{2} .$$

Der Ansatz ist soweit in Ordnung und für die Konstante C erhalten wir die Formel:

$$C = \frac{2P}{\pi L} . \tag{37}$$

Damit erhalten wir für die Verteilung der Spannungen im Halbraum die Gleichungen:

$$\sigma_r = -\frac{2P}{\pi L} \cdot \frac{\cos\varphi}{r}$$

$$\sigma_t = 0 ; \qquad \tau_{rt} = 0 . \tag{38}$$

Diese Lösung erfüllt bereits die Randbedingung

$$\sigma_{r\left(\varphi = +\frac{\pi}{2}\right)} = 0 \qquad \text{und} \qquad \sigma_{r\left(\varphi = -\frac{\pi}{2}\right)} = 0 .$$

Die Begrenzung des Halbraumes außerhalb der linienhaften Preßbahn ist gemäß unserem Ansatz *spannungsfrei.*

c) Mathematische Prüfung der Formulierungen. *Diese Prüfung darf nicht unterlassen werden!* Bisher haben wir die Spannungsverteilung gewissermaßen physikalisch formuliert.

Jetzt müssen wir noch in Anlehnung an die Überlegungen von L. Föppl [*27*] prüfen, ob unser Ansatz auch *mathematisch* einwandfrei ist.

Für kartesische Koordinaten führt L. Föppl den elastischen ebenen Spannungszustand auf das folgende Gleichungssystem zurück:

1. *Gleichgewicht der Kräfte* im *Innern* des elastischen Körpers in der x-Richtung:

$$\frac{\partial \sigma_x}{\partial x} + \frac{\partial \tau}{\partial y} = 0 . \tag{39}$$

2. *Gleichgewicht der Kräfte* im *Innern* des elastischen Körpers in der y-Richtung:

$$\frac{\partial \sigma_y}{\partial y} + \frac{\partial \tau}{\partial x} = 0 . \tag{40}$$

3. *Potentialgleichung* für die gegenüber Drehungen des Koordinatensystems invariante Summe der Normalspannungen $\sigma_x + \sigma_y$:

$$\frac{\partial^2 (\sigma_x + \sigma_y)}{\partial x^2} + \frac{\partial^2 (\sigma_x + \sigma_y)}{\partial y^2} = 0\,. \tag{41}$$

Da wir unser Problem in *Polarkoordinaten* r, φ formuliert haben, so müssen wir die obigen Gleichungen in Polarkoordinaten umschreiben. (Auch diese Gleichungen finden wir bei L. Föppl.)

1. *Gleichgewicht der Kräfte* im *Innern* des elastischen Körpers *in der Strahlrichtung:*

$$\frac{\partial (\sigma_r \cdot r)}{\partial r} - \sigma_t + \frac{\partial \tau_{rt}}{\partial \varphi} = 0\,. \tag{42}$$

2. *Gleichgewicht der Kräfte* im *Innern* des elastischen Körpers *in der Richtung senkrecht zum Strahl:*

$$\frac{\partial \sigma_t}{\partial \varphi} + \frac{\partial (\tau_{rt} \cdot r)}{\partial r} + \tau_{rt} = 0\,. \tag{43}$$

3. *Potentialgleichung* für die invariante Summe $(\sigma_r + \sigma_t)$:

$$\frac{\partial^2 (\sigma_r + \sigma_t)}{\partial r^2} + \frac{1}{r^2} \cdot \frac{\partial^2 (\sigma_r + \sigma_t)}{\partial \varphi^2} + \frac{1}{r} \frac{\partial (\sigma_r + \sigma_t)}{\partial r} = 0\,. \tag{44}$$

Prüfung des Ansatzes (38) *mit den Bedingungsgleichungen* (42), (43) *und* (44).

Prüfung des Gleichgewichtes in der Strahlrichtung:

Da nach Ansatz (38) $\sigma_t = 0$ und $\tau_{rt} = 0$, so geht Gl. (42) über in die Bedingung:

$$\frac{\partial (\sigma_r \cdot r)}{\partial r} = 0\,. \tag{45}$$

Aus dem Ansatz für die Radialspannung

$$\sigma_r = -\frac{2\,P}{\pi\,L} \cdot \frac{\cos\varphi}{r}$$

folgt, daß das Produkt $(\sigma_r \cdot r)$ *unabhängig* von der Koordinate r ist. Der partielle Differentialquotient von $(\sigma_r \cdot r)$ nach der Variablen r ist daher gleich Null, die Bedingung (45) und damit auch die Bedingung (42) ist also *erfüllt.*

Prüfung des Gleichgewichtes in der Richtung senkrecht zum Strahl:

Die Bedingung (43) für das Gleichgewicht in der Richtung senkrecht zum Strahl ist *ohne weiteres* erfüllt, weil Tangential- und Schubspannung nach dem Ansatz (38) gleich Null sind.

Prüfung der Potentialgleichung:

Nach dem Ansatz (38) ist:

$$\sigma_r + \sigma_t = -\frac{2\,P}{\pi\,L} \cdot \frac{\cos\varphi}{r}\,.$$

Dies setzt man in die Potentialgleichung (44) ein und erhält nach Wegheben des konstanten Faktors $-2\,P/\pi\,L$ die Bedingungsgleichung:

$$\frac{\partial^2}{\partial r^2}\left(\frac{\cos\varphi}{r}\right) + \frac{1}{r^2}\frac{\partial^2}{\partial \varphi^2}\left(\frac{\cos\varphi}{r}\right) + \frac{1}{r}\frac{\partial}{\partial r}\left(\frac{\cos\varphi}{r}\right) = 0\,. \tag{46}$$

Um diese Bedingung nachzuprüfen, bilden wir die einzelnen Differentialquotienten:

$$\left.\begin{aligned} \frac{\partial}{\partial r}\left(\frac{\cos\varphi}{r}\right) &= -\frac{\cos\varphi}{r^2} \\ \frac{\partial^2}{\partial r^2}\left(\frac{\cos\varphi}{r}\right) &= +\frac{2\cos\varphi}{r^3} \\ \frac{\partial}{\partial\varphi}\left(\frac{\cos\varphi}{r}\right) &= -\frac{\sin\varphi}{r} \\ \frac{\partial^2}{\partial\varphi^2}\left(\frac{\cos\varphi}{r}\right) &= -\frac{\cos\varphi}{r}\,. \end{aligned}\right\} \tag{47}$$

Setzen wir diese Werte in die Bedingungsgleichung (46) ein, so folgt:

$$\frac{2\cos\varphi}{r^3} + \frac{1}{r^2}\left(\frac{-\cos\varphi}{r}\right) + \frac{1}{r}\left(\frac{-\cos\varphi}{r^2}\right) = \frac{2\cos\varphi - \cos\varphi - \cos\varphi}{r^3} = 0\,.$$

Die Potentialgleichung ist also erfüllt. Diese Bedingung ist die umfassendste, denn ihre Erfüllung besagt, daß nicht nur die *Gleichgewichtsbedingungen sondern auch das Hooke'sche Gesetz* erfüllt sind.

Der Ansatz (38) ist also mathematisch in Ordnung.

Berechnung der Spannungen σ_s, $\overline{\sigma}_s$ und τ_s sowie der maximalen Schubspannung $|\tau_{max}|$ für beliebige Schnittelemente.

σ_s ist die Normalspannung senkrecht zu einem Schnittelement ds in einem Aufpunkte A. Die Orientierung des Schnittelementes ds wird gemäß Abb. 253 durch den Winkel α gekennzeichnet. τ_s ist die zugehörige Schubspannung.

Um die Zerlegung in Komponenten vorzunehmen, gehen wir *von den Spannungen zu den Kräften über.*

Wir stellen dazu die folgende Überlegung an:

Strahlt von der Preßbahn (1) die radiale *Druckspannung:*

$$\sigma_r = -\frac{2P}{\pi L}\cdot\frac{\cos\varphi}{r}$$

aus, so wirkt auf das Schnittelement ds, dessen Normaleneinheitsvektor $\mathfrak{n}$ mit dem Einheitsvektor $\mathfrak{e}$ vom Aufpunkt A zur Preßbahn (1) zusammenfällt, die *Druckkraft:*

$$d\,\mathfrak{S}_r = -\frac{2P}{\pi L}\cdot\frac{\cos\varphi}{r}\cdot L\cdot ds\cdot\mathfrak{e}\,. \tag{48}$$

Bildet dagegen der Einheitsvektor $\mathfrak{n}$ der äußeren Normalen des Schnittelementes ds mit dem Einheitsvektor $\mathfrak{e}$ (vom Aufpunkt zur Preßbahn) den Winkel α (wobei α von Null verschieden ist), so wirkt *nur die Komponente:*

$$d\mathfrak{S}_{r\alpha} = -\frac{2P}{\pi L}\cdot\frac{\cos\varphi}{r}\cdot\cos\alpha\cdot L\,ds\cdot\mathfrak{e} \tag{49}$$

Diese Komponente wird weiter in Komponenten zerlegt:
Die Normalkomponente von $d\mathfrak{S}_{r\alpha}$ ist:

$$d\mathfrak{S}_{r\alpha n} = -\frac{2P}{\pi L} \cdot \frac{\cos\varphi}{r} \cdot \cos\alpha \cdot \cos\alpha \cdot L\,ds \cdot \mathfrak{n}\,. \tag{50}$$

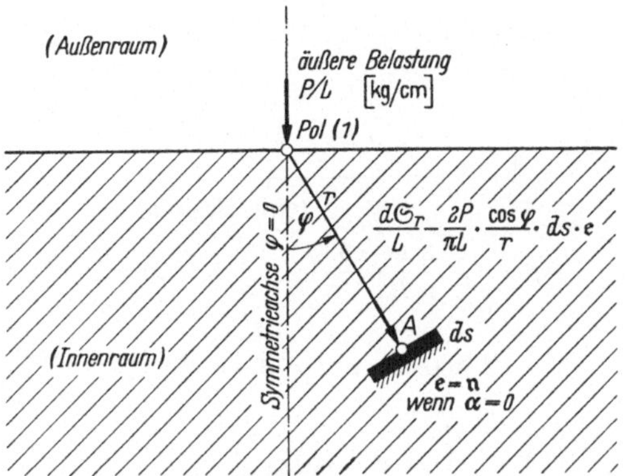

Abb. 266. Die auf das Schnittelement ds im Aufpunkt ausgeübte Druckkraft pro Längeneinheit $d\mathfrak{S}_r/L$

Die Tangentialkomponente von $d\mathfrak{S}_{r\alpha}$ ist

$$d\mathfrak{S}_{r\alpha t} = -\frac{2P}{\pi L} \cdot \frac{\cos\varphi}{r} \cdot \cos\alpha \cdot \cos(\alpha + 90^\circ) \cdot L\,ds \cdot \mathfrak{t}\,.$$

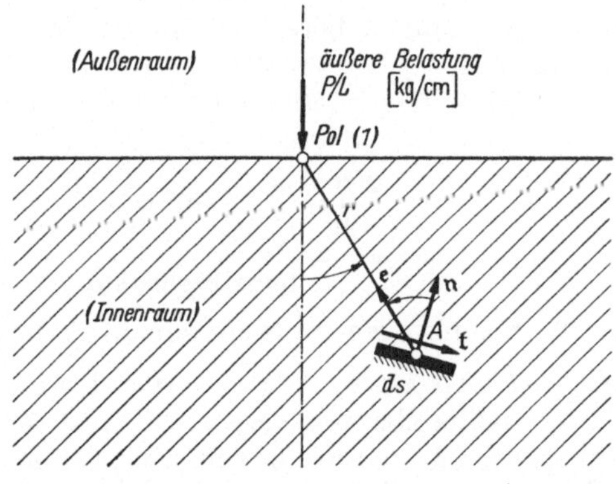

Abb. 267. Richtungen der Einheitsvektoren $\mathfrak{e}$, $\mathfrak{n}$ und $\mathfrak{t}$, falls $\alpha \neq 0$. (Zur Zerlegung der auf das Schnittelement ds ausgeübten Druckkraftkomponente und Tangentialkomponente)

Wegen:

$$\cos(\alpha + 90^\circ) = -\sin\alpha$$

folgt:

$$d\mathfrak{S}_{r\alpha t} = +\frac{2P}{\pi L} \cdot \frac{\cos\varphi}{r} \cdot \cos\alpha \cdot \sin\alpha \cdot L\,ds \cdot \mathfrak{t}\,. \tag{51}$$

Übergang von den Kräften zu den Spannungen: Jetzt gehen wir zu den Spannungen über: Die Normalkomponente $d\mathfrak{S}_{r\alpha n}$ der Druckkraftkomponente $d\mathfrak{S}_{r\alpha}$ hängt mit der Normalspannung σ_s im Schnittelement ds folgendermaßen zusammen:

Normalkomponente $= d\mathfrak{S}_{r\alpha n} = \sigma_s \cdot L\, ds \cdot \mathfrak{n}$.

Analog ist:

Tangentialkomponente $= d\mathfrak{S}_{r\alpha t} = \tau_s \cdot L\, ds \cdot \mathfrak{t}$.

Der Vergleich mit den Gl. (50) u. (51) liefert dann die Spannungen:

$$\boxed{\sigma_s = -\frac{2\,P}{\pi\,L}\cdot\frac{\cos\varphi}{r}\cdot\cos^2\alpha\,.} \tag{52}$$

(eine Preßbahn)

$$\tau_s = +\frac{2\,P}{\pi\,L}\cdot\frac{\cos\varphi}{r}\cdot\cos\alpha\cdot\sin\alpha\,.$$

Wegen

$$2\cdot\cos\alpha\cdot\sin\alpha = \sin(2\,\alpha)$$

folgt:

$$\boxed{\tau_s = +\frac{P}{\pi\,L}\cdot\frac{\cos\varphi}{r}\cdot\sin(2\,\alpha)\,.} \tag{53}$$

(eine Preßbahn)

Die Normalspannung $\overline{\sigma_s}$. $\overline{\sigma_s}$ ist die Normalspannung senkrecht zu einem Schnittelement $\overline{ds}$, welches gegenüber dem Schnittelement ds *um 90° gedreht ist, im gleichen Aufpunkte A.*

Um diese Normalspannung zu berechnen, brauchen wir nur in Gl. (52) den Winkel α durch den um 90° vergrößerten Winkel $\alpha + 90°$ zu ersetzen, d. h. wir ersetzen $\cos\alpha$ durch $-\sin\alpha$ bzw. $\cos^2\alpha$ durch $\sin^2\alpha$, dann folgt:

$$\boxed{\overline{\sigma_s} = -\frac{2\,P}{\pi\,L}\cdot\frac{\cos\varphi}{r}\cdot\sin^2\alpha\,.} \tag{54}$$

(eine Preßbahn)

(Die *Vorzeichen* der Spannungen werden gemäß Abb. 254 festgelegt).

Die maximale Schubspannung $|\tau_{max}|$. Wir kennen die Normalspannungen in zwei zueinander senkrechten Schnittelementen und die zugehörige Schubspannung, dann können wir die maximale Schubspannung nach der folgenden bekannten Gleichung (s. HÜTTE I, S. 641) berechnen:

$$|\tau_{max}| = \frac{1}{2}\overset{+}{\sqrt{(\sigma_s - \overline{\sigma_s})^2 + 4\,\tau_s^2}}\,. \tag{55}$$

In unserem Falle ist nach Gl. (52) und Gl. (54):

$$\sigma_s - \overline{\sigma_s} = -\frac{2\,P}{\pi\,L}\cdot\frac{\cos\varphi}{r}\cdot(\cos^2\alpha - \sin^2\alpha)$$

$$= -\frac{2\,P}{\pi\,L}\cdot\frac{\cos\varphi}{r}\cdot\cos(2\,\alpha)\,,$$

daher

$$(\sigma_s - \overline{\sigma}_s)^2 = \frac{4\,P^2}{\pi^2\,L^2} \cdot \left(\frac{\cos\varphi}{r}\right)^2 \cdot \cos^2(2\,\alpha)\,,$$

und nach Gl. (53):

$$4\,\tau_s^2 = \frac{4\,P^2}{\pi^2\,L^2} \cdot \left(\frac{\cos\varphi}{r}\right)^2 \cdot \sin^2(2\,\alpha)\,.$$

Daher nach Gl. (55):

$$|\tau_{max}| = \left|\frac{1}{2} \cdot \frac{2\,P}{\pi\,L} \cdot \frac{\cos\varphi}{r}\right| \overset{+}{\sqrt{\cos^2(2\,\alpha) + \sin^2(2\,\alpha)}}$$

$$\boxed{|\tau_{max}| = \left|\frac{P}{\pi\,L} \cdot \frac{\cos\varphi}{r}\right|} \tag{56}$$

(eine Preßbahn)

Kontrolle. Das Resultat (56) hätten wir — wie bekannt — auch sofort aus den Hauptspannungen σ_r und σ_t des Ansatzes (38) berechnen können, danach ist:

$$|\tau_{max}| = \left|\frac{\sigma_r - \sigma_t}{2}\right| = \left|\frac{\sigma_r}{2}\right| = \left|\frac{P}{\pi L} \cdot \frac{\cos\varphi}{r}\right|. \tag{57}$$

Damit haben wir zugleich eine *Kontrolle* der Gl. (52), (53) und (54).

d) Die Isochromaten der Spannungsverteilung

Nach E. Siebel und W. Steuer [30] beruhen spannungsoptische Meßverfahren darauf, daß durchsichtige Körper *doppeltbrechend* werden, wenn sie einer mechanischen Beanspruchung unterliegen, und daß man somit durch Messen der auftretenden Doppelbrechung die Beanspruchungszustände an der durchleuchteten Stelle zu bestimmen vermag.

Ein polarisierter Lichtstrahl wird beim Durchgang durch den Modellkörper von der Dicke D in *zwei* in Richtung der *Hauptspannungen* σ_1, σ_2 *schwingende Komponenten* zerlegt, wobei der in Richtung σ_1 schwingende Teil des Strahles gegenüber dem in Richtung σ_2 schwingenden Teil *eine relative Verzögerung* δ in Vielfachen der Wellenlänge λ erleidet:

$$\delta = \frac{(\sigma_2 - \sigma_1) \cdot D \cdot C}{\lambda}\,. \tag{58}$$

Bezeichnungen:

$\sigma_1, \sigma_2 =$ Hauptspannungen,
$D =$ Dicke des Modellkörpers,
$\lambda =$ Wellenlänge des Lichtes,
$C =$ spannungsoptische Konstante des Modellmaterials.

Die Gl. (58) können wir noch umformen, indem wir

$$|\sigma_1 - \sigma_2| = 2 \cdot |\tau_{max}|$$

setzen, dann ist:

$$\delta = \frac{2 \cdot D \cdot C}{\lambda} \cdot |\tau_{max}| \tag{59}$$

nnd daraus folgt:

Die *Isochromaten* (Farbgleichen) $\delta =$ const. des spannungsoptischen Bildes stimmen mit den Kurven, auf denen die maximale *Schubspannung konstant* ist, überein. Wir haben daher die Möglichkeit die Richtigkeit der Rechnung durch Vergleich mit Bildern der Spannungsoptik zu kontrollieren.

e) Der Einfluß der Preßbahnbreite auf das Bild der Isochromaten. In der *Übersicht* (S. 229) haben wir die Kurven, auf denen die maximale Schubspannung konstant ist, also die Kurven:

$$|\tau_{max}| = \frac{P}{\pi L} \cdot \frac{\cos\varphi}{r} = c = \text{const} \tag{60}$$

konstruiert und gezeigt, daß sie *Kreise* sind, welche die spannungsfreie Begrenzungslinie der Halbebene im Pole (1) berühren, und deren Mittelpunkte M_c auf der Symmetrielinie $\varphi = 0$ im Abstande

$$R_c = \frac{P}{2\pi L} \cdot \frac{1}{c} \tag{61}$$

vom Pole (1) liegen.

Bei einer *linienhaften* Preßbahn erhalten wir Abb. 256 (S. 230).

In Wirklichkeit hat die Preßbahn eine Breite b von mehreren Millimetern. Sie wird daher *flächenhaft* belastet und das muß jetzt untersucht werden.

Für die folgende Rechnung, die wir im Anschluß an L. Föppl [27] durchführen, nehmen wir an, daß in allen Punkten der Preßbahn der gleiche Druck p herrscht.

Wir erhalten dann Abb. 268.

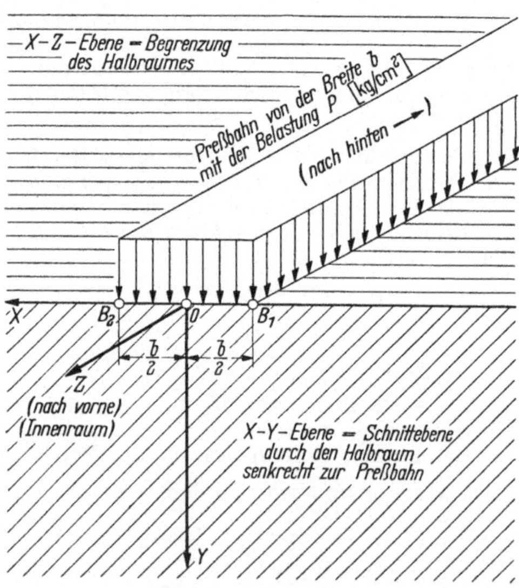

Abb. 268. Schnitt senkrecht zu einer unendlich langen Preßbahn von der Breite b durch den Halbraum in perspektivischer Darstellung (vgl. Abb. 261)

Gesucht ist die Verteilung der Spannungen im Innern des gedrückten Halbraumes und wir interessieren uns besonders für die *Form der Isochromaten* in der Schnittebene. Die relativ einfache Berechnung hat

L. Föppl in allen Einzelheiten durchgeführt und er gibt auf S. 38 seines Buches für die maximale Schubspannung in seiner Schreibweise die Gleichung:

$$\tau_H = \frac{\mathrm{p}}{\pi} \cdot \sin(\alpha_2 - \alpha_1) \tag{62}$$

in unserer Schreibweise heißt sie:

$$\boxed{|\tau_{max}| = \frac{\mathrm{p}}{\pi} \cdot \sin(\varphi_2 - \varphi_1)} \tag{63}$$

(eine Preßbahn von endlicher Breite b)

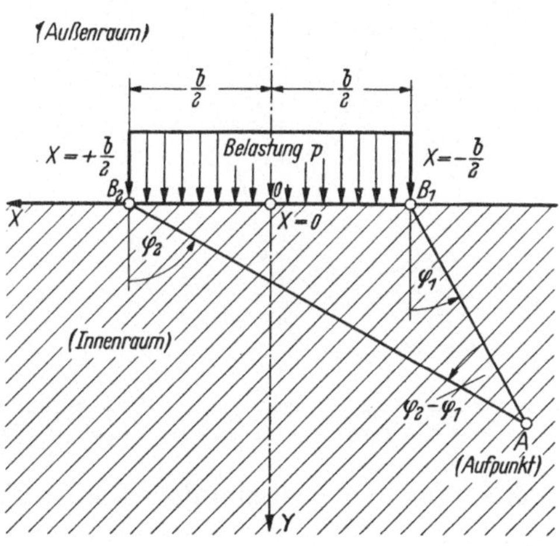

Abb. 269. Zur Konstruktion der Isochromaten bei einer Preßbahn von endlicher Breite

Aus Gl. (63) folgt, daß die Kurven

$$|\tau_{max}| = c = \mathrm{const}$$

und daher auch die Isochromaten bei einer Preßbahn von *endlicher* Breite und einer Rechteckbelastung *ebenfalls Kreise* sind, deren Mittelpunkte M_c auf der Symmetrielinie $\varphi = 0$ liegen, und welche die *Preßbahn* $B_1\, B_2$ *als Sehne* besitzen. (Denn wenn die maximale Schubspannung konstant ist, dann ist auch der *Peripheriewinkel* $(\varphi_2 - \varphi_1)$ über der Sehne $B_1\, B_2$ *konstant*.

Die Ordinate y_c des Mittelpunktes M_c berechnen wir gemäß Abb. 270 nach der Gleichung:

$$y_c = \frac{b}{2} \cdot \mathrm{ctg}\,(\varphi_2 - \varphi_1)\,. \tag{64}$$

Aus Abb. 270 folgt weiter durch geometrische Betrachtungen, daß:

$$y_c = \frac{b}{2} \sqrt{\frac{p^2}{\pi^2\, c^2} - 1} \tag{65}$$

und

$$R_c = \frac{b\, p}{2\, \pi\, c} \tag{66}$$

Wie bereits L. FÖPPL hervorhebt, wird die Schar der Kreise, für welche die maximale Schubspannung konstant ist, durch den Halbkreis

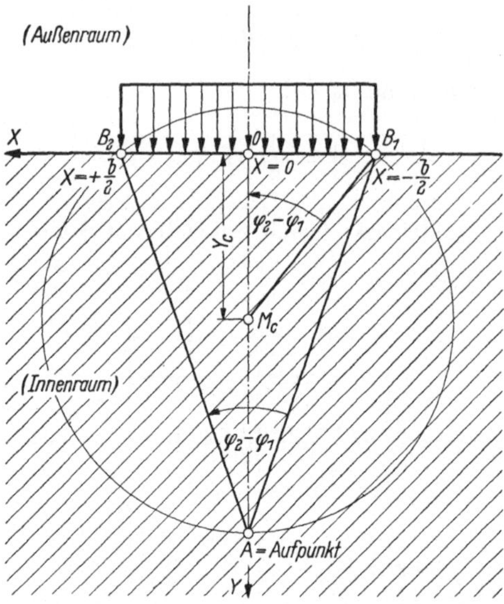

Abb. 270. Die Isochromaten $|\tau_{max}|$ = const sind die Kreise mit der Sehne B_1B_2 und dem Peripheriewinkel $\varphi_2 - \varphi_1$ = const

mit der Mittelpunktsordinate $y_c = 0$ und dem Radius $R_c = b/2$ *in zwei Gruppen* geteilt.

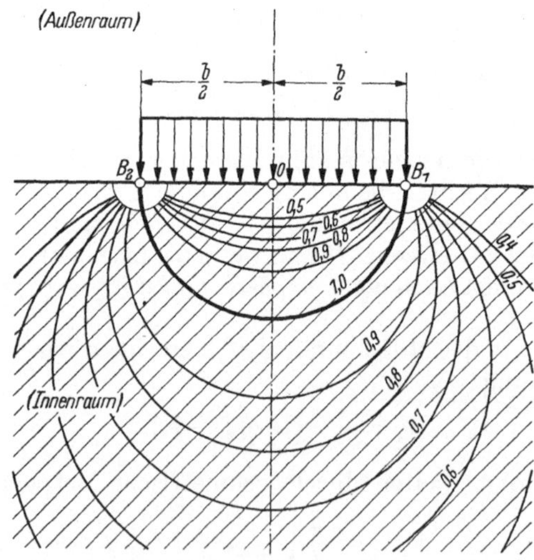

Abb. 271. Die Isochromaten bei einer Preßbahn von endlicher Breite. Auf dem stark ausgezogenen Halbkreis mit dem Radius $b/2$ nimmt die maximale Schubspannung $|\tau_{max}|$ ihren größten Wert p/π an. Die zu den Isochromaten gehörenden Zahlen sind mit p/π zu multiplizieren. Das Produkt ist der Wert von $|\tau_{max}|$ längs der Isochromate. In der Preßbahn ist $|\tau_{max}|$ außerhalb der Punkte B_1 und B_2 gleich Null

Längs dieses Halbkreises nimmt die maximale Schubspannung ihren *maximalen* Wert

$$|\tau_{max\,max}| = \frac{p}{\pi} \tag{67}$$

an, weil der Peripheriwinkel $\varphi_2 - \varphi_1$ für den Halbkreis über der Sehne $B_1 B_2 = b$ ein *rechter* Winkel ist, und somit:

$$\sin(\varphi_2 - \varphi_1) = 1.$$

Von diesem Halbkreise aus, der die Breite b der Preßbahn als Durchmesser hat, nimmt die maximale Schubspannung nach *beiden* Richtungen ab.

1. in der Richtung auf den Halbraum und
2. in der Richtung auf die Preßbahn.

In der Preßbahn selbst ist der Peripheriewinkel $\varphi_2 - \varphi_1 = 180°$, also:

$$|\tau_{max}| = \frac{b}{2} \cdot \sin 180° = 0\,. \tag{68}$$

(in der Preßbahn)

Je mehr sich der Aufpunkt A der Preßbahn von endlicher Breite nähert, um so kleiner wird die Anstrengung des Materials.

f) Grenzübergang: Verschwindende Breite der Preßbahn. Für die Preßbahn von endlicher Breite wurden die Formeln abgeleitet:

$$|\tau_{max}| = \left|\frac{p}{\pi} \cdot \sin(\varphi_2 - \varphi_1)\right| \tag{63}$$

$$y_c = \frac{b}{2}\sqrt{\frac{p^2}{\pi^2 c^2} - 1} \tag{65}$$

$$R_c = \frac{b \cdot p}{2\pi c} \tag{66}$$

Es ist eine gute Kontrolle für die Richtigkeit dieser Formeln und die Schlüsse, welche wir soeben daraus gezogen haben, wenn sie durch den Grenzübergang $b \to 0$ in die Formeln für die linienhafte Preßbahn übergehen. Diese Formeln sind:

$$|\tau_{max}| = \left|\frac{P}{\pi L} \cdot \frac{\cos\varphi}{r}\right| \tag{57}$$

$$y_c = R_c = \frac{P}{2\pi L \cdot c}\,. \tag{61}$$

Für den Grenzübergang gilt:

$$b \cdot L \cdot p = P\,.$$

In Gl. (63) ist deshalb zunächst zu setzen:

$$\frac{p}{\pi} = \frac{P}{b\,\pi\,L}\,. \tag{69}$$

Weiter ist nach dem Additionstheorem für den sinus:

$$\sin(\varphi_2 - \varphi_1) = \sin\varphi_2 \cdot \cos\varphi_1 - \cos\varphi_2 \cdot \sin\varphi_1\,.$$

Wir drücken gemäß Abb. 272 die Größen:

$$\sin\varphi_1, \quad \cos\varphi_1, \quad \sin\varphi_2 \text{ und } \cos\varphi_2$$

durch die Koordinaten:

$$x \text{ und } y$$

des Aufpunktes A aus.

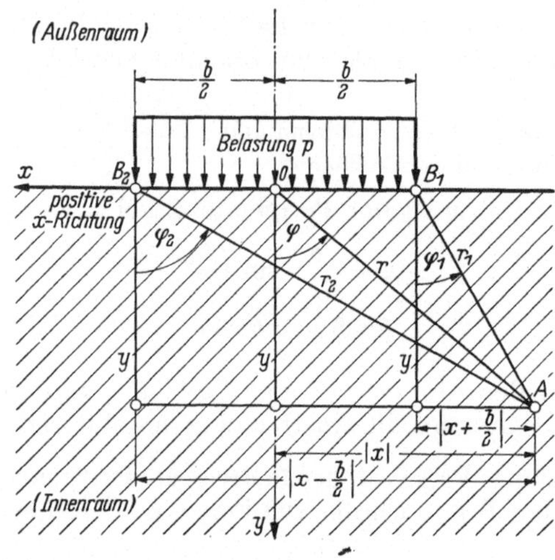

Abb. 272. Zum Grenzübergang auf die linienhafte Preßbahn. Die Vorzeichen bei $|x + b/2|$ und $|x - b/2|$ sind richtig, da x nach links positiv ist. Die Winkel φ, φ_1 und φ_2 werden entgegen dem Uhrzeigersinn positiv gemessen, daher gilt für Aufpunkte rechts von der y-Achse z. B.:

$$\sin\varphi_2 = \frac{\left|x - \frac{b}{2}\right|}{r_2} \quad (x \text{ ist hier negativ})$$

und ganz allgemein gilt:

$$\sin\varphi_2 = -\frac{\left(x - \frac{b}{2}\right)}{r^2}$$

Nach Abb. 272 ist:

$$\sin\varphi_1 = -\frac{\left(x + \frac{b}{2}\right)}{r_1}; \qquad \cos\varphi_1 = \frac{y}{r_1}$$

$$\sin\varphi_2 = -\frac{\left(x - \frac{b}{2}\right)}{r_2}; \qquad \cos\varphi_2 = \frac{y}{r_2}. \tag{70}$$

Damit erhalten wir:

$$\sin(\varphi_2 - \varphi_1) = -\frac{\left(x - \frac{b}{2}\right)}{r_2} \cdot \frac{y}{r_1} + \frac{y}{r_2} \cdot \frac{\left(x + \frac{b}{2}\right)}{r_1}$$

$$= \frac{-x\,y + \frac{b}{2} \cdot y + x\,y + \frac{b}{2} \cdot y}{r_1\,r_2} = \frac{b \cdot y}{r_1 \cdot r_2}. \tag{71}$$

Nach den Gl. (69) und (71) geht Gl. (63) über in:

$$|\tau_{max}| = \left|\frac{p \sin(\varphi_2 - \varphi_1)}{\pi}\right| = \left|\frac{P\,b\,y}{b\,L\,\pi\,r_1\,r_2}\right|.$$

Dies vereinfacht sich zu:

$$|\tau_{max}| = \left|\frac{P}{L\,\pi}\cdot\frac{y}{r_1\,r_2}\right|. \tag{72}$$

Bis hierher haben wir noch nicht berücksichtigt, daß die Preßbahnbreite b gegen Null gehen soll.

Jetzt erst fordern wir diesen Grenzübergang.

Dann geht, wie Abb. 272 ohne weitere Rechnung zeigt:

r_1 gegen r und
r_2 gegen r.

Daher wird:

$$\lim_{b\to 0} |\tau_{max}| = \left|\frac{P}{\pi\cdot L}\cdot\frac{y}{r^2}\right|$$

und da $y/r = \cos\varphi$, so folgt:

$$\lim_{b\to 0} |\tau_{max}| = \left|\frac{P}{\pi\,L}\cdot\frac{\cos\varphi}{r}\right|. \tag{73}$$

Die Umformung der Gl. (65) und (66) in die Gl. (60) ist noch einfacher. Man braucht nur

$$\frac{p}{\pi} \text{ nach Gl. (69)}$$

einzusetzen und findet:

$$\lim_{b\to 0} y_c = \frac{P}{2\,\pi\,L\,c} \quad \text{(gilt für linienhafte Preßbahn)} \tag{74}$$

$$R_c = \frac{P}{2\,\pi\,L\,c} \quad \text{(gilt für linienhafte Preßbahn)} \tag{75}$$

Wir fassen zusammen:

Bei einer Preßbahn von endlicher Breite bleibt die Kreisform der Isochromaten erhalten.

Abweichungen von der Spannungsverteilung der theoretischen linienhaften Preßbahn treten nur *in unmittelbarer Nähe* der Preßbahn auf. Diese *unmittelbare Umgebung* der Preßbahn diskutieren wir daher mit den Gln. (63), (65) und (66) für die Preßbahn von *endlicher* Breite.

Für die *weitere* Umgebung, d. h. namentlich *für den zentralen Bereich* des Blockes, dürfen wir dagegen mit der für die Rechnung bedeutend einfacheren Annahme der *linienhaften* Preßbahn rechnen, wenn wir nur die *unmittelbare Umgebung* der Preßbahn aus der Diskussion der Resultate dieser vereinfachten Rechnung *ausschließen*.

g) Der durch zwei Preßbahnen gedrückte Block. *Berechnung der vorläufigen superponierten Spannungen.* Die Querschnittsfigur des Blockes ist — wie Abb. 257 (S. 231) zeigt — ein Kreis vom Radius a, der an den einander diametral gegenüberliegenden Preßbahnen (1) und (2) durch die äußeren Kräfte P/L (pro Längeneinheit der Zylinderachse) senkrecht zum Kreisumfang gedrückt wird.

Wir brauchen jetzt nur das, was wir am *Beispiel des Halbraumes* mit einer Preßbahn gelernt haben, *sinngemäß* auf die neue Aufgabe zu übertragen.

Da wir jetzt *zwei* Preßbahnen haben, so können wir auch *zwei Polarkoordinatensysteme* zur Beschreibung der Lage des Aufpunktes A benutzen.

Diese sind bereits auf S. 230 in der *Übersicht* beschrieben.

Anwendung des Superpositionsprinzipes. Um die Spannungen im Aufpunkte A zu berechnen, *machen wir einen Ansatz*, der die Ergebnisse des vorigen Abschnittes verwertet und sich — wie wir noch sehen werden — auf *beliebig viele* äquidistant verteilte Preßbahnen erweitern läßt.

Wir werden den Spannungszustand im Aufpunkte A *durch Superposition* von einfachen Spannungszuständen darstellen, von denen jeder die *Differentialgleichungen des ebenen Spannungszustandes* erfüllt.

Unser *erster Ansatz-Versuch* erfüllt noch *nicht* die Randbedingungen, aber er wird uns zur richtigen Lösung *hinführen*, auch bei beliebig vielen Preßbahnen.

Wir setzen vorläufig an: Von der Preßbahn (1) strahle die Druckspannung

$$\sigma_{r1} = -\frac{2P}{\pi L} \cdot \frac{\cos\varphi_1}{r_1} \tag{76}$$

aus.

Nach den Überlegungen, welche im vorigen Abschnitt (für nur *eine* Preßbahn) zu den Gl. (52)$\cdots$(54) geführt haben, gelten dann für ein Schnittelement ds, welches im Aufpunkte A mit den Polarkoordinaten r_1 und φ_1 durch den Winkel α_1 *orientiert* ist, die folgenden Gleichungen:

$$\sigma_{s1} = -\frac{2P}{\pi L} \cdot \frac{\cos\varphi_1}{r_1} \cdot \cos^2\alpha_1 \tag{77}$$

(im Schnittelement ds)

$$\overline{\sigma_{s1}} = -\frac{2P}{\pi L} \cdot \frac{\cos\varphi_1}{r_1} \cdot \sin^2\alpha_1 \tag{78}$$

(im Schnittelement $\overline{ds}$)

$$\tau_{s1} = \frac{P}{\pi L} \cdot \frac{\cos\varphi_1}{r_1} \cdot \sin(2\alpha_1) \tag{79}$$

(in den Schnittelementen ds und $\overline{ds}$).

Auch von der Preßbahn (2) strahlt eine radiale Druckspannung aus:

$$\sigma_{r2} = -\frac{2P}{\pi L} \cdot \frac{\cos\varphi_2}{r_2}. \tag{80}$$

Nach den gleichen Überlegungen gelten dann in den Schnittelementen ds und $\overline{ds}$ außerdem noch die Gleichungen:

$$\sigma_{s2} = -\frac{2P}{\pi L} \cdot \frac{\cos\varphi_2}{r_2} \cdot \cos^2\alpha_2 \tag{81}$$

(im Schnittelement ds)

$$\overline{\sigma_{s2}} = -\frac{2P}{\pi L} \cdot \frac{\cos\varphi_2}{r_2} \cdot \sin^2\alpha_2 \tag{82}$$

(im Schnittelement $\overline{ds}$)

$$\tau_{s2} = \frac{P}{\pi L} \cdot \frac{\cos\varphi_2}{r_2} \cdot \sin(2\alpha_2) \tag{83}$$

(in den Schnittelementen ds und $\overline{ds}$).

Jetzt superponieren wir die Spannungszustände, die durch die Preßbahnen (1) *und* (2) hervorgerufen werden.

Da wir sie bereits in die Komponenten: Normalspannung und Schubspannung *bezüglich der gleichen Schnittelemente zerlegt* haben, so brauchen wir nur die *Summen* der betreffenden Spannungen zu bilden.

Wir erhalten die Gleichungen:

$$\sigma_s^* = \sigma_{s1} + \sigma_{s2} = -\frac{2P}{\pi L}\left(\frac{\cos\varphi_1}{r_1} \cdot \cos^2\alpha_1 + \frac{\cos\varphi_2}{r_2} \cdot \cos^2\alpha_2\right) \tag{84}$$

(vorläufige superponierte Normalspannung im Schnittelement ds)

$$\overline{\sigma_s^*} = \overline{\sigma_{s1}} + \overline{\sigma_{s2}} = -\frac{2P}{\pi L}\left(\frac{\cos\varphi_1}{r_1} \cdot \sin^2\alpha_1 + \frac{\cos\varphi_2}{r_2} \cdot \sin^2\alpha_2\right) \tag{85}$$

(vorläufige superponierte Normalspannung im Schnittelement $\overline{ds}$)

$$\tau_s^* = \tau_{s1} + \tau_{s2} = \frac{P}{\pi L}\left(\frac{\cos\varphi_1}{r_1} \cdot \sin(2\alpha_1) + \frac{\cos\varphi_2}{r_2} \cdot \sin(2\alpha_2)\right) \tag{86}$$

(vorläufige superponierte Schubspannung in den Schnittelementen ds und $\overline{ds}$).

h) Prüfung der Randbedingungen. *Formulierung der endgültigen Gleichungen für die Spannungen.* Wir wissen, daß der Ansatz, der zu den Gl. (84)···(86) führte, noch nicht vollständig geprüft ist.

Die superponierten Spannungen erfüllen wohl die *Differentialgleichungen* des ebenen Spannungszustandes, aber es bleibt noch zu prüfen, ob sie der *Randbedingung* genügen, daß der *Blockumfang* außerhalb der linienhaften Preßbahnen *spannungsfrei* ist.

Wir müssen daher zunächst die vorläufigen superponierten Spannungen für die Schnittelemente *des Randes* außerhalb der Preßbahnen (1) und (2) berechnen.

Gemäß unserer Vorzeichenfestsetzung für die Polarkoordinaten r_{10} und φ_{10} des *Randaufpunktes* A_0 ist der Winkel φ_{10} in Abb. 273 positiv und der Winkel

$$\varphi_{20} = \varphi_{10} - 90^\circ \tag{87}$$

negativ.

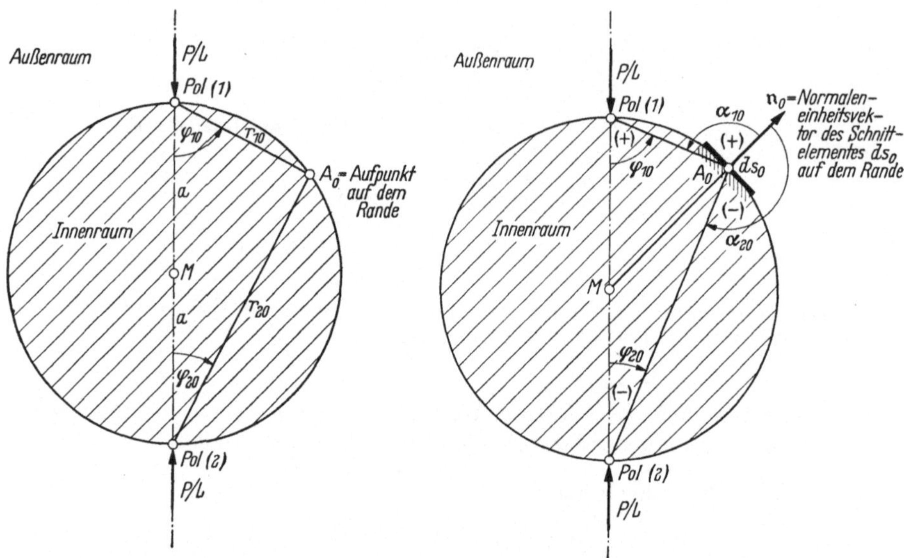

Abb. 273. Der durch zwei Preßbahnen (P/L) gedrückte Zylinder mit einem Aufpunkt A_0 auf dem Rande. In dem Bilde ist φ_{10} ein positiver und φ_{20} ein negativer Winkel (vgl. Erläuterung zu Abb. 258)

Abb. 274. Orientierung des Schnittelementen ds_0 im Rand-Aufpunkte A_0

Für die Randpunkte des gedrückten Zylinders mit dem Radius a gelten die Gleichungen:

$$\left.\begin{aligned} r_{10} &= 2\,a \cdot \cos\varphi_{10} \\ r_{20} &= 2\,a \cdot \cos\varphi_{20}\,. \\ &\text{Weiter gilt wegen Gl. (87):} \\ \cos\varphi_{20} &= \sin\varphi_{10} \\ \sin\varphi_{20} &= -\cos\varphi_{10}\,. \end{aligned}\right\} \tag{88}$$

Wenn wir jetzt das *Randschnittelement* ds_0 im Rand-Aufpunkte A_0 festlegen, so sehen wir, daß der *Einheitsvektor* $\mathfrak{n}_0$ *der äußeren Normalen* des Randschnittelementes radial nach außen zeigt.

Nach den Definitionen gemäß Abb. 253 wird diese äußere Normale durch die Winkel α_{10} und α_{20} festgelegt. Der Winkel α_{10} ist der Winkel zwischen der äußeren Normalen (Einheitsvektor $\mathfrak{n}_0$) des Randschnittelementes ds_0 und der Verbindungslinie des Rand-Aufpunktes A_0 mit der Preßbahn (1).

In Abb. 274 ist α_{10} ein positiver Winkel und größer als 90°. Analog ist α_{20} ein negativer Winkel und dem *Betrage* nach ebenfalls größer als 90°.

Wir lesen aus Abb. 275 folgende Beziehungen ab:

$$\left.\begin{aligned} \alpha_{10} &= 180° - \varphi_{10} \\ \alpha_{20}^{*} &= 180° - \varphi_{20} \\ \alpha_{20} &= \alpha_{20}^{*} - 360°\,. \end{aligned}\right\} \quad (89)$$

Daraus folgt:

$$\left.\begin{aligned} \cos\alpha_{10} &= -\cos\varphi_{10} \\ \sin\alpha_{10} &= +\sin\varphi_{10} \\ \cos\alpha_{20} &= -\cos\varphi_{20} = -\sin\varphi_{10} \\ \sin\alpha_{20} &= +\sin\varphi_{20} = -\cos\varphi_{10}\,. \end{aligned}\right\} (90)$$

Wir berücksichtigen jetzt die Gln. (87)···(90), welche speziell für *Randpunkte* gelten, und formen damit die Gln. (84)···(86) um: Dabei beginnen wir mit der vorläufigen superponierten Normalspannung σ_{s0}^{*} auf dem Rande; Nach Gl. (84) ist:

$$\sigma_{s0}^{*} = -\frac{2P}{\pi L} \times \left(\frac{\cos\varphi_{10}}{r_{10}} \cdot \cos^2\alpha_{10} + \frac{\cos\varphi_{20}}{r_{20}} \cdot \cos^2\alpha_{20}\right).$$

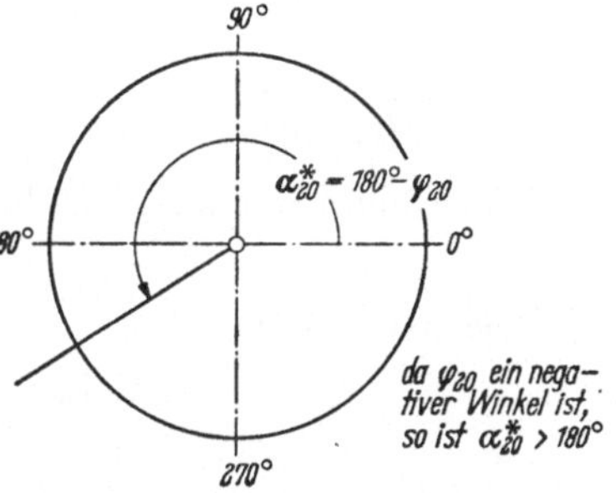

Abb. 275. Erläuterung zu den Gln. (89)

Für Randpunkte gilt speziell:

$$\frac{\cos\varphi_{10}}{r_{10}} = \frac{\cos\varphi_{20}}{r_{20}} = \frac{1}{2a} \quad \text{[nach Gl. (88)]}$$

und

$$\cos^2\alpha_{10} = \cos^2\varphi_{10}; \quad \cos^2\alpha_{20} = \sin^2\varphi_{10} \quad \text{[nach Gl. (90)]}.$$

Wir erhalten damit:

$$\sigma_{s0}^{*} = -\frac{2P}{\pi L}\left(\frac{\cos^2\varphi_{10}}{2a} + \frac{\sin^2\varphi_{10}}{2a}\right).$$

Also schließlich

$$\sigma_{s0}^{*} = -\frac{P}{a\pi L}\,. \qquad (91)$$

(*Konstant* für alle Rand-Aufpunkte bei zwei Preßbahnen)

Wir denken uns jetzt einen Schnitt *senkrecht* zum Rand geführt und berechnen die vorläufige superponierte Normalspannung $\overline{\sigma_{s0}^{*}}$ für einen Aufpunkt A_0 auf dem Rande.

Nach Gl. (85) ist:

$$\overline{\sigma_{s0}^{*}} = -\frac{2P}{\pi L}\left(\frac{\cos\varphi_{10}}{r_{10}}\sin^2\alpha_{10} + \frac{\cos\varphi_{20}}{r_{20}} \cdot \sin^2\alpha_{20}\right).$$

Für Randpunkte gilt speziell:

$$\frac{\cos\varphi_{10}}{r_{10}} = \frac{\cos\varphi_{20}}{r_{20}} = \frac{1}{2\,a}$$

[nach Gl. (88)]

und

$$\sin^2\alpha_{10} = \sin^2\varphi_{10}; \quad \sin^2\alpha_{20} = \cos^2\varphi_{10}$$

[nach (90)]

Wir erhalten damit:

$$\overline{\sigma_{s0}^*} = -\frac{2\,P}{\pi\,L}\left(\frac{\sin^2\varphi_{10} + \cos^2\varphi_{10}}{2\,a}\right)$$

und das ergibt:

$$\overline{\sigma_{s0}^*} = -\frac{P}{a\,\pi\,L} \tag{92}$$

(*Konstant* für alle Rand-Aufpunkte bei zwei Preßbahnen.)

Das ist genau der gleiche Wert, der sich auch für die Normalspannung σ_{s0}^* *ergeben hat* [Gl. (91)].

Schließlich berechnen wir die superponierte Schubspannung auf dem Rande.

Nach Gl. (86) ist:

$$\tau_{s0}^* = +\frac{\pi\,L}{P}\left(\frac{\cos\varphi_{10}}{r_{10}}\cdot\sin(2\alpha_{10}) + \frac{\cos\varphi_{20}}{r_{20}}\cdot\sin(2\alpha_{20})\right).$$

Für Randpunkte gilt speziell:

$$\frac{\cos\varphi_{10}}{r_{10}} = \frac{\cos\varphi_{20}}{r_{20}} = \frac{1}{2\,a}$$

[nach Gl. (88)]

und weiter nach Gl. (90):

$$\sin(2\,\alpha_{10}) = 2\cdot\sin\alpha_{10}\cdot\cos\alpha_{10} = -2\sin\varphi_{10}\cdot\cos\varphi_{10}$$

$$\sin(2\,\alpha_{20}) = 2\sin\alpha_{20}\cdot\cos\alpha_{20} = +2\sin\varphi_{10}\cdot\cos\varphi_{10}\,.$$

Somit:

$$\tau_{s0}^* = \frac{P}{\pi L}\left(\frac{-2\sin\varphi_{10}\cos\varphi_{10} + 2\sin\varphi_{10}\cos\varphi_{10}}{2\,a}\right)$$

$$\tau_{s0}^* = 0 \tag{93}$$

(für alle Randpunkte bei zwei Preßbahnen.)

Erfüllung der Randbedingung

Die Bedingung, daß der Rand (außerhalb der linienhaften Preßbahnen) *spannungsfrei sein soll, ist noch nicht erfüllt.*

Vielmehr herrscht dort ein *hydrostatischer Druck*:

$$\sigma_{s0}^* = \overline{\sigma_{s0}^*} = -\frac{P}{a\,\pi\,L}\,; \quad \tau_{s0}^* = 0 \tag{94}$$

(Konstant für alle Randpunkte außerhalb der Preßbahnen.)

Man erfüllt die Randbedingungen, indem man diesen Druckspannungszustand durch einen gleich großen Zugspannungszustand kompensiert, dieser ist gegeben durch:

$$\sigma_s^{**} = \overline{\sigma_s^{**}} = + \frac{P}{a\,\pi\,L} \; ; \quad \tau^{**} = 0 \,. \tag{95}$$

(zwei Preßbahnen).

Dann ist der Rand des Kreiszylinders außerhalb der Preßbahnen *spannungsfrei* und wir erhalten *die endgültige Lösung* für die Verteilung der Spannungen in dem durch zwei einander diametral gegenüberliegende Preßbahnen mit konstanter Belastung P/L gedrückten zylindrischen Block:

1. *Normalspannung* σ_s senkrecht zum Schnittelement ds im Aufpunkte A:

$$\begin{aligned} \sigma_s &= \sigma_s^* + \sigma_s^{**} \\ &= \frac{2\,P}{\pi\,L}\left(\frac{1}{2\,a} - \frac{\cos\varphi_1}{r_1}\cdot\cos^2\alpha_1 - \frac{\cos\varphi_2}{r_2}\cos^2\alpha_2\right) \end{aligned} \tag{96}$$

(zwei Preßbahnen).

2. *Normalspannung* $\overline{\sigma_s}$ senkrecht zum Schnittelement $\overline{ds}$, welches gegenüber dem Schnittelement ds um 90° gedreht ist, im Aufpunkte A:

$$\begin{aligned} \overline{\sigma_s} &= \overline{\sigma_s^*} + \overline{\sigma_s^{**}} \\ &= \frac{2\,P}{\pi\,L}\left(\frac{1}{2\,a} - \frac{\cos\varphi_1}{r_1}\sin^2\alpha_1 - \frac{\cos\varphi_2}{r_2}\sin^2\alpha_2\right) \end{aligned} \tag{97}$$

(zwei Preßbahnen).

3. *Schubspannung* τ_s tangential zu den Schnittelementen ds und $\overline{ds}$ im Aufpunkte A:

$$\tau_s = \frac{P}{\pi\,L}\left(\frac{\cos\varphi_1}{r_1}\sin(2\alpha_1) + \frac{\cos\varphi_2}{r_2}\cdot\sin(2\,\alpha_2)\right) \tag{98}$$

(zwei Preßbahnen.)
(Vorzeichenfestsetzung s. Abb. 254.)

4. *Absoluter Betrag der maximalen Schubspannung* $|\tau_{max}|$ im Aufpunkte A als Maß für die Anstrengung des Werkstoffes.

Hier müssen wir noch etwas rechnen:

Nach Gl. (55) ist:

$$|\tau_{max}| = \frac{1}{2}\sqrt[+]{(\sigma_s - \overline{\sigma_s})^2 + 4\,\tau_s^2}\,,$$

Nach Gl. (96) und (97) folgt dann:

$$\begin{aligned} \sigma_s - \overline{\sigma_s} &= -\frac{2\,P}{\pi\,L}\left[\frac{\cos\varphi_1}{r_1}(\cos^2\alpha_1 - \sin^2\alpha_1) + \frac{\cos\varphi_2}{r_2}(\cos^2\alpha_2 - \sin^2\alpha_2)\right] \\ &= \frac{-2\,P}{\pi\,L}\left(\frac{\cos\varphi_1}{r_1}\cdot\cos(2\,\alpha_1) + \frac{\cos\varphi_2}{r_2}\cdot\cos(2\,\alpha_2)\right) \end{aligned}$$

Nach Gl. (98) ist:

$$4\,\tau_s^2 = \frac{4\,P^2}{\pi^2 L^2}\left(\frac{\cos\varphi_1}{r_1}\cdot\sin(2\,\alpha_1) + \frac{\cos\varphi_2}{r_2}\cdot\sin(2\,\alpha_2)\right)^2.$$

Damit berechnet sich die maximale Schubspannung zu:

$$|\tau_{max}| = \frac{P}{\pi L}\overset{+}{\sqrt{\left(\frac{\cos\varphi_1}{r_1}\cos(2\,\alpha_1) + \frac{\cos\varphi_2}{r_2}\cos(2\,\alpha_2)\right)^2 + \left(\frac{\cos\varphi_1}{r_1}\sin(2\,\alpha_1) + \frac{\cos\varphi_2}{r_2}\sin(2\,\alpha_2)\right)^2}} \quad (99)$$

(zwei Preßbahnen).

Diese *endgültigen* Gleichungen erfüllen alle Bedingungen unseres Problems, wenn *wir noch die beiden folgenden Nachweise erbringen*:

1. *Erfüllung der Differentialgleichungen für den ebenen Spannungszustand*:

Der hydrostatische Spannungszustand:

$$\sigma_s^{**} = \overline{\sigma_s^{**}} = \sigma_x^{**} = \sigma_y^{**} = \text{const.}$$

$$\tau_s^{**} = \tau_{xy}^{**} = 0$$

genügt den Differentialgleichungen des ebenen Spannungszustandes, denn da σ_x^{**} und σ_y^{**} *konstant* und τ_{xy}^{**} *gleich Null* ist, so sind alle in den Differentialgleichungen vorkommen Differentialquotienten *gleich Null* und somit sind die Gleichungen erfüllt.

2. *Gleichgewicht zwischen der Preßbahnbelastung und den Spannungen in unmittelbarer Umgebung einer der zwei linienhaften Preßbahnen. Begriff des Poles. Diese Betrachtung muß sehr sorgfältig durchgeführt werden und wird uns daher einige Zeit beschäftigen.*

In unmittelbarer Umgebung der Preßbahnen (1) und (2) muß Gleichgewicht zwischen der Preßbahnbelastung P/L und *dem Integral* aller zur Belastungsrichtung parallelen Druckkraft-Komponenten längs eines Halbkreises herrschen, der mit einem *beliebig kleinen Radius* um die Preßbahn geschlagen wird.

Um die Überlegung durchzuführen, betrachten wir die unmittelbare Umgebung der linienhaften Preßbahn (1).

Eine oberflächliche Betrachtung würde folgendes Resultat ergeben: Für die Preßbahn (1) ist der Radius $r_1 = 0$.

Schlagen wir (in dem ebenen Bild) um den Durchstoßungs-Punkt (1) der Preßbahn (durch die Bildebene) einen Halbkreis, so ist für die Schnittelemente *ds* dieses Halbkreises *Orienlierungswinkel* $\alpha_1 = 0$, also $\cos\alpha_1 = 1$. Die *Polarkoordinate* φ_1 ist für die Punkte dieses Halbkreises im allgemeinen von Null verschieden, somit ist auch $\cos\varphi_1$ ungleich Null und es wird:

$$\lim_{r_1\to 0}\left(\frac{\cos\varphi_1}{r_1}\cdot\cos^2\alpha_1\right) = \infty\,.$$

Damit gilt auch für die Spannung:

$$\lim_{r_1\to 0}\sigma_s = \infty\,. \quad (100)$$

Die Preßbahnpunkte (1) und (2) sind somit *Unendlichkeitsstellen* der Spannung und heißen deshalb (nach einer in der Mathematik dafür üblichen Bezeichnung) *Pole.*

Unterbrechung der abstrakten mathematischen Betrachtung durch eine elementaren Rechnung. Ehe wir mit diesen mathematischen Betrachtungen in unmittelbarer Umgebung der Pole fortfahren, berechnen wir die

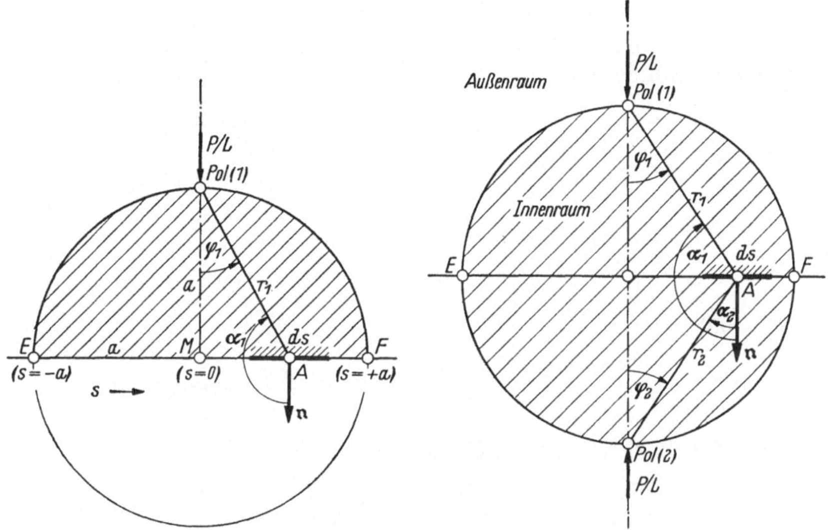

Abb. 276. Zur Berechnung des Gleichgewichtes zwischen der Summe aller Normalspannungen längs des Durchmessers EF und der Preßbahnbelastung P/L.

Abb. 277. Zur Erläuterung der Gl. (102)

Gleichgewichtsbedingung zwischen Spannungen und Preßbahnbelastung im Anschluß an A. FÖPPL auf eine *dem Ingenieur geläufigere* Weise, die sich bei zwei Preßbahnen noch elementar durchführen läßt.

Dazu *schneiden* wir den Block längs des zur Verbindungslinie der beiden Pole senkrechten Durchmessers EF durch.

Damit Gleichgewicht herrscht, müssen wir an den Schnittelementen ds des Durchmessers EF die Kräfte anbringen, welche der abgeschnittene Teil auf den von uns betrachteten Restkörper ausübt. Wenn L die Länge der Preßbahn ist, so ist diese *Kraft* gleich:

$$\sigma_s \cdot L \cdot ds$$

und zeigt nach oben, wenn wir den *oberen Halbzylinder* betrachten.

Die Preßbahnbelastung P/L multipliziert mit der Länge L ergibt die *Kraft P,* welche das von uns betrachtete Stück der Preßbahn auf den

Halbzylinder ausübt. Diese äußere Kraft zeigt nach unten, folglich muß die Gleichgewichtsbedingung:

$$P + L \int_{s=-a}^{s=+a} \sigma_{s\,(Durchmesser)} \cdot ds = 0 \tag{101}$$

erfüllt werden.

Um die Normalspannung

$$\sigma_{s\,(Durchmesser)}$$

im Durchmesser EF zu berechnen, entnehmen wir aus Abb. 277 die folgenden Beziehungen:

$$\left.\begin{aligned} s &= a \cdot \operatorname{tg} \varphi_1; \quad \varphi_2 = -\varphi_1; \quad \cos\varphi_2 = \cos\varphi_1; \\ ds &= \frac{a \cdot d\varphi_1}{\cos^2\varphi_1}; \quad \alpha_2 = 180^\circ - \alpha_1; \quad \alpha_2 = -\varphi_1; \\ \cos\alpha_2 &= -\cos\alpha_1 = \cos\varphi_1; \\ r_1 &= r_2 = \frac{a}{\cos\varphi_1}; \quad \frac{1}{r_1} = \frac{1}{r_2} = \frac{\cos\varphi_1}{a}. \end{aligned}\right\} \tag{102}$$

Die Gl. (96):

$$\sigma_s = \frac{2P}{\pi L}\left(\frac{1}{2a} - \frac{\cos\varphi_1}{r_1} \cdot \cos^2\alpha_1 - \frac{\cos\varphi_2}{r_2} \cdot \cos^2\alpha_2\right)$$

geht mit den Beziehungen (102) über in:

$$\left.\begin{aligned} \sigma_{s\,(Durchmesser)} &= \frac{2P}{\pi L}\left(\frac{1}{2a} - \frac{\cos^4\varphi_1}{a} - \frac{\cos^4\varphi_1}{a}\right) \\ \text{bzw:} \quad \sigma_{s\,(Durchmesser)} &= \frac{P}{a\pi L}\left(1 - 4\cos^4\varphi_1\right). \end{aligned}\right\} \tag{103}$$

Die Normalspannung im Durchmesser ist damit als Funktion der Variabeln φ_1 formuliert.

Mit

$$ds = \frac{a}{\cos^2\varphi_1} \cdot d\varphi_1$$

geht die linke Seite der Gleichgewichtsbedingung (101) dann über in:

$$P + \frac{P}{a\pi} \cdot \int_{s=-a}^{s=+a} \left(1 - 4\cos^4\varphi_1\right) \cdot \frac{a \cdot d\varphi_1}{\cos^2\varphi_1} \tag{104}$$

Es sind noch die Integrationsgrenzen gemäß Abb. 278 zu transformieren:

Für $s = -a$ ist: $\varphi_1 = -\frac{\pi}{4}$

und für $s = +a$ ist: $\varphi_1 = +\frac{\pi}{4}$.

Damit geht Gleichung (104) über in:

$$P + \frac{P}{\pi} \int\limits_{-\frac{\pi}{4}}^{+\frac{\pi}{4}} \frac{d\varphi_1}{\cos^2\varphi_1} - \frac{4\,P}{\pi} \int\limits_{-\frac{\pi}{4}}^{+\frac{\pi}{4}} \cos^2\varphi_1\, d\varphi_1 \,.$$

Die Integrale sind bekannt (s. HÜTTE, I, S. 105 und 109):

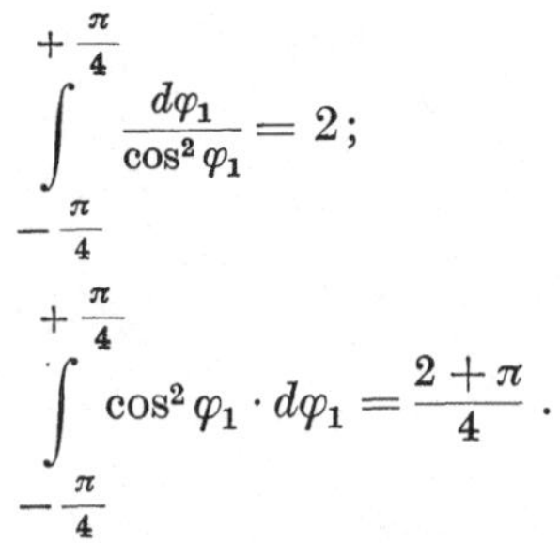

$$\int\limits_{-\frac{\pi}{4}}^{+\frac{\pi}{4}} \frac{d\varphi_1}{\cos^2\varphi_1} = 2;$$

$$\int\limits_{-\frac{\pi}{4}}^{+\frac{\pi}{4}} \cos^2\varphi_1 \cdot d\varphi_1 = \frac{2+\pi}{4}\,.$$

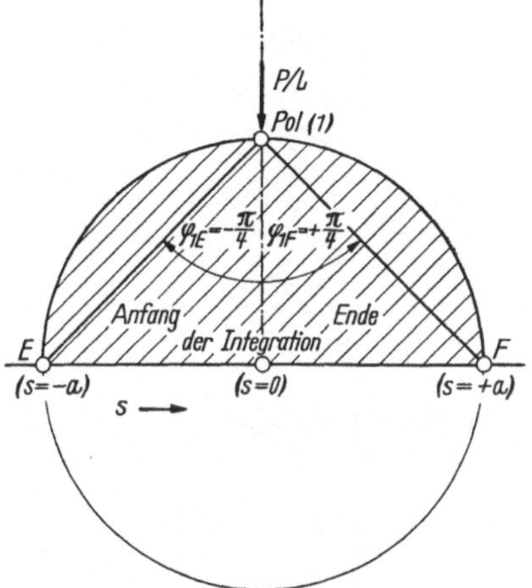

Abb. 278. Integrationsgrenzen

Damit geht die linke Seite der Gleichgewichtsbedingung über in:

$$P + \left(\frac{P}{\pi}\right) \cdot 2 - \left(\frac{4\,P}{\pi}\right) \cdot \left(\frac{2+\pi}{4}\right)$$

$$= P + \frac{2\,P}{\pi} - \frac{2\,P}{\pi} - P = 0$$

Die Gleichgewichtsbedingung:

$$P + L \int\limits_{s=-a}^{s=+a} \sigma_{s\,(Durchmesser)} \cdot ds = 0$$

ist also erfüllt.

l) Gleichgewicht in unmittelbarer Umgebung der Pole. Bei nur zwei Preßbahnen (bzw. *Polen*) konnten wir die obige elementare Berechnung (nach FÖPPL) durchführen und erkannten damit, daß die Gl. (96)···(99) in jeder Hinsicht mathematisch in Ordnung sind.

Wir wollen aber unsere Untersuchungen *auf belielig viele Preßbahnen erweitern.*

Dabei bleibt es auch einem Ingenieur nicht erspart, die folgenden sorgfältigen Überlegungen anzustellen.

Weil *alle Preßbahnen gleichwertig* sind, so ist es keine Einschränkung der Allgemeinheit unserer Betrachtungen, wenn wir im folgenden nur die unmittelbare Umgebung des Poles (1) näher untersuchen.

In der Nähe des Poles (1) haben wir einen *radialen* Spannungszustand von der Art, wie wir ihn beim gedrückten *Halbraum* kennen gelernt haben. Die radiale Spannung σ_{r1} ist (je näher wir dem Pole kommen, um so genauer) *umgekehrt proportional* zum Abstand r_1 vom Pol (1) und nimmt im Pole (1) — etwas salopp ausgedrückt — den Wert *Unendlich* an.

Das ist ja der Grund dafür, weshalb wir die unmittebare Umgebung der Pole grundsätzlich aus der Diskussion unserer Resultate ausschließen.

Jetzt wollen wir aber nicht als Ingenieure sondern als Mathematiker an die Pole heran. *Dazu müssen wir einen Grenzprozeß durchführen. Bekanntlich* hat eine Funktion $f(r)$ an der Stelle $r = 0$ den *Grenzwert* g, wenn

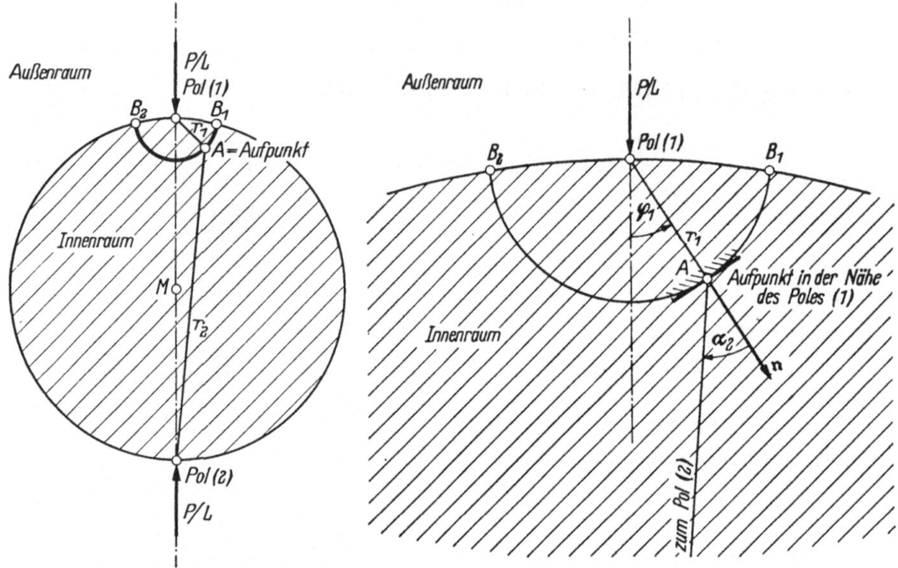

Abb. 279. Umgebung des Poles (1)

Abb. 280. Umgebung des Poles (1) (vergrößert)

sich bei einem *endlichen*, aber *beliebig klein* gewählten ε ein den Wert $r = 0$ einschließendes *Intervall*

$$0 < |r| < \eta(\varepsilon) \tag{105}$$

angeben läßt, in dem die *Ungleichung*

$$0 < |f(r) - g| < \varepsilon \tag{106}$$

erfüllt ist.

Die Funktion $\eta(\varepsilon)$ ist eine *endliche* positive Größe, die von dem beliebig klein gewählten *endlichen* Wert ε abhängt.

Man beachte, daß Gln. (105) und (106) *keine* Gleichungen sondern *Ungleichungen* sind.

Das bedeutet:

Der Pol (1), in dem $r = 0$ ist, *ist aus diesem Grenzprozeß ausdrücklich ausgeschlossen.*

Daher hat der *Grenzwert* g der Funktion $f(r)$ an der Stelle $r = 0$ *begrifflich* nichts mit dem *Funktionswert* $f(0)$ an der Stelle $r = 0$ zu tun. (Lediglich bei den stetigen Funktionen stimmen Grenzwert und Funktionswert überein). Ein *Pol* ist aber eine *Unstetigkeitsstelle* des Funktion. Nach diesen *begrifflichen Vorbereitungen* schlagen wir um den Pol (1) einen Halbkreis B_1 B_2 mit dem *relativ kleinen* Radius r_1.

Die Normalspannung $\sigma_{s\,(Halbkreis)}$ *senkrecht zum Schnittelement*

$$ds_{(Halbkreis)} = r_1 \cdot d\varphi_1$$

des Halbkreises ist nach Gl. (96):

$$\sigma_{s\,(Halbkreis)} = \frac{2\,P}{\pi\,L}\left(\frac{1}{2\,a} - \frac{\cos\varphi_1}{r_1}\cdot\cos^2\alpha_1 - \frac{\cos\varphi_2}{r_2}\cdot\cos^2\alpha_2\right).$$

Für jedes Schnittelement

$$L \cdot ds_{\,(Halbkreis)} = L \cdot r_1 \cdot d\varphi_1$$

des Halbkreises erhalten wir die Druckkraft:

$$\sigma_{s\,(Halbkreis)} \cdot L \cdot r_1 \cdot d\varphi_1\,,$$

und wenn wir diese Kraft noch mit $\cos\varphi_1$ multiplizieren, so haben wir die — beim Pole (1) — nach oben zeigende Druckkraftkomponente:

$$\sigma_{s\,(Halbkreis)} \cdot L\,r_1 \cos\varphi_1 \cdot d\,\varphi_1\,.$$

Das Integral dieser Kraftkomponenten über den Kreisbogen *Halbkreis*) von $B_1 \cdots B_2$ *bei verschwindendem Halbkreisradius* r_1:

$$\lim_{r_1\to 0} L \int_{B_1}^{B_2} (\sigma_{s\,(Halbkreis)} \cdot r_1) \cos\varphi_1\, d\varphi_1$$

muß mit der nach unten wirkenden äußeren Kraft P, die von der Länge L der Preßbahn auf den Block ausgeübt wird, *im Gleichgewicht* sein; daher gilt:

$$\boxed{P + L \lim_{r_1\to 0} \int_{B_1}^{B_2} (\sigma_{s\,(Halbkreis)} \cdot r_1) \cos\varphi_1\, d\varphi_1 = 0\,.} \qquad (107)$$

Diese Gleichgewichtsbedingung muß auch bei beliebig vielen Preßbahnen erfüllt sein.

Nachprüfung der Gleichgewichtsbedingung in der unmittelbaren Umgebung des Poles (1). Wir entnehmen den Abb. 279 und 280 folgendes:

1. Da das Halbkreis-Schnittelement $ds_{(Halbkreis)}$ auf dem Halbkreisradius r_1 senkrecht steht und die äußere Normale (Einheitsvektor $\mathfrak{n}$) vom Pole (1) *weg* zeigt, so ist:

$$\alpha_1 = 180^\circ; \quad \cos\alpha_1 = -1. \qquad (108)$$

2. *Je kleiner* der Radius r_1 des Halbkreises wird, *um so genauer* gelten die folgenden Beziehungen:

$$\left.\begin{aligned} \varphi_2 &= 0; \quad \cos\varphi_2 = 1; & \alpha_2 &= -\varphi_1; \\ \cos\alpha_2 &= \cos\varphi_1; & r_2 &= 2\,a; \\ \varphi_{1(B1)} &= -\frac{\pi}{2}\,; & \varphi_{2(B2)} &= +\frac{\pi}{2}\,. \end{aligned}\right\} \qquad (109)$$

Wir berechnen das Integral in der Gleichgewichtsbedingung (107) und gehen dabei zunächst von Gl. (96) aus:

$$\sigma_{s\,(Halbkreis)} = \frac{2\,P}{\pi\,L}\left(\frac{1}{2\,a} - \frac{\cos\varphi_1}{r_1}\cos^2\alpha_1 - \frac{\cos\varphi_2}{r_2}\cdot\cos^2\alpha_2\right).$$

Da wir den Grenzübergang r_1 gegen Null vornehmen wollen, so dürfen wir die Gln. (108) und 109) zur Umformung des Integrals verwenden und erhalten, indem wir zunächst die mit r_1 multiplizierte Spannung umformen:

$$\lim_{r_1 \to 0} (\sigma_{s\,(Halbkreis)} \cdot r_1) = \lim_{r_1 \to 0} \left\{\frac{2P}{\pi L}\left(\frac{r_1}{2a} - \cos\varphi_1 - \frac{r_1 \cdot \cos^2\varphi_1}{2a}\right)\right\}$$

$$= \lim_{r_1 \to 0} \left\{\frac{2P}{\pi L}\left[\frac{(1-\cos^2\varphi_1)\, r_1}{2a} - \cos\varphi_1\right]\right\},$$

und weil

$$1 - \cos^2\varphi_1 = \sin^2\varphi_1,$$

so folgt schließlich:

$$\lim_{r_1 \to 0} (\sigma_{s\,(Halbkreis)} \cdot r_1) = \lim_{r_1 \to 0} \left(\frac{P \cdot r_1}{a\pi L} \cdot \sin^2\varphi_1 - \frac{2P\cos\varphi_1}{\pi L}\right) \tag{110}$$

Dies setzen wir in die linke Seite der Gleichgewichtsbedingung Gl. (107) ein, es folgt:

$$P + \frac{P}{a\pi} \cdot \lim_{r_1 \to 0} \left\{ r_1 \cdot \int_{-\frac{\pi}{2}}^{+\frac{\pi}{2}} \sin^2\varphi_1 \cdot \cos\varphi_1 \cdot d\varphi_1 \right\} -$$

$$- \frac{2P}{\pi} \int_{-\frac{\pi}{2}}^{+\frac{\pi}{2}} \cdot \cos^2\varphi_1 \cdot d\varphi_1 = \;?$$

Da nach HÜTTE I:

$$\int_{-\frac{\pi}{2}}^{+\frac{\pi}{2}} \sin^2\varphi_1 \cdot \cos\varphi_1 \cdot d\varphi_1 = \frac{2}{3}; \qquad \int_{-\frac{\pi}{2}}^{+\frac{\pi}{2}} \cos^2\varphi_1 \cdot d\varphi_1 = \frac{\pi}{2},$$

so geht die Gleichgewichtsbedingung über in:

$$P + \frac{2P}{3a\pi} \cdot \lim_{r_1 \to 0} \{r_1\} - \frac{2P}{\pi} \cdot \frac{\pi}{2} = P + 0 - P = 0.$$

Dieser Grenzübergang zeigt, daß die Lösung nach Gl. (96) *die Gleichgewichtsbedingung in unmittelbarer Umgebung der Pole erfüllt.*

Kontrolle der Gl. (96) *und* (97) *durch Vergleich mit Formeln von L.* FÖPPL. Wenn man für ein Problem *einen Ansatz* macht, so muß man ihn *kontrollieren.* In dem 1951 bei R. Oldenbourg erschienenen Buche: L. FÖPPL und G. SONNTAG, *Tafeln und Tabellen zur Festigkeitslehre* sind auf S. 35 zwei Formeln für die Spannungen längs des auf der Druckrichtung senkrechten Durchmessers einer gedrückten Walze angegeben.

Die Formeln heißen mit FÖPPL's Bezeichnungen nach Abb. 281:

$$\sigma_y = \frac{P}{\pi r}\left[1 - \frac{4r^2y^2}{(r^2+y^2)^2}\right] \tag{111}$$

$$\sigma_z = \frac{P}{\pi r}\left[1 - \frac{4r^4}{(r^2+y^2)^2}\right] \tag{112}$$

(zwei Preßbahnen).

Um L. Föppl's Formeln aus den Gln. (96) und (97) zu gewinnen, brauchen wir nur den Aufpunkt A auf die y-Achse (Abb. 282) zu verlegen und ein Schnittelement

$$ds = dy$$

zu wählen.

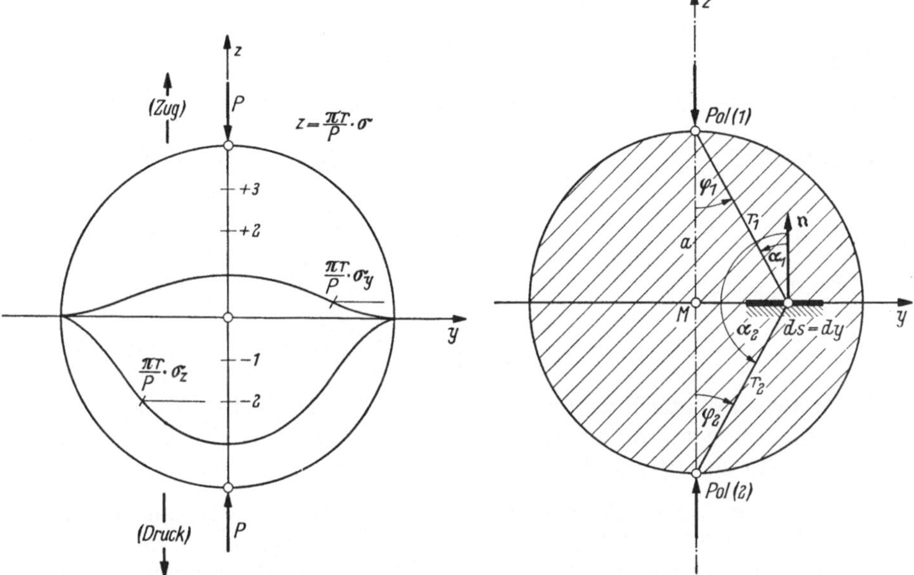

Abb. 281. Gedrückte Walze (nach Föppl) r = Radius des Blockes $z = \frac{\pi \cdot r}{P} \cdot \sigma$

Abb. 282. Gedrückte Walze. Berechnung von σ_z

Bei Beachtung unserer Vorzeichenfestsetzungen lesen wir folgendes ab:

$$\left.\begin{array}{l|l} \varphi_2 = -\varphi_1 & \cos\varphi_2 = \cos\varphi_1 = a/r_1 \\ \alpha_1 = \varphi_1 & \cos\alpha_1 = \cos\varphi_1 = a/r_1 \\ \alpha_2 = 180^\circ - \alpha_1 & \sin\alpha_1 = \sin\varphi_1 = y/r_1 \\ r_2 = r_1 & \cos\alpha_2 = -\cos\varphi_1 = -a/r_1 \\ r_2^2 = r_1^2 = a^2 + y^2 & \sin\alpha_2 = \sin\varphi_1 = y/r_1 . \end{array}\right\} \quad (113)$$

Wenn wir diese speziellen Werte in Gl. (96) einsetzen, so folgt:

$$\sigma_s = \sigma_z = \frac{2P}{\pi L}\left(\frac{1}{2a} - \frac{\cos^3\varphi_1}{r_1} - \frac{\cos^3\varphi_1}{r_1}\right) = \frac{2P}{\pi L}\left(\frac{1}{2a} - \frac{2\cos^3\varphi_1}{r_1}\cdot\frac{2a}{2a}\right)$$

$$= \frac{P}{a\pi L}\left(1 - \frac{4a\cos^3\varphi_1}{r_1}\right).$$

Wir setzen jetzt:

$$\cos\varphi_1 = \frac{a}{r_1}; \quad r_1^2 = a^2 + y^2;$$

dann folgt:

$$\sigma_z = \frac{P}{a\pi L}\left[1 - \frac{4a^4}{(a^2+y^2)^2}\right] \quad (114)$$

(zwei Preßbahnen).

Analog ergibt sich aus Gl. (97):

$$\overline{\sigma_s} = \sigma_y = \frac{2\,P}{\pi\,L}\left(\frac{1}{2\,a} - \frac{\cos\varphi_1}{r_1}\sin^2\varphi_1 - \frac{\cos\varphi_2}{r_2}\cdot\sin^2\varphi_2\right)$$

$$= \frac{P}{a\,\pi\,L}\left(1 - \frac{4\,a\cos\varphi_1\sin^2\varphi_1}{r_1}\right).$$

Wegen:

$$\cos\varphi_1 = \frac{a}{r_1}\,; \quad \sin\varphi_1 = \frac{y}{r_1}\,; \quad r_1^2 = a^2 + y^2;$$

folgt hier:

$$\sigma_y = \frac{P}{a\,\pi\,L}\left[1 - \frac{4\,a^2\,y^2}{(a^2+y^2)^2}\right] \tag{115}$$

(zwei Preßbahnen).

L. Föppl setzt nun:

$$L = \text{Längeneinheit} = \text{Eins} = 1$$
$$a = \text{Walzenradius} \;= r\,.$$

Führt man Föppl's Bezeichnungen in die Gl. (114) und (115) ein, so erhält man die von ihm mitgeteilten Formeln (111) und (112); damit sind die Gl. (96) und (97) nochmals kontrolliert.

Während Föppl's Formeln *nur für einen Durchmesser* gelten, sind die Gln. (96) und (97) trotz ihres einfachen Aufbaues *allgemeiner* und gelten für alle Schnittelemente in allen Aufpunkten des Blockquerschnittes und in ihrer allgemeinen Formulierung (9) ··· (12) für den Spannungszustand bei *beliebig vielen äquidistant* verteilten Preßbahnen.

Nach dieser Kontrolle können wir mit unserer Ansatzmethode getrost über das bisher Geleistete hinausgehen. Um anschaulich zu bleiben, behandeln wir zunächst die Aufgabe für *drei* Preßbahnen und gehen dann erst auf den allgemeinen Fall von n Preßbahnen über.

k) Der durch drei Preßbahnen gedrückte Block. Berechnung der vorläufigen superponierten Spannungen. Hierzu betrachte man Abb. 259 (S. 232). Bei drei Preßbahnen ist die Querschnittsfigur des Blockes ein Kreis vom Radius a, der an den Polen (1), (2) und (3) durch die Belastungen P/L (senkrecht zur Oberfläche) gedrückt wird[1].

In Abb. 259 ist:

$$\sphericalangle\,(1)\,M(2) = \sphericalangle\,(2)\,M(3) = \sphericalangle\,(3)\,M(1) = 120^\circ\,.$$

Die Hauptspannungslinien der Radialspannung, die von den drei Polen ausgehen, verlaufen in genügender Nähe der Pole strahlenartig.

Um die Spannung in einem Aufpunkte A zu berechnen, verfahren wir genau so wie bei zwei Preßbahnen und erhalten zunächst die vor-

[1] (NB: wir numerieren die Pole *links* herum)

läufigen superponierten Spannungen in genauer *Analogie* zu den Gl. (84) bis (86) in der Form:

$$\sigma_s^* = \sigma_{s1} + \sigma_{s2} + \sigma_{s3} = -\frac{2P}{\pi L}\sum_{i=1}^{i=3}\frac{\cos\varphi_i}{r_i}\cdot\cos^2\alpha_i \qquad (116)$$

(drei Preßbahnen)

$$\overline{\sigma_s^*} = \overline{\sigma_{s1}} + \overline{\sigma_{s2}} + \overline{\sigma_{s3}} = -\frac{2P}{\pi L}\sum_{i=1}^{i=3}\frac{\cos\varphi_i}{r_i}\cdot\sin^2\alpha_i \qquad (117)$$

(drei Preßbahnen)

$$\tau_s^* = \tau_{s1} + \tau_{s2} + \tau_{s3} = +\frac{P}{\pi L}\sum_{i=1}^{i=3}\frac{\cos\varphi_i}{r_i}\cdot\sin(2\alpha_i) \qquad (118)$$

(drei Preßbahnen).

Diese Ansätze erfüllen noch *nicht* die Randbedingung, daß der Rand außerhalb der Pole *spannungsfrei* sein muß.

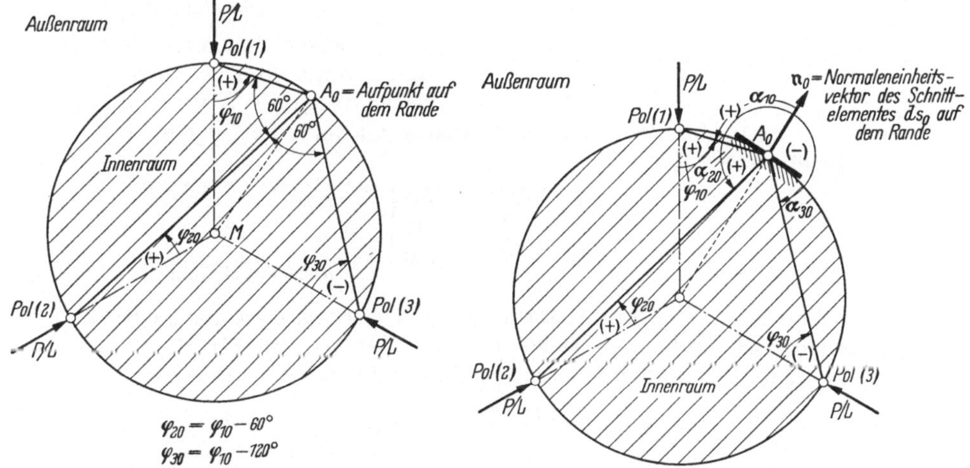

Abb. 283. Aufpunkt A_0 auf dem Rande. Beziehung zwischen φ_{10}, φ_{20} und φ_{30}

Abb. 284. Schnittelement ds_0 auf dem Rande

l) Prüfung der Randbedingung. Der Ansatz für die vorläufigen superponierten Spannungen genügt (wie bei zwei Preßbahnen) wohl den Differentialgleichungen des ebenen Spannungszustandes, erfüllt jedoch *nicht* die Randbedingung; deshalb berechnen wir zunächst die superponierten Spannungen *auf dem Rande* außerhalb der linienhaften Preßbahnen, indem wir in die Gln. (116) bis (118) die Randwerte

$$\varphi_{i0},\ r_{i0} \text{ und } \alpha_{i0}$$

einsetzen. Diese Randwerte müssen wir jetzt berechnen:

Für einen Aufpunkt A_0 auf dem Rande gilt — analog Gl. (87):

$$\left.\begin{aligned}\varphi_{20} &= \varphi_{10} - 60^\circ\\ \varphi_{30} &= \varphi_{10} - 120^\circ\end{aligned}\right\} \quad \text{(drei Preßbahnen).} \qquad (119)$$

Beweis der Gl. (119):

In dem gleichschenkligen Dreieck $(1)A_0 M$ ist der Winkel $\sphericalangle\ (1)A_0 M = \varphi_{10}$ und zugleich die Summe der Winkel $\sphericalangle\ (1)\,A_0(2)$ und $\sphericalangle\ (2)A_0\ M$. Ferner ist Winkel $\sphericalangle\ (1)A_0(2) = 60°$ als Peripheriewinkel zum Zentriwinkel $\sphericalangle\ (1)M(2) = 120°$ und Winkel $\sphericalangle\ (2)A_0\ M = \varphi_{20}$; also ist: $\varphi_{10} = \varphi_{20} + 60°$ oder $\varphi_{20} = \varphi_{10} - 60°$.

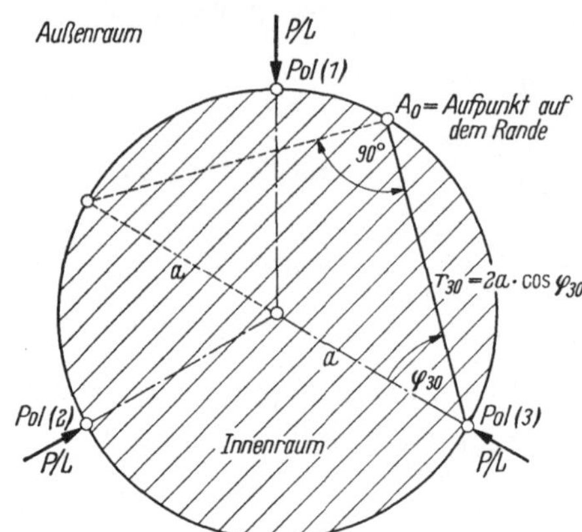

Abb. 285. Erläuterung zu der Beziehung: ; $(i = 1, 2, 3)\ r_{i0} = 2a \cdot \cos\varphi_{i0}$

Analog zeigt man:

$$\varphi_{30} = \varphi_{20} - 60° = \varphi_{10} - 120°\,.$$

Ferner gilt für die Radien r_{10}, r_{20} und r_{30} in Analogie zur Gl. (88):

$$\left.\begin{aligned} r_{10} &= 2\,a \cdot \cos\varphi_{10} \\ r_{20} &= 2\,a \cdot \cos\varphi_{20} \\ r_{30} &= 2\,a \cdot \cos\varphi_{30} \end{aligned}\right\} \qquad (120)$$

(drei Preßbahnen).

Das Randschnittelement ds_0 des Rand-Aufpunktes A_0 wird festgelegt durch die Winkel α_{10}, α_{20} und α_{30}. Aus Abb. 284 lesen wir analog Gl. (89) die folgenden Beziehungen ab:

$$\left.\begin{aligned} \alpha_{10} &= 180° - \varphi_{10} \\ \alpha_{20} &= 180° - \varphi_{20} \\ \alpha_{30} &= 180° - \varphi_{30} \end{aligned}\right\} \qquad (121)$$

(drei Preßbahnen).

Nach diesen Vorbereitungen formulieren wir die *superponierten* Spannungen σ^*_{s0}, $\overline{\sigma^*_{s0}}$ und τ_{s0} — siehe die Gln. (116)$\cdots$(118) für Rand-Aufpunkte A_0 außerhalb der linienhaften Preßbahnen. Wir erhalten:

$$\sigma^*_{s0} = -\frac{2\,P}{\pi L} \cdot \sum_{i=1}^{i=3} \frac{\cos\varphi_{i0}}{r_{i0}} \cos^2\alpha_{i0}\,.$$

Dies vereinfacht sich wegen Gln. (120) und (121) zu:

$$\sigma^*_{s0} = -\frac{P}{a\,\pi\,L} \sum_{i=1}^{i=3} \cos^2\varphi_{i0} \qquad (122)$$

(drei Preßbahnen).

Wir müssen jetzt prüfen, ob die Summe

$$\cos^2\varphi_{10} + \cos^2\varphi_{20} + \cos^2\varphi_{30}$$

einen *konstanten Wert* annimmt.

Nach Gl. (119) ist zunächst:

$$\varphi_{10} = \varphi_{20} + 60°; \qquad \varphi_{30} = \varphi_{20} - 60°\,, \qquad (123)$$

somit:

$$\cos\varphi_{10} = \cos\varphi_{20} \cdot \cos 60° - \sin\varphi_{20} \sin 60°$$
$$\cos\varphi_{30} = \cos\varphi_{20} \cos 60° + \sin\varphi_{20} \sin 60°\,.$$

Zur Abkürzung setzen wir:

$$\left.\begin{aligned} \cos 60^\circ &= A\,; \qquad A^2 = \frac{1}{4}\,; \\ \sin 60^\circ &= B\,; \qquad B^2 = \frac{3}{4}\,. \end{aligned}\right\} \tag{124}$$

Dann folgt:

$$\begin{aligned} \cos\varphi_{10} &= A \cdot \cos\varphi_{20} - B \sin\varphi_{20} \\ \cos\varphi_{20} &= \cos\varphi_{20} \\ \cos\varphi_{30} &= A \cos\varphi_{20} + B \sin\varphi_{20}; \end{aligned}$$

und weiter:

$$\begin{aligned} \cos^2\varphi_{10} &= A^2\cos^2\varphi_{20} - 2\,AB\cos\varphi_{20}\sin\varphi_{20} + B^2\sin^2\varphi_{20} \\ \cos^2\varphi_{20} &= \cos^2\varphi_{20} \\ \cos_2\varphi_{30} &= A^2\cos^2\varphi_{20} + 2\,A\,B\cos\varphi_{20}\sin\varphi_{20} + B^2\sin^2\varphi_{20} \end{aligned}$$

$$\sum_{i=1}^{i=3}\cos^2\varphi_{i0} = (1 + 2\,A^2)\cos^2\varphi_{20} + 2B^2\sin^2\varphi_{20}\,.$$

Wir setzen:

$$\sin^2\varphi_{20} = 1 - \cos^2\varphi_{20}$$

und erhalten:

$$\begin{aligned} \sum_{i=1}^{i=3}\cos^2\varphi_{i0} &= (1 + 2\,A^2)\cos^2\varphi_{20} + 2B^2 - 2\,B^2\cos^2\varphi_{20} \\ &= (1 + 2\,A^2 - 2\,B^2)\cos^2\varphi_{20} + 2\,B^2. \end{aligned}$$

Setzt man nach Gl. (124):

$$A^2 = \frac{1}{4}\,; \qquad B^2 = \frac{3}{4}\,,$$

so folgt:

$$1 + 2\,A^2 - 2\,B^2 = 1 + \frac{2}{4} - \frac{6}{4} = 0$$

$$2\,B^2 = 1{,}5\,.$$

Daher ist: $\sum_{i=1}^{i=3}\cos^2\varphi_{i0} = 1{,}5$, also *konstant*. (125)

Damit erhalten wir nach Gl. (122):

$$\sigma_{s0}^* = -\frac{1{,}5 \cdot P}{a\,\pi\,L} \tag{126}$$

(konstant für alle Randpunkte außerhalb der drei Preßbahnen.)

In gleicher Weise wie bei zwei Preßbahnen berechnen wir die *superponierte* Spannung $\overline{\sigma_{s0}^*}$ auf dem Rande.

Nach Gl. (117) ist:

$$\overline{\sigma_{s0}^*} = -\frac{2\,P}{\pi\,L}\sum_{i=1}^{i=3}\frac{\cos\varphi_{i0}}{r_{i0}} \cdot \sin^2\alpha_{i0}\,.$$

Nach Gl. (120) ist:

$$\frac{\cos\varphi_{i0}}{r_{i0}} = \frac{1}{2\,a}\,.$$

Nach Gl. (121) ist:

$$\sin^2 \alpha_{i0} = \sin^2 \varphi_{i0}\,.$$

Somit gilt:

$$\overline{\sigma^*_{s0}} = -\frac{P}{a\,\pi\,L}\sum_{i=1}^{i=3} \sin^2 \varphi_{i0}\,. \tag{127}$$

Nun ist:

$$\begin{aligned}&\sin^2 \varphi_{10} + \sin^2 \varphi_{20} + \sin \varphi_{30}\\ &\quad = 1 - \cos^2 \varphi_{10} + 1 - \cos^2 \varphi_{20} + 1 - \cos^2 \varphi_{30}\\ &\quad = 3 - (\cos^2 \varphi_{10} + \cos^2 \varphi_{20} + \cos^2 \varphi_{30}) = 3 - 1{,}5 = 1{,}5\,,\end{aligned}$$

also ist auch hier:

$$\overline{\sigma^*_{s0}} = \sigma^*_{s0} = -\frac{1{,}5\,P}{a\,\pi\,L} \tag{128}$$

(konstant für alle Randpunkte außerhalb der drei Preßbahnen.)

Wir berechnen weiter die superponierte Schubspannung τ^*_{s0} am Rande.

Nach Gl. (118) ist:

$$\tau^*_{s0} = +\frac{P}{\pi\,L}\sum_{i=1}^{i=3} \frac{\cos \varphi_{i0}}{r_{i0}} \cdot \sin (2\,\alpha_{i0})$$

Nach Gl. (120) ist:

$$\frac{\cos \varphi_{i0}}{r_{i0}} = \frac{1}{2\,a}$$

und nach Gl. (121):

$$2\,\alpha_{i0} = 360^\circ - 2\,\varphi_{i0} = -2\,\varphi_{i0}$$

Damit ergibt sich zunächst:

$$\tau^*_{s0} = \frac{-P}{2\,a\,\pi\,L}\sum_{i=1}^{i=3} \sin (2\varphi_{i0}) \tag{129}$$

Nach Gl. (123) setzen wir:

$$\left.\begin{aligned}2\,\varphi_{10} &= 2\,\varphi_{20} + 120^\circ\\ 2\,\varphi_{20} &= 2\,\varphi_{20}\\ 2\,\varphi_{30} &= 2\,\varphi_{20} - 120^\circ.\end{aligned}\right\} \tag{130}$$

Damit erhalten wir:

$$\begin{aligned}\sin (2\,\varphi_{10}) &= \sin (2\,\varphi_{20}) \cos 120^\circ + \cos (2\,\varphi_{20}) \sin 120^\circ\\ \sin (2\,\varphi_{20}) &= \sin (2\,\varphi_{20})\\ \sin (2\,\varphi_{30}) &= \sin (2\,\varphi_{20}) \cos 120^\circ - \cos (2\,\varphi_{20}) \sin 120^\circ\end{aligned}$$

$$\sum_{i=1}^{i=3} \sin (2\,\varphi_{i0}) = \sin (2\,\varphi_{20}) \cdot [1 + 2 \cdot \cos 120^\circ]$$

Da $\cos 120^\circ = -0{,}5$, so ist:

$$1 + 2 \cdot \cos 120^\circ = 0$$

und wir erhalten wie bisher:

$$\tau^*_{s0} = 0 \quad \text{für alle Randpunkte}\,. \tag{131}$$

Wenn wir den superponierten Spannungen nach den Gln. (116) ··· (118) den hydrostatischen Zugspannungszustand

$$\sigma_s^{**} = + \frac{1{,}5\,P}{a\,\pi\,L}\,; \qquad \tau_s^{**} = 0 \tag{132}$$

(drei Preßbahnen).

überlagern, so erhalten wir die *endgültige* Lösung für die Verteilung der Spannungen in dem durch drei (um 120° gegeneinander versetzte) linienhafte Preßbahnen gedrückten zylindrischen Block:

1. *Normalspannung* σ_s senkrecht zum Schnittelement ds im Aufpunkte A:

$$\sigma_s = \sigma_s^{*} + \sigma_s^{**} = \frac{2\,P}{\pi\,L}\left[\frac{1{,}5}{2\,a} - \sum_{i=1}^{i=3}\frac{\cos\varphi_i}{r_i}\cdot\cos^2\alpha_i\right] \tag{133}$$

(drei Preßbahnen).

2. *Normalspannung* $\overline{\sigma}_s$ senkrecht zum Schnittelement $\overline{ds}$, welches gegenüber dem Schnittelement ds um 90° gedreht ist, im Aufpunkte A:

$$\overline{\sigma}_s = \overline{\sigma}_s^{*} + \sigma_s^{**} = \frac{2\,P}{\pi\,L}\left[\frac{1{,}5}{2\,a} - \sum_{i=1}^{i=3}\frac{\cos\varphi_i}{r_i}\cdot\sin^2\alpha_i\right] \tag{134}$$

(drei Preßbahnen).

3. *Schubspannung* τ_s tangential zum Schnittelement ds im Aufpunkte A:

$$\tau_s = \frac{+\,P}{\pi\,L}\sum_{i=1}^{i=3}\frac{\cos\varphi_i}{r_i}\cdot\sin(2\,\alpha_i) \tag{135}$$

(drei Preßbahnen).

4. *Absoluter Betrag der maximalen Schubspannung* $|\tau_{max}|$ im Aufpunkte A (als Maß für die Anstrengung des Werkstoffes).

Nach Gl. (55) ist:

$$|\tau_{max}| = \frac{1}{2}\overset{+}{\sqrt{(\sigma_s - \overline{\sigma}_s)^2 + 4\,\tau_s^2}}$$

und nach Gln. (133) ··· (135) folgt dann:

$$|\tau_{max}| = \frac{P}{\pi\,L}\overset{+}{\sqrt{\left(\sum_{i=1}^{i=3}\frac{\cos\varphi_i}{r_i}\cdot\cos(2\,\alpha_i)\right)^2 + \left(\sum_{i=1}^{i=3}\frac{\cos\varphi_i}{r_i}\sin(2\,\alpha_i)\right)^2}} \tag{136}$$

(drei Preßbahnen).

Gleichgewicht zwischen der Preßbahnbelastung und den Spannungen in unmittelbarer Umgebung der Pole. Wir prüfen, ob die Bedingung Gl. (107):

$$P + L\cdot\lim_{r_1\to 0}\int_{B_1}^{B_2}\sigma_s\cdot r_1\cdot\cos\varphi_1\cdot d\varphi_1 = 0$$

(beliebig viele Preßbahnen)

erfüllt ist, wenn wir σ_s nach Gl. (133) einsetzen.

Wir betrachten die Umgebung des Poles (1) und entnehmen den Abb. 286 und 287 folgendes:

1. Da das Schnittelement $ds = r_1 \cdot d\varphi_1$ auf dem Radius r_1 senkrecht steht und die äußere Normale $\mathfrak{n}$ vom Pole (1) *weg* zeigt, so ist:

$$\alpha_1 = 180^\circ; \qquad \cos^2 \alpha_1 = +1. \tag{137}$$

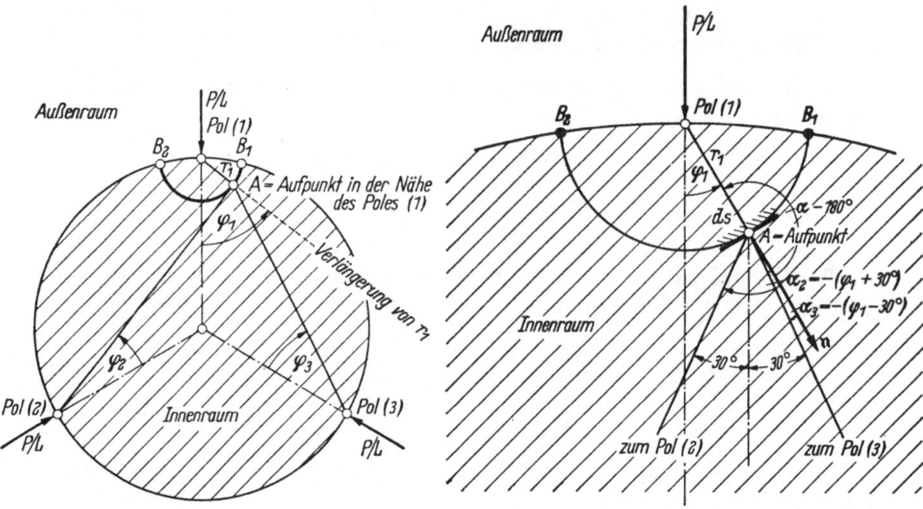

Abb. 286. Umgebung des Poles (1)

Abb. 287. Umgebung des Poles (1), vergrößert

2. Je *kleiner* der Radius r_1 wird, um so *genauer* gelten die folgenden Beziehungen:

$$\left.\begin{aligned}
&\varphi_2 = +30^\circ; \qquad \cos\varphi_2 = \frac{1}{2}\sqrt{3}; \qquad \alpha_2 = -(\varphi_1 + 30^\circ);\\
&\varphi_3 = -30^\circ; \qquad \cos\varphi_3 = \frac{1}{2}\sqrt{3}; \qquad \alpha_3 = -(\varphi_1 - 30^\circ);\\
&\cos\alpha_2 = \frac{1}{2}\sqrt{3}\cos\varphi_1 - \frac{1}{2}\sin\varphi_1;\\
&\cos\alpha_3 = \frac{1}{2}\sqrt{3}\cos\varphi_1 + \frac{1}{2}\sin\varphi_1;\\
&r_2 = r_3 = \frac{1}{2}\sqrt{3}\cdot 2a = a\sqrt{3};\\
&\varphi_{1\,(B_1)} = -\frac{\pi}{2}; \qquad \varphi_{1\,(B_2)} = +\frac{\pi}{2}.
\end{aligned}\right\} \tag{138}$$

Das Integral in Gl. (107) berechnet man folgendermaßen:

Nach Gl. (133) ist (ausführlich geschrieben):

$$\sigma_s = \frac{2P}{\pi L}\left[\frac{1{,}5}{2a} - \frac{\cos\varphi_1}{r_1}\cdot\cos^2\alpha_1 - \frac{\cos\varphi_2}{r_2}\cos^2\alpha_2 - \frac{\cos\varphi_3}{r_3}\cos^2\alpha_3\right].$$

Nach Gln. (137) und (138) setzen wir:

$$\frac{\cos\varphi_1}{r_1}\cdot\cos^2\alpha_1 = \frac{\cos\varphi_1}{r_1}$$

$$\frac{\cos\varphi_2}{r_2}\cdot\cos^2\alpha_2 = \frac{1}{2a}\left(\frac{3}{4}\cos^2\varphi_1 - \frac{1}{2}\sqrt{3}\cos\varphi_1\sin\varphi_1 + \frac{1}{4}\sin^2\varphi_1\right)$$

$$\frac{\cos\varphi_3}{r_3}\cdot\cos^2\alpha_3 = \frac{1}{2a}\left(\frac{3}{4}\cdot\cos^2\varphi_1 + \frac{1}{2}\sqrt{3}\cos\varphi_1\sin\varphi_1 + \frac{1}{4}\sin^2\varphi_1\right).$$

Dann gilt:

$$\lim_{r_1\to 0}(r_1\cdot\sigma_s) = \lim_{r_1\to 0}\left\{\frac{2P}{\pi L}\left[\frac{1{,}5\cdot r_1}{2a} - \cos\varphi_1 - \frac{\left(\frac{3}{2}\cos^2\varphi_1 + \frac{1}{2}\sin^2\varphi_1\right)\cdot r_1}{2a}\right]\right\}$$
$$= \frac{-2P\cdot\cos\varphi_1}{\pi L}. \tag{139}$$

Setzen wir dies in die Gleichgewichtsbedingung (107) ein, so geht sie über in:

$$P - L\int_{-\frac{\pi}{2}}^{+\frac{\pi}{2}} \frac{2P\cdot\cos\varphi_1}{\pi L}\cdot\cos\varphi_1\,d\varphi_1 = ?$$

Da

$$\int_{-\frac{\pi}{2}}^{+\frac{\pi}{2}} \cos^2\varphi_1\,d\varphi_1 = \frac{\pi}{2},$$

so bleibt:

$$P - L\cdot\frac{2P}{\pi L}\cdot\frac{\pi}{2} = P - P = 0.$$

Die Gleichgewichtsbedingung ist somit erfüllt.

m) Allgemeiner Fall: *n* äquidistante Preßbahnen. *Berechnung der vorläufigen superponierten Spannungen.* Nach den eingehenden Vorbereitungen wird der allgemeine Fall keine Schwierigkeiten mehr bereiten.

Im Gegenteil: die Ableitung der Formeln für die Randbedingung wird *einfacher*, weil bekannte Gesetze für geschlossene regelmäßige Vielecke benutzt werden können.

Gemäß Abb. 288 wird der Aufpunkt A durch folgende Polarkoordinaten festgelegt:

r_1 und φ_1 vom Pole (1)	r_i und φ_i vom Pole (i)
r_2 und φ_2 vom Pole (2)	. . . .
. . . .	r_n und φ_n vom Pole (n)

(Wir zählen die Pole *links* herum).

Die Orientierung des Schnittelementes ds im Aufpunkte A wird festgelegt durch die n Winkel:

$$\alpha_1,\quad \alpha_2,\quad \cdots,\quad \alpha_i,\quad \cdots,\quad \alpha_n.$$

Da der Spannungszustand für eine *äquidistante Verteilung* der Preßbahnen berechnet wird, so ist in Abb. 288:

$$\sphericalangle (1)\, M(2) = \sphericalangle (2)\, M(3) = \cdots = \sphericalangle (i)\, M\,(i+1) = \cdots$$
$$= \sphericalangle (n)\, M(1) = \frac{2\pi}{n}.$$

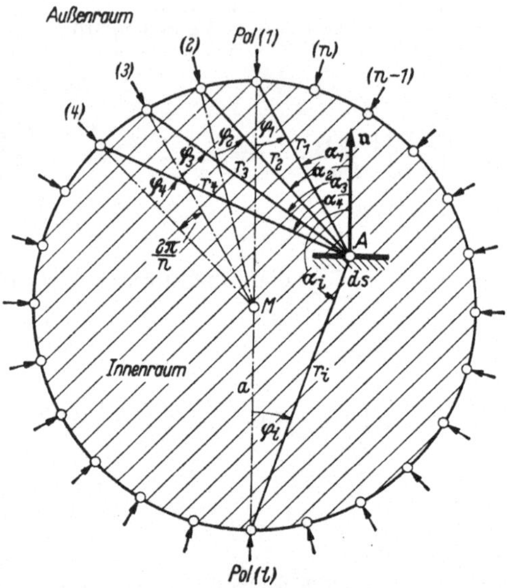

Abb. 288. Der durch n äquidistante Preßbahnen gedrückte Zylinder

Um die Spannung in einem Aufpunkte A zu berechnen, verfahren wir *genau* wie bei zwei und drei Preßbahnen und erhalten zunächst die *vorläufigen superponierten* Spannungen in Analogie zu den Gln. (84), (85), (86) bzw. (116), (117), (118) in der Form:

$$\sigma_s^* = -\frac{2P}{\pi L}\sum_{i=1}^{i=n}\frac{\cos\varphi_i}{r_i}\cdot\cos^2\alpha_i \tag{140}$$

$$\overline{\sigma_s^*} = -\frac{2P}{\pi L}\sum_{i=1}^{i=n}\frac{\cos\varphi_i}{r_i}\sin^2\alpha_i\,. \tag{141}$$

$$\tau_s^* = +\frac{P}{\pi L}\sum_{i=1}^{i=n}\frac{\cos\varphi_i}{r_i}\sin(2\alpha_i) \tag{142}$$

(n äquidistante Preßbahnen.)

Dieser Ansatz genügt — wie bei zwei und drei Preßbahnen — den *Differentialgleichungen* des ebenen Spannungszustandes aber noch *nicht der Randbedingung*, daß der Rand außerhalb der Preßbahnen (Pole) spannungsfrei sein soll.

Daher berechnen wir jetzt die superponierten Spannungen auf dem Rande (außerhalb der Preßbahnen), indem wir in die Gln. (140) ⋯ (142) die *Randwerte* r_{i0} ; φ_{i0} und α_{i0} einsetzen.

Berechnung der Randwerte und Herstellung der endgültigen Formeln.

Da beim Kreis der *Zentriwinkel* doppelt so groß ist wie der zur gleichen Sehne gehörende *Peripheriewinkel*, so gelten für einen Aufpunkt A_0 auf dem *Rande* die Gleichungen:

$$\left.\begin{array}{ll} \varphi_{20} = \varphi_{10} - 1 \cdot \frac{\pi}{n} & \varphi_{i0} = \varphi_{10} - (i-1) \cdot \frac{\pi}{n} \cdot \\ \varphi_{30} = \varphi_{10} - 2 \cdot \frac{\pi}{n} & \dots\dots\dots\dots \\ \dots\dots\dots\dots & \varphi_{n0} = \varphi_{10} - (n-1) \cdot \frac{\pi}{n} \end{array}\right\} \quad (143)$$

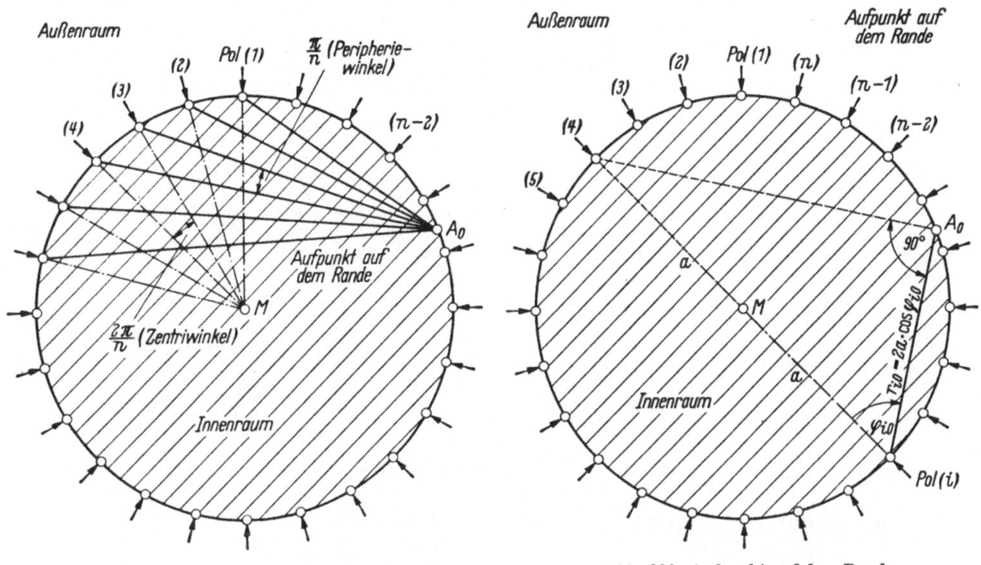

Abb. 289. Aufpunkt auf dem Rande

Abb. 290. Aufpunkt auf dem Rande, Erläuterung zu Gl. (144)

Ferner gilt für die Radien r_{10}; r_{20}; $\cdots$; r_{i0}; $\cdots$; r_{n0} in Analogie zu den Gl. (87) und (120):

$$\left.\begin{array}{ll} r_{10} = 2\,a \cdot \cos\varphi_{10} & r_{i0} = 2\,a \cdot \cos\varphi_{i0} \cdot \\ r_{20} = 2\,a \cdot \cos\varphi_{20} & \dots\dots\dots\dots \\ \dots\dots\dots\dots & r_{n0} = 2\,a \cdot \cos\varphi_{n0} \end{array}\right\} \quad (144)$$

Für die Orientierungswinkel:

$$\alpha_{10};\quad \alpha_{20};\quad \cdots;\quad \alpha_{i0};\quad \cdots,\quad \alpha_{n0}$$

des Schnittelementes ds_0 auf dem Rande im Aufpunkte A_0 lesen wir aus Abb. 291 die folgenden Beziehungen ab, welche den Gln. (89) und (121) analog sind:

$$\left.\begin{array}{ll} \alpha_{10} = 180^\circ - \varphi_{10} & \dots\dots\dots\dots \\ \alpha_{20} = 180^\circ - \varphi_{20} & \alpha_{i0} = 180^\circ - \varphi_{i0} \\ \dots\dots\dots\dots & \alpha_{n0} = 180^\circ - \varphi_{n0} \cdot \end{array}\right\} \quad (145)$$

Nach diesen Vorbereitungen formulieren wir die superponierten Spannungen σ_{s0}^*, $\overline{\sigma_{s0}^*}$ und τ_{s0}^* mittels der Gln. (140) ··· (142) für Aufpunkte auf dem Rande außerhalb der Pole.

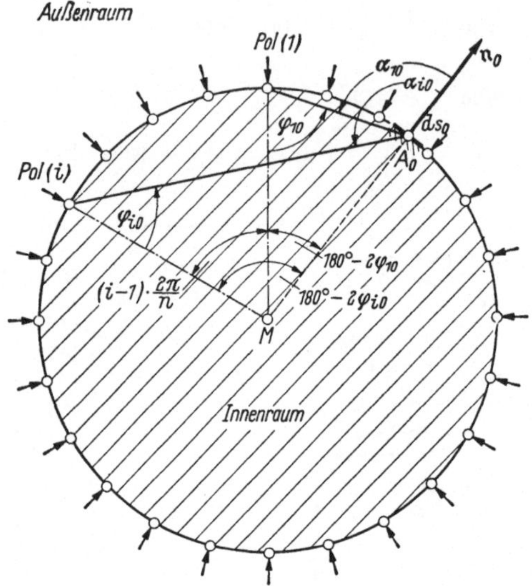

Abb. 291. Aufpunkt auf dem Rande. Erläuterung zu Gln. (143) und (145)

Wir erhalten aus Gl. (140):

$$\sigma_{s0}^* = -\frac{2P}{\pi L}\sum_{i=1}^{i=n}\frac{\cos\varphi_{i0}}{r_{i0}}\cdot\cos^2\alpha_{i0}\,.$$

Dies vereinfacht sich nach Gl. (144) und (145) zu:

$$\sigma_{s0}^* = -\frac{P}{a\pi L}\sum_{i=1}^{i=n}\cos^2\varphi_{i0}\,. \tag{146}$$

Aus Gl. (141) folgt:

$$\overline{\sigma_{s0}^*} = -\frac{2P}{\pi L}\sum_{i=1}^{i=n}\frac{\cos\varphi_{i0}}{r_{i0}}\sin^2\alpha_{i0}\,.$$

Dies vereinfacht sich nach Gl. (144) und (145) zu:

$$\overline{\sigma_{s0}^*} = -\frac{P}{a\pi L}\sum_{i=1}^{i=n}\sin^2\varphi_{i0}\,. \tag{147}$$

Aus Gl. (142) folgt:

$$\tau_{s0}^* = +\frac{P}{\pi L}\sum_{i=1}^{i=n}\frac{\cos\varphi_{i0}}{r_{i0}}\cdot\sin(2\alpha_{i0})\,.$$

Nach Gl. (145) ist:

$$2\alpha_{i0} = 360^\circ - 2\varphi_{i0} = -2\varphi_{i0}$$

also:

$$\sin(2\alpha_{i0}) = -\sin(2\varphi_{i0})\,.$$

Daher folgt:

$$\tau_{s0}^* = \frac{-P}{2a\pi L}\sum_{i=1}^{i=n}\sin(2\varphi_{i0})\,. \tag{148}$$

Die Formeln (146) ⋯ (148) verlangen, daß wir die Werte der folgenden Summen berechnen:

$$\sum_{i=1}^{i=n} \cos^2 \varphi_{i0}\,; \quad \sum_{i=1}^{i=n} \sin^2 \varphi_{i0}\,; \quad \sum_{i=1}^{i=n} \sin(2\,\varphi_{i0})\,.$$

Wir benutzen dazu die *Eigenschaften regelmäßiger Vielecke.*

Einige Eigenschaften regelmäßiger Vielecke. Verbinden wir die Pole

(1) mit (2); (i) mit $(i+1)$;
(2) mit (3); . . . .
. . . . . . (n) mit $(n+1)$,

so erhalten wir ein regelmäßiges geschlossenes n-Eck, nämlich das *Sehnen-n*-Eck unseres Block-Querschnittes.

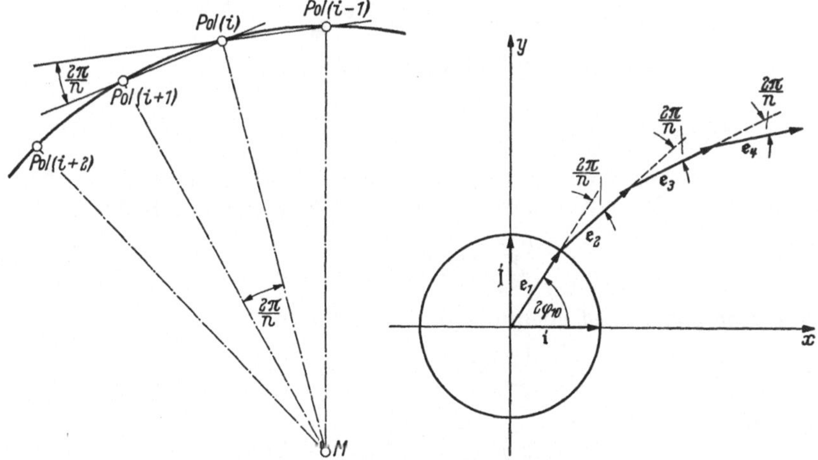

Abb. 292. Sehnen-n-Eck des Block-Querschnittes

Abb. 293. Steckenzug $\mathfrak{e}_1 + \mathfrak{e}_2 + \mathfrak{e}_3 + \cdots$

Verlängert man die Sehne $(i - 1)$ (i) über (i) hinaus, so schließt sie mit der anschließenden Sehne (i) $(i+1)$ den Winkel $\frac{2\pi}{n}$ ein.

Diese Tatsache benutzen wir zur Konstruktion des folgenden *geschlossenen Vektor-Streckenzuges:*

In einem x-y-Koordinatensystem sei $\mathfrak{i}$ der Einheitsvektor der x-Richtung und $\mathfrak{j}$ der Einheitsvektor der y-Richtung.

Wir zeichnen zunächst den Einheitsvektor:

$$\mathfrak{e}_1 = \mathfrak{i}\cos(2\,\varphi_{10}) + \mathfrak{j}\sin(2\,\varphi_{10})\,.$$

Daran fügen wir den Einheitsvektor:

$$\mathfrak{e}_2 = \mathfrak{i}\cos\left(2\,\varphi_{10} - \frac{2\pi}{n}\right) + \mathfrak{j}\sin\left(2\,\varphi_{10} - \frac{2\pi}{n}\right)$$
$$= \mathfrak{i}\cos(2\,\varphi_{20}) + \mathfrak{j}\sin(2\,\varphi_{20})\,.$$

Daran weiter den Einheitsvektor:

$$\mathfrak{e}_3 = \mathfrak{i} \cos\left(2\,\varphi_{10} - 2 \cdot \frac{2\,\pi}{n}\right) + \mathfrak{j} \sin\left(2\,\varphi_{10} - 2 \cdot \frac{2\,\pi}{n}\right)$$
$$= \mathfrak{i} \cos(2\,\varphi_{30}) + \mathfrak{j} \sin(2\,\varphi_{30})\,.$$

Daran:

$$\mathfrak{e}_4 = \mathfrak{i} \cos\left(2\,\varphi_{10} - 3 \cdot \frac{2\,\pi}{n}\right) + \mathfrak{j} \sin\left(2\,\varphi_{10} - 3 \cdot \frac{2\,\pi}{n}\right)$$
$$= \mathfrak{i} \cos(2\,\varphi_{40}) + \mathfrak{j} \sin(2\,\varphi_{40})\,.$$

So fahren wir fort.

Wenn wir dies für alle n Einheitsvektoren $\mathfrak{e}_i$ durchführen, so erhalten wir die Vektorsumme:

$$\sum_{i=1}^{i=n} \mathfrak{e}_i = \mathfrak{i} \sum_{i=1}^{i=n} \cos(2\,\varphi_{i0}) + \mathfrak{j} \sum_{i=1}^{i=n} \sin(2\,\varphi_{i0})\,.$$

Da der Streckenzug der Einheitsvektoren:

$$\sum_{i=1}^{i=n} \mathfrak{e}_i$$

ein geschlossenes n-Eck bildet, so ist diese Vektorsumme gleich Null, also ist auch die x-Komponente des Streckenzuges gleich Null, d. h.:

$$\sum_{i=1}^{i=n} \cos(2\,\varphi_{i0}) = 0\,. \tag{149}$$

Die y-Komponente ist ebenfalls gleich Null, d. h.:

$$\sum_{i=1}^{i=n} \sin(2\,\varphi_{i0}) = 0\,. \tag{150}$$

Da weiter:

$$\cos(2\,\varphi_{i0}) = \cos^2\varphi_{i0} - \sin^2\varphi_{i0}\,,$$

so folgt:

$$\sum_{i=1}^{i=n} \cos(2\,\varphi_{i0}) = \sum_{i=1}^{i=n} (\cos^2\varphi_{i0} - \sin^2\varphi_{i0})$$
$$= \sum_{i=1}^{i=n} \cos^2\varphi_{i0} - \sum_{i=1}^{i=n} \sin^2\varphi_{i0} = 0_{10}$$

oder:

$$\sum_{i=1}^{i=n} \cos^2\varphi_{i0} = \sum_{i=1}^{i=n} \sin^2\varphi_{i0}\,. \tag{151}$$

Andererseits ist:

$$\sum_{i=1}^{i=n} \cos^2\varphi_{i0} + \sum_{i=1}^{i=n} \sin^2\varphi_{i0} = \sum_{i=1}^{i=n} (\cos^2\varphi_{i0} + \sin^2\varphi_{i0})$$
$$= \sum_{i=1}^{i=n} \underbrace{(1 + 1 + 1 + \cdots + 1)}_{(n \text{ Summanden})} = n$$

also:

$$\sum_{i=1}^{i=n} \cos^2\varphi_{i0} + \sum_{i=1}^{i=n} \sin^2\varphi_{i0} = n\,. \tag{152}$$

Da aber nach Gl. (151):

$$\sum_{i=1}^{i=n} \cos^2 \varphi_{i0} = \sum_{i=1}^{i=n} \sin^2 \varphi_{i0}.$$

so folgt aus Gl. (152):

$$2 \sum_{i=1}^{i=n} \cos^2 \varphi_{10} = n$$

und:

$$2 \sum_{i=1}^{i=n} \sin^2 \varphi_{i0} = n$$

und damit haben wir das Ergebnis:

$\sum_{i=1}^{i=n} \cos^2 \varphi_{i0} = \frac{n}{2}$	$\sum_{i=1}^{i=n} \sin^2 \varphi_{i0} = \frac{n}{2}$	(153)
$\sum_{i=1}^{i=n} \cos (2 \varphi_{i0}) = 0$	$\sum_{i=1}^{i=n} \sin (2 \varphi_{i0}) = 0.$	

Diese Werte setzen wir in die Gln. (146) ··· (148) ein und erhalten:

$\sigma_{s0}^* = -\frac{P \cdot n}{2 a \pi L}$	konstant für alle Randpunkte außerhalb der n Preßbahnen	(154)
$\overline{\sigma_{s0}^*} = -\frac{P \cdot n}{2 a \pi L}$	konstant für alle Randpunkte außerhalb der n Preßbahnen	(155)
$\tau_{s0}^* = 0$	für alle Randpunkte.	(156)

Wenn wir nunmehr den superponierten Spannungen nach den Gln. (140) ··· (142) den hydrostatischen Zugspannungszustand

$$\sigma_s^{**} = + \frac{2P}{\pi L} \cdot \frac{n}{4a}; \qquad \tau_s^{**} = 0 \tag{157}$$

überlagern, so erhalten wir die endgültige Lösung für die Verteilung der Spannungen in dem durch n (um den Winkel $2\pi/n$ gegeneinander versetzte) linienhafte Preßbahnen (mit konstanter Belastung P/L) gedrückten zylindrischen Block:

1. *Normalspannung* σ_s senkrecht zum Schnittelement ds im Aufpunkte A:

$$\sigma_s = \frac{2P}{\pi L}\left[\frac{n}{4a} - \sum_{i=1}^{i=n} \frac{\cos \varphi_i}{r_i} \cos^2 \alpha_i\right] \tag{158}$$

(endgültige Formel für n Preßbahnen).

2. *Normalspannung* $\overline{\sigma_s}$ senkrecht zum Schnittelement $\overline{ds}$, welches gegenüber dem Schnittelement ds um 90° gedreht ist, im Aufpunkte A:

$$\overline{\sigma_s} = \frac{2\,P}{\pi\,L}\left[\frac{n}{4\,a} - \sum_{i=1}^{i=n} \frac{\cos\varphi_i}{r_i} \cdot \sin^2 \alpha_i\right] \tag{159}$$

(endgültige Formel für n Preßbahnen).

3. *Schubspannung* τ_s tangential zum Schnittelement ds im Aufpunkte A (Vorzeichenfestsetzung s. Abb. 254):

$$\tau_s = \frac{P}{\pi\,L} \sum_{i=1}^{i=n} \frac{\cos\varphi_i}{r_i} \cdot \sin\,(2\,\alpha_i) \tag{160}$$

(endgültige Formel für n Preßbahnen).

4. *Absoluter Betrag der maximalen Schubspannung* $|\,\tau_{max}\,|$ im Aufpunkte A (als Maß für die Anstrengung des Werkstoffes). Nach Gl. (55) ist:

$$|\,\tau_{max}\,| = \frac{1}{2} \overset{+}{\sqrt{(\sigma_s - \overline{\sigma_s})^2 + 4\,\tau_s^2}}\,.$$

Setzt man σ_s, $\overline{\sigma_s}$ und τ_s nach den Gln. (158) $\cdots$ (160) ein, so folgt:

$$|\tau_{max}| = \frac{P}{\pi\,L} \overset{+}{\sqrt{\left(\sum_{i=1}^{i=n} \frac{\cos\varphi_i}{r_i} \cdot \cos\,(2\,\alpha_i)\right)^2 + \left(\sum_{i=1}^{i=n} \frac{\cos\varphi_i}{r_i} \cdot \sin\,(2\,\alpha_i)\right)^2}} \tag{161}$$

(endgültige Formel für n Preßbahnen).

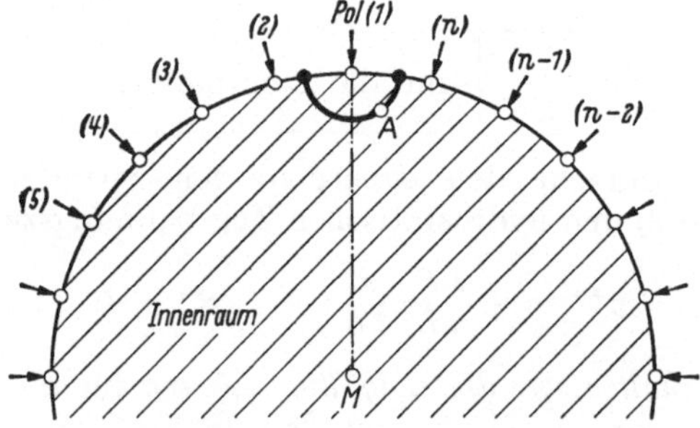

Abb. 294. Aufpunkt A in der Nähe des Poles (1)

Gleichgewicht zwischen der Preßbahnbelastung und den Spannungen in unmittelbarer Umgebung der Pole. Es ist zu prüfen, ob die Gleichgewichtsbedingung:

$$P + L \cdot \lim_{r_1 \to 0} \int_{B_1}^{B_2} (\sigma_s \cdot r_1) \cdot \cos\varphi_1 \cdot d\varphi_1 = 0$$

erfüllt ist, wenn σ_s nach Gl. (158) eingesetzt wird.

Wir entnehmen den Abb. 295 · · · 296 folgendes:

1. Da das Schnittelement $ds = r_1 \cdot d\varphi_1$ auf dem Radius r_1 senkrecht steht, und die äußere Normale $\mathfrak{n}$ vom Pole (1) *weg* zeigt, so ist:

$$\alpha_1 = 180^\circ; \qquad \cos^2 \alpha_1 = +1 \qquad (i = 1) \tag{162}$$

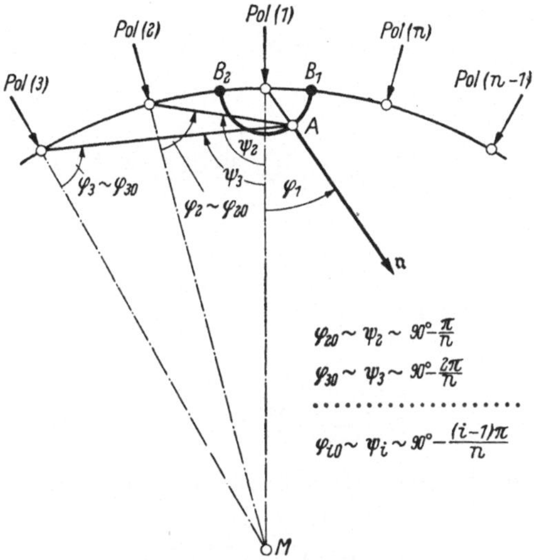

Abb. 295 Aufpunkt A in der Nähe des Poles (1), vergrößert [zur Erläuterung von Gl. (163)]

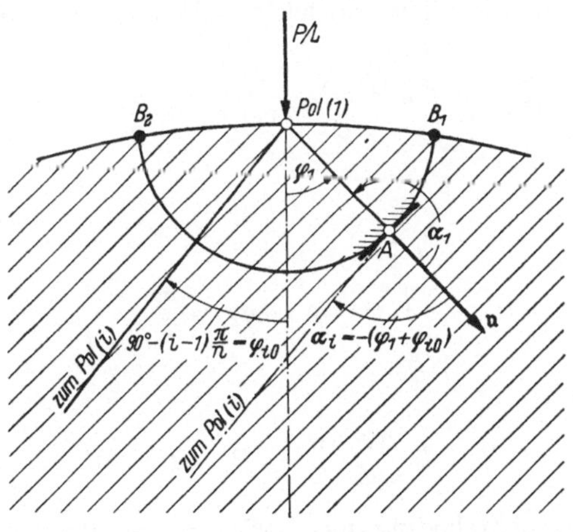

Abb. 296. Umgebung des Poles (1), vergrößert

2. je *kleiner* der Radius r_1 wird, um so *genauer* gelten die folgenden Beziehungen:

$$\varphi_{i0} = \frac{\pi}{2} - (i - 1) \cdot \frac{\pi}{n} \tag{163}$$

$$\alpha_i = -(\varphi_1 + \varphi_{i0}); \qquad (i = 2, 3, \cdots, n)$$

$$r_i = r_{i0} = 2\,a \cdot \cos \varphi_{i0}; \qquad (i = 2, 3, \cdots, n).$$

Berechnung des Integrales in Gl. (107): Nach Gl. (158) ist:

$$\sigma_s = \frac{2\,P}{\pi\,L}\left[\frac{n}{4\,a} - \sum_{i=1}^{i=n} \frac{\cos\varphi_i}{r_i} \cdot \cos^2\alpha_i\right].$$

Nach Gl. (162) und (163) setzen wir für $i = 1$:

$$\frac{\cos\varphi_1}{r_1} \cdot \cos^2\alpha_1 = \frac{\cos\varphi_1}{r_1}$$

und für $i = 2$ bis $i = n$:

$$\frac{\cos\varphi_i}{r_i} \cdot \cos^2\alpha_i = \frac{\cos^2(\varphi_1 + \varphi_{i0})}{2\,a}.$$

Dann ist:

$$\lim_{r\to 0}(\sigma_s \cdot r_1) = \lim_{r\to 0}\left\{\frac{2\,P}{\pi\,L}\left[\frac{r_1\left[\frac{n}{2} - \sum_{i=2}^{i=n}\cos^2(\varphi_1 + \varphi_{i0})\right]}{2\,a} - \cos\varphi_1\right]\right\}. \quad (164)$$

Da

$$\frac{n}{2} - \sum_{i=2}^{n}\cos^2(\varphi_1 + \varphi_{i0})$$

endlich ist, so bleibt nach dem Grenzübergang auch im allgemeinen Fall nur übrig:

$$\lim_{r_1\to 0}(\sigma_s \cdot r_1) = \frac{2\,P\cos\varphi_1}{\pi\,L}. \quad (165)$$

Dies setzt man in die Gleichgewichtsbedingung (107) ein und erhält:

$$P - L\int_{-\frac{\pi}{2}}^{+\frac{\pi}{2}} \frac{2\,P\cos\varphi_1}{\pi\,L} \cdot \cos\varphi_1 \cdot d\varphi_1 = \;?$$

Wegen:

$$\int_{-\frac{\pi}{2}}^{+\frac{\pi}{2}} \cos^2\varphi_1 \cdot d\,\varphi_1 = \frac{\pi}{2}$$

folgt:

$$P - L \cdot \frac{2\,P}{\pi\,L} \cdot \frac{\pi}{2} = P - P = 0\,. \quad (166)$$

Die Gleichgewichtsbedingung (107) in unmittelbarer Umgebung der Pole wird demnach auch durch die Lösung des allgemeinen Falles (n Preßbahnen) *erfüllt*.

n) Start für die Zahlenrechnung *Es ist völlig ausgeschlossen*, etwa die ganze Zahlenrechnung mitzuteilen (auch nicht in Form eines vollständigen Programms), andererseits ist es kein Geheimnis, daß Mathematiker — je reiner sie sind — um so ungeschickter an Zahlenrechnungen herangehen.

Ein *Industrie-Mathematiker* muß nun beides sein: erstens rein, aber nicht allzu rein und zweitens ein guter *Programmierer*.

Deshalb werde ich im folgenden den *Start* zur Zahlenrechnung geben und dabei zeigen, wie man das *Programm* des Rechenzettels aufstellt.

Im Falle eines Programms wird nur *numerisch* gerechnet. Die für die Berechnung der Spannungen erforderlichen Größen:

$$\begin{matrix} r_1, & r_2, & \ldots, & r_i, & \ldots. & r_n \\ \varphi_1, & \varphi_2, & \ldots, & \varphi_i, & \ldots, & \varphi_n \\ \alpha_1, & \alpha_2, & \ldots, & \alpha_i, & \ldots, & \alpha_n \end{matrix}$$

werden in diesem Falle also *nicht* graphisch *ermittelt*, sondern nur durch eine *rohe* graphische Ermittlung *kontrolliert*.

Diese Größen werden mit einfachen trigonometrischen Formeln, die noch mitgeteilt werden, berechnet.

Das so aufgestellte Programm gilt für normale Rechenmaschinen. Für elektronische Rechenautomaten braucht es nur erweitert zu werden. Da schon sehr viele Firmen derartige Geräte besitzen (z. B. von der Internationalen Büro-Maschinen Gesellschaft m. b. H. in Sindelfingen und der *Exakta*-Büromaschinen G. M. b. H. in Köln-Deutz), so ist es durchaus *zeitgemäß*, wenn sich ein Mathematiker rechtzeitig im Programmieren übt.

Durchführung der Zahlenrechnung. Wir gehen ins Detail:

Die allgemeinen endgültigen Gln. (158) $\cdots$ (161) sind noch zu ergänzen durch Gleichungen, welche es gestatten, die Größen

$$r_i; \quad \varphi_i; \quad \alpha_i$$

aus den *Koordinaten* des Aufpunktes A und der *Orientierung* des Schnittelementes ds in diesem Aufpunkte zu berechnen.

Die *Symmetrie* des Problems legt es nahe, die Lage des Aufpunktes A durch Polarkoordinaten ϱ und ψ festzulegen, wobei das *Zentrum* des Polarkoordinatensystems im *Zentrum* des Blockes liegt.

Die äquidistante Verteilung der n Preßbahnen bewirkt nämlich, daß in jedem *Kreissektor*, der von zwei aufeinander folgenden Radien

$$M(i) \text{ und } M\ (i+1)$$

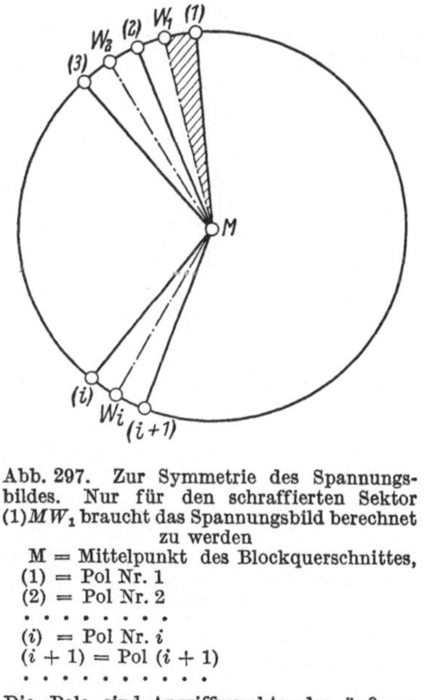

Abb. 297. Zur Symmetrie des Spannungsbildes. Nur für den schraffierten Sektor (1)MW_1 braucht das Spannungsbild berechnet zu werden
M = Mittelpunkt des Blockquerschnittes,
(1) = Pol Nr. 1
(2) = Pol Nr. 2
. . . .
(i) = Pol Nr. i
($i+1$) = Pol ($i+1$)
. . . .
Die Pole sind Angriffspunkte der äußeren Kräfte. Auf den Block wirken in diesen Punkten die *Preßbahnen*

begrenzt wird, das *gleiche* Spannungsbild herrscht. Innerhalb eines jeden Sektors ist das Spannungsbild *symmetrisch* zur Winkelhalbierenden MW_i des Winkels $\sphericalangle\ (i)\ M\ (i+1)$.

Da alle Preßbahnen gleichwertig sind, so braucht man nur das Spannungsbild *eines* Sektors zu berechnen. Man wählt dazu den Sektor, der von dem Radius vom Mittelpunkte M zum Pole (1) und der Winkelhalbierenden MW_1 begrenzt wird.

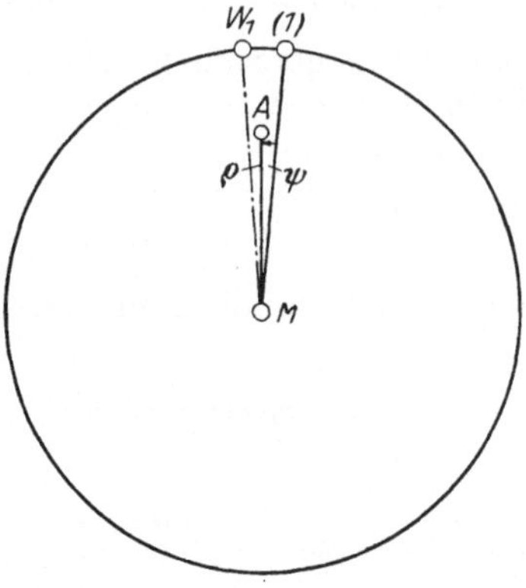

Das übrige Spannungsbild erhält man dann durch eine *Kaleidoskop-Spiegelung* an den Spiegeln $M(1)$ und MW_1.

Es müssen jetzt die Polarkoordinaten r_i und φ_i des Aufpunktes A bezüglich der Pole (i) aus den vorgegebenen Polarkoordinaten ϱ und ψ des Aufpunktes A berechnet werden.

Abb. 298 zeigt die *vorgegebenen* Polarkoordinaten.

Abb. 298. Polarkoordinaten des Aufpunktes A im Sektor $(1)MW_1$

Die immer *positive* Koordinate ϱ ist die Entfernung des Aufpunktes A vom Mittelpunkt M des Blockes, bzw. der Abstand des Aufpunktes von der Zylinderachse.

Der Winkel ψ ist das *Argument* des Aufpunktes A. Er soll *positiv* gerechnet werden, wenn man aus der Richtung $\psi = 0$ (vom Mittelpunkt M zum Pole (1)) durch eine Drehung *entgegen* dem Uhrzeigersinn in die Richtung vom Mittelpunkt M zum Aufpunkt A gelangt.

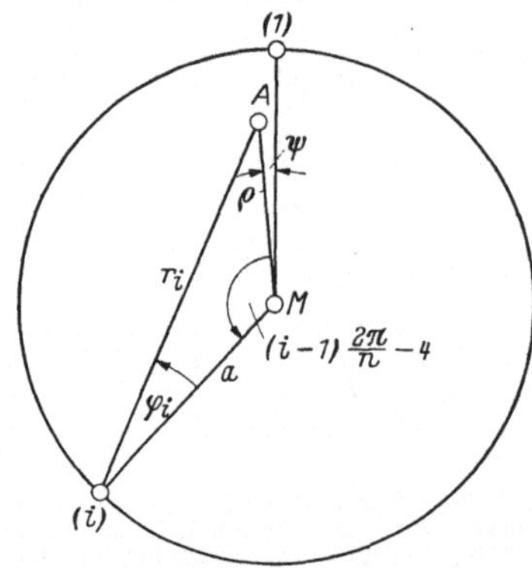

Abb. 299. Berechnung von r_i und φ_i mittels des cosinus- bzw. sinus-Satzes der ebenen Trigonometrie.
(1) = Pol Nr. 1
(i) = Pol Nr. i
n = Anzahl der äquidistanten Pole

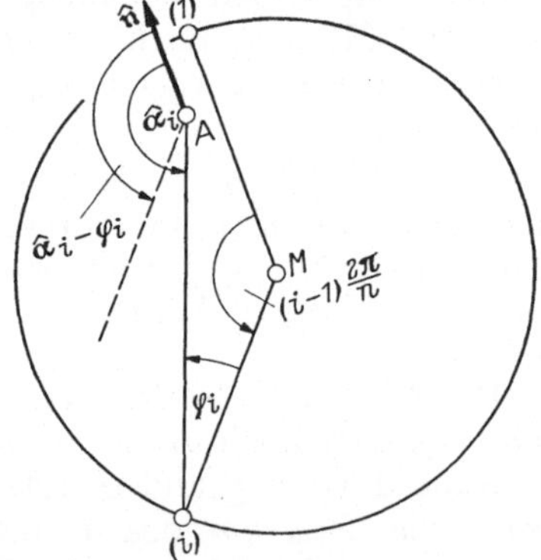

Abb. 300. Berechnung des Winkels $\hat{\alpha}_i$ unter der Voraussetzung, daß die Normale $\hat{n}$ des Schnittelementes parallel zur Richtung vom Mittelpunkt M zum Pol (1) ist

Diese Polarkoordinaten sind für die Zahlenrechnung *gegebene* Größen.

Den Radius r_i vom Pole (i) zum Aufpunkt A berechnet man gemäß Abb. 299 mit dem bekannten cosinus-Satz der ebenen Trigonometrie. Es ist:

$$r_i^2 = a^2 + \varrho^2 - 2 \cdot a \cdot \varrho \cdot \cos\left(\frac{2(i-1)\,\pi}{n} - \psi\right). \tag{167}$$

Das Argument φ_i, d. h. den Winkel $M(i)A$ erhält man mit Hilfe des sinus-Satzes der ebenen Trigonometrie:

$$\frac{\sin \varphi_i}{\sin\left(\frac{2(i-1)\pi}{n} - \psi\right)} = \frac{\varrho}{r_i}.$$

Nachdem r_i berechnet ist, findet man:

$$\sin \varphi_i = \frac{\varrho}{r_i} \cdot \sin\left(\frac{2(i-1)\pi}{n} - \psi\right). \tag{168}$$

Daraus folgt der Winkel φ_i auch dem *Vorzeichen* nach richtig.

Die Wahl der Orientierung des Schnittelementes ds steht noch vollkommen *frei*. Man trifft sie so, daß man eine möglichst *einfache* Gleichung zwischen den Winkeln α_i und φ_i erhält und schreibt deshalb vor:

1. Das über ds, $\mathfrak{n}$ und α_i angebrachte Dach (^) zeigt an, daß man hier eine *spezielle* Wahl der Orientierung des Schnittelementes ds getroffen hat.

2. Die äußere Normale des (speziellen) Schnittelementes $\widehat{ds}$ (gekennzeichnet durch den Einheitsvektor $\hat{\mathfrak{n}}$, im Aufpunkte A ist immer parallel zur Richtung vom Mittelpunkt M zum Pole (1).

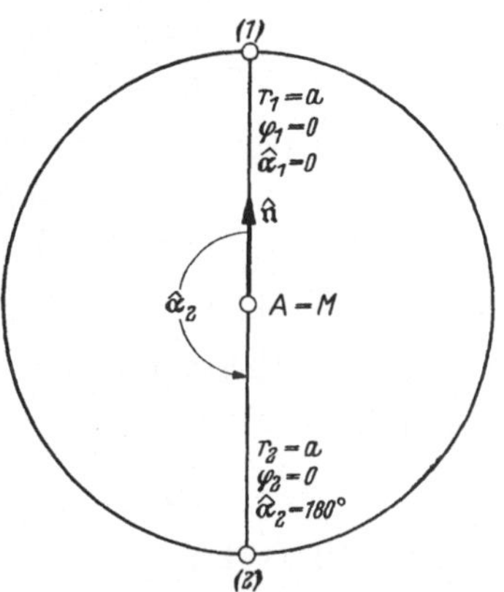

Abb. 301. Es sind nur zwei Preßbahnen vorhanden ($n = 2$) und der Aufpunkt $A = M$ fällt in den Mittelpunkt der Querschnittsfläche, (daher $\varrho = 0$)

Aus Abb. 300 liest man ab:

$$\hat{\alpha}_i - \varphi_i = \frac{(i-1)\cdot 2\pi}{n}$$

und erhält daraus zur Berechnung von $\hat{\alpha}_i$ die Gleichung:

$$\hat{\alpha}_i = \varphi_i + \frac{2(i-1)\cdot\pi}{n}. \tag{169}$$

(Man vergesse nicht eine grobe graphische Kontrolle der berechneten r_i, φ_i und $\hat{\alpha}_i$).

Zahlenbeispiel I. *Spannungszustand im Zentrum des Blockes.* Als erstes Beispiel soll untersucht werden, wie sich der Spannungszustand im Zentrum des Blockes bei *zwei* Preßbahnen von demjenigen bei *drei* Preßbahnen *unterscheidet.*

Abb. 301 zeigt folgendes:

Im Zentrum des Blockes fällt der Aufpunkt A mit dem Mittelpunkt M zusammen, daher ist dort $\varrho = 0$ und man liest ab:

$$\left.\begin{array}{l|l} r_1 = a & r_2 = a \\ \varphi_1 = 0 & \varphi_2 = 0 \\ \hat{\alpha}_1 = 0 & \hat{\alpha}_2 = 180^\circ \end{array}\right\} \tag{170}$$

Die Rechnung mit den Formeln (167)···(169) ergibt:

$$\frac{\cos\varphi_1}{r_1} = \frac{\cos\varphi_2}{r_2} = \frac{1}{a}$$

$$\left.\begin{array}{r|r} \cos^2\hat{\alpha}_1 = 1 & \cos^2\hat{\alpha}_2 = 1 \\ \sin^2\hat{\alpha}_1 = 0 & \sin^2\hat{\alpha}_2 = 0 \\ \cos(2\,\hat{\alpha}_1) = 1 & \cos(2\,\hat{\alpha}_2) = 1 \\ \sin(2\,\hat{\alpha}_1) = 0 & \sin(2\,\hat{\alpha}_2) = 0 \end{array}\right\} \tag{171}$$

Dann folgt aus Gl. (96) für das Schnittelement $d\hat{s}$:

$$\hat{\sigma}_s = \frac{2\,P}{\pi\,L}\left(\frac{1}{2\,a} - \frac{\cos\varphi_1}{r_1}\cdot\cos^2\hat{\alpha}_1 - \frac{\cos\varphi_2}{r_2}\cdot\cos^2\hat{\alpha}_2\right)$$

also mit den Werten Gl. (171):

$$\hat{\sigma}_{s\,(Zentrum)} = \frac{2\,P}{\pi\,L}\left(\frac{1}{2\,a} - \frac{1}{a} - \frac{1}{a}\right) = \frac{-3\,P}{a\,\pi\,L} \tag{172}$$

Nach Gl. (97) folgt für die Normalspannung $\hat{\hat{\sigma}}_s$, senkrecht zum Schnittelement $\widehat{ds}$, welches gegenüber dem Schnittelement $\widehat{ds}$ um 90° gedreht ist:

$$\hat{\hat{\sigma}}_s = \frac{2\,P}{\pi\,L}\left(\frac{1}{2\,a} - \frac{\cos\varphi_1}{r_1}\cdot\sin^2\hat{\alpha}_1 - \frac{\cos\varphi_2}{r_2}\cdot\sin^2\hat{\alpha}_2\right)$$

und nach Gl. (171):

$$\hat{\hat{\sigma}}_{s\,(Zentrum)} = \frac{2\,P}{\pi\,L}\left(\frac{1}{2\,a} - 0 - 0\right) = \frac{+\,P}{a\,\pi\,L}\,. \tag{173}$$

Für die Schubspannung $\hat{\tau}_s$ tangential zum Schnittelement $\widehat{ds}$ folgt nach Gl. (98):

$$\hat{\tau}_s = \frac{P}{\pi\,L}\left(\frac{\cos\varphi_1}{r_1}\cdot\sin(2\,\hat{\alpha}_1) + \frac{\cos\varphi_2}{r_2}\cdot\sin(2\,\hat{\alpha}_2)\right).$$

Nach Gl. (171) ist dann:

$$\hat{\tau}_{s\,(Zentrum)} = 0\,. \tag{174}$$

Die Spannungen

$$\hat{\sigma}_{s\,(Zentrum)} \quad \text{und} \quad \hat{\hat{\sigma}}_{s\,(Zentrum)}$$

sind demnach *Hauptspannungen* und deshalb kann der Betrag $|\hat{\tau}_{max}|$ der maximalen Schubspannung gleich dem Betrage der halben Differenz der Hauptspannungen gesetzt werden, so daß:

$$|\hat{\tau}_{max\,(Zentrum)}| = \frac{a\,\pi\,L}{2\,P}\,. \tag{175}$$

Mit den soeben abgeleiteten Ergebnissen, die schon 1883 bekannt waren, beschreibt E. SIEBEL die Beanspruchungsverhältnisse beim Lochen nach dem Schrägwalzverfahren [*26*]. Es ist sehr lesenswert, wie SIEBEL den *elastischen* Spannungszustand im Zentrum des Blockes zu Rate zieht, um die *Fließerscheinungen* und die bildsame Verformung und *Lochbildung* im schräggewalzten Block (im Friemelteil) richtig zu deuten. Ich zitiere nur den Schluß:

„Während die in der Nähe der Oberfläche gelegenen Teile nur dann stärker bildsam verformt werden, wenn sie sich unter den Druckflächen (=Preßbahnen) befinden, erleidet die *Kernzone* ununterbrochen eine starke *Schubformänderung*, wobei sich die Verschiebungsrichtung entsprechend der Rotation dauernd ändert. Der Werkstoff zeigt sich dieser *hohen Beanspruchung* meist nur kurze Zeit gewachsen, zumal da in der *Querrichtung Zugspannungen* wirken, und es kommt zu einer *Lochbildung* im Kern“.

Bei drei Preßbahnen ergibt sich ein völlig anderes Spannungsbild.

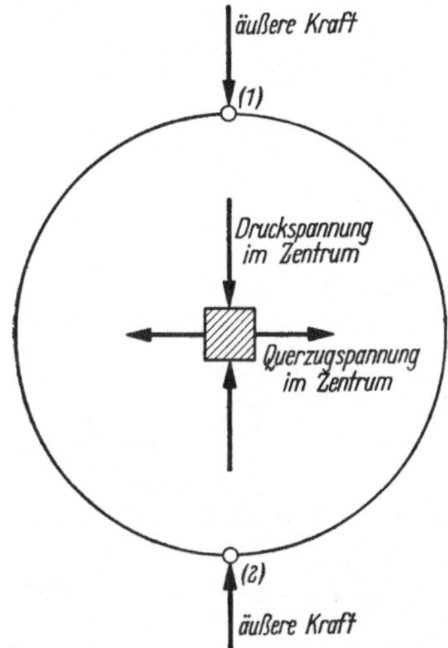

Abb. 302. Druck- und Querzugspannung im Zentrum des Blockes

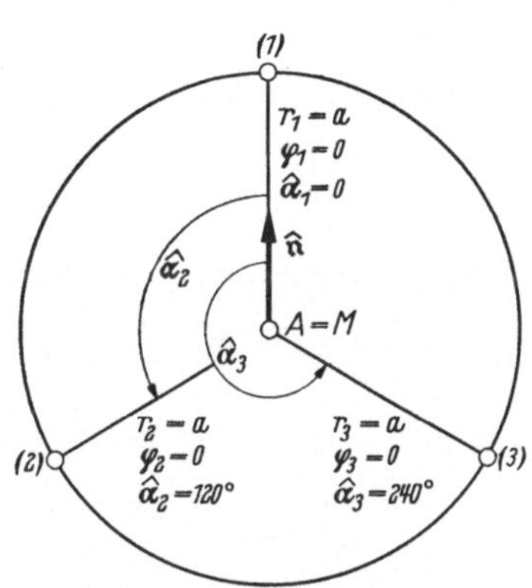

Abb. 303. Es sind 3 Preßbahnen vorhanden ($n = 3$) und der Aufpunkt fällt in den Mittelpunkt der Querschnittsfläche (daher $\varrho = 0$)

Wieder ist $\varrho = 0$ und aus Abb. 303 liest man ab:

$$\left.\begin{array}{r|r|r} r_1 = a & r_2 = a & r_3 = a \\ \varphi_1 = 0 & \varphi_2 = 0 & \varphi_3 = 0 \\ \hat{\alpha}_1 = 0 & \hat{\alpha}_2 = 120^\circ & \hat{\alpha}_3 = 240^\circ \end{array}\right\} \qquad (176)$$

Die Rechnung mit den Gln. (167)···(169) ergibt (in Übereinstimmung mit der Ablesung Gl. (176)):

$$\frac{\cos\varphi_1}{r_1} = \frac{\cos\varphi_2}{r_2} = \frac{\cos\varphi_3}{r_3} = \frac{1}{a}$$

$$\left.\begin{array}{r|r|r} \cos^2\hat{\alpha}_1 = 1 & \cos^2\hat{\alpha}_2 = \frac{1}{4} & \cos^2\hat{\alpha}_3 = \frac{1}{4} \\ \sin^2\hat{\alpha}_1 = 0 & \sin^2\hat{\alpha}_2 = \frac{3}{4} & \sin^2\hat{\alpha}_3 = \frac{3}{4} \\ \cos(2\,\hat{\alpha}_1) = 1 & \cos(2\,\hat{\alpha}_2) = \frac{1}{2} & \cos(2\,\hat{\alpha}_3) = \frac{1}{2} \\ \sin(2\,\hat{\alpha}_1) = 0 & \sin(2\,\hat{\alpha}_2) = -\frac{1}{2}\sqrt{3} & \sin(2\,\hat{\alpha}_3) = \frac{1}{2}\sqrt{3} \end{array}\right\} \qquad (177)$$

Mit diesen Werten geht man in die Gl. (133)···(136) hinein und erhält:
Gl. (133):

$$\hat{\sigma}_s = \frac{2\,P}{\pi\,L}\left[\frac{1{,}5}{2\,a} - \frac{\cos\varphi_1}{r_1}\cos^2\hat{\alpha}_1 - \frac{\cos\varphi_2}{r_2}\cos^2\hat{\alpha}_2 - \frac{\cos\varphi_3}{r_3}\cos^2\hat{\alpha}_3\right].$$

Nach Einsetzen der speziellen Werte (177) folgt:

$$\begin{aligned}\hat{\sigma}_{s\,(Zentrum)} &= \frac{2\,P}{\pi\,L}\left[\frac{1{,}5}{2\,a} - \frac{1}{a} - \frac{1}{4\,a} - \frac{1}{4\,a}\right] = \frac{2\,P}{4\,a\,\pi\,L}(3 - 4 - 1 - 1)\\ &= \frac{-3\,P}{2\,a\,\pi\,L}.\end{aligned} \qquad (178)$$

Gl. (134):

$$\bar{\sigma}_s = \frac{2\,P}{\pi\,L}\left[\frac{1{,}5}{2\,a} - \frac{\cos\varphi_1}{r_1}\cdot\sin^2\hat{\alpha}_1 - \frac{\cos\varphi_2}{r_2}\cdot\sin^2\hat{\alpha}_2 - \frac{\cos\varphi_3}{r_3}\cdot\sin^2\hat{\alpha}_3\right].$$

Nach Einsetzen der speziellen Werte Gl. (177) folgt:

$$\hat{\hat{\sigma}}_{s\,(Zentrum)} = \frac{2\,P}{\pi\,L}\left[\frac{1{,}5}{2\,a} - 0 - \frac{3}{4\,a} - \frac{3}{4\,a}\right] = \frac{2\,P}{4\,a\,\pi\,L}(3 - 3 - 3) = \frac{-3\,P}{2\,a\,\pi\,L}. \qquad (179)$$

Für die Schubspannung $\hat{\tau}_s$ folgt nach Gl. (135):

$$\hat{\tau}_s = \frac{P}{\pi\,L}\left[\frac{\cos\varphi_1}{r_1}\cdot\sin(2\,\hat{\alpha}_1) + \frac{\cos\varphi_2}{r_2}\cdot\sin(2\,\hat{\alpha}_2) + \frac{\cos\varphi_3}{r_3}\cdot\sin(2\,\hat{\alpha}_3)\right].$$

Setzt man die speziellen Werte Gl. (177) ein, so erhält man:

$$\hat{\tau}_{s\,(Zentrum)} = \frac{P}{\pi\,L}\left[0 - \frac{1}{2\,a}\sqrt{3} + \frac{1}{2\,a}\sqrt{3}\right] = 0. \qquad (180)$$

Daher ist die *Beanspruchung des Materials im Zentrum* gleich Null

$$\left|\hat{\tau}_{max\,(Zentrum)}\right| = \left|\frac{\hat{\sigma}_s - \hat{\hat{\sigma}}_s}{2}\right|_{(Zentrum)} = 0\,. \qquad (181)$$

Bei *drei* Preßbahnen herrscht somit ein völlig *anderes Spannungsbild* als bei *zwei* Preßbahnen.

Würde ein Walzgutzylinder zwischen drei in gleichem Sinne umlaufenden zylindrischen Walzen rotieren, so würde sich in unmittelbarer Umgebung des Zentrums ein *rotationssymmetrischer* Druckspannungszustand ausbilden, denn es gelten die Gleichungen:

$$\left.\begin{aligned}\hat{\sigma}_{s\,(Zentrum)} &= \hat{\hat{\sigma}}_{s\,(Zentrum)} = \text{Druck}\\ \hat{\tau}_{s\,(Zentrum)} &= 0\,.\end{aligned}\right\} \qquad (182)$$

Die *Wechselbeanspruchung* Zug-Druck-Zug-Druck-Zug-Druck-. . . , welche bei *zwei* Walzen auftrat, ist in einem Dreiwalzen-Walzwerk *im Zentrum nicht vorhanden.*

Die bisherige Betrachtung bezieht sich aber nur auf den Mittelpunkt des Blockes. Es muß noch das Spannungsbild für die *ganze* Querschnittsebene berechnet werden. Wie das zu geschehen hat, wird im folgenden Beispiel gezeigt werden.

Zahlenbeispiel II. *Berechnung des Spannungsbildes für die ganze Querschnittsebene bei drei Preßbahnen.* Da alle drei Preßbahnen gleichwertig sind, so genügt es — infolge der Symmetrie des Problems — das Spannungsbild in demjenigen Kreissektor zu berechnen, der von dem Radius vom Mittelpunkte M des Schnittbildkreises zum Pole (1) und von der Winkelhalbierenden MW_1 begrenzt wird und bei drei Preßbahnen einen Winkel von 60° einschließt.

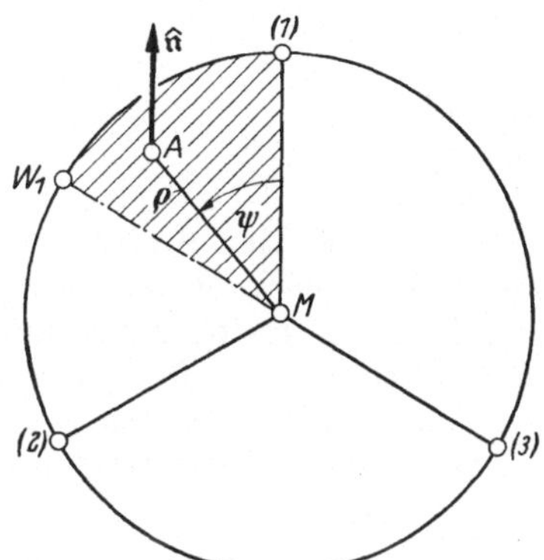

Abb. 304. Das Spannungsbild wird nur für den Sektor $(1)MW_1$ berechnet

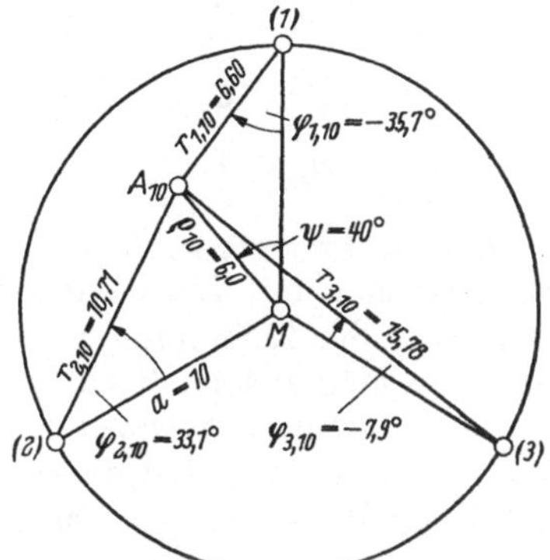

Abb. 305. Zeichnung zum Ablesen der Größen $r_{i\nu}$ und $\varphi_{i\nu}$ für $\nu = 10$ und $i = 1, 2, 3$. Der Aufpunkt A_{10} hat die Koordinaten $\varrho_{10} = 6{,}0$ cm und $\varphi = 40°$

Die Aufgabe, welche hier mit allen Einzelheiten gezeigt werden soll, ist die rechnerische und zeichnerische *Ermittlung* der Größen:

$$\begin{array}{lll} r_{1\nu} & \varphi_{1\nu} & \hat{\alpha}_{1\nu} \\ r_{2\nu} & \varphi_{2\nu} & \hat{\alpha}_{2\nu} \\ r_{3\nu} & \varphi_{3\nu} & \hat{\alpha}_{3\nu} \qquad (\nu = n\ddot{u}) \end{array}$$

als *Funktionen der Polarkoordinaten* ϱ_ν und ψ_ν des Aufpunktes A_ν.

Denn wenn man diese Größen kennt, so macht die Spannungsberechnung nach den Gln. (158)$\cdots$(161) keine Schwierigkeiten mehr. Deshalb ist es auch nicht nötig die Spannungsberechnung mit Rechenzetteln vollständig mitzuteilen. Es genügt, wenn sie für einige Aufpunkte beschrieben wird.

Zeichnerische Lösung als Kontrolle. Damit man keine Vorzeichenfehler oder *grobe* Rechenfehler macht, empfiehlt es sich, *vor* der Zahlenrechnung eine *grobe* zeichnerische Lösung herzustellen.

Die Zeichnung ist einfach. Man schlägt einen Kreis mit dem Radius a (im Beispiel ist $a = 10$ cm). Auf dem Umfang des Kreises markiert man die drei Pole (1); (2); (3) und verbindet sie mit dem Mittelpunkt M des Kreises.

Als Beispiel sollen die Polarkoordinaten $r_{i\nu}$ und $\varphi_{i\nu}$ (bezüglich des Poles (i)) für diejenigen Aufpunkte A_ν abgelesen werden, welche auf dem Radius $\psi = 40°$ liegen.

Der Index ν $(= n\ddot{u})$ gibt die *Nummer des Aufpunktes* an. Man zählt — vom Mittelpunkt M $(\nu = 0)$ ausgehend bis zum Kreisumfang.

Es sei der Radius, auf dem die Aufpunkte liegen, von $0\cdots 4$ cm in Abschnitte von 0,5 cm eingeteilt und von $4\cdots 10$ cm in Abschnitte von 1 cm Länge. Dann erhält man folgende Koordinaten ϱ_ν der Aufpunkte A_ν

$$\begin{array}{lllllllll} \nu & = 0 & 1 & 2 & 3 & 4 & 5 & 6 & 7 \\ \varrho_\nu & = 0 & 0{,}5 & 1{,}0 & 1{,}5 & 2{,}0 & 2{,}5 & 3{,}0 & 3{,}5 \end{array}$$

$$\begin{array}{llllllll} \nu & = 8 & 9 & 10 & 11 & 12 & 13 & 14 \\ \varrho_\nu & = 4 & 5 & 6 & 7 & 8 & 9 & 10 \end{array}$$

Die so festgelegten Aufpunkte verbindet man mit den drei Polen. Dann liest man mit Lineal und Winkelmesser die Polarkoordinaten $r_{i\nu}$ und $\varphi_{i\nu}$ aus der Zeichnung ab, wobei der Winkel $\varphi_{i\nu}$ *positiv* gerechnet wird, wenn man aus der Richtung $(i)M$ (vom Pol zum Kreismittelpunkt) durch eine Drehung *entgegen* dem Uhrzeigersinn in die Richtung $(i)A_\nu$ (vom Pol zum ν-ten Aufpunkt) gelangt. Die folgende Tafel zeigt die abgelesenen Werte für $\psi = 40°$.

(183)

[0]	[1]	[10a]	[11a]	[12a]	[22a]	[23a]	[24a]
ν	ϱ_ν	$r_{1\nu}$	$r_{2\nu}$	$r_{3\nu}$	$\varphi_{1\nu}$	$\varphi_{2\nu}$	$\varphi_{3\nu}$
	cm	cm	cm	cm	Altgrad	Altgrad	Altgrad
0	0	10,00	10,00	10,00	— 0	0	— 0
1	0,5	9,62	9,98	10,49	— 2,0	2,8	— 1,1
2	1	9,25	9,90	11,00	— 4,2	5,8	— 2,0
3	1,5	8,90	9,88	11,45	— 6,4	8,5	— 2,9
4	2	8,54	9,89	11,94	— 8,8	11,7	— 3,6
5	2,5	8,23	9,90	12,40	—11,4	14,5	— 4,3
6	3	7,90	9,96	12,88	—14,1	17,1	— 5,0
7	3,5	7,65	10,00	13,38	—17,2	20,0	— 5,5
8	4	7,39	10,13	13,85	—20,5	22,9	— 6,0
9	5	6,95	10,48	14,80	—27,5	28,1	— 7,0
10	6	6,66	10,71	15,78	—35,7	33,1	— 7,5
11	7	6,48	11,18	16,75	—44,0	38,0	— 8,9
12	8	6,41	11,68	17,72	—52,8	42,1	— 9,2
13	9	6,58	12,23	18,70	—61,8	46,2	— 9,9
14	10	6,83	12,88	19,70	—70,0	50,0	—10,2

Die Zahlenwerte der Tabelle (183) sind mit einem einfachen Linealmaßstab und einem primitiven Winkelmesser einer *roh* entworfenen Zeichnung entnommen. Die Spalten-Nummern [0], [1], [10a], ... beziehen sich auf die entsprechenden Spalten des *Rechenzettels*, der noch beschrieben wird.

Als Kontrolle genügt diese Ermittelung der Werte $r_{i\nu}$ und $\varphi_{i\nu}$ vollkommen, denn wenn man beim Rechnen Fehler macht, sind diese größer als die Ungenauigkeit einer Zeichnung. Andererseits wäre es eine grobe Fahrlässigkeit *keine* zeichnerische Kontrolle durchzuführen.

Die Winkel $\hat{\alpha}_{i\nu}$ werden nur rechnerisch bestimmt. Sie ergeben sich, nachdem die Winkel $\varphi_{i\nu}$ mit richtigem Vorzeichen bekannt sind aus der einfachen Gl. (169). Das wird bei der nun folgenden rechnerischen Ermittelung der Polarkoordinaten $r_{i\nu}$ und $\varphi_{i\nu}$ gezeigt werden.

Rechnerische Ermittlung der Polarkoordinaten $r_{i\nu}$ und $\varphi_{i\nu}$.

Spezialisierung der Gln. (167)$\cdots$(169).

Die Gleichungen:

$$\left.\begin{aligned} r_{i\nu}^2 &= a^2 + \varrho_\nu^2 - 2\,a\,\varrho_\nu \cdot \cos\left(\frac{2\,(i-1)\,\pi}{n} - \psi\right) && (177)\\ \sin\varphi_{i\nu} &= \frac{\varrho_\nu}{r_{i\nu}} \cdot \sin\left(\frac{2\,(i-1)\,\pi}{n} - \psi\right) && (178)\\ \hat{\alpha}_{i\nu} &= \varphi_{i\nu} + \frac{2\,(i-1)\,\pi}{n} && (179)\end{aligned}\right\}\quad (184)$$

werden auf die Anzahl $n = 3$ und die Nummern $i = 1, 2, 3$ *der Pole spezialisiert.* Dadurch erhält man das folgende Gleichungssystem:

$n = 3; \quad i = 1, 2, 3$	
$r_{1\nu}^2 = a^2 + \varrho_\nu^2 - 2\,a\,\varrho_\nu \cos\psi$	(185)
$r_{2\nu}^2 = a^2 + \varrho_\nu^2 - 2\,a\,\varrho_\nu \cos(120° - \psi)$	(186)
$r_{3\nu}^2 = a^2 + \varrho_\nu^2 - 2\,a\,\varrho_\nu \cos(240° - \psi)$	(187)
$\sin\varphi_{1\nu} = -\frac{\varrho_\nu}{r_{1\nu}} \cdot \sin\psi$	(188)
$\sin\varphi_{2\nu} = +\frac{\varrho_\nu}{r_{2\nu}} \cdot \sin(120° - \psi)$	(189)
$\sin\varphi_{3\nu} = +\frac{\varrho_\nu}{r_{3\nu}} \cdot \sin(240° - \psi)$	(190)
$\hat{\alpha}_{1\nu} = \varphi_{1\nu}$	(191)
$\hat{\alpha}_{2\nu} = \varphi_{2\nu} + 120°$	(192)
$\hat{\alpha}_{3\nu} = \varphi_{3\nu} + 240°$	(193)

Die Gln. (185)$\cdots$(193) werden mit Hilfe der bekannten trigonometrischen Additionstheoreme umgeformt. Es ist:

$$\cos(120^\circ - \psi) = \cos 120^\circ \cdot \cos\psi + \sin 120^\circ \cdot \sin\psi .$$

Mit:

$$\cos 120^\circ = -\frac{1}{2}; \quad \cos 240^\circ = -\frac{1}{2};$$

$$\sin 120^\circ = \frac{1}{2}\sqrt{3}; \quad \sin 240^\circ = -\frac{1}{2}\sqrt{3}$$

folgt:

$$\boxed{2 \cdot \cos(120^\circ - \psi) = -\cos\psi + \sqrt{3}\sin\psi} . \tag{194}$$

Aus:

$$\cos(240^\circ - \psi) = \cos 240^\circ \cos\psi + \sin 240^\circ \sin\psi$$

folgt:

$$\boxed{2 \cdot \cos(240^\circ - \psi) = -\cos\psi - \sqrt{3}\sin\psi} . \tag{195}$$

Aus:

$$\sin(120^\circ - \psi) = \sin 120^\circ \cdot \cos\psi - \cos 120^\circ \sin\psi$$

folgt:

$$\boxed{\sin(120^\circ - \psi) = \frac{1}{2}\sqrt{3}\cos\psi + \frac{1}{2}\sin\psi} . \tag{196}$$

Aus:

$$\begin{aligned}\sin(240^\circ - \psi) = {} & \sin 240^\circ \cdot \cos\psi \\ & - \cos 240^\circ \cdot \sin\psi\end{aligned}$$

folgt:

$$\boxed{\sin(240^\circ - \psi) = -\frac{1}{2}\sqrt{3} \cdot \cos\psi + \frac{1}{2} \cdot \sin\psi} . \tag{197}$$

Setzt man noch:

$$\sqrt{3} = 1{,}732 \text{ und } \frac{1}{2}\sqrt{3} = 0{,}8660,$$

so gehen die Gl. (185)$\cdots$(193) über in die folgenden:

$n = 3; \qquad i = 1, 2, 3.$	
$r_{1\nu}^2 = a^2 + \varrho_\nu^2 - 2\, a\, \varrho_\nu \cdot \cos\psi$	(198)
$r_{2\nu}^2 = a^2 + \varrho_\nu^2 + a \cdot \varrho_\nu\, (\cos\psi - 1{,}732 \sin\psi)$	(199)
$r_{3\nu}^2 = a^2 + \varrho_\nu^2 + a\, \varrho_\nu\, (\cos\psi + 1{,}732 \sin\psi)$	(200)
$\sin\varphi_{1\nu} = -\frac{\varrho_\nu}{r_{1\nu}} \cdot \sin\psi$	(201)
$\sin\varphi_{2\nu} = +\frac{\varrho_\nu}{r_{2\nu}}\, (0{,}8660 \cdot \cos\psi + 0{,}5 \sin\psi)$	(202)
$\sin\varphi_{3\nu} = -\frac{\varrho_\nu}{r_{3\nu}}\, (0{,}8660 \cdot \cos\psi - 0{,}5 \sin\psi)$	(203)
$\hat{\alpha}_{1\nu} = \varphi_{1\nu}$	(204)
$\hat{\alpha}_{2\nu} = \varphi_{2\nu} + 120°$	(205)
$\hat{\alpha}_{3\nu} = \varphi_{3\nu} + 240°$	(206)

Für diese Formeln ist ein Rechenzettel (und zwar idiotensicher) *zu entwerfen.*

Entwurf des Rechenzettels. Das *technische* Interesse gilt dem Spannungszustand im *zentralen* Gebiet des Walzgut-Blockes.

Deshalb ist — wie bereits in der zeichnerischen Kontrollösung erwähnt — die *Verteilung* der Aufpunkte A_ν im *Zentrum* des Blockes besonders *dicht* gewählt.

Im Bereiche:

$$0 \leq \frac{\varrho_\nu}{a} \leq 0{,}4$$

wird die Rechnung für folgende $\frac{\varrho_\nu}{a}$-Werte durchgeführt:

$$\frac{\varrho_\nu}{a} = 0; \quad 0{,}05; \quad 0{,}10; \quad 0{,}15; \ldots$$

im Bereiche:

$$0{,}4 \leq \frac{\varrho_\nu}{a} \leq 1$$

für:

$$\frac{\varrho_\nu}{a} = 0{,}4; \quad 0{,}5; \ldots; \quad 0{,}9; \quad 1{,}0\ .$$

Im vorliegenden Beispiel sei der Radius des Blockes:

$$\boxed{a = 10 \text{ cm}}\,.$$

Als *Eingangsvariabele* des Rechenzettels werde die Polarkoordinate ϱ_ν gewählt, während die andere Polarkoordinate, nämlich das Argument ψ der Aufpunkte A_ν als *Parameter* behandelt wird.

Für jedes Argument $\psi = \text{const}$ wird demnach ein *besonderer* Rechenzettel angelegt.

Es sollen die folgenden sieben ψ-Werte durchgerechnet werden:

$$\psi = 0^\circ; \qquad 10^\circ; \ldots; \qquad 50^\circ; \qquad 60^\circ.$$

Für das Zahlenbeispiel werde (in Übereinstimmung mit der zeichnerischen Lösung, siehe Tab. (183)) die Rechnung für

$$\boxed{\psi = 40^\circ}$$

gezeigt.

Das Resultat der Rechnung wird später zeigen, daß eine so *dichte Verteilung* der Aufpunkte im zentralen Gebiet des Blockes *nicht* nötig war. Doch das schadet nichts. Wenn man frisch an ein neues Problem herangeht, dann ist es kein Fehler, wenn man die Aufgabe bei der Durchrechnung des *ersten* Beispiels mit zu *vielen* Aufpunkten durchführt. *Für weitere Beispiele* sieht man dann schon, wo man eine *dichte Verteilung* der Aufpunkte braucht und *wo* man mit wenigen Aufpunkten auskommt.

Außerdem stört einen diese Mehrarbeit nicht besonders. Das Ausrechnen des Rechenzettels wird ja von Hilfskräften vorgenommen (weshalb er *idiotensicher* sein *muß*). Eine etwas zu dichte Verteilung der Aufpunkte zeigt Rechenfehler als *Ausreißer* an und erlaubt — weil man genügend Nachbarpunkte hat — die Korrektur durch *Interpolation* vorzunehmen.

Dagegen lasse man sich durch die Benutzung einer überdimensionalen Rechenmaschine nicht verleiten, mehr als *fünf* Dezimalen mitzuschleppen und gehe immer wieder auf *vier* Dezimalen zurück.

Gut ist der Rechenzettel erst dann, wenn er die Zahlenrechnung organisatorisch bändigt.

Daher gibt man auf jedem Blatt an:

1. Blatt Nr.
2. Zahl n der Preßbahnen.
3. Radius a des Blockes.
4. Wert des Parameters ψ.

Ferner enthält *jedes* Blatt die Nummern ν der Aufpunkte (im Beispiel von $\nu = 0 \cdots \nu = 14$) und die Spalte der *Eingangsvariabeln* ϱ_ν.

Der *Kopf* des Rechenzettels enthält drei Kopfzeilen.

Erste Kopfzeile: Laufende Nummer der Spalte (in eckige Klammern gesetzt).

Zweite Kopfzeile: Diese wird unterteilt in die drei Zeilen:

2) Angabe des Formelausdruckes, der in der Spalte berechnet wird,
2a) Maßeinheit der Formelgröße,
2b) Formelnummer.

Dritte Kopfzeile: Angabe der auszuführenden Rechenoperation. Dabei werden die Spalten-Nummern in eckige Klammern gesetzt und dadurch von den Zahlenwerten unterschieden.

Mit Hilfe der dritten Kopfzeile kann man die Rechnung jederzeit leicht *rückwärts* verfolgen. Man kann so die Stelle finden, wo ein Rechenfehler zum ersten Male aufgetreten ist, der im Schlußresultat z. B. durch Vergleich mit der zeichnerischen Lösung festgestellt wurde.

Für das vorliegende Beispiel soll $\psi = 40°$ sein und *vierstellig* (gelegentlich auch, um Abrundungsfehler klein zu halten, fünfstellig) gerechnet werden, dann ist:

$$\left.\begin{aligned} \cos\psi &= \cos 40° = \underline{0{,}7660} \\ 2\cdot\cos 40° &= \underline{1{,}532} \\ \sin\psi &= \sin 40° = \underline{0{,}6428} \\ 1{,}732\cdot\sin 40° &= \underline{1{,}1133} \\ 0{,}8660\cdot\cos 40° &= \underline{0{,}6634} \\ 0{,}5000\cdot\sin 40° &= \underline{0{,}3214}\,. \end{aligned}\right\} \quad (207)$$

Wir wollen die Gln. (198) ··· (206) für $\psi = 40°$ und $a = 10$ cm *spezialisieren*, dann müssen wir noch weiter berechnen:

$$\left.\begin{aligned} \cos 40° - 1{,}732\cdot\sin 40° &= 0{,}7660 - 1{,}1133 = \underline{-0{,}3473} \\ \cos 40° + 1{,}732\cdot\sin 40° &= 0{,}7660 + 1{,}1133 = \underline{+1{,}8793} \\ 0{,}8660\cdot\cos 40° + 0{,}5000\cdot\sin 40° &= 0{,}6634 + 0{,}3214 = \underline{+0{,}9848} \\ 0{,}8660\cdot\cos 40° - 0{,}5000\cdot\sin 40° &= 0{,}6634 - 0{,}3214 = \underline{+0{,}3420}\,. \end{aligned}\right\} \quad (208)$$

Damit erhalten wir das *spezielle* Formelsystem unseres Beispiels:

Spezielle Formeln für $n = 3$; $\varphi = 40°$; $a = 10$ cm		
$r_{1\nu}^2 = 100 + \varrho_\nu^2 - 15{,}32\cdot\varrho_\nu$	cm²	(209)
$r_{2\nu}^2 = 100 + \varrho_\nu^2 - 3{,}473\cdot\varrho_\nu$	cm²	(210)
$r_{3\nu}^2 = 100 + \varrho_\nu^2 + 18{,}793\cdot\varrho_\nu$	cm²	(211)
$\sin\varphi_{1\nu} = -\dfrac{0{,}6428\cdot\varrho_\nu}{r_{1\nu}}$	—	(212)
$\sin\varphi_{2\nu} = +\dfrac{0{,}9848\cdot\varrho_\nu}{r_{2\nu}}$	—	(213)
$\sin\varphi_{3\nu} = -\dfrac{0{,}3420\cdot\varrho_\nu}{r_{3\nu}}$	—	(214)

$\hat{\alpha}_{1\nu} = \varphi_{1\nu}$	Altgrad	(215)
$\hat{\alpha}_{2\nu} = \varphi_{2\nu} + 120°$	Altgrad	(216)
$\hat{\alpha}_{3\nu} = \varphi_{3\nu} + 240°$	Altgrad	(217)

Vergleiche hierzu: (198) ··· (206)
und: (185) ··· (193)

Jetzt ist es nicht schwer, den *Kopf* des Rechenzettels zu entwerfen. Die Zeilen des Kopfes werden in dem folgenden Programm als *Spalten* angeordnet:

(218)

Programm für den Kopf eines Rechenzettels zu den Gln. (209) *bis* (217) *für das Zahlenbeispiel.*

1	2	2a	2b	3
Laufende Nr. der Spalten	Formelausdruck, dessen Zahlenwert die Spalte enthält	Maß-einheit	Formel-Nr. des Textes, auf die sich die Größen beziehen	Rechen-operation
[0]	ν = Nummer des Aufpunktes		—	gegeben
[1]	ϱ_ν = Polarkoordinate des Aufpunktes A_ν	cm	—	gegeben
[2]	ϱ_ν^2	cm²	—	[1]²
[3]	$100 + \varrho_\nu^2$	cm²	—	100 + [2]
[4]	$15{,}32 \cdot \varrho_\nu$	cm²	(209)	15,32 · [1]
[5]	$3{,}473 \cdot \varrho_\nu$	cm²	(210)	3,473 · [1]
[6]	$18{,}793 \cdot \varrho_\nu$	cm²	(211)	18,793 · [1]
[7]	$r_{1\nu}^2 = 100 + \varrho_\nu^2 - 15{,}32 \cdot \varrho_\nu$	cm²	(209)	[3] — [4]
[8]	$r_{2\nu}^2 = 100 + \varrho_\nu^2 - 3{,}473 \cdot \varrho_\nu$	cm²	(210)	[3] — [5]
[9]	$r_{3\nu}^2 = 100 + \varrho_\nu^2 + 18{,}793 \cdot \varrho_\nu$	cm²	(211)	[3] + [6]
[10]	$r_{1\nu}$ (gerechnet)	cm	—	$\sqrt{[7]}$
[10a]	$r_{1\nu}$ (aus der Zeichnung)	cm	(183)	—
[11]	$r_{2\nu}$ (gerechnet)	cm	—	$\sqrt{[8]}$
[11a]	$r_{2\nu}$ (aus der Zeichnung)	cm	(183)	—
[12]	$r_{3\nu}$ (gerechnet)	cm	—	$\sqrt{[9]}$
[12a]	$r_{3\nu}$ (aus der Zeichnung]	cm	(183)	—
[13]	$0{,}6428 \cdot \varrho_\nu$	cm	—	0,6428 · [1]
[14]	$0{,}9848 \cdot \varrho_\nu$	cm	—	0,9848 · [1]
[15]	$0{,}3420 \cdot \varrho_\nu$	cm	—	0,3420 · [1]
[16]	$\sin \varphi_{1\nu} = -\frac{0{,}6428 \cdot \varrho_\nu}{r_{1\nu}}$	—	(212)	— [13]:[10]
[17]	$\sin \varphi_{2\nu} = +\frac{0{,}9848 \cdot \varrho_\nu}{r_{2\nu}}$	—	(213)	+ [14]:[11]
[18]	$\sin \varphi_{3\nu} = -\frac{0{,}3420 \cdot \varrho_\nu}{r_{3\nu}}$	—	(214)	— [15]:[12]

1	2	2a	2b	3
Laufende Nr. der Spalten	Formelausdruck dessen Zahlenwert die Spalte enthält	Maß-einheit	Formel-Nr. des Textes, auf die sich die Größen beziehen	Rechen-operation
[19]	$\varphi_{1\nu} = \hat{a}_{1\nu}$	Neu-grad	(215)	Neugrad arc sin [16]
[20]	$\varphi_{2\nu}$	Neu-grad		Neugrad arc sin [17]
[21]	$\varphi_{3\nu}$	Neu-grad		Neugrad arc sin [18]
[22]	$\varphi_{1\nu} = \hat{a}_{1\nu}$	Alt-grad	(191)	0,9 · [19]
[22a]	$\varphi_{1\nu} = \hat{a}_{1\nu}$ (aus der Zeichnung)	Alt-grad	(183)	—
[23]	$\varphi_{2\nu}$	Alt-grad		0,9 · [20]
[23a]	$\varphi_{2\nu}$ (aus der Zeichnung)	Alt-grad	(183)	—
[24]	$\varphi_{3\nu}$	Alt-grad	—	0,9 · [21]
[24a]	$\varphi_{3\nu}$ (aus der Zeichnung)	Alt-grad	(183)	—
[25]	$\hat{\alpha}_{2\nu} = \varphi_{2\nu} + 120^\circ$	Alt-grad	(216)	[23] + 120°
[26]	$\hat{\alpha}_{3\nu} = \varphi_{3\nu} + 240^\circ$	Alt-grad	(21)	[24] + 240°

Für die *Zahlenrechnung* ist die dezimale *Neugrad-Teilung* der Winkel wesentlich vorteilhafter als die für Astronomie und Marine gebräuchliche Altgrad-Teilung.

Es gibt ganz hervorragende Zahlentafeln für die trigonometrischen Funktionen in Neugrad-Teilung, z. B.: Prof. Dr. J. Peters. Sechsstellige trigonometrische Tafel für neue Teilung. Verlag Gebr. Wichmann m.b.H. Diese Tafel hat einen vierstelligen Eingang, kann also bei vierstelligem Rechnen ohne Interpolation benutzt werden.

Aus diesem Grunde sind in den Spalten [19]···[21] des Rechenzettels die Winkel $\varphi_{i\nu}$ zunächst in Neugrad-Teilung bestimmt worden. Durch Multiplikation mit 0,9 erhält man dann die Winkel in Altgrad-Teilung zum Vergleich mit den Werten aus der Zeichnung.

Nach diesen Vorbereitungen bereitet es keine Schwierigkeiten, sich in dem nun folgenden Rechenzettel zurechtzufinden.

Auch, wenn man später einmal auf eine Berechnung zurückgreifen muß, ist ein gutes Programm zum Rechenzettel eine gute Hilfe, mancher wird aus seiner eigenen Rechnung nämlich später nicht mehr klug! ! ! Daher mache man sich die Mühe und lege einen guten Rechenzettel an! ! !

(219)

Berechnung einer Spannungsverteilung

Blatt Nr. 1 | 3 Preßbahnen | $a = 10$ cm | $\psi = 40°$

1	[0]	[1]	[2]	[3]	[4]	[5]	[6]	[7]	[8]
2	ν	ϱ_ν	ϱ_ν^2	$100 + \varrho_\nu^2$	$15{,}32 \cdot \varrho_\nu$	$3{,}473 \cdot \varrho_\nu$	$18{,}793 \cdot \varrho_\nu$	$r_{1\nu}^2$	$r_{2\nu}^2$
2a	—	cm	cm²	cm²	cm²	cm²	cm²	cm²	cm²
2b	—	—	—	—	(209)	(210)	(211)	(209)	(210)
3	geg.	geg.	[1]²	100 + [2]	15,32 · [1]	3,473 · [1]	18,793 · [1]	[3]···[4]	[3]···[5]
	0	0	0	100,00	0	0	0	100,00	100,00
	1	0,5	0,25	100,25	7,66	1,74	9,40	92,59	98,51
	2	1,0	1,00	101,00	15,32	3,47	18,79	85,68	97,53
	3	1,5	2,25	102,25	22,98	5,21	28,19	79,27	97,04
	4	2,0	4,00	104,00	30,64	6,95	37,59	73,36	97,05
	5	2,5	6,25	106,25	38,30	8,68	46,98	67,95	97,57
	6	3,0	9,00	109,00	45,96	10,42	56,38	63,04	98,58
	7	3,5	12,25	112,25	53,62	12,16	65,78	58,63	100,09
	8	4,0	16,00	116,00	61,28	13,89	75,17	54,72	102,11
	9	5,0	25,00	125,00	76,60	17,37	93,97	48,40	107,63
	10	6,0	36,00	136,00	91,92	20,84	112,76	44,08	115,16
	11	7,0	49,00	149,00	107,24	24,31	131,55	41,76	124,69
	12	8,0	64,00	164,00	122,56	27,78	150,34	41,44	136,33
	13	9,0	81,00	181,00	137,88	31,26	169,14	43,12	149,74
	14	10,0	100,00	200,00	153,20	34,73	187,93	46,80	165,27

(220)

Berechnung einer Spannungsverteilung

Blatt Nr. 2 | 3 Preßbahnen | $a = 10$ cm | $\psi = 40°$

1	[0]	[1]	[9]	[10]	[10a]	[11]	[11a]	[12]	[12a]
2	ν	ϱ_ν	$r_{3\nu}^2$	$r_{1\nu}$	$r_{1\nu}$	$r_{2\nu}$	$r_{2\nu}$	$r_{3\nu}$	$r_{3\nu}$
2a	—	cm	cm²	cm	cm	cm	cm	cm	cm
2b	—	—	(211)	—	(183)	—	(183)	—	(183)
3	geg.	geg.	[3]+[6]	$\sqrt{[7]}$	Zeichnung	$\sqrt{[8]}$	Zeichnung	$\sqrt{[9]}$	Zeichnung
	0	0	100,00	10,000	10,00	10,000	10,00	10,000	10,00
	1	0,5	109,65	9,622	9,62	9,925	9,98	10,471	10,49
	2	1,0	119,79	9,256	9,25	9,876	9,90	10,945	11,00
	3	1,5	130,44	8,903	8,90	9,851	9,88	11,421	11,45
	4	2,0	141,59	8,565	8,54	9,851	9,89	11,899	11,94
	5	2,5	153,23	8,243	8,23	9,878	9,90	12,379	12,40
	6	3,0	165,38	7,940	7,90	9,929	9,96	12,860	12,88
	7	3,5	178,03	7,657	7,65	10,005	10,00	13,343	13,38
	8	4,0	191,17	7,397	7,39	10,105	10,13	13,826	13,85
	9	5,0	218,97	6,957	6,95	10,375	10,48	14,798	14,80
	10	6,0	248,76	6,640	6,66	10,731	10,71	15,77	15,78
	11	7,0	280,55	6,462	6,48	11,166	11,18	16,75	16,75
	12	8,0	314,34	6,437	6,41	11,671	11,68	17,73	17,72
	13	9,0	350,14	6,567	6,58	12,237	12,23	18,71	18,70
	14	10,0	387,93	6,841	6,83	12,856	12,88	19,70	19,70

(221)

Berechnung einer Spannungsverteilung

Blatt Nr. 3	3 Preßbahnen	$a = 10$ cm	$\psi = 40°$

1	[0]	[1]	[13]	[14]	[15]	[16]	[17]	[18]	[19]
2	ν	ϱ_ν	$0{,}6428 \cdot \varrho_\nu$	$0{,}9848 \cdot \varrho_\nu$	$0{,}3420 \cdot \varrho_\nu$	$\sin \varphi_{1\nu}$	$\sin \varphi_{2\nu}$	$\sin \varphi_{3\nu}$	$\varphi_{1\nu} = \hat{\alpha}_{1\nu}$
2a	—	cm	cm	cm	cm	—	—	—	Neugrad
2b	—	—	—	—	—	(212)	(213)	(214)	(215)
3	geg.	geg.	0,6428 · [1]	0,9848 · [1]	0,3420 · [1]	— [13] : [10]	+ [14] : [11]	— [15] : [12]	Neugrad arc sin [16]
	0	0	0	0	0	0	0	0	0
	1	0,5	0,3214	0,4924	0,1710	—0,0334	0,0496	—0,0163	— 2,13
	2	1,0	0,6428	0,9848	0,3420	—0,0694	0,0997	—0,0312	— 4,42
	3	1,5	0,9642	1,4772	0,5130	—0,1082	0,1500	—0,0449	— 6,90
	4	2,0	1,2856	1,9696	0,6840	—0,1501	0,1999	—0,0575	— 9,59
	5	2,5	1,6070	2,4620	0,8550	—0,1950	0,2492	—0,0691	—12,50
	6	3,0	1,9284	2,9544	1,0260	—0,2429	0,2976	—0,0798	—15,62
	7	3,5	2,2498	3,4468	1,1970	—0,2938	0,3445	—0,0897	—18,98
	8	4,0	2,5712	3,9392	1,3680	—0,3476	0,3898	—0,0989	—22,60
	9	5,0	3,2140	4,9240	1,7100	—0,4620	0,4746	—0,1156	—30,57
	10	6,0	3,8568	5,9088	2,0520	—0,5803	0,5506	—0,1301	—40,41
	11	7,0	4,4996	6,8936	2,3940	—0,6963	0,6174	—0,1429	—49,03
	12	8,0	5,1424	7,8784	2,7630	—0,7989	0,6750	—0,1543	—58,92
	13	9,0	5,7852	8,8632	3,0780	—0,8810	0,7243	—0,1645	—68,63
	14	10,0	6,4280	9,8480	3,4200	—0,9396	0,7660	—0,1736	—77,76

(222)

Berechnung einer Spannungsverteilung

Blatt Nr. 4 | 3 Preßbahnen | $a = 10$ cm | $\psi = 40°$

1	[0]	[1]	[20]	[21]	[22]	[22a]	[23]	[23a]	[24]
2	ν	ϱ_ν	$\varphi_{2\nu}$	$\varphi_{3\nu}$	$\varphi_{1\nu} = \hat{\alpha}_{1\nu}$	$\varphi_{1\nu}$	$\varphi_{2\nu}$	$\varphi_{2\nu}$	$\varphi_{3\nu}$
2a	—	cm	Neugrad	Neugrad	Altgrad	Altgrad	Altgrad	Altgrad	Altgrad
2b	—	—	—	—	(191)	(183)	—	(183)	—
3	geg.	geg.	Neugrad arcsin[17]	Neugrad arcsin[18]	0,9 · [19]	Zeichnung	0,9 · [20]	Zeichnung	0,9 · [21]
	0	0	0	0	0	0	0	0	0
	1	0,5	3,16	— 1,04	— 1,92	— 2,0	2,84	2,8	— 0,94
	2	1,0	6,36	— 1,99	— 3,98	— 4,2	5,72	5,8	— 1,79
	3	1,5	9,59	— 2,86	— 6,21	— 6,4	8,63	8,5	— 2,57
	4	2,0	12,81	— 3,66	— 8,63	— 8,8	11,53	11,7	— 3,29
	5	2,5	16,03	— 4,40	—11,25	—11,4	14,43	14,5	— 3,96
	6	3,0	19,24	— 5,09	—14,06	—14,1	17,32	17,1	— 4,58
	7	3,5	22,39	— 5,72	—17,08	—17,2	20,15	20,0	— 51,5
	8	4,0	25,49	— 6,31	—20,34	—20,5	22,94	22,9	— 5,68
	9	5,0	31,48	— 7,38	—27,51	—27,5	28,33	28,1	— 6,64
	10	6,0	37,12	— 8,31	—36,37	—35,7	33,41	33,1	— 7,50
	11	7,0	42,36	— 9,13	—44,13	—44,0	38,12	38,0	— 8,22
	12	8,0	47,17	— 9,86	—53,03	—52,8	42,45	42,1	— 8,87
	13	9,0	51,57	—10,52	—61,77	—61,8	46,41	46,2	— 9,47
	14	10,0	56,71	—11,11	—69,98	—70,0	51,04	50,0	—10,00

(223)

Berechnung einer Spannungsverteilung

Blatt Nr. 5	3 Preßbahnen	$a = 10$ cm	$\psi = 40°$

1	[0]	[1]	[24a]	[25]	[26]				
2	ν	ϱ_ν	$\varphi_{3\nu}$	$\hat{\alpha}_{2\nu}$	$\hat{\alpha}_{3\nu}$				
2a	—	cm	Altgrad	Altgrad	Altgrad				
2b	—	—	(183)	(216)	(217)				
3	geg.	geg.	Zeichng.	[23]+120°	[24]+240°				
	0	0	0	120,00	240,00				
	1	0,5	— 1,1	122,84	239,06				
	2	1,0	— 2,0	125,72	238,21				
	3	1,5	— 2,9	128,63	237,43				
	4	2,0	— 3,6	131,53	236,71				
	5	2,5	— 4,3	134,43	236,04				
	6	3,0	— 5,0	137,32	235,42				
	7	3,5	— 5,5	140,15	234,85				
	8	4,0	— 6,0	142,94	234,32				
	9	5,0	— 7,0	148,33	233,36				
	10	6,0	— 7,9	153,41	232,50				
	11	7,0	— 8,5	158,12	231,78				
	12	8,0	— 9,2	162,45	231,13				
	13	9,0	— 9,9	166,41	230,53				
	14	10,0	—10,2	171,04	230,00				

Dies möge für den Start genügen!
Die weitere Berechnung der Spannungen nach den Gln. (158)···(161) bereitet keine Schwierigkeiten mehr.

Literaturverzeichnis

[1] s. a. GRÜNER, P.: Über das Kalibrieren regulärer Walzenprofile. Industrie-anzeiger 1952, Nr. 101 u. 102

[1a] SEDLACZEK, H.: Das Walzen von Edelstahlen. Düsseldorf: Stahleisen 1954.

[2] GRÜNER, PAUL, u. THEO BRÜGGEMANN: Stahl u. Eisen Bd. 71 (1951) H. 1, S. 20/28 u. H. 2, S. 71/77

[3] STEAD, J. E.: J. Iron Steel Inst. 83 (1911) S. 54/102; 85 (1912) S. 104/17; s. a. Stahl u. Eisen 31 (1911) S. 978; 32 (1912) S. 875/76

[4] OBERHOFFER, P.: Das technische Eisen, 3. Aufl., bearb. von W. EILENDER u. H. ESSER, 422 ff. Berlin 1936

[5] CRAMER, H.: Walzw.-Aussch. 103, Stahlw.-Aussch. 263. Stahl und Eisen 53 (1933) S. 974.

[6] EILENDER, W., u. H. KIESSLER: Z. DVI 76 (1932) S. 729/35. — ESSER, H., W. EILENDER u. A. BUNGEROTH: Arch. Eisenhüttenw. 8 (1934/35) S. 419/23. — HOUDREMONT, E., u. H. KORSCHAN: Stahl u. Eisen 55 (1935) S. 297/304 (Werkstoff-aussch. 296)

[7] HENNECKE, H.: Ber. Werkstoffaussch. VDEh Nr. 94 (1926); s. a. Stahl u. Eisen 48 (1928) S. 315/16.

[8] KALLEN, H.: Ber. Werksoffaussch. VDEh Nr. 72 (1925)

[9] NÖLL, A.: Stahl u. Eisen 54 (1934) S. 893/98 (Walzw.-Aussch. 109)

[10] SAUERWALD, F.: Arch. Eisenhüttenw. 4 (1930/31) S. 431/34

[11] HOUDREMONT, E.: Einführung in die Sonderstahlkunde, S. 330. Berlin 1935

[12] POHL, E., E. KRIEGER u. F. SAUERWALD: Stahl u. Eisen 51 (1931) S. 324/26

[13] SEDLACZEK, H.: Stahl u. Eisen 55 (1935) S. 466/67

[14] S. a.: GRÜNER, P.: Das Kalibrieren von nahtlosen Rohren auf Zieh- u. Stoßbänken. Industrie-Anzeiger Nr. 92 v. 17. 11. 1950.

[15] S. a.: GRÜNER, P.: Beiträge zur Kalibrierung von Pilgerwalzen. Kalt-Walz-Welt Nr. 7 u. 8. Jahrgang 1942. — GRÜNER, P.: Die Konstruktion von Streckkalibern an Pilgerwalzen. Industrie-Anzeiger Nr. 55, Jahrgang 1950

[16] MOOSHAKE, R.: Entwicklung des Mannesmann-Rohrwalzverfahrens. Stahl u. Eisen 1933, S. 465 u. ff.

[17] DE GRAHL: Das Pilgerschritt-Rohrwalzverfahren. Berlin: Glaser 1918.

[18] GRÜNER, P.: Über das Kaltpilgern von nahtlosen Rohren. Industrie-Anzeiger Nr. 17/18 1952.

[19] S. a. GRÜNER, P.: Das Walzen von Hohlbohrstählen. Stahl u. Eisen Bd. 70 (1950) H. 12.

[20] GOROL, P.: Die Kalibrierung der Schrägwalzen für nahtlose Rohre Stahl u. Eisen 1929 u. 1933. — Handbuch des Eisenhüttenwesens Bd. III.

[21] BLAIR, J. S.: Iron and Coal Trades Review, 1950, S. 63 ff.

[22] BOETTCHER, W.: Stahl und Eisen, 1949, S. 615 ff.

[23] SIEBEL, E., u. E. WEBER: Mitteilungen K. W. Institut f. Eisenforschg., 1934, Nr. 16, S. 217 ff.

[24] SIEBEL, E., u. E. WEBER: Stahl und Eisen, 1935, S. 331 ff.

[25] MAYR, F.: Die Formgebung der Schrägwalzen. Stahl und Eisen 1910.

[26] SIEBEL, E.: Die Formgebung im bildsamen Zustande. Düsseldorf: Stahleisen 1932.

[27] FÖPPL, L.: Drang und Zwang, Bd. III. München: Oldenbourg, 1947.

[28] SCHULTZ-GRUNOW: Einführung in die Festigkeitslehre. Düsseldorf: Werner-Verlag, 1949.

[29] FÖPPL, L., u. G. SONNTAG: Tafeln und Tabellen zur Festigkeitslehre. München: Oldenbourg 1951.

[30] „HÜTTE“: Des Ingenieurs Taschenbuch Bd. I. Berlin: Ernst & Sohn 1949.

[31] Handbuch des Eisenhüttenwesens, Bd. III